黄潋滟　张小敏　李勃兴　主编

现代神经科学实验设计与技术

——从分子到行为

MODERN NEUROSCIENCE
EXPERIMENTAL DESIGN AND TECHNIQUES
FROM MOLECULES TO BEHAVIOR

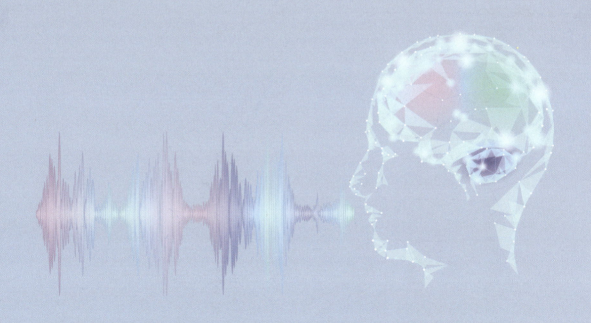

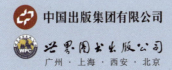
中国出版集团有限公司
世界图书出版公司
广州·上海·西安·北京

图书在版编目（CIP）数据

现代神经科学实验设计与技术：从分子到行为 / 黄潋滟，张小敏，李勃兴主编；杨奕帅，李文甫副主编. 广州：世界图书出版广东有限公司，2024. 9. --ISBN 978-7-5232-1692-7

Ⅰ. Q189

中国国家版本馆CIP数据核字第2024CT2767号

书　　名	现代神经科学实验设计与技术——从分子到行为
	XIANDAI SHENJING KEXUE SHIYAN SHEJI YU JISHU—CONG FENZI DAO XINGWEI
主　　编	黄潋滟　张小敏　李勃兴
责任编辑	曾跃香
装帧设计	米非米
出版发行	世界图书出版有限公司　世界图书出版广东有限公司
地　　址	广州市海珠区新港西路大江冲25号
邮　　编	510300
电　　话	（020）84460408
网　　址	http://www.gdst.com.cn
邮　　箱	wpc_gdst@163.com
经　　销	新华书店
印　　刷	广州市德佳彩色印刷有限公司
开　　本	787 mm×1 092 mm　1/16
印　　张	26.5
字　　数	546千字
版　　次	2024年9月第1版　2024年9月第1次印刷
国际书号	ISBN 978-7-5232-1692-7
定　　价	148.00元

编 委 会

主编简介 >>

黄潋滟 >>

女，医学博士。现任中山大学中山医学院教授、博士生导师，广东省药学会麻醉专委会副主委，广东省病理生理学会理事，广东省临床医学优秀中青年教师。师从我国公共卫生学著名学者邹飞教授，获细胞生物学硕士及博士学位。2012—2017年于哥伦比亚大学杨光教授、纽约大学甘文标教授在体双光子成像国际领军实验室接受博士后培训，长期从事神经系统功能研究，研究成果被应用于美国食品药品监督管理局（FDA）临床用药指南。主持国家项目多项，以通讯或第一作者身份发表SCI论文17篇。

张小敏 >>

女，理学博士。中山大学中山医学院硕士生导师，中山大学"百人计划"引进人才。曾获Erasmus Mundus奖学金支持，在波尔多大学及哥廷根大学联合培养下获得神经科学博士学位，并于日本东京大学接受博士后培训。长期从事神经突触结构及可塑性调控机制研究，以及荧光工具的开发和应用。主持及参与国家项目多项，以通讯或第一作者身份发表学术论文6篇。

李勃兴

男，医学博士。现任中山大学中山医学院教授、博士生导师。入选"国家高层次人才引进计划"青年项目，获国家杰出青年科学基金资助；"珠江人才计划"科技创新领军人才，中国神经科学学会常务理事，学术委员会秘书长。师从高天明院士，获神经生物学博士学位。2012—2017年于纽约大学接受博士后培训，合作导师为国际著名神经科学家Richard Tsien（钱永佑）院士。致力于揭示认知和情感等高级神经功能的分子机制，探索孤独症及神经退行性疾病等神经/精神疾病的发病机制，研究成果以通讯或第一作者身份发表于Cell、Science、Neuron等杂志。

序 言 PREFACE

神经科学的研究已经进入了一个全新的时代。随着技术的不断进步，我们正在迈向对大脑极其复杂功能的深刻理解。然而，这场由技术驱动的革命，在为科研领域带来机遇的同时，也衍生出诸多挑战。其中最为关键的挑战，在于如何将日新月异的工具与方法整合进实验设计中，进而为科学问题的回答提供坚实的基础。

中国工程院院士
粤港澳大湾区脑科学与类脑研究中心主任
广东省重大精神疾病研究重点实验室主任
高天明

在这样的背景下，《现代神经科学实验设计与技术——从分子到行为》一书的出版，无疑是一件有意义的事情。作者通过精心编写，为神经科学研究者提供了一部融汇传统与前沿技术的实用手册。本书不仅仅是技术的汇编，更是一次多学科深度融合的探索，它展示了如何在神经科学实验设计中，兼顾技术方法的选择与实施的科学性。这种科学与技术的无缝衔接，将为整个神经科学领域的研究人员，特别是那些在实验设计、数据分析以及跨学科合作中面临挑战的研究者们，提供宝贵的资源和借鉴。

从研究策略到技术应用，从细胞层面到行为层面的探索，本书全面而系统地梳理了当今神经科学领域的核心技术方法，并以此为基础，展示了如何设计高效且具有深度的实验策略。这种跨越分子、细胞、神经回路、系统和行为多个层面的研究方式，正是现代神经科学研究中所需要的全方位、多层次的视角体现。

特别值得一提的是，书中不仅注重技术的理论基础，更突出了技术的实际操作性。作者通过结合实际应用场景，详细解析了实验设计中的关键技术难点，并给出了解决方案，为读者提供了切实可行的研究策略。无论是刚刚步入神经科学领域的青年研究者，还是寻求进一步技术突破的资深研究者，都能从中获得启发与帮助。

此外，本书还体现了多学科融合的鲜明特色。在神经科学研究日益跨学科化的今天，生物学、计算科学、工程学等领域的交叉融合已成为必然趋势，故书中也针对神经科学海量数据的分析处理，提供了机器学习应用的雏形案例。在这本书的启发下，研究者们能够在日益复杂的科研环境中，更加高效地开展实验，提出具有创新性的研究问题，并在解锁大脑奥秘的道路上迈出坚实的步伐。

最后，我由衷地祝愿这部书能够成为神经科学研究者在探索大脑奥秘过程中重要的工具书，也期待它能够激发更多研究者的创造力与探索热情，推动神经科学向更加深远的领域拓展。

高天明

2024 年 9 月

前　言 FOREWORD

　　神经科学的发展始终与技术进步密不可分。在21世纪的第三个十年，神经科学正经历着一场前所未有的技术革命。人工智能（AI）的崛起、基因编辑技术的突破、脑机接口的实用化，以及多组学技术的整合，正在重塑我们对大脑的理解方式。AI的引入为神经科学注入了强大的计算与分析能力，使得科研人员从海量数据中提取规律成为可能；基因编辑技术（如CRISPR）的成熟，为解析基因功能提供了精准工具；脑机接口技术的突破，则为神经疾病的治疗与智能增强开辟了新路径。从分子水平的基因编辑到行为层面的认知解析，从神经连接图谱的精准解析到类脑器官的体外重构，从微观神经回路的解析到宏观脑网络的建模，从脑机接口的技术创新到光遗传学的精妙调控，神经科学的研究疆域正在被新的技术潮流重新定义。

　　然而，技术的快速迭代也带来了学科壁垒的加剧：生物学背景的研究者可能对计算工具感到陌生，而工程学背景的研究者则可能对神经机制缺乏深入理解。本书试图在"实验技术＋神经科学"的交叉地带架设一座桥梁，推动多学科的深度融合。同时，技术的飞速发展也带来了新的挑战：如何将多学科的技术方法系统化？如何设计严谨的实验以回答复杂的科学问题？如何在高通量数据中提取有意义的生物学信息？这些问题正是本书试图解决的核心议题。

　　本书的写作初衷，是为研究者提供一套融合传统方法与前沿技术的系统性指南。我们希望通过梳理神经科学研究中的关键技术方法，帮助读者掌握从实验设计到数据分析的全流程逻辑，从而更高效地解决科学问题。

无论是初涉神经科学领域的研究者，还是希望拓展技术边界的资深学者，都能从本书中找到实用的工具与思路。

本书以"研究策略—技术方法—应用实践"为主线，贯穿分子、细胞、环路、系统到行为的多层次研究体系。本书共分为五章，每个章节均包含基础原理说明、操作流程详解、典型应用场景解析及关键技术难点解决方案，力求为读者提供清晰实用的研究指南，构建兼具理论深度与实践价值的工具用书。

在中山大学神经科学团队的通力协作下，我们坚持"科研问题导向、技术方法为钥"的理念，通过多次专题研讨、文献考证、实验数据验证，完成了这部工具用书的编写。值此付梓之际，我们怀着敬畏之心将这份凝结集体智慧的研究手记呈现给读者。鉴于神经科学领域新技术、新方法层出不穷，书中难免存在疏漏之处，恳请学界同仁不吝指正。希望这部凝聚实战经验的技术手册，能成为您探索脑科学奥秘的实用工具。

谨以此书献给所有在神经科学领域深耕的研究者，以及那些渴望以技术之力叩击脑与心智之门的探索者。愿我们携手在神经科学的星空中，点亮更多认知的灯塔。

编　者

2024 年 9 月

目录

第三章　神经系统细胞检测方法

第四章 神经脑区-环路研究方法

第五章　神经系统行为学检测方法

第一章

神经科学的研究策略与未来

纵观科学发展史，我们一次次见证了新技术和新方法对科学发现、理论创新和理念变革的推动作用，以及对科学革命浪潮的引领作用。神经科学是一门综合性学科，涉及医学、生物学、心理学、计算机科学、数学、化学、物理学、电子学等多个领域，因此，多技术融合、多学科交叉日益成为神经科学研究的必要条件。随着神经科学的不断进步，神经生物技术也在不断革新，为研究人员提供了越来越强大的工具，包括基因型选择定位、光/化学遗传学环路控制、全脑连接组绘制以及深度机器学习等，从分子水平到神经环路和功能层面实现了全方位的覆盖。面对纷繁复杂的先进技术，如何选择和设计实验，才能更加规范、合理和可行，这对神经科学研究者来说至关重要。

第一节 神经科学的研究策略

一、科学研究：从问题出发，以技术赋能

（一）科学研究与技术发展

科学研究与技术发展息息相关，相辅相成。科学为技术发展提供理论基础和指导，技术则为科学探索提供必要的手段和物质支持。科学问题是科学研究的原动力，而技术则是科学研究的工具。因此，科学研究应以解决关键科学问题为导向，选择合适的技术手段进行研究，而不是盲目追求新技术的应用。简而言之，先进技术应服务于关键科学问题。

（二）科学研究的起点：提出问题

科学研究始于问题，任何科学研究课题都应以问题为导向，这是科学研究的基本常识。因此，提出科学问题是科学研究的第一步，也是最关键、最重要的环节。科学问题是指科学研究中亟待解决的问题，是制约学科发展的瓶颈。解决这些问题具有重要意义。例如，神经元放电序列的编码准则是什么？为什么我们需要睡眠？孤独症的病因是什么？这些问题不仅涉及未发现的新现象和新原理，也涵盖事物的新规律。

现代神经科学研究领域广阔，科学问题涵盖广泛。一些科研团队致力于推动临床医学发展的神经科学研究；另一些团队则致力于探索个体或群体的神经活动如何影响行为、社交和信念；还有团队致力于拓展计算神经科学领域，研究如何将中枢神经系统和大脑的理论模型应用于人工智能（AI）和相关技术。

（三）凝练科学问题：思考与灵感

"如何凝练科学问题"是每位科研工作者需要深入思考的核心问题。科学问题的凝练是一个漫长而艰辛的思考过程，需要立足于兴趣、沉淀于积累、突破于灵感。研究问题的萌芽往往产生于研究者的学术兴趣或实践中的未解难题；继而通过系统的文献研究，逐步聚焦于领域内尚未解决的关键科学问题；最终通过技术创新或方法学突破，确立可行的研究路径。值得注意的是，优质科学问题的形成既需要深厚的学术积淀，又依赖于批判性思维和创新意识的有机结合。

(四) 验证与回答：科学研究方案

围绕科学问题，我们需要设计合理可行的研究方案进行验证和回答。具体的实验设计应围绕研究内容进行展开，尤其要重视思维的缜密性和逻辑的严谨性。此时，包含逻辑推论过程的流程图或思维导图有助于理清思路（图 1-1）。当然，研究方案的可行性亦是关键考量因素，需综合评估研究思路的合理性、实验条件的完备性、前期研究基础的扎实程度以及相关技术的成熟水平。此外，研究方案还应体现创新性。虽然创新性主要体现在关键问题的原创性或研究思想的独特引领性上，但同样可通过巧妙的实验设计、先进的研究手段使研究方案呈现创新和突破。

图1-1　科学研究的基本流程

二、神经科学实验设计：从模型选择到机制研究

(一) 确定实验模型

神经科学研究旨在理解大脑的结构、功能和工作原理。由于伦理和道德限制，在人类中进行实验受到诸多限制，因此，模式动物成为神经科学研究的重要工具。选择合适的动物模型对于研究的成功至关重要。

1. 动物模型的选择原则

考虑生物学特征：选择的动物模型应与研究目标相关，并具有与人类相似的生物学特征，例如神经系统结构、功能和遗传背景等。

考虑遗传操作：应易于进行基因编辑和遗传操作，便于研究特定基因或细胞的功能。

考虑实验操作：易于进行实验操作，如手术、药物注射、行为训练等。

考虑经济性：繁殖快、饲养成本低，以便于进行大规模研究。

2. 经典动物模型及其应用

表1-1　各类常用动物模型及其优缺点

动物模型	优点	缺点
小鼠	易于进行基因编辑和遗传操作，成本较低	与人类脑结构和功能存在差异
大鼠	生理与病理机制与人类更加相似，体型较大，便于手术操作	基因编辑和遗传操作难度较大
非人灵长类动物	与人类大脑在结构和功能上更加接近，可以更好地模拟人类脑疾病的症状	获取和维护成本高，伦理问题更突出，实验操作难度较大

续表

动物模型	优点	缺点
鸟类	具有与人类相似的认知能力和行为模式，且易于进行遗传操作	脑结构与人类存在较大差异，部分行为与人类不一致
斑马鱼	神经系统发育过程通体透明，易于进行实时成像观察，且具有完全测序的基因组	与人类脑结构和功能存在较大差异，难以模拟复杂的神经系统疾病
果蝇	繁殖能力强、世代时间短、神经系统简单，易于进行遗传操作和观察，且具有完全测序的基因组	与人类脑结构和功能差异巨大，难以模拟复杂的神经系统疾病
线虫	神经系统简单，易于进行遗传操作和观察，且具有完全测序的基因组	与人类脑结构和功能差异巨大，难以模拟复杂的神经系统疾病

（1）枪乌贼（*Loligo chinensis*）：在神经科学发展的历程中，枪乌贼凭借其神经元体积较大、数量较少等独特优势，为电生理学研究做出了奠基性的贡献。英国神经生理学家阿兰·霍奇金（Alan Hodgkin）和安德鲁·赫胥黎（Andrew Huxley）成功地将彼时刚刚兴起的玻璃微电极插入枪乌贼的巨大轴突，实现了细胞内记录，直接而精确地测量了跨膜电位。他们充分利用枪乌贼这一天然标本，对膜内外离子成分进行微量分析，创立了崭新的生物电学说——"离子学说"[1-5]。该学说出色地证实和解释了动作电位的产生机制，为理解神经细胞的电传导奠定了坚实的基础。霍奇金和赫胥黎凭借这项里程碑式的成果，荣获了1963年的诺贝尔生理学或医学奖。

（2）海兔（*Ovula ovum*）：一种海洋软体动物，其神经系统相对简单，仅有数万个神经元。这使其成为研究神经环路和突触功能的理想模型。更重要的是，海兔具有独特的缩鳃反射行为，该行为可以被用来研究学习和记忆的过程。埃里克·坎德尔（Eric Kandel）等科学家利用海兔模型，证明了突触可塑性是学习和记忆的细胞基础[6]。他们发现，在学习过程中，神经元之间的突触连接会发生改变，从而增强或减弱信号传递的强度。

（3）鲎（*Limulus polyphemus*）：又称马蹄蟹，是一种古老而独特的节肢动物。其复眼结构由数百个小眼组成，每个小眼都包含一个独立的光感受器。这种独特的结构使其成为研究视觉加工机制的理想模型。美国神经生理学家霍尔登·凯弗·哈特兰（Haldan Keffer Hartline）利用鲎的复眼研究了视觉加工中的侧抑制机制[7]。他发现，当一个光点照射到鲎的复眼时，不仅会激活被照射到的光感受器，还会抑制周围的光感受器。这种侧抑制机制可以增强图像的对比度，使物体边缘更加清晰。该研究成果为我们理解视觉加工提供了重要基础。他凭借这项发现，与乔治·沃尔德（George Wald）共同获得了1967年的诺贝尔生理学或医学奖。

（4）果蝇（*Drosophila melanogaster*）和线虫（*Caenorhabditis elegans*）：是神经科学研究中常用的两种模式生物，它们为研究神经发育和神经环路提供了宝贵的平台。

果蝇的大脑仅包含约100万个神经元，这使得研究人员能够容易地追踪神经元的连接和功能。果蝇的繁殖周期短，约12天一代，这为研究人员快速进行遗传操作和实验提供便利。此外，果蝇的遗传操作相对容易，这使得研究人员能够研究特定基因对神经系统发育和功能的影响。

线虫的神经系统仅包含约302个神经元，这一特性使其成为研究神经环路的最理想模型生物之一。线虫的身体透明，这使得直接观察神经元的结构和活动成为可能；线虫易于培养，这有助于进行大规模的实验；线虫的基因组已经完成测序，为研究特定基因对神经系统的影响提供基础。

（5）斑马鱼（*Danio rerio*）：一种小型淡水鱼类，近年来已成为神经科学研究中不可或缺的模式生物。发育阶段的斑马鱼身体透明，使得研究人员无须依赖复杂的组织染色或手术操作，便能直接观察神经系统的发育和活动，因此被广泛用于实时成像实验。斑马鱼的繁殖能力强，产卵量大，这使得研究人员能够快速获得大量的实验材料。斑马鱼的体外受精和发育可以在实验室中进行，且发育周期短，约72小时即可孵化，90天左右即可性成熟，显著缩短了实验周期。斑马鱼的基因编辑技术日趋成熟，使其在神经遗传学及疾病模型构建方面具有重要研究价值。

（6）小鼠和大鼠：神经科学研究中最常用的两种模式动物。

小鼠的基因组已被完整测序，且其遗传操作相对容易，这使其在基因功能研究与疾病模型构建中具有广泛应用。小鼠的繁殖能力强，世代时间短，约2~3个月一代，这使得研究人员能够快速进行遗传操作和实验。相较之下，大鼠的生理与病理机制与人类更接近，这使得它们成为研究人类疾病的理想模型。大鼠体型较大，便于实施各种手术操作。同时，大鼠具备较高的认知能力和复杂的行为模式，且其行为表型在一定程度上与人类相似，因此被认为是研究行为学和认知科学的理想模型。

但由于人类和啮齿类动物在进化上已经分离了数亿年，因此它们的脑结构和功能存在明显差异。这意味着用啮齿类动物模型来研究人类脑疾病时，往往难以全面复制和忠实体现人类疾病的复杂症状。例如，在帕金森病和老年痴呆症等神经退行性疾病的研究中，携带人类基因突变的转基因小鼠虽然可以表现出类似的认知障碍，但它们却很少出现人类患者大脑中常见的严重神经元死亡症状。这使得利用啮齿类动物模型来筛选降低神经元死亡的药物变得困难重重。

（7）非人灵长类动物：非人灵长类动物，是指除人以外的所有灵长类动物，包括猴、猿类、猩猩等。非人灵长类动物与人类共享超过98%的DNA序列，在解剖结构、生理功能、遗传信息等方面都与人类存在高度同源性。这种高度的相似性使得非人灵长类动物模型能够更好地模拟人类的生物学过程和疾病状态。非人灵长类动物拥有与人类相似的复杂大脑结构，具备高级认知能力，例如学习、记忆、推理等；这使得它们成为研究人类认知功能和脑疾病的宝贵工具。非人灵长类动物表现出丰富的社会行为和情感表达，这与人类的行为模式有很多相似之处；这使得它们成为研究人类行为学和社会学的重要模型。

3. 动物模型的构建

在疾病相关或行为相关的神经科学研究中，构建合适的动物模型是至关重要的一步。这些模型可以帮助研究人员模拟人类疾病或行为，从而深入探索相关机制并开发治疗方法。

动物模型的构建方式多种多样，主要取决于研究的具体内容。一般而言，动物模型可以分为急性模型和慢性模型，并且既需要涵盖疾病状态下的模型动物，也需要包括生理状态下的行为学反应。

基因编辑或遗传操作：在疾病相关的研究中，构建疾病模型最常见的方法是通过基因编辑或遗传操作的手段，将与人类疾病相关的基因突变引入动物体内，从而产生类似于人类患者的疾病症状。例如，在孤独症的研究中，研究人员构建了携带 *Shank*、*Fmr1*、*Mecp2* 等基因突变的转基因小鼠，这些基因突变与人类孤独症的发生密切相关。

环境因素诱导：改变环境因素也是构建疾病模型的一种重要方法。例如，在孤独症的研究中，除了基因突变模型之外，还有丙戊酸、母代孕期免疫激活等环境因素诱发的动物模型。这些模型可以帮助研究人员探究环境因素对疾病的影响机制。

手术操作：通过手术植入电极、破坏特定脑区等方式，构建行为学模型。

药物诱导：通过注射药物，模拟特定疾病状态或行为改变，例如利用MPTP诱导帕金森病样运动障碍。

感知觉刺激：通过光、声音等刺激，诱发特定感知觉异常。

应激诱导：通过慢性应激等方式，构建情绪障碍模型。

创伤诱导：通过机械损伤、缺血缺氧等方式，构建脑创伤模型。

皮下接种或原位种植：通过腋窝皮下注射肿瘤细胞构建脑肿瘤模型，或通过肿瘤组织异体移植等方式对裸鼠进行皮下成瘤；此外，还可选择在裸鼠颅内接种肿瘤细胞，进行原位成瘤。

（二）机制探究

科学研究的过程，始于科学问题的提出，基于既定的研究目的，选择合适的模式动物和动物模型进行实验观察。随着对行为学表型的深入观察，新的现象不断涌现，驱动着我们探究其背后的原因和神经生物学机制，这便是机制探究的意义所在。例如，在探讨社会竞争对个体行为和情绪影响的研究中，浙江大学胡海岚团队以小鼠为模式动物，发现社会地位下降会导致抑郁样行为。进一步研究揭示了这一现象的神经机制：优势地位下降导致外侧缰核过度活跃，进而引起抑郁[8]。

机制探究的核心在于厘清相关性、因果关系和上下游关系。因此，在实验设计阶段，应充分考虑上述因素，并设计严谨的实验加以验证（图1-2）。

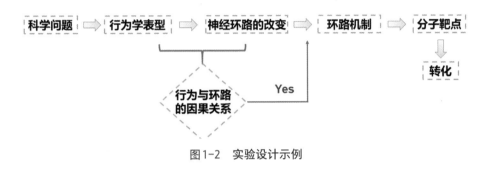

图1-2　实验设计示例

1. 确定相关性

科学研究中，我们常常遇到各种相互交织的现象和事物。实验设计的一大重要目的，便是解析事物之间的相互关系。在实验过程中，我们经常观察到变量x与变量y携手并进，如影随形。当x出现时，y也必然存在；反之亦然。例如，学习过程中，树突棘的生成数量会增加；长期记忆形成后，部分新生成的树突棘会被保留下来；而记忆受损的小鼠，树突棘生成减少，保留率也随之降低。这些实验证明了树突棘的生成和保留与学习记忆密切相关。

我们常采用形态观察和动态分析相结合的技术手段探寻相关性。在行为产生的过程中，我们会同步观察神经系统的相关表型，从宏观到微观，层层聚焦于脑区、环路、细胞、突触、分子等不同层面变化。

一个典型的例子是2014年诺贝尔生理学或医学奖得主John O'Keefe、May-Britt Moser和Edvard I. Moser的研究。他们通过观察发现了构成大脑定位系统的细胞，揭示了相关性研究的重要意义。他们将电极植入大鼠海马区，记录单个神经细胞的电位活动，同时让大鼠自由活动。结果发现，当大鼠处于特定位置时，海马区中特定神经细胞会持续活跃，而当大鼠处于其他位置时，其他神经细胞则会活跃。O'Keefe由此得出结论，这些"位置细胞"共同构建了一幅精妙的空间地图[9, 10]。

类似的，网格细胞（Grid Cell）的发现也源于相关性观察研究[11]。Moser夫妻发现，在内嗅皮层中段背侧区（dMEC）存在与海马"位置细胞"类似的对特定位置区域有反应的细胞。通过电极记录和运动轨迹匹配，他们发现当大鼠经过空间中某些特定点时，一群神经细胞会格外活跃。在地图上标注这些点，可以清晰地看到生物体是以一种六角形的网格来分析空间，而这群神经细胞便被称为"网格细胞"。网格细胞将每个定点设为坐标，在脑中建构出有方向性的地图，负责空间导航，帮助生物体进行精确定位和线路查找。

在相关性研究中，我们常用的技术包括成像技术、电生理记录技术、环路示踪技术、解剖学技术和传统分子生物学技术等。通过这些技术，我们可以观察脑区神经活动、神经元兴奋性、胶质细胞活性和形态、环路连接和突触可塑性、相关基因和蛋白等变化，进一步评估神经环路、神经元、胶质细胞以及基因的功能。例如，在帕金森患者的大脑中，我们可以观察到路易小体；在阿尔茨海默病患者的大脑中，我们可以观察到Aβ类淀粉斑块以及Tau蛋白堆积形成的神经纤维缠结。

相关性研究帮助我们解析了许多关键的科学问题。例如，在学习记忆领域，长时程增强（LTP）以及树突棘形成与消减现象的发现，奠定了突触可塑性是学习记忆基础的主要机制之一。

近年来，随着计算机科学的发展，相关性的确定又引入了新的范式。随着现代神经科学海量组学数据的收集以及人工智能领域的发展，机器学习在神经科学尤其是相关性的研究中发挥着越来越重要的作用，其作用着重体现在数据分析和计算建模方面。计算理论（computational theories）的出现启发了新的实验和研究，该理论也被用来解读神经影像学的数据。在神经影像学中，科学家们逐渐将关注点从定位认知功能相关的脑区转移到了对大脑网络结构及动态变化的研究。计算神经科学通过构建数学模型，可以定量化地描述实验数据，解释以往的经验数据，并对新数据进行可检验性的预测。脑机接口技术的出现，对神经信号的解读及处理算法提出了更高的要求。机器深度学习等技术被应用于神经信号的分类与解码，根据需要完成的任务，将分析后的信息进行编码，反馈输入。上述解码和编码过程都高度依赖于计算神经科学的发展。

相关性分析只能表明变量之间存在统计学上的关联，但无法解释这种关联背后的具体机制。例如，在学习过程中，树突棘生成和记忆增强之间存在相关性，但这并不意味着树突棘生成是导致记忆增强的唯一或充分条件。此外，相关性分析无法确定哪些因素是影响结果的必要条件或充分条件。例如，在帕金森病中，路易小体和疾病的发生存在相关性，但产生路易小体是否是帕金森病发生的必要或充分条件尚不清楚。因此，虽然相关性分析是神经科学研究中不可或缺的一环，但它并非揭示神经机制的唯一手段。为了更深入地理解神经系统的运作方式，我们需要综合运用多种研究方法，包括分子生物学、计算建模等，才能最终阐明变量之间的因果关系，并揭示影响结果的充分/必要条件。

2. 确定因果关系

相关性分析只是揭开现象面纱的第一步，更深层次的追问是：变量之间的相关性究竟是偶然的巧合，还是由内在的因果关系所驱动？在医学和生物学研究中，我们的目的是探寻疾病的根源和治疗的方法，而因果关系分析正是达到上述目的的重要手段。

以抑郁症和Ketamine疗法为例。抑郁症的产生，是多种因素共同作用的结果，而Ketamine则有望成为治疗抑郁症的有效药物。在研究中，产生抑郁症的原因就是自变量，而抑郁症症状则是因变量；在药物疗效方面，Ketamine则是自变量，而疗效则是因变量。

确定因果关系并非易事，我们需要经验证据的充分性和必要性。简而言之，充分条件是指该因素的存在必然导致结果的出现，而必要条件则是指该因素的缺失必然导致结果的缺失。

（1）充分性验证：探寻结果的"必然条件"

充分条件是指对结论而言，该条件是充分的，有它一定会导致结论出现；但该条件又是非必要的，没有它未必会影响结论。换而言之，充分条件是"有则必然，无则不必然"的自变量。

在进行自变量与因变量的充分性的验证时，我们往往会采用功能增强型（gain of function）的实验设计，即增强自变量的功能，检测是否必然导致因变量的变化。我们可通过药理学、基因编辑或者光/化学遗传学的方式增强关键分子以及特定细胞类型的功能，并验证相应表型的改变。若功能增强后表型必然出现，则证明该自变量是因变量的充分条件。

例如，脊椎动物骨骼肌的神经肌肉接头部位乙酰胆碱的释放，可导致骨骼肌的兴奋和收缩。该实验表明，乙酰胆碱是肌肉收缩的充分条件。

著名的"蛙心灌流实验"也是充分性实验的经典设计。1921年，德国科学家勒维通过电刺激蛙迷走神经，观察到蛙心跳被抑制。为了证明迷走神经末梢能分泌出某种"迷走物质"抑制心跳，他设计了如下实验：电刺激浸泡在灌流液中的蛙心的迷走神经，并将该灌流液注入另一个未受刺激的蛙心。若后者也被抑制，则证明确实存在某种物质抑制心脏活动。后该物质被证实为乙酰胆碱。该实验证明了乙酰胆碱是抑制心跳的充分条件。

（2）必要性验证：探寻结果的"缺失条件"

必要条件是指对结论而言，该条件是必要的，没有它，结论一定不成立；但不是充分的，有它，结论不一定成立。也就是说"有则不必然，无则必不然"这样的条件。

在进行自变量与因变量的必要性的验证时，我们往往会采用功能缺失型（loss of

function）的实验设计。即通过阻断或消除自变量的功能，观察其是否导致因变量的变化。例如，切除特定脑区或器官，或者使用药物抑制特定分子，使神经功能丧失，确定其对大脑正常生理功能的必要性。若功能缺失后，表型消失，则证明该自变量是因变量的必要条件。

科学史上著名的失忆者H.M.（Henry Gustav Molaison）正是功能缺失性验证的经典代表。其因为治疗癫痫而切除了双侧海马，进而导致了记忆的顺行性遗忘，即不能形成新的记忆。这一结果推翻了过去人们认为学习记忆是整个大脑的功能的观点，证明学习记忆有特定的大脑区域，为海马在记忆中的作用提供了明确的生物学证据。

在功能缺失性实验中，遗传学方法发挥着至关重要的作用，适用于孤独症谱系障碍和精神分裂症等具有显著遗传基础的复杂神经发育性疾病。这些疾病通常具有遗传因素，因此，通过敲除或突变相关基因来探究其功能在疾病中的作用，成为一种重要的研究手段。近年来，研究人员通过遗传学方法，发现了大量的孤独症风险基因和致病基因突变。目前，研究的重点是如何解析这些基因突变导致孤独症的分子和环路机制。例如，研究人员对 *Shank3*、*FMR1* 和 *MECP2* 等基因进行突变，发现这些基因突变可以诱导小鼠出现孤独症的核心症状，包括重复刻板行为和社交障碍，证明上述基因是维持正常神经生理学功能的必要条件，同时它们的突变是导致孤独症的充分条件。

3. 确定上下游关系

在机制探究过程中，我们经常会遇到明星分子或关键脑区等重要节点，它们往往存在于信号转导网络或神经网络中。为了深入理解这些节点的作用机制，我们需要厘清它们之间的上下游关系，以及它们如何协同发挥作用。

（1）推断两个对象（A和B）之间的关系

验证相关性：若A与B正相关，则A+导致B+，A-导致B-。若A与B负相关，则A+导致B-，A-导致B+。

通过观察在相同刺激下A与B是否同时变化，且变化趋势是否符合上述假设，可以初步判断两者是否存在相关性。

确定上下游关系：假设A为上游，采用药理学、遗传学或光遗传学等手段人为操纵A的表达或激活状态。若B随之发生正相关或负相关的变化，且人为操纵B的表达或激活状态，A未出现任何改变，则证明A为B的上游。假设A为下游，则与之相反。

（2）推断三个对象（A-B-C）之间的关系

以A→B→C为例，可采用以下方法进行逻辑推断：

两两关系的独立验证：运用上述策略，验证A与B、A与C、B与C之间的关系。若已证实A→C、A→B且B→C，则表明可能存在A通过B影响C的间接路径。

中介效应的验证：在确认A→B→C的初步关联后，需进一步证明A对C的作用依赖于B的中介效应。这其中重要原则是这三段式中的中间项B被干扰后，完全阻断A对C的影响。A-B-C正相关情况下，激活/上调A，B与C均激活/上调；抑制/下调A，B与C均抑制/下调，则证明A可导致B且A可导致C。激活/上调B，C激活/上调；抑制/下调B，C抑制/下调，且A无改变，则证明B可导致C，且A是B的上游。最后，证明A-B-C位于同一通路。关键在于干扰B，检测通路效应是否下传。人为增强A，阻断B，C的表型下调或消失；并且阻断A，增强B，C的表型增强。上述结果证明A-B-C存在串联关系。

通过上述方法，我们可以系统地推断机制探究中关键节点的上下游关系，为阐明其作用机制提供重要的依据。

（三）研究范式

神经科学研究近年来呈现出多层次的特点，从分子、细胞、环路、系统、整体各个层面，运用各种神经生物学手段阐述大脑工作的基本原理。为了更好地理解神经系统的复杂性，神经科学研究中发展出了两种重要且互补的研究范式："自下而上"的还原法和"自上而下"的系统法。

1. 还原法（Bottom-Up Approach）

还原法旨在从最基本的构成单位出发，从分子和细胞层次开始，逐层研究神经系统的功能，最终上升到系统和行为层次。这种方法通常包括以下几个水平的研究：

分子水平研究：研究神经系统中的基因、蛋白质和其他分子机制。例如，分析神经递质的合成、释放和再摄取过程。

细胞水平研究：研究单个神经元的电生理特性和功能，包括离子通道活动、突触传递等。

网络和环路水平研究：研究神经元之间的连接和相互作用，理解小规模神经网络的功能。

系统水平研究：研究大型神经网络或整个大脑区域的功能，探索其在行为和认知中的作用。

还原法的优势在于能提供丰富的细节，加深我们对基本机制的深入理解；可控性强，可在分子和细胞水平上进行精确的实验操控，通过干预特定分子或细胞来验证其功能，因此，易于建立明确的因果关系。

但还原法也存在一些不足之处。该法难以有效切割、分离复杂体系中的众多单因素，使研究层次无法向上突破环路水平；从单个细胞到复杂行为的推导过程中存在非线性关系，导致难以直接解释高层次的认知功能和行为。

2. 系统法（Top-Down Approach）

系统法是还原法的有效补充，其从整体系统或行为出发，逐层解析其下层机制。强调将复杂问题层层分解为若干简单问题，直至揭晓答案。例如，根据表型探讨机制，根据症状探讨病因。这种方法包括以下几个水平的研究：

行为和认知水平研究：研究个体的行为、认知任务表现和心理功能。

脑成像和整体活动研究：使用脑成像或功能记录技术（如 fMRI、EEG 等）研究大脑不同区域在特定任务中的活动模式。

网络和环路水平研究：解析相关脑区之间的连接和相互作用，理解大规模神经网络的组织和功能。

细胞和分子水平研究：深入研究特定脑区的细胞和分子机制，探索其对系统功能的贡献。

系统法的优势在于能通过整体视角，系统地理解复杂行为和认知功能的特征，有助于将高层次的认知行为与低层次的生物学机制进行跨层次整合。

当然，系统法也有自身的局限性。因受到技术水平的限制，难以真正彻底地了解微观世界的运行状态，导致机制细节欠缺，难以解析复杂行为背后的具体分子和细胞机制；高层次观察到的关联性结果不一定能明确其因果关系，导致因果关系模糊。

3. 两种范式的结合应用

还原法提供了细节和机制，而系统法提供了整体和功能。它们各有其优势和局限，但它们的结合使用可以为理解神经系统提供更完整和多维的视角。现代神经科学研究越来越多地综合应用这两种范式，以获得更全面和深入的理解，推动神经科学研究的不断发展。

第二节 神经科学的未来

神经科学领域是一个快速发展的领域，它受益于技术的进步和跨学科的融合。因此，开展跨学科协作必然是神经科学未来的发展趋势。神经科学涉及的领域横跨计算机科学、工程学、物理学、化学、生物学和心理学，尤其是计算神经科学和人工智能的应用，为神经科学带来了新的机遇和挑战。

一、基于计算神经科学和机器学习的神经机制研究

人脑由数十亿计的神经元组成，它们通过复杂的突触连接形成庞大的网络。这些连接并不是一成不变的，而是随着我们的学习和经历不断改变。正是这种动态性和复杂性，使得我们无法仅仅通过研究单个神经元的活动来理解大脑的整体功能。例如，要记住长江两岸的美景，需要记忆相关脑区中不计其数的神经元相互连接，并在未来需要时再次被共同激活。这种现象可以通过计算模型作为补充手段来获得对非线性大脑功能的更深刻理解。

此外，近年来，随着大规模单细胞实时记录技术（如多通道电极、双光子钙成像）和计算理论模型的进步，神经科学家们得以从"单细胞层面"拓展至"群体编码层面"，以更系统的角度去看待大脑的整体功能。例如，一项研究发现，在大脑的颞极区有一类神经元将脸部感知与长期记忆联系起来。这并不是单个神经元的作用，而是由一群神经元共同完成的。这一发现从群体编码的角度解释了我们的大脑如何记忆和存储那些我们所珍视的人的面孔[12]。

计算机科学的快速发展为神经科学研究带来了新的机遇和挑战。人工智能和机器学习技术可以帮助我们处理和分析海量的神经科学数据，包括脑成像数据、基因表达数据以及行为学数据。通过机器学习，我们可以识别神经活动模式，预测行为和疾病风险。此外，数学建模和计算机模拟技术也为研究神经系统的功能和信息处理机制提供了新的手段。这些技术的应用，使我们能够从更高层次模拟特定大脑功能，例如视觉特征检测、自然语言处理、运动规划与编程等。

二、精神疾病的神经机制与干预手段

随着社会竞争加剧和人口老龄化趋势的加剧，精神类或神经退行性疾病的发病率呈现出显著上升的趋势。然而，这些疾病的发病机制尚不明确，缺乏有效的靶向治疗方法，且患者终身患病的可能性较高。

高精尖仪器和高速计算技术的进步为深入研究精神疾病提供了强有力的工具，例如：

高分辨率成像技术：包括超分辨率显微镜、多光子显微镜和功能磁共振成像（fMRI），可以让我们观察到亚细胞结构的细节、活体动物中神经元的动态活动，以及大脑不同区域的功能和连接，为揭示疾病的病理机制提供重要的线索。

单细胞和分子水平分析：如单细胞RNA测序和多种组学分析，可以帮助我们了解神经系统中不同类型细胞的基因表达谱、蛋白质和代谢物的组成和功能，以及分子机制和信号通路，为发现疾病的关键靶点奠定基础。

基于脑科学或心理学研究成果的精神类疾病的数字疗法是目前较有前景的前沿领域。这些疗法利用数字技术，例如智能手机应用程序、虚拟现实和增强现实等，为患者提供个性化的干预措施，帮助他们改善症状、提高生活质量。

目前，对神经系统进行细胞特异性操控的主流技术是光/化学遗传学，但该技术存在"转基因"和"侵入性"两方面的不足。非侵入式神经操纵技术，如经颅电刺激或磁刺激、超声刺激等，虽然具有操作简单、无创伤等优点，但往往存在空间分辨率低、空间定位偏差、神经操控的可靠性和稳定性不佳、不具备细胞类型特异性等局限性。因此，开发"非侵入"和"低损伤"的神经操纵技术是未来研究的重要方向。这些技术有望为精神疾病的治疗提供新的手段，为患者带来福音。

三、机器学习、神经科学及人机交互深度融合

(一) 神经工程技术：连接大脑与世界的桥梁

神经工程技术，例如脑机接口，通过连接大脑和外部设备，为机器学习算法打开了通往人类思维的大门。通过解码脑电信号，机器学习算法可以帮助实现思想控制设备，为瘫痪患者恢复一定程度的活动能力。

这种方式侧重于在健康大脑的基础上，修复已有的损伤或建立新的输出通道，为受损的大脑功能提供新的途径。

（二）大数据与人工智能：精神疾病诊疗的新利器

大数据分析与人工智能算法技术的应用，显著提升了精神疾病诊断的准确率和效率。通过分析大量患者数据，机器学习模型可以识别精神疾病的特征，辅助医生进行更精准的诊断。

此外，结合机器学习和神经反馈技术，用户可以通过实时监控和调整自己的脑活动，来提高认知能力和情绪控制。这种方式相当于借助已有的通道，对大脑功能进行干预、修复和调制，例如通过深部脑刺激对帕金森病进行治疗。

（三）双向人机交互：探索大脑潜能的新途径

建立大脑与外界之间的双向通道，实现两者之间的有机协调，是人机交互领域未来的发展方向之一。虚拟训练环境、远程医疗等应用场景，为探索大脑潜能提供了新的途径。

通过人机交互，我们可以模拟真实环境，为用户提供个性化的训练和治疗方案。同时，我们可以实时收集用户的大脑活动数据，并反馈给用户，帮助他们更好地了解和控制自己的大脑。

四、展望

神经科学的未来具有无限可能。神经科学的发展源于思辨，始于观察，兴于技术，重于应用。当今的神经科学正处于技术创新驱动理论突破的阶段，新一轮的神经科学研究范式革命已曙光初现。

如果说，大脑是人类知识的最后一片疆域，那么，让我们期待神经科学在"认识自我"的探索之途上的每一步重大突破。相信随着神经科学研究的不断深入，我们将会对大脑和人类自身有更加深刻的理解，并创造出更加美好的未来。

以下是一些值得关注的未来研究方向：

（1）如何利用计算模型和机器学习技术研究更复杂的大脑系统？例如情感和决策过程。

（2）如何开发新的分析工具来处理和分析大规模神经科学数据？

（3）如何利用人工智能技术识别神经活动模式，预测行为和疾病风险？

（4）如何研究精神疾病的发病机制，开发新的诊断和治疗方法？

（5）如何开发新的神经调控技术，例如光遗传学、经颅磁刺激和深部脑刺激，用于治疗精神疾病？

（6）如何开发脑机接口技术，使人脑能够与计算机和其他设备进行交互？

（7）如何利用机器学习和人工智能技术来提高脑机接口的性能和可靠性？

（8）如何开发新的神经反馈技术，帮助人们改善认知能力和情绪控制？

参考文献

[1] Hodgkin AL, Huxley, AF, Katz B. Measurement of current-voltage relations in the membrane of the giant axon of Loligo. J Physiol 116, 424-448 (1952).

[2] Hodgkin AL Huxley AF. Currents carried by sodium and potassium ions through the membrane of the giant axon of Loligo. J Physiol 116, 449-472 (1952).

[3] Hodgkin AL, Huxley AF. The components of membrane conductance in the giant axon of Loligo. J Physiol 116, 473-496 (1952).

[4] Hodgkin AL, Huxley AF. The dual effect of membrane potential on sodium conductance in the giant axon of Loligo. J Physiol 116, 497-506 (1952).

[5] Hodgkin AL, Huxley AF. A quantitative description of membrane current and its application to conduction and excitation in nerve. J Physiol 117, 500-544 (1952).

[6] Castellucci V, Pinsker H, Kupfermann I, et al. Neuronal mechanisms of habituation and dishabituation of the gill-withdrawal reflex in Aplysia. Science 167, 1745-1748 (1970).

[7] Hartline HK, Wagner HG, Ratliff F. Inhibition in the eye of Limulus. J Gen Physiol 39, 651-673 (1956).

[8] Fan Z, Chang J, Liang Y, et al. Neural mechanism underlying depressive-like state associated with social status loss. Cell 186, 560-576 e517 (2023).

[9] O'Keefe J, Dostrovsky J. The hippocampus as a spatial map. Preliminary evidence from unit activity in the freely-moving rat. Brain Res 34, 171-175 (1971).

[10] O'Keefe J. Place units in the hippocampus of the freely moving rat. Exp Neurol 51, 78-109 (1976).

[11] Hafting T, Fyhn M, Molden S, et al. Microstructure of a spatial map in the entorhinal cortex. Nature 436, 801-806 (2005).

[12] Landi SM, Viswanathan P, Serene S, et al. A fast link between face perception and memory in the temporal pole. Science 373, 581-585 (2021).

（黄溆滟 李勃兴）

第二章

神经系统分子检测方法

第一节 普通转录组测序

一、简介

普通转录组测序（bulk RNA-seq）是一种用于分析汇总的细胞群体、组织切片或活检样本的转录组学方法。借助高通量测序技术和生物信息学工具，它能够深入解析成千上万个细胞的RNA平均表达情况，从而揭示不同细胞群体在生物学过程中的特征和功能。

尽管与单细胞转录组学相比，普通转录组学无法精细区分细胞之间的异质性，但由于其测序深度显著高于单细胞转录组学，且能够提供更为精确的基因表达量数据，进而能更全面地反映细胞群体的基因表达特性。此外，普通转录组学凭借其成熟、可靠的技术和相对较低的成本，在单细胞转录组学迅速发展的背景下仍然应用广泛。

普通转录组学的研究内容涵盖多个领域，包括基因表达量的定量分析、发育过程的研究、疾病机制的探索以及药物研发等，为基础科学研究和临床医学实践提供了重要的支持。

（一）普通转录组测序的原理

普通转录组测序的原理基于边合成边测序（Sequencing-by-Synthesis，SBS）技术，这是Illumina公司测序平台的核心方法。该技术凭借其高效、快速的特点，能够产生大量的短序列数据，广泛应用于测序研究。

SBS技术的工作原理基于DNA扩增，涉及引物、DNA模板、dNTP等组件。在建库过程中，首先将长链DNA打断成较小的片段，并在每个片段的两端添加接头，以确保能够在模板链的两端使用通用引物进行扩增。在测序过程中，每个短片段的单链DNA通过接头固定在固相表面，形成独立的簇（cluster）。每个簇内的信号均来源于同一DNA模板，从而保证了数据的准确性和一致性。

在DNA扩增过程中，SBS方法使用四种标记有不同荧光染料的dNTP作为底物。在每一个循环中，一个dNTP会结合到模板链上并释放出对应的荧光信号。高分辨率的成像系统能够精确读取每个簇释放的荧光信号，从而识别所添加的碱基类型。完成一个测序循环后，荧光基团被去除，为下一个循环做好准备。

通过计算机软件处理每个循环的荧光图像，能够推算出DNA模板的碱基序列。不断重复这一过程，最终可以精确获得每条DNA模板的完整序列信息。

这种边合成边测序的原理不仅保证了数据的高准确性，还显著提高了测序的效率和通量，为普通转录组学研究提供了强有力的技术支持。

(二) 普通转录组测序的发展历程

普通转录组测序的起源可以追溯到二十世纪末，当时基因表达的高通量研究主要依赖于微阵列技术。微阵列技术通过探针与RNA的相互结合来检测基因的表达水平，但由于其固有的局限性，如靶标选择偏差和检测范围的限制，促使研究者寻求更先进的替代方法。2005年，罗氏公司推出了首个商业化的高通量测序平台，标志着基因测序进入二代测序时代。此后，许多公司纷纷跟进，推出了多种高通量测序平台，尤其在2011年，Illumina公司通过技术革新大幅降低了测序成本，极大地促进了二代测序技术的快速普及与应用。随着二代测序技术的普及和成本的不断降低，普通转录组学逐渐成熟，并广泛应用于生物学各个研究领域。

近年来，随着测序技术和生物信息学分析方法的不断进步，普通转录组测序的灵敏度、准确性和可靠性得到了显著提升。这使得越来越多的研究者将普通转录组测序作为常规的基因表达研究手段，以深入揭示细胞群体在不同生物学过程中的特征和功能。

二、应用

普通转录组测序技术作为现代生物技术的重要分支，凭借其高通量、高灵敏度和高准确性的特点，在神经科学领域展现了广阔的应用前景。这一技术不仅可以揭示神经系统中细胞群体的基因表达全局信息，还能深入研究各种神经疾病的信号通路，解析基因调控的复杂网络，为揭示神经科学领域的分子机制提供了强有力的工具。

在神经科学领域，普通转录组测序技术有许多实际应用。例如，研究者可以利用这一技术对不同脑区的基因表达进行比较，以揭示它们在认知功能、情感调控等方面的差异。近年来，普通转录组学在阿尔茨海默病研究中取得了显著进展，研究人员通过对患者脑组织的转录组分析，识别出与疾病相关的基因和信号通路，为疾病的早期诊断和治疗提供了潜在的靶点。

此外，普通转录组学还被广泛应用于神经发育和神经损伤修复的研究。例如，在小鼠的神经发育过程中，研究者利用转录组测序技术揭示了不同发育阶段中神经元的基因表达变化，为理解大脑发育的分子机制提供了重要信息。在神经损伤领域，转录组学技术被用来研究损伤后神经修复的基因调控网络，帮助识别可能促进神经再生的分子。

随着技术的不断发展和完善，普通转录组测序技术在神经科学中的应用将更加深入。它将为我们提供更为全面和精确的基因表达图谱，推动对神经系统功能及疾病机制的深入理解，最终促进新型诊断方法和治疗策略的开发。

三、实验流程图

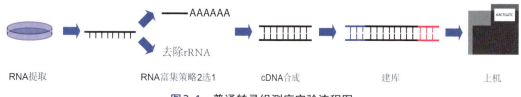

RNA提取　　　　　　　RNA富集策略2选1　　　cDNA合成　　　　　　　建库　　　　　　　上机

图2-1　普通转录组测序实验流程图

四、实验试剂

表2-1　实验试剂

名称	型号	厂商
Super FastPure Cell RNA Isolation Kit	RC102	诺唯赞
VAHTS Universal V8 RNA-seq Library Prep Kit for Illumina	NR605-01	诺唯赞

表2-2　实验仪器

名称	型号	厂商
PCR仪	Mastercycler® nexus X2	Eppendorf
磁力架	—	—

五、实验步骤

1. 从组织或细胞中提取总RNA

从组织、神经元、胶质细胞等贴壁培养细胞中提取总RNA时，可以采用传统的Trizol提取法或过柱法。由于Trizol法使用的试剂（如氯仿）具有较强的毒性，本文将重点介绍过柱法。以下以诺唯赞的Super FastPure Cell RNA Isolation Kit（RC102）为例，根据其说明书介绍RNA提取的具体操作步骤。

（1）组织或细胞裂解。对于脑组织样本，加入适量的裂解液后，使用匀浆器进行匀浆，直到组织块完全消失。通常每10~20 mg脑组织需要加入500 μL裂解液。对于培养细胞，首先须吸去培养液，然后加入裂解液进行裂解，每500万个细胞约需500 μL裂解液。

（2）将裂解产物转移至RNA Columns I中，以12 000 r/min的速度离心30 s，弃去滤液。

（3）向RNA Columns I中加入Buffer RWA，以12 000 r/min的速度离心30 s，弃去滤液。

（4）向RNA Columns I中加入Buffer RW，以12 000 r/min的速度离心30 s，弃去滤液。

（5）将RNA Columns I以12 000 r/min的速度空离1分钟，以确保去除多余的溶剂。

（6）将RNA Columns I转移至新的1.5 mL RNase-free离心管中，向其中加入30 μL焦碳酸二乙酯（Diethyl Pyrocarbonate，DEPC）水。室温静置1分钟后，以12 000 r/min的速度离心1分钟，从结合柱中洗脱RNA。

通过上述步骤，可以高效、无毒地提取组织或细胞中的总RNA，为后续的转录组学分析提供可靠的样本。

2. 从总RNA到建库测序

成功提取出各样本的总RNA后，可利用专门的转录组建库试剂盒进行文库构建。本文以VAHTS Universal V8 RNA-seq Library Prep Kit for Illumina为例，介绍建库的过程，包括RNA富集、cDNA合成、加接头、片段纯化以及文库质控等步骤。

（1）富集目标RNA。根据实验需求，选择合适的RNA富集方法并进行RNA片段化。当总RNA的完整性较好，即RNA integrity number（RIN）大于7时，通常采用mRNA富集法。这一方法利用mRNA分子3'端的poly A特性，通过磁珠结合的方式富集成熟mRNA，并将其片段化。如果测序样本的总RNA有降解（RIN值小于7），例如石蜡切片样本，通常采用去除rRNA的策略富集RNA。富集RNA的目的是获得适合测序长度的RNA片段，为后续的建库操作奠定基础。

（2）合成双链cDNA。一般合成第一链cDNA和第二链cDNA需分别进行。这一步骤的成功与否，直接关系到后续测序数据的准确性和可靠性。

（3）加接头序列。根据合成的cDNA量，加入适量的接头序列及其他试剂（具体加入量可参照表2-3），并在PCR仪中根据表2-4进行反应，使接头序列与cDNA成功连接。加接头序列的目的是为后续的测序反应提供必要的引物结合位点，从而确保测序的成功进行。

表2-3　RNA起始量及对应加入的接头序列体积

RNA起始量	接头试剂使用体积
1~4 ng	3.5 μL
100~999 ng	1 μL
10~99 ng	0.5 μL

表2-4　PCR反应程序

温度	时间
20 ℃	15 min
4 ℃	Hold

（4）纯化和分选。在接头连接过程中，可能会形成接头二聚体，且打断的mRNA片段需要进一步分选，以确保获得长度为150~200 bp范围内的片段。因此，接头连接后的cDNA必须经过纯化或分选。这一步骤的关键在于去除杂质和不符合要求的片段，从而保证文库的质量，确保后续测序的准确性。

（5）文库扩增。经过纯化和分选后的cDNA需要通过PCR扩增反应获得足够的量用于后续的测序。通过添加Primer Mix和Amplification Mix等试剂进行PCR扩增，可以显著增加文库的量。然而，PCR产物中可能仍然含有一些杂质或不符合要求的片段，因此，扩增后可以根据需要进行进一步的纯化，去除不合格的片段。

（6）评价文库质量。使用Agilent 2100 Bioanalyzer对文库质量进行评估。这一步骤旨在检测文库的浓度、片段大小分布以及是否存在异常峰等问题，从而确保文库的质量符合测序要求。理想的文库应在预期大小的区域内出现较窄的峰，表明片段的质量和一致性良好。

随着技术的进步和商业化程度的提高，目前许多实验室采用外包建库服务，将样本送往专业公司进行建库。这种方式不仅提高了建库效率和准确性，还降低了实验室操作的成本和风险。然而，尽管如此，实验室研究人员仍应了解建库的基本原理和操作步骤。这有助于他们更好地理解实验过程，并对建库流程进行优化，从而提高研究的可靠性和可重复性。

六、数据分析及结果解读

（一）普通转录组上游数据分析

普通转录组测序下机后会产生文本格式的原始数据，通常以.fastq或.fq为文件后缀。对于双端测序，每个样本会生成两个fastq文件，分别代表从cDNA序列的3'端和5'端读取的核苷酸序列。图2-2为fastq文件原始数据格式示例。为了确保科研的透明性和可重复性，这些原始数据应在文章发表时上传至公共数据库，以便其他研究人员进行数据获取和进一步分析。

```
 1  @A00599:639:HTKL5DSXC:2:1101:2103:1000 1:N:0:ATCACGTG+GAAGGCCT
 2  GGAATGATATGGTTTATTGTTCCCNTCTCGTGCGTCATCTGCAATGACATTATGGCCTATATGTTTGGCTTTTTCTTTGGTCGGA
 ▶  CCCCACTCATTAAGCTCTCTCCAAAGAAGACCTGGGAAGGCTTCATTGGGGGCTTCTTTGCCACG
 3  +
 4  FFFFFFFFFFFFF:FFF:FFFFFFF#FFFFFFFFFFF,FFFFFFFFFFFFF:FFFF,:F,F,FFFFFFFFFFF:
 ▶  :FFFFFFFFFFFFFFFFFFF:FFFFFFFFFFFFFFFFFF:F,FFFFFFFF::FF,FFFFFF:FFF:FFFFFF,
 5  @A00599:639:HTKL5DSXC:2:1101:4182:1000 1:N:0:ATCACGTG+GAAGGCCT
 6  CGGCTCACAACCATCTGTAATGGGNTCCGATGGCCTCTTCTGGTGTGTCTGAAGACAGCTGCAGTGTACTCACATAAATACAATA
 ▶  AATAATTCTTTTAAAGAAAAAAAAAAAAAAAAAGAGTTGGTCTTGAGGTATAAGATCGGAAGAGCA
 7  +
 8  FFFFFFFFFFFF,FFFFFFFFFF#FFFFFFFFFF:FFFFFFFFFFFFFFFFFFFFFFFFFFFFFFFFFFFFFFFFFF
 ▶  :FFFFFFF:FFFFFFF::FFFFFFFFFF:FFFFF,:FFFFFF,FF:,FFFF:,:,,,FFFF:F:,F
 9  @A00599:639:HTKL5DSXC:2:1101:11523:1000 1:N:0:ATCACGTG+GAAGGCCT
10  CTACTGAGTGTGAAAACAGAGATGCAGTCACACACATAGGGAGGGTATACAAGGAAAGGTTAGGACTTCCTCCGAAGATAGTGAT
 ▶  TGGTTATCAGTCCCACGCGAGACACAGCTACAAAGAGCGGCTCCACCACTAAAAATAGGTTTGTTG
11  +
12  FFFFFFFFFFFFFFFFFFFFFFFFFFFFFFFFFFFFFFFFFFFFFFFFFFFFFFFFF:FFFFFFFFFFFFFFFFFFFFF
 ▶  FFFFFFFFFFFFFFFFFFFFFFFFFFFFFFFFFFFFFFFFFFFFFFFFFFFFFFFFFFF:FFFFF
13  @A00599:639:HTKL5DSXC:2:1101:11867:1000 1:N:0:ATCACGTG+GAAGGCCT
14  ATTCATGTCTGAGCTGTGACAGCTAATTGAAGAGCTAGCATGGTCCTTGGGTGTTTGCACTATGTGTGTTAATTTGTTCTGTAAA
 ▶  TGCGGTGTTCCTGATTTAGTGAGACAGAATAGACTCTTGTCATGACCTATAATTATACCTATGGG
15  +
16  FFFFFFFFFFFFFFFFFFFFFFFFFFFFFFFFFFFFFFFFFFFFF:FFFFFFFFFFFFFFFFFFF:FF
 ▶  :FFFFFFFFFFFFFFFFFFFFFFFFFFFFFFFFFFFFFFFFFF:FFFFFFFFFFFFFFFFFFFFFFFFFFFFF
```

图2-2 普通转录组测序fastq文件内容示例

普通转录组的上游分析通常在Linux平台上进行，涵盖多个关键步骤和相关软件。为了简化软件的安装过程，推荐使用Anaconda或Miniconda进行安装，它们提供了丰富的生物信息学软件包，并且具备高效的软件包管理和依赖关系解决机制。使用Anaconda或Miniconda可以轻松管理不同软件环境和版本的软件，确保分析顺利进行。以下是安装上游分析所需软件包的示例代码：

```
conda install trimmomatic
conda install fastqc
conda install star
conda install subread
```

本文将以两组小鼠（分别为实验组与对照组）的脑组织为例，来介绍上游分析的步骤和最常用的方法。为了保证实验的可靠性和重复性，每个组别通常需要三个重复样本。假设对照组命名为ctrl，实验组命名为exp，实验所需的6个样本命名为ctrl1、ctrl2、ctrl3、以及exp1、exp2、exp3。如果测序采用了双端测序技术，以ctrl1为例，该样本的下机数据会生成两个文件：ctrl1_1.fastq和ctrl1_2.fastq。

以下将介绍通过下机原始数据得到基因表达矩阵的最常用方法。

1. 去除接头

在建库过程中，cDNA的两端都被加上了接头。因此，去除这些接头是下游分析的第一步，旨在减少接头序列对后续数据分析的干扰。Trimmomatic软件是一款常用的去除接头序列的工具，能够有效且准确地去除接头序列[1]。以下是使用Trimmomatic去除样本ctrl1的两个fastq文件（ctrl1_1.fastq和ctrl1_2.fastq）中接头的操作代码。

```
trimmomatic PE -threads 4 -phred33 \
ctrl1_1.fastq ctrl1_2.fastq \
ctrl1_trim_1.fastq ctrl1_un_1.fastq \
ctrl2_trim_1.fastq ctrl2_un_1.fastq \
ILLUMINACLIP:./adapter_trueSeq_Nextera_smartseq.fa:2:30:10 \
LEADING:3 TRAILING:3 SLIDINGWINDOW:4:15 MINLEN:36
```

2. 质控

去除接头后，需要对已经处理好的文件（ctrl1_trim_1.fastq和ctrl1_trim_2.fastq）进行质控。这一步是为了确保接头被彻底去除，同时检查PCR扩增过程中是否出现了偏差或其他问题。质控是转录组学分析流程中不可或缺的一环，能评估数据的质量，识别潜在的异常或错误，从而保证后续分析结果的准确性和可靠性。常用的质控工具是FastQC，它能够生成多个质量报告，包括Per base sequence quality、Sequence length distribution 和 Adapter content等，从而帮助评估样本的测序质量。只有当这些检测项目达到绿色通过的标准时，才能认为该样本的核苷酸序列是可信的，可以用于进一步的生物信息学分析。以下是进行质控的具体运行代码：

```
fastqc ctrl1_trim_1.fastq
fastqc ctrl1_trim_2.fastq
```

3. 比对回基因组序列

质控通过后，下一步是将通过质控的序列比对到小鼠的基因组。这一步的目的是确定这些序列在基因组中的位置，并为后续的基因表达分析奠定基础。为了获得准确的比对结果，通常从Ensembl或GENCODE等数据库下载最新的基因组序列。

在进行比对之前，为了提高比对效率，应先对基因组序列建立索引。STAR是一款高效且广泛使用的比对工具，它能够快速且准确地完成核苷酸序列与基因组的比对工作[2]。以下是STAR建立索引以及使用STAR将ctrl1_trim_1.fastq和ctrl1_trim_2.fastq比对回小鼠基因组的代码示例。

```
STAR --runThreadN 4 --runMode genomeGenerate \
--genomeDir star_index \
--genomeFastaFiles GRCh39.primary_assembly.genome.fa \
--sjdbGTFfile genecode.V29.primary-assembly.annotation.gtf
```

--runThreadN参数指定了线程数以便使用多核处理器加速索引建立过程。

--genomeFastaFiles参数指定了基因组FASTA文件的路径，--sjdbGTFfile参数指定了GTF格式的基因注释文件的路径。

在建立了STAR的索引之后，可以使用以下命令将经过质控的核苷酸序列比对回小鼠基因组。

```
STAR --runThreadN 4 --genomeDir star_index \
--readFilesIn ctrl1_trim_1.fastq ctrl1_trim_2.fastq \
--outSAMtype BAM SortedByCoordinate \
--quantMode GeneCounts \
--outFileNamePrefix ctrl1_
```

在这个命令中，--genomeDir指定了之前建立STAR索引的文件位置，--readFilesIn参数指定了双端测序的两个输入文件，--outSAMtype BAM SortedByCoordinate参数指定了输出文件的格式为BAM，并且按照染色体坐标排序。--outFileNamePrefix参数设置了输出文件的前缀。

运行完上一步比对流程的代码后，STAR会输出ctrl 1样本比对回基因组并排列好的BAM文件。为了获得所有样品的分析数据，可以批量重复上述的去接头、质控和比对步骤，或者编写一个循环脚本来自动化处理过程，以确保其他五个样本（ctrl2、ctrl3、exp1、exp2、exp3）也完成相同的分析流程，并最终得到所有样本的BAM文件。在这个过程中，索引只需要建立一次。

4. 定量后生成表达矩阵

上游分析的最终环节是将比对好的BAM文件统计整合成一个基因表达矩阵。目前，使用featureCounts工具是进行这一步骤最常用且准确的方法之一[3]。featureCounts能够高效地统计每个基因在样本中的读数（read count），从而反映出基因的表达水平。

以下是使用featureCounts的具体操作步骤。-T指定线程数，-p指定该测序数据是双端测序（paired-end reads）。--extraAttributes gene-name指定在生成的表达矩阵中添加基因名称列，-a指定基因注释文件的路径，-o指定输出的表达矩阵的路径和文件名称。

```
featureCounts -T 4 -p --extraAttributes gene_name \
-a genecode.V29.primary-assembly.annotation.gtf \
-o count_matrix.txt ctrl1_Aligned.sortedByCoord.out.bam \
ctrl2_Aligned.sortedByCoord.out.bam \
ctrl3_ligned.sortedByCoord.out.bam \
exp1_Aligned.sortedByCoord.out.bam \
exp2_Aligned.sortedByCoord.out.bam \
exp3_Aligned.sortedByCoord.out.bam
```

运行完featureCount分析后，基因表达矩阵将成功构建并被输出为count_matrix.txt文件。该文件结构清晰明了，每一行对应一个基因，每一列代表一个独立的样本。矩阵中的每个数值都精准地反映了相应基因在对应样本中的表达量，提供了丰富的基因表达信息。此外，文件中还详细标注了基因的长度、所在染色体等额外信息，使得数据的解读更加全面和深入，图2-3是最简化的基因表达矩阵示例。

	ctrl_BNST_rep1	ctrl_BNST_rep2	ctrl_BNST_rep3	Formalin_BNST_rep1	Formalin_BNST_rep2	Formalin_BNST_rep3
ENSMUSG00000051951.5	9.874942	9.859036	9.617281	9.736678	9.612102	9.637654
ENSMUSG00000102331.1	3.319567	3.522162	3.478034	3.420745	3.404961	3.417195
ENSMUSG00000025900.13	2.966685	2.846007	2.991469	3.208192	2.983284	3.089832
ENSMUSG00000025902.13	5.096475	5.395897	5.409600	5.183285	5.221776	5.292272
ENSMUSG00000033845.13	8.397734	8.402563	8.333491	8.422624	8.462385	8.465978
ENSMUSG00000102275.1	2.948138	3.110526	3.154516	3.167838	3.037029	2.997885
ENSMUSG00000025903.14	8.445114	8.543110	8.554667	8.731290	8.781897	8.725048
ENSMUSG00000033813.15	10.126258	10.109525	10.254050	10.332311	10.209818	10.159157
ENSMUSG00000062588.4	3.151422	3.133587	3.224914	3.192724	3.391786	3.340374
ENSMUSG00000103280.1	5.612302	5.775684	5.824158	5.843713	5.611935	5.589145
ENSMUSG00000002459.17	9.405249	9.100591	9.273983	9.145977	9.099278	9.056505
ENSMUSG00000033793.12	11.232405	11.272189	11.013496	11.132077	11.072820	11.146992
ENSMUSG00000025905.14	8.981327	9.554694	8.691524	8.533286	8.676130	8.656585
ENSMUSG00000033774.4	4.832879	5.019935	4.819628	4.626467	4.720854	4.674558
ENSMUSG00000025907.14	10.994148	10.962969	10.986310	11.051833	10.957174	10.918266
ENSMUSG00000090031.2	6.939993	7.021687	6.920534	6.986346	6.961408	6.898012
ENSMUSG00000103845.1	5.082434	5.116498	5.068820	4.973430	4.950958	4.914470
ENSMUSG00000033740.17	8.113188	7.804529	8.336171	8.574901	8.360793	8.261263
ENSMUSG00000103329.2	4.565016	4.370351	4.430106	4.363053	4.545487	4.406934
ENSMUSG00000051285.17	11.261155	11.376386	11.338475	11.455585	11.355468	11.249569
ENSMUSG00000103509.1	7.444921	7.563085	7.619332	7.379550	7.483835	7.305060
ENSMUSG00000048538.7	3.748675	3.490113	3.485445	3.616264	3.573150	3.579358

图2-3　基因表达矩阵示例

除了基因表达矩阵，featureCounts输出的另一个文件count_matrix.summary，提供了每个样本测序数据比对回基因组序列的比率信息。这一比率至关重要，它直接反映了测序数据的质量以及建库过程中cDNA样品的纯净度。若该比率数值过低，通常意味着在建库过程中cDNA样本可能受到了污染，导致所测得的序列并非完全属于小鼠的转录组信息，这将对后续分析造成不良影响。

至此，上游分析的所有步骤均已完成，最终得到了一个全面、准确且质量可靠的基因表达矩阵。这一矩阵将为后续的差异分析、富集分析以及网络分析等提供坚实的数据基础。

(二) 差异基因分析

在普通转录组测序的分析流程中，差异基因分析无疑是至关重要的一环，其核心目标在于精确识别不同组之间mRNA表达水平存在显著差异的基因。随着生物信息学领域的蓬勃发展，多种计算方法可以实现差异基因分析，其中DESeq2和edgeR是最常用的两个软件。DESeq2以其出色的性能，成为目前普通转录组差异基因分析引用次数最多的方法[4]。本文将着重针对DESeq2的应用做详细介绍。

DESeq2作为一款基于R语言的软件包，专门用于普通转录组学数据的差异表达分析。其安装过程简便快捷，在"RStudio"界面通过"Packages"菜单选择"Install"，然后在弹出的搜索框中输入"DESeq2"，即可完成安装。

使用DESeq2进行差异分析时需要读入基因表达矩阵和样本信息表。基因表达矩阵，即上游分析所得的count_matrix.txt文件。在导入DESeq2时，需要剔除与基因表达读数无关的列，并将Geneid一列命名为行名。样本信息表指出每个样品所属组别，其中第一列应与表达矩阵中的样品列名相对应，第二列则应标记对应样本的组别。在本示例中，将第二列命名为conditions，并通过ctrl或exp来清晰区分对照组和实验组。随后应使用DESeq2对数据进行标准化和归一化处理，以消除技术差异对分析结果的影响。最后，通过比较实验组（exp）和对照组（ctrl）之间的差异基因，DESeq2将输出一个包含详细差异分析结果的表格。整个过程可以参照图2-4，使用的代码如下：

```
count_matrix <- read.table('count_matrix.txt', header = T)
sample <- read.table('sample_annotation.txt', header = T)
l <- ncol(count_matrix)
rownames (count_matrix) <- count_matrix$Geneid
dds <- DESeqDataSetFromMatrix(countData = count_matrix [,8:l],
                              colData = sample,
                              design = ~ conditions)
dds <- DESeq(dds)
deseq2_res <- results(dds, contrast=c('conditions', 'exp', 'ctrl'))
```

读入数据

	ctrl1	ctrl2	ctrl3	exp1	exp2	exp3
Gene1	0	0	0	135	126	139
Gene2	1011	1206	1155	780	683	721
Gene3	2201	2305	2588	4500	4233	4090
……						

（基因表达矩阵）

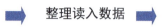

整理读入数据  运行DESeq2

比较两组间结果

	conditions
ctrl1	ctrl
ctrl2	ctrl
ctrl3	ctrl
exp1	exp
exp2	exp
exp3	exp

（样本信息表）

图2-4　DESeq2代码逻辑步骤

在差异分析的结果表格中，padj 和 log2FoldChange 是两个重要的参数，如图2-5所示。padj是经过多重检验校正后的 P 值，用于评估差异表达的显著性。通常，设定padj小于0.05作为差异基因的筛选标准。log2FoldChange 则表示基因在实验组相对于对照组的表达量变化倍数（经过log2转换），它反映了基因对两组差异的贡献程度。具体设置多少来定义差异基因，需要根据实验的具体情况和需求来确定。

Geneid	log2FoldChange	lfcSE	stat	pvalue	padj
ENSMUSG00000015401.12	6.6985	2.184685243	3.066125998	0.002168519	0.013131319
ENSMUSG00000006777.7	6.1988	1.451430281	4.270851666	1.95E-05	0.000284722
ENSMUSG00000091003.2	-5.8966	1.339971163	-4.400577711	1.08E-05	0.000174355
ENSMUSG00000023122.6	5.7925	2.194913322	2.639055809	0.008313729	0.037235478
ENSMUSG00000104572.5	5.6697	0.675416156	8.394309639	4.69E-17	7.68E-15
ENSMUSG00000086128.8	-5.5026	1.399884624	-3.930749356	8.47E-05	0.000941302
ENSMUSG00000046764.8	5.4242	1.897986143	2.857878906	0.004264831	0.022200901
ENSMUSG00000021416.11	5.128	1.834050264	2.795999397	0.00517395	0.025772127
ENSMUSG00000093954.8	-5.1236	1.51399339	-3.384156106	0.000713974	0.005561974
ENSMUSG00000030450.11	4.9343	1.404045576	3.51434371	0.000440842	0.003766079
ENSMUSG00000047443.14	-4.814	1.299064974	-3.705732206	0.000210781	0.002043102
ENSMUSG00000023274.14	-4.7682	0.402997199	-11.83184948	2.67E-32	2.99E-29
ENSMUSG00000070369.13	4.7271	1.126799991	4.195185325	2.73E-05	0.000376089
ENSMUSG00000061808.4	4.7171	1.782930987	2.64572517	0.008151601	0.036690893
ENSMUSG00000021187.14	4.665	1.574459728	2.962890243	0.003047652	0.017053215
ENSMUSG00000085222.1	-4.5856	1.314737502	-3.487851693	0.000486918	0.00406114
ENSMUSG00000108849.1	-4.5296	1.30067253	-3.482542714	0.000496676	0.004124429
ENSMUSG00000042489.15	-4.5184	0.647039293	-6.983131571	2.89E-12	2.41E-10
ENSMUSG00000101939.1	4.4356	0.964238513	4.6000675	4.22E-06	7.73E-05
ENSMUSG00000091817.1	-4.2079	1.413357185	-2.977217934	0.002908772	0.016484774

图2-5　差异基因输出结果示例

为了更直观地展示实验组与对照组之间差异基因的变化情况，对差异基因分析的结果进行可视化显得尤为必要。在众多的可视化方法中，主成分分析（PCA）和火山图是经典且有效的展示手段，可以通过R语言或Hiplot等工具实现。图2-6展示的是1个PCA图和3个火山图，用于反映对照组、Formalin处理组（急性痛）和CFA处理组（慢性痛）在Bed nucleus of the stria terminalis（BNST）脑区的差异基因表达情况。从PCA图可知，三组间的差异基因通过PCA降维后可以被明显区分为三块区域，说明Formalin和CFA处理引起的基因表达情况均与对照组不同。火山图的横轴是log2 Fold Change；基因越靠近横轴的两端，表示其变化程度越大。而纵轴则采用−log10（p.adjust），用以衡量两组间基因表达差异的显著性。纵轴数值越高，表示差异越显著。通过火山图可知，Formalin处理引起BNST脑区基因表达上调的基因数量更多，而CFA处理导致基因表达下调的基因数量更多。

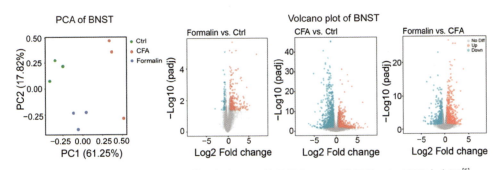

图2-6　对照组、**Formalin**处理组和**CFA**处理组在**BNST**脑区的**PCA**图和火山图[5]

（三）基因通路富集分析

基因通路富集分析是一种重要的生物信息学方法，旨在揭示差异基因在生物过程中的主要功能和涉及的信号通路。这种方法利用已知的基因注释信息，对筛选出的差异基因进行统计，并通过统计学检验来确定这些基因主要影响的通路。常见的基因注释信息库包括GO和KEGG等，它们提供了丰富的基因功能描述和通路信息。在基因通路富集分析中，常用的分析方法主要有过代表分析、功能类别赋分析和通路拓扑分析[6]。其中，过代表分析因其具有简单性和稳定性而被广泛应用。它可利用Fisher's exact test等统计学方法，检验差异基因注释到的通路是否与通常背景的通路存在显著差异，从而揭示这些基因在特定生物过程中的关键作用。

目前，有许多成熟的在线工具和软件可用于实现基因通路富集分析。例如，metascape是一个功能强大的在线工具，它提供了直观易用的界面和丰富的数据库资源，方便用户进行基因富集分析[7]。在metascape中，用户只需将差异基因名称提交至其网站首页，点击Express Analysis按钮，稍等片刻即可查看这些差异基因在各个数据库中的哪些通路里显著发生了改变。对于使用过代表分析的通路富集来说，校正后的P值是最重要的参数，它直接反映了实验组和对照组在某一通路上是否存在显著的差异。通常而言，校正后的P值小于0.05被认为是具有显著差异的阈值，但根据具体的实验情况和需求，这一阈值有时会被适当放宽。图2-7展示了图2-6中Formalin处理组和对照组之间的差异基因上传至metascape后输出的排名前20的富集通路。通路是否显著改变通过颜色的深浅来直观呈现，颜色越深表示通路较对照组变化越显著。在图的右侧，列出了对应的通路名称，方便读者快速识别和了解这些通路。

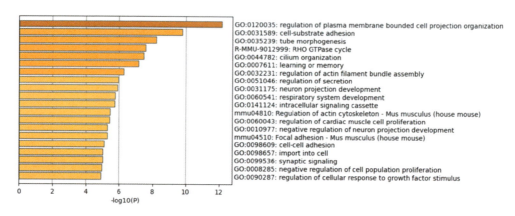

图2-7　富集分析可视化

（四）网络分析

在普通转录组学的研究中，网络分析扮演着至关重要的角色，它指出了基因间相互作用和调控关系。网络分析的方法多种多样，其中基于数据库信息的蛋白互作网络分析以及基于基因表达相关性的加权基因共表达网络分析（WGCNA）都是极为常用的方法。以蛋白互作网络分析为例，这是一种利用已知数据库中的蛋白互作信息来构建和分析基因间相互作用网络的方法，通过利用如STRING这样的在线工具就可以进行此类分析[8]。具体而言，只需将实验组和对照组之间的差异基因名称提交至STRING的Multiple protein模块，点击search按钮，系统便会根据STRING数据库中储存的蛋白物理或功能上的互作信息，自动生成一个蛋白互作网络。通过这种网络分析方法，能够更全面地了解这些基因生成的蛋白质之间的相互作用和调控机制，为后续的生物学实验和疾病治疗提供有力的理论依据。

图2-8展示了STRING数据库的输出结果，图中每个圆圈代表一个基因，同时也

是网络中的一个节点。节点之间的连线代表基因间存在物理或功能上的蛋白互作关系。因此，连接更多基因的节点通常在网络中扮演着更为关键的角色，它们通常位于网络的核心位置，承担着重要的调控功能。例如，图中显示的Drd1a和Drd2基因就是网络中的关键枢纽。

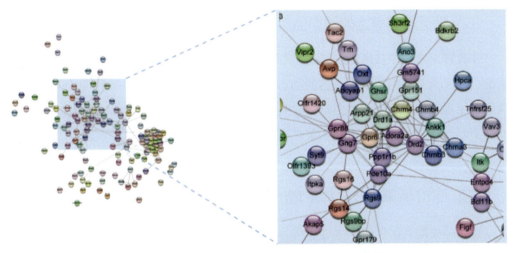

图2-8 **BNST脑区急性痛模型的蛋白互作网络**[5]

七、关键点

步骤	问题	原因	解决办法
实验步骤1	RNA产量过低	RNA降解或洗脱不充分	重新洗脱；适当加热洗脱用的DEPC水
实验步骤2	文库中有小片段序列	有引物二聚体残留	对文库DNA重新进行纯化或片段分选
数据分析	比对率低于50%	建库过程中有污染	去除比对不上的序列后再进行分析

八、技术的局限性

(一) 无细胞特异性

普通转录组测序的结果反映的是样品中所有细胞转录组表达量的平均值，因此无法准确揭示每个细胞或特定细胞群体的特异性状态。在复杂的生物样本中，尤其是在大脑组织中，细胞群体常常表现出显著的异质性，不同细胞类型或状态可能具有独特的转录组特征。然而，普通转录组学无法捕捉到细胞间的这种差异，限制了对细胞群体内部复杂性和多样性的深入理解。若研究目标是探索细胞类型特异性表达基因或更精细的细胞层级差异，单细胞或单细胞核转录组测序将是更为合适的方法。

(二) 缺乏基因表达的动态信息

普通转录组测序技术所测得的mRNA是静态的，它只能反映某一时刻的基因表达情况，而无法直接揭示基因表达的动态变化过程。尽管可以通过在不同时间点取样来探索基因表达的动态变化，但这仅仅是在动态过程中的几个静态点的观察，缺乏连续性和实时性。因此，无法全面了解基因表达随时间变化的完整过程，也无法准确捕捉基因表达调控中的关键事件。

(三) 受RNA降解及文库扩增的影响

在样品处理、保存和扩增过程中，RNA容易出现降解和扩增偏差，这可导致转录组测序结果中基因表达量的失真。RNA的降解可能导致某些基因的表达量被低估或高估，而扩增过程中的偏差则可能引入额外的噪声和误差。因此，在进行普通转录组学分析时，需要采取适当的样品处理和严格的质控措施，以最大程度地减少RNA降解和扩增偏差对结果的影响。为减少RNA的降解，样品处理要尽可能缩短时间并尽可能在冰上进行。

------------------------------ ● **思 考 题** ● ------------------------------

1. 简述普通转录组测序的实验流程。
2. 简述如何从普通转录组测序的结果中筛选出关键基因。
3. 简述普通转录组测序的优势与劣势。

------------------------------ ● **参 考 文 献** ● ------------------------------

[1] Bolger AM, Lohse M, Usadel B. Trimmomatic: a flexible trimmer for Illumina sequence data. Bioinformatics 30, 2114-2120 (2014).

[2] Dobin A, Davis CA, Schlesinger F, et al. STAR: ultrafast universal RNA-seq aligner. Bioinformatics 29(1), 15-21 (2013).

[3] Liao Y, Smyth GK, Shi W. The Subread aligner: fast, accurate and scalable read mapping by seed-and-vote. Nucleic Acids Res 41, e108 (2013).

[4] Love MI, Huber W, Anders S. Moderated estimation of fold change and dispersion for RNA-seq data with DESeq2. Genome Biol 15, 550 (2014).

[5] Fang S, Qin Y, Yang S, et al. Differences in the neural basis and transcriptomic patterns in acute and persistent pain-related anxiety-like behaviors. Front Mol Neurosci16, 1185243 (2023).

[6] Khatri P, Sirota M, Butte AJ. Ten years of pathway analysis: current approaches and outstanding challenges. PLoS Comput Biol 8, e1002375 (2012).

[7] Zhou Y, Zhou B, Pache L, et al. Metascape provides a biologist-oriented resource for the analysis of systems-level datasets. Nat Commun 10, 1523 (2019).

[8] Szklarczyk D, Gable AL, Lyon D, et al. STRING v11: protein–protein association networks with increased coverage, supporting functional discovery in genome-wide experimental datasets. Nucleic acids research 47(D1), D607-D613 (2019).

（秦宇欣　魏子诚　连涵冰　李勃兴）

第二节　单细胞转录组测序

一、简介

单细胞转录组测序（single cell RNA-seq）是对单个细胞的转录本进行深度测序的高通量技术，可揭示复杂组织中细胞分辨率级别的基因表达情况。这项技术克服了普通转录组测序方法的局限性，能够准确捕捉单个细胞的基因表达特征，避免了细胞群体平均水平分析时可能掩盖细胞特异性表达的问题。

(一) 单细胞转录组测序的原理

单细胞转录组测序技术的核心原理在于实现对单个细胞的精确捕获与独立分析，从而揭示每个细胞独特的基因表达特征。主流方法利用微流控芯片实现对单个细胞的精确操控。这些微小的芯片内部设计有复杂的通道和结构，能够精确地操控流体和细胞。当单个细胞流经这些通道时，它们会被有效地捕获并隔离在微小的油滴中，形成所谓的"油包水"结构[1]。这种结构不仅确保了每个细胞都被单独隔离，而且为后续的测序步骤提供了稳定的环境。在细胞被捕获后，每个细胞会被赋予独特的barcode序列，并将其与细胞内的转录本相结合，以供后续在数据分析过程中准确地标识转录本的来源。

(二) 单细胞转录组测序的发展历程

自普通转录组测序技术诞生之日起，研究者便敏锐地察觉到将其分辨率提升至细胞层级的迫切需求，为此积极探索多种途径，力求精准地分离并捕获单个细胞，以便进行深入的测序分析。

荧光激活细胞分选（fluorescence-activated cell sorting，FACS）是其中的一种常见方法，它利用荧光标记的抗体与细胞表面抗原结合，通过流式细胞仪将特定类型的细胞分离出来[2]。这种方法虽然能够较为准确地分离出目标细胞，但操作复杂且通量较低。磁激活细胞分选和激光显微切割等方法在一定程度上提高了单细胞分离的效率和准确性，但会导致细胞损伤、丢失等问题[3, 4]。随着微流控技术的快速发展，研究者们开始将这一技术应用于单细胞测序领域。微流控系统通过精确控制微小通道中的流体流动，实现了对单个细胞的捕获、分离和操控。这种技术不仅操作简便、通量高，而且能够最大程度地保持细胞的完整性和活性，为单细胞测序提供了更为可靠和高效的方法。经过多年不断的优化和改进，于2015年左右，单细胞测序技术逐渐形成了现如今成熟的流程。

　　然而，单细胞测序技术的发展并未止步于此。实际上，单细胞测序对细胞活性有着较高要求，可在现实中，大量的实际样品以冻存细胞的形式存在，这一状况无疑在一定程度上制约了单细胞测序技术的应用广度与深度。为了解决这个问题，研究者们进一步开发出了单细胞核转录组测序技术。此技术可以从细胞中提取出细胞核，并进行转录组测序分析，成功克服了细胞活性不足所带来的困扰。但不可忽视的是，在这一过程中，细胞质中的转录本信息也随之丢失。故而，单细胞核转录本测序在应用上更偏向于探究细胞核内的基因表达调控机制以及核内RNA的功能等方面。

二、应用

　　近年来，单细胞转录组测序技术在神经科学领域的应用愈发广泛。因其能反应单个细胞的基因表达状态，故而可借助该技术探究细胞分类情况。部分特异性神经元在大脑中呈散在分布，而单细胞转录组测序可以通过特异性的基因表达模式将这些神经元识别出来以做进一步研究。除此之外，细胞转录组测序为细胞分化过程的研究也提供了重要的支持。在神经免疫方面，单细胞转录组测序也为受体和配体的研究构筑起以往所欠缺的高通量测序研究基础。

三、实验流程图

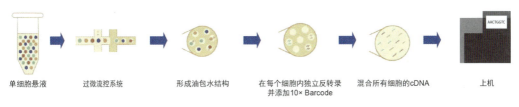

| 单细胞悬液 | 过微流控系统 | 形成油包水结构 | 在每个细胞内独立反转录并添加10× Barcode | 混合所有细胞的cDNA | 上机 |

图2-9　单细胞转录组实验流程

四、实验试剂与器材

表2-5　实验试剂

名称	型号	厂商
Chromium Next GEM Single Cell 3' GEM Kit v3.1	HRLS0815	10×Genomics

表2-6　实验仪器

名称	型号	厂商
Chromium X	1000331	10×Genomics

五、实验步骤

单细胞转录组测序存在成本相对高昂以及对实验技术要求较高等特点，当前在实际操作中，多数情况下会采用商品化流程来完成建库工作。鉴于此，在此处我们将主要聚焦于对其关键步骤展开介绍，目的是使读者能够更为清晰、便捷地理解单细胞转录组测序中具体步骤及其内在逻辑关系。

1. 消化组织得到单细胞悬液

在针对脑组织中的神经元等细胞进行处理时，考虑到细胞的特性，通常需要使用性质较为温和的木瓜酶将其消化为单细胞悬液。经过消化处理后，依然会存在一些未被充分消化的细胞团块，而这些团块如果不能被彻底清除，将会对后续的单细胞捕获工作产生不利影响。因此，在捕获前还需要过细胞筛以确保单细胞能够顺利通过微流控系统。

2. 使用微流控系统分离单个细胞

单细胞悬液进入微流控系统后，每个细胞都会和一个凝胶微珠（gel beads）结合，进而形成油包水结构。每个凝胶微珠上都有DNA片段，包含10×Barcode、UMI（unique molecular identifiers）和polydT。其中，10×Barcode是一段16 nt的核苷酸序列，用于标记每个凝胶微珠，可以保证测序时来源于同一个细胞的mRNA都携带相同的16 nt核苷酸序列。UMI是一段12 nt的随机核苷酸序列，用于标记每一个mRNA分子，可以保证后续PCR扩增形成cDNA后，仍能知道它们来源于哪一个mRNA分子。PolydT是用于捕获mRNA分子的polyA序列。

3. 在凝胶微珠内进行RNA提取与逆转录

单独对每个细胞进行RNA提取与逆转录，使每一个逆转录出的cDNA都带有barcode和UMI。

4. 扩增文库与纯化分选

加入破油试剂释放所有cDNA，随后在这些cDNA中加入接头序列，并进行PCR扩增。在此过程中，根据实验需要对PCR产物进行纯化和片段分选，以确保得到高质量的扩增产物。

5. 测序

检测合格后可以进行上机测序。

六、数据分析及结果解读

(一) 单细胞转录组游数据分析

与常规转录组学类似，单细胞转录组下机后得到的原始数据格式也是fastq格式。如果使用单细胞转录组中最常用的测序平台10×Genomics，则可以使用CellRanger作为上游分析软件。CellRanger可从以下网站下载：

https://www.10xgenomics.com/support/software/cell-ranger/downloads

下载后，用户可以使用以下代码解压安装包并准备参考基因组数据。

```
tar -zxvf cellranger-8.0.0.tar.gz
tar -zxvf refdata-gex-GRCm39-2024-A..tar.gz
```

解压 CellRanger 后，可以使用以下代码从原始的fastq数据中提取 barcode 和 UMI 序列，并将测序结果比对到参考基因组。使用 --id 参数指定输出文件夹，--fastqs 参数指定fastq 文件的位置，--transcriptome 参数指定参考基因组路径。执行该代码后，CellRanger 将生成结果文件，保存在 results 文件夹中，其中包含三个关键文件：

barcodes.tsv.gz：每个 barcode 代表一个细胞；

features.tsv.gz：每个 feature 代表一个基因；

matrix.mtx.gz：记录所有非零的基因表达数据。

这些文件可供后续分析使用。

```
cellranger count --id=results \
--fastqs = fastq_dir \
--transcriptome = refdata-gex-GRCm39-2024-A
```

(二) 对数据进行均一化

在得到所有的barcodes、features和matrix文件之后，可以使用R语言里的Seurat建立单细胞数据处理项目，进行质控、数据均一化等操作[5]。Seurat的安装和其他R语言软件类似，在RStudio界面通过"Packages"菜单选择"Install"，然后在弹出的搜索框中输入"Seurat"以完成安装。在对数据进行处理时，首先需要读入CellRanger输出的结果，建立为Seurat对象，代码如下：

```
result <- Read10X(data.dir = "results")
data <- CreateSeuratObject(counts = result, project = "test",
                           min.cells = 3, min.feature=200)
```

接下来，可以使用 Seurat 函数进行质控，评估数据分布情况。基于质控结果的可视化（如小提琴图，一种将箱线图和核密度估计图结合起来的可视化图表），可以对 nFeature_RNA 和 percent.mt 设置阈值，进一步筛选数据，代码如下：

```
data[[percent.mt]] <- PercentageFeatureSet(data, pattern = "^MT-")
VlnPlot(data, features = c("nFeature_RNA", "nCount_RNA",
                           "percent.mt"), ncol = 3)
data <- subset(data, subset = nFeature_RNA > 200 & nFeature_RNA
               < 2500 & percent.mt < 5)
```

最后，使用以下代码对数据进行均一化处理。

```
data <- NormalizeData(data, normalization.method = "LogNormalize",
                      scale.factor = 10000)
data <- NormalizeData(data)
```

（三）细胞分群

为了识别细胞类型，首先使用 FindVariableFeatures 函数找出表达差异较大的基因。接着，对数据进行降维处理，并利用 FindNeighbors 和 FindClusters 函数对细胞进行聚类。根据具体情况，相关参数可以适当调整。由于当前单细胞数据可视化通常采用非线性降维方法，以下代码展示了基于 t-SNE 方法的降维可视化。在图2-10中，可以看到细胞被划分为 14 个不同的群体。

```
data <- FindVariableFeature(data, method = "vst",
                            nfeatures = 2000)
all.genes <- rownames(data)
data <- ScaleData(data, features = all.genes)
data <- FindNeighbors(data, dims = 1:10)
data <- FindClusters(data, resolution = 0.5)
data <- RunTSNE(data, dims = 1:10)
DimPlot(data, reduction = "tsne")
```

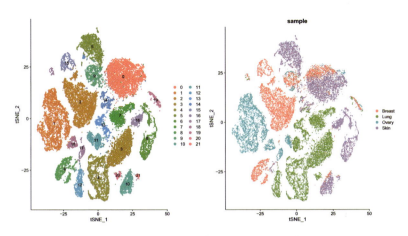

图2-10 单细胞测序t-SNE降维图示例

图来源：贝瑞基因提供

(四) 各细胞群差异基因的可视化

在识别出细胞群之后，可以使用 Seurat 的 DoHeatmap 函数生成热图，以展示各细胞群的特异性表达基因。图2-11 为热图示例，其中红色方块表示高表达基因，蓝色方块则表示低表达基因。

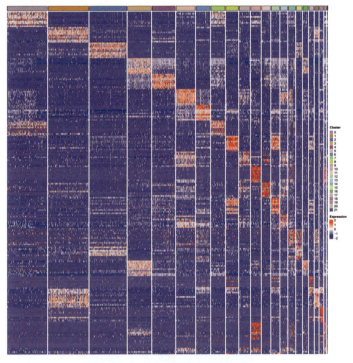

图2-11 差异基因的聚类热图示例

图来源：贝瑞基因提供

七、关键点

实验步骤	问题	原因	解决办法
消化组织	细胞碎片较多	消化过度	减少消化时间
单细胞悬液检查	细胞存活率低	操作时间过长	减少操作时间并尽量在冰上操作

八、技术的局限性

(一) 样本量要求高

单细胞转录组测序实验对细胞起始量及活细胞比例有着严格要求。通常而言，至少需要10万个细胞作为起始量，且活细胞比例应大于80%。对于一些珍贵的样品而言，这个细胞量常常难以达到。另外样品在解离为单细胞或操作过程中所造成的损耗都会使活细胞比率下降。

(二) 重复性较差

与传统转录组学相比，单细胞转录组测序在重复性方面存在一定劣势。在转录本的捕获环节，其具有明显的偏好性，往往会优先捕获高表达的转录本，这使得转录本的获取存在不均衡的情况。此外，由于当前技术的捕获效率较低，致使每个细胞中测序到的转录本远少于实际转录本数目，这些因素导致了单细胞转录组测序结果的重复性较低。

(三) 应激基因的表达

在将脑组织或培养神经元解离成单细胞的过程中，细胞可能受到一些非预期的额外刺激，这种刺激会致使应激基因表达，进而干扰细胞原本的基因表达状态和生物学特性。因此，解离过程需要特别小心，以避免对细胞造成不必要的应激。

思 考 题

1. 简述单细胞转录组测序和单细胞核转录组测序的区别及其适用的情况。

2. 简述单细胞转录组测序的流程。

3. 简述单细胞转录组测序的优势和劣势。

参考文献

[1] Okumus B, Baker CJ, Arias-Castro JC, et al. Single-cell microscopy of suspension cultures using a microfluidics-assisted cell screening platform. Nat Protoc 13(1), 170-194 (2018).

[2] Miwa H, Dimatteo R, de Rutte J, et al. Single-cell sorting based on secreted products for functionally defined cell therapies. Microsyst Nanoeng 8, 84 (2022).

[3] Holt LM，Olsen ML. Novel applications of magnetic cell sorting to analyze cell-type specific gene and protein expression in the central nervous system. PLoS One 11, e0150290 (2016).

[4] Ibrahim SF，van den Engh G. High-speed cell sorting: fundamentals and recent advances. Curr Opin Biotechnol 14, 5-12 (2003).

[5] Butler A, Hoffman P, Smibert P, et al. Integrating single-cell transcriptomic data across different conditions, technologies, and species. Nat Biotechnol 36, 411-420 (2018).

（秦宇欣　魏子诚　连涵冰　李勃兴）

第三节　靶向剪切及转座酶（CUT&Tag）技术

一、简介

靶向剪切及转座酶技术（Cleavage Under Targets and Tagmentation，CUT&Tag）是一种基于酶锚定的高效、高分辨率、低细胞需求的表观组测序文库构建方法。与传统的染色质免疫共沉淀测序技术（Chromatin immunoprecipitation and sequence，ChIP-seq）相比，CUT&Tag技术克服了许多传统方法的局限性。由于ChIP-seq需要对细胞进行交联处理，通常存在信号低、噪声高、抗体表位掩蔽、文库产量低以及对细胞量需求较大等问题，这对实验效率和数据质量造成了一定影响。

CUT&Tag技术由Steven Henikoff实验室开发，通过在细胞原位进行靶标检测、DNA切割和接头连接的创新设计，极大地简化了操作流程，同时显著提高了文库构建的效率和得率。该技术尤其适用于低细胞量样本甚至单细胞水平的研究，能够高灵敏度地检测靶蛋白与基因组结合的精确信息，为表观组学研究提供了一种强大而简便的工具。

（一）CUT&Tag技术的原理

在CUT&Tag是一种新兴的染色质蛋白-DNA互作研究技术，主要用于高分辨率地定位转录因子、组蛋白修饰等蛋白在基因组上的结合位点。CUT&Tag的原理结合了抗体靶向和转座酶切割技术，具有高分辨率、低背景和高灵敏度的特点。CUT&Tag的基本原理：通过靶向抗体引导Tn5转座酶切割并标记目标DNA区域，直接富集感兴趣的染色质蛋白结合位点，避免了传统ChIP-seq中烦琐的染色质片段化、免疫沉淀等步骤。CUT&Tag的核心技术：在抗体引导下，ProteinA/G融合的转座酶Tn5精准靶向目的蛋白，实现对目的蛋白所结合DNA的片段化与文库构建。具体而言，首先用特定转录因子或组蛋白修饰的抗体孵育通透化的细胞，再特异性识别并结合靶蛋白。为增强检测信号，可加入二抗进一步放大结合信号。随后，孵育与Protein A/G融合的Tn5转座酶（pA-Tn5/pG-Tn5），该酶预先装载了测序接头序列。pA部分与一抗结合，使Tn5定位于目标蛋白附近的DNA区域。洗脱游离的Tn5-pA后，使用Mg^{2+}激活Tn5转座酶。转座酶切割靶蛋白附近的DNA，并将接头序列直接插入切割位点。连接了接头序列的片段化DNA经过纯化及PCR扩增，并添加测序标签接头，从而完成高效、简便的测序文库构建。

（二）CUT&Tag技术的发展历程

CUT&Tag的起源可追溯至1980年代的染色质免疫共沉淀（Chromatin

Immunoprecipitation, ChIP）技术。随着二代测序（NGS）技术的发展，2007年，研究者们将ChIP与测序相结合，发展出了一种研究蛋白质与DNA互作的大规模、高分辨率方法，即ChIP-seq。在此基础上，Henikoff[1]等人进行进一步创新，将Tn5转座酶与Protein A或Protein G融合表达，使转座酶能够精准识别并切割抗体标记的位点。Tn5能够在切割DNA的同时将携带的接头序列直接连接到切割位点的DNA末端。随后，通过PCR扩增并加入测序标签接头即可高效构建测序文库。这种方法被称为CUT&Tag技术，具有高效、高灵敏度和低样本需求等显著优势。该技术问世不久，便迅速投入了商业化应用，并因其灵活性和广泛适用性受到研究者的广泛关注和应用。

二、应用

　　CUT&Tag技术在神经科学领域展现出了巨大的应用潜力，特别是在组蛋白修饰和转录因子结合研究中。结合RNA-seq技术，CUT&Tag能够揭示表观修饰对基因表达调控的机制，深入分析转录因子的结合模式及其靶基因。此外，由于神经系统细胞群体的异质性较大，传统的多细胞批量ChIP-seq（bulk-ChIP-seq）方法难以解析不同细胞类型的表观修饰特征。而CUT&Tag技术因其对样品量需求极低，能够在单细胞水平上研究表观遗传学变化，从而为研究神经系统表观修饰的细胞类型特异性提供了全新视角。

三、实验流程图

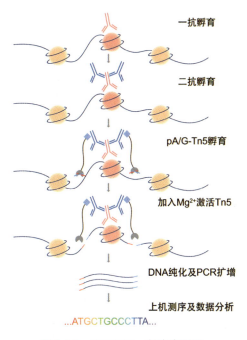

一抗孵育

二抗孵育

pA/G-Tn5孵育

加入Mg²⁺激活Tn5

DNA纯化及PCR扩增

上机测序及数据分析

...ATGCTGCCCTTA...

图2-12　CUT&Tag实验流程图

四、实验试剂与器材

表2-7　实验试剂与器材

名称	型号	厂商
Hyperactive Universal CUT&Tag Assay Kit	TD903	Vazyme
磁力架	—	均可
旋转混匀仪	—	均可
涡旋混匀仪	—	均可
PCR热循环仪	—	Eppendorf

五、实验步骤

CUT&Tag技术广泛应用于神经科学领域，用于研究基因组的染色质修饰或转录因子的结合位点。以下为实验简要步骤和原理说明，具体操作可参考CUT&Tag试剂盒说明书。

1. 细胞的吸附与通透：使用刀豆蛋白A磁珠吸附消化解离后的细胞，方便后续进行缓冲液添加及洗涤操作。随后，用洋地黄皂苷（digitonin）处理细胞，使细胞膜对抗体等大分子具有通透性。

2. 结合一抗：加入靶蛋白的特异性抗体，使其进入细胞并与靶蛋白结合。

3. 结合二抗：加入二抗，识别并结合一抗以放大信号。近年来，有实验方案将此步骤与下一步合并，通过使用Tn5-nanobody直接识别结合的一抗，这种方法不仅提高了特异性，还简化了实验流程。

4. 孵育转座子：在细胞中孵育预装接头引物的Tn5-pA、Tn5-proteinG或Tn5-Protein A/G，以靶向结合抗体识别的位点。

5. DNA片段化：加入含Mg^{2+}的缓冲液激活Tn5转座酶，切割靶蛋白附近的DNA并插入接头序列。

6. 提取DNA：使用酚氯仿法提取纯化片段化的DNA，以确保样本质量和完整性。

7. PCR扩增：使用带测序标签接头的引物对片段化DNA进行PCR扩增，构建测序文库。

8. 文库质控：对扩增后的文库进行质控，包括PCR产物纯化和片段分选。利用Qubit测定文库浓度，并使用Agilent 2100 Bioanalyzer检测片段分布情况。合格的文库可送至商业公司进行二代测序，常用平台有Illumina NovaSeq。

六、数据分析及结果解读

（一）测序数据质控

二代测序会在单次测序过程中，对数以百万计的DNA片段进行序列测定与分析。每一条DNA片段称为一条序列（read），长度通常为几十到上百个碱基对（base pair，bp）。首先使用FastQC软件对原始测序数据进行质量控制分析，并利用MultiQC软件将多个质控结果整合成单个报告文件，以便全面评估文库质量。一个高质量的文库通常具备以下特点：碱基质量评分（Q30）大于90%、碱基分布均匀、片段读长一致、且无明显接头污染。

由于CUT&Tag技术在建库过程中使用了Tn5转座酶，原始测序数据中除了常规测序接头外，还可能包含Tn5接头（adapter）序列。质控分析能够识别这些高频出现的重复序列，为后续的数据清理和去接头步骤提供关键信息，从而确保下游数据分析的准确性和可靠性。测序数据质控示例代码如下：

```
#Linux Code#
ls *fq.gz |while read i
do
fastqc $i
done
multiqc ./
```

典型的测序数据绝大部分的reads的碱基质量分数都在30以上，质控结果如图2-13所示。

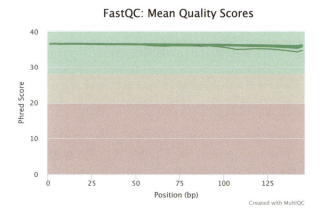

图2-13　测序数据质控结果示例

(二) 使用Trimmomatic进行接头去除

使用Trimmomatic软件[2]，在双端测序模式下，设置线程数、碱基质量评分阈值及Illumina测序平台接头去除模式，并指定含接头序列的 fasta 文件及参数，如接头扫描和去除的阈值，最终生成无接头的高质量测序文件。测序数据去除接头的示例代码如下：

```
#Linux Code#
ls *_1.fq.gz|while read i
do
trimmomatic PE -threads 12 -phred33 $i ${i%%_*}_2.fq.gz\
${i%%_*}_clean_1.fq.gz ${i%%_*}_un_1.fq.gz ${i%%_*}_
clean_2.fq.gz\
${i%%_*}_un_2.fq.gz ILLUMINACLIP:./adapterFile.fa
:2:30:10:8:true \
LEADING:3 TRAILING:3 SLIDINGWINDOW:4:15 MINLEN:30
done
```

(三) 测序数据比对

通过比对软件分析处理，可以将原始的read注释到基因组的正确位置。可以成功比对到参考基因组的序列称为mapped read。目前通用的基因组比对软件有很多种，这里采用BWA软件[3]的 MEM 模式对双端测序原始数据进行比对，以获得具有基因组信息注释的比对序列。比对过程需指定线程数、基因组索引文件路径、输入和输出文件路径。生成的比对结果以 SAM 文件格式保存，包含每条序列的名称、具体序列及基因组比对信息。使用 samtools 去除低质量比对的比对序列，并将数据按照基因组坐标排序，输出压缩格式的 BAM 文件。对于双端数据，每条比对序列还包含对应配对的比对序列的位置信息。测序数据比对的示例代码如下：

```
#Linux Code#
ls *clean_1.fq.gz|while read i
do
bwa mem -t 12 pathToIndex $i ${i%%_*}_2.fq.gz > ${i%%_*}.sam
samtools view -bS -@ 12 -h -q 10 -o ${i%%_*}.bam ${i%%_*}.sam
samtools sort -@ 12 -m 2G -O BAM -o ${i%%_*}_sort.bam ${i%%_*}.bam
done
```

（四）Peak calling鉴定显著富集的峰区域

在mRNA-seq中，reads集中分布在基因的外显子区域。而对于表观遗传测序，如本节介绍的CUT&Tag数据，则根据使用的抗体的不同，识别到的信号在基因组上的分布也不同。一般而言，CUT&Tag技术用于检测染色质修饰或转录因子的结合位点，这些修饰位点或因子结合位点分布在基因的启动子、增强子或是基因体（gene body）等区域，有些远端的增强子距离基因座位的距离可以达到数十乃至上百Kbp的距离。对于没有特定的染色质修饰或因子结合的区域，CUT&Tag几乎检测不到测序信号。测序信号富集的位点，被称为峰（peak）。峰区域的识别（peak calling）则是通过软件的算法，对信号显著富集的区域进行鉴别，并排除背景中噪声信号。在CUT&Tag实验中，较为常用的peak calling算法软件为SEACR[4]。传统的ChIP-seq peak calling软件MACS亦可以用于CUT&Tag实验。

使用deeptools软件的bamCoverage功能，将bam文件转换为bedgraph格式文件，指定运行线程数、输出格式、bin-size、标准化方法、有效基因组碱基数等参数，最终得到bedgraph文件作为SEACR软件的输入。另外，通过bamCoverage功能，还可以输出bigwig文件。输出bedgraph文件及bigwig文件的示例代码如下：

```
#Linux Code#
ls *_sort.bam |while read i
do
bamCoverage -p 12 --outFileFormat bedgraph -bs 1 \
--normalizeUsing RPGC --effectiveGenomeSize 2652783500 \
-b $i -o ${i%%_*}_RPGC.bedgraph
done
#
ls *_sort.bam |while read i
do
bamCoverage -p 12 \
--normalizeUsing RPGC --effectiveGenomeSize 2652783500 \
-b $i -o ${i%%_*}.bw
done
```

使用SEACR软件，进行peak calling，鉴定测序信号显著富集的区域。在示例代码中，显示的是SEACR鉴定前1%的信号富集的peak区域。SEACR软件的使用示例代码如下：

```
#Linux Code#
ls *.bedgraph |while read i
do
bash SEACR_1.3.sh $i 0.01 non stringent ${i%%_*}_seacr_
top0.01.peaks
done
```

在IGV基因组浏览器中，可以对bigwig文件以及包含peak信息的bed文件进行可视化。bigwig文件可视化结果为基因组上信号分布的直方图，而peak文件可视化结果为指示基因组区域的线段图，如图2-14所示。

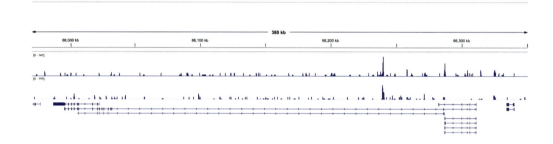

图2-14　IGV基因组浏览器中CUT&Tag信号在基因组上的分布

（五）计算peak×sample的counts表达矩阵

在R语言中，整合所有样本的peak文件，得到所有样本peaks的集合。随后，读取bam文件，计算每个样本中的reads覆盖到每个peak中的counts，生成表达矩阵。通过表达矩阵可以对不同样本进行差异分析，差异分析流程可参考RNA-seq部分。表达矩阵文件生成示例代码如下：

```
# R code #
library(chromVAR)
library(GenomicRanges)
library(dplyr)
#define sample list
projPath <- ""
sampleL <- c()
## merge all peaks from each sample
for(sample in sampleL){
```

```
peakRes = read.table(paste0(projPath, sample, "_seacr_
top0.01.peaks.stringent.bed"), header = FALSE, fill = TRUE)
mPeak = GRanges(seqnames = peakRes$V1,
IRanges(start = peakRes$V2, end = peakRes$V3), strand =
"*") %>% append(mPeak, .)
}
# Get master peak
masterPeak = reduce(mPeak)
#Create empty count matrix of peak × sample
countMat = matrix(NA, length(masterPeak), length(sampleL))
## overlap with bam file to get count
i = 1
for(sample in sampleL){
    bamFile = paste0(projPath, sample, "_sort.bam")
fragment_counts <- getCounts(bamFile, masterPeak,
paired = TRUE, by_rg = FALSE, format = "bam")
    countMat[, i] = counts(fragment_counts)[,1]
    i = i + 1
}
#For downstream DE analysis, please refer to RNA-seq
section
```

差异分析的结果，可以输出每个peak的表达倍数变化，以及矫正后的P值，既可以直接可视化为常规的火山图，也可分别以两组的平均表达量为x轴及y轴作散点图，灰色点代表无显著差异的peak，蓝色与红色点分别表示在两组中显著上调的peak。如图2-15所示。

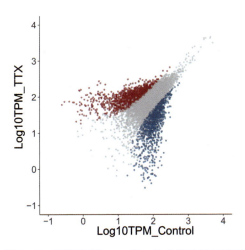

图2-15　两组数据TPM归一化的表达量示意图

（六）Peaks的注释

Peak calling步骤得到的peak信息仅包含染色体、起始位置和结束位置等基因组坐标。使用 ChIPseeker 软件包对 peaks 进行注释，可将其关联至对应基因，鉴定表观修饰或转录因子的靶基因。Peaks注释示例代码如下：

```
# R code #
library(ChIPseeker)
library(TxDb.Mmusculus.UCSC.mm10.knownGene)
library(org.Mm.eg.db)

peak <- readPeakFile("") ##read peak file from bed file
txdb <- TxDb.Mmusculus.UCSC.mm10.knownGene

#peak annotation
peakanno <- annotatePeak(peak, tssRegion = c(-3000,3000),
TxDb=txdb,
                level = "gene", annoDb = "org.Mm.eg.db")
# Visualize peak annotation result
plotAnnoPie(peakanno)
# export peak annotation results to excel
xlsx::write.xlsx(as.data.frame(peakanno),
            "feilename.xlsx", row.names = F)
```

注释结果显示峰分布在不同基因区域的比例，例如启动子和增强子区域常为转录因子信号的富集区域。信号富集区域的分布比例如图2-16所示。

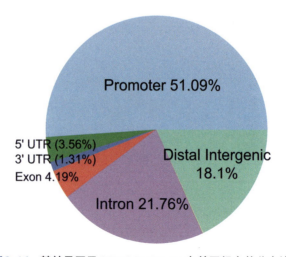

图2-16 某转录因子CUT&Tag Peaks在基因组上的分布比例

（七）Motif富集

转录因子在基因组DNA上并不是随机结合，而是具有一定的序列偏好性。这种转录因子结合基因组序列的具体模式可以通过ChIP-seq数据进行总结归纳成模体序列矩阵，通常长度为几bp到十几bp；矩阵信息中标明了每个碱基位置上各碱基出现的频率。在MEME suite软件中使用CUT&Tag数据的peak的序列进行motif富集，可以从头（de novo）预测新的motif，也可以与已有的motif数据库进行比较，验证实验过程是否成功及所用的转录因子抗体的特异性是否良好。Motif富集的示例代码如下：

```
# Linux code #
bedtools getfasta -fi genome.fa -fo example.fa -bed example.bed
meme-chip -db motif_database.meme -bfile background_file.fa \
-o output_directory ./example.fa
```

最终MEME软件会输出结果表格及总结文件，motif的典型结果如图2-17所示。

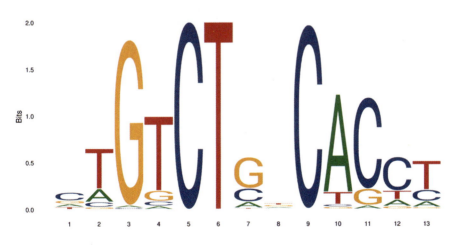

图2-17　某转录因子结合Motif的示意图

七、关键点

实验步骤	问题	原因	解决办法
1	细胞吸附在刀豆蛋白A后成团	细胞完整性较差，导致细胞容易聚集成团	优化细胞消化条件，确保获得解离良好的单细胞悬液。全程操作需轻柔，避免机械性损伤导致细胞破损

续表

实验步骤	问题	原因	解决办法
8	文库产量过低	转录因子与DNA的结合强度较弱	对于结合较弱的转录因子，可考虑进行温和交联处理后再开展实验，以增强结合强度
		DNA纯化效率低	提高DNA纯化效率，可在低温条件下延长DNA沉淀时间，或加入少量糖原辅助核酸沉淀
		PCR循环数不足，未能充分扩增	根据纯化得到的DNA量调整PCR循环数，适当增加循环次数以提高文库产量
8	文库质检出现大量小片段	Tn5酶切过度	严格控制实验条件，确保投入的细胞量与Tn5-pA的用量匹配，调整并优化酶切时间
		文库纯化过程中片段分选效率不佳	在文库纯化过程中，确保磁珠完全恢复至室温后再混匀使用；使用校准过的移液器精确吸取指定量的磁珠进行片段分选，或使用低吸附吸头吸取磁珠悬液。

八、技术的局限性

(一) GC 偏好性导致的基因组覆盖偏倚

CUT&Tag技术依赖Tn5转座酶对DNA进行切割，而Tn5对GC含量较高的区域具有一定的偏好性，因此对低GC含量片段的敏感性较低。这种偏好性可能导致全基因组结合信息的覆盖存在偏倚。

(二) 对操作精度有高要求

虽然 CUT&Tag 对样本量需求较低，但对实验操作精度要求极高。实验结果的质量依赖于熟练的细胞生物学和分子生物学操作技能，因此初学者可能难以获得理想的结果。

(三) 抗体特异性与亲和力的限制

与ChIP-seq类似，CUT&Tag的实验结果高度依赖于抗体的亲和力与特异性。低质量或非特异性抗体会直接影响结果的可靠性，这一局限目前尚难以突破。

（四）技术的成熟性与稳定性不足

CUT&Tag 技术仍处于发展阶段，在实验流程的成熟性和结果的稳定性方面有待进一步优化和验证。

思 考 题

1. 为什么 CUT&Tag 数据一般不需要去除 PCR 重复，而 ChIP-seq 数据却需要？
2. 简述 CUT&Tag 相较于 ChIP-seq 的优势和劣势。
3. 组蛋白修饰和转录因子的 CUT&Tag 数据的异同点及其原因分析。

参 考 文 献

[1] Kaya-Okur HS, Wu SJ, Codomo CA, et al. CUT&Tag for efficient epigenomic profiling of small samples and single cells. Nat Commun 10(1), 1930 (2019).

[2] Bolger AM, Lohse M, Usadel B. Trimmomatic: a flexible trimmer for Illumina sequence data. Bioinformatics 30(15), 2114-2120 (2014).

[3] Li H, Durbin R. Fast and accurate short read alignment with Burrows-Wheeler transform. Bioinformatics 25(14),1754-1760 (2009).

[4] Meers MP, Tenenbaum D, Henikoff S. Peak calling by sparse enrichment analysis for CUT&RUN chromatin profiling. Epigenetics Chromatin 12(1), 42 (2019).

[5] Zheng Y, Ahmad K, Henikoff S. CUT&Tag data processing and analysis tutorial. protocols.io.(2020).

（魏子诚　李勃兴）

第四节 神经递质和神经肽探针的应用

一、简介

化学突触是神经系统中主要的信息传递方式，广泛存在于感觉细胞与神经元、神经元与神经元、神经元与效应细胞，以及胶质细胞与神经元之间。在化学突触中，神经递质（neurotransmitters）或神经调质（neuromodulators）由突触前细胞内的突触囊泡释放到突触间隙，并结合于突触后细胞的特定受体上。

经典的神经递质（如谷氨酸、GABA和乙酰胆碱）通过配体门控的离子型受体或G蛋白偶联受体（G-protein coupled receptor，GPCR）发挥作用。当神经递质与离子型受体结合时，可快速触发局部、点对点的突触传递，表现出较高的时间和空间分辨率。而神经调质（如单胺类、核苷酸、神经脂类和神经肽）则主要通过GPCR激活分子信号级联，其传递速度相对缓慢，但影响范围更广且具有弥散性。

化学神经传递驱动多种关键生理过程，包括觉醒、注意力、感知、学习等，以及其他复杂行为的调控。神经递质传递功能的紊乱与多种脑部疾病密切相关，如阿尔茨海默病、帕金森病、精神分裂症、抑郁症和药物成瘾。因此，精准监测特定神经递质和调质在细胞外的动态变化，并将其与动物行为或疾病状态相结合，对于深入理解神经调节物质的作用机制至关重要。

(一) 神经递质和神经肽探针的原理

神经递质探针通常基于GPCR构建，即将特异性识别神经递质的GPCR与荧光蛋白融合。当神经递质（如多巴胺、5-羟色胺、乙酰胆碱等）与GPCR结合时，受体发生构象变化。构象变化引起荧光蛋白的微环境改变，导致荧光强度发生变化，从而实现对神经递质的实时检测。此外，可改造特定GPCR，使其被递质激活后通过变构作用招募工程化的β-arrestin，进而启动下游报告基因的转录。神经肽作为一类分子量较大的肽类信号分子（如P物质、催产素等），其探针的设计面临更大的技术挑战，主要体现在肽链的特异性识别和信号转换效率方面。与神经递质探针类似，神经肽探针通常基于肽类受体（如GPCR）进行工程化改造，通过将荧光报告分子（如GFP、cpGFP等）精确嵌入受体的特定结构域，使其能够灵敏地响应受体-配体结合诱导的构象变化，从而产生可检测的荧光信号变化。这些探针可通过病毒载体或转基因技术表达于特定细胞或动物模型中，结合双光子显微镜等成像技术，实现对神经递质在体内的动态监测。

(二) 神经递质和神经肽探针的发展历程

20世纪初，研究人员利用微透析技术来分离和鉴定神经递质。该技术可连续采样，当将其与液相色谱或毛细管电泳等灵敏的分析技术相结合，再辅以紫外吸收检测器或质谱技术时，展现出了高度的分子特异性，其灵敏度更是可达到纳摩尔乃至皮摩尔级别。此外，微透析技术可同时或依次监测多种神经递质和神经调质。然而，微透析技术也存在一些局限性：其时间分辨率相对较低，通常需要数分钟才能采集到足够的样本来测量特定的分析物；同时，该技术的空间分辨率不足，例如无法实现亚细胞水平检测；此外，它还存在一定程度的侵入性，并且难以用于检测神经肽。在20世纪70年代，研究人员首次使用电化学方法来检测神经递质。该方法通过利用电极测量神经递质释放时产生的电化学信号，从而实现对神经递质释放的实时监测。尽管电化学方法可以实现快速（亚秒级）和定量读取，但其分子特异性较低，电极的尺寸和布置限制了对特定脑区或细胞层级的精确定位，无法检测递质水平的长期变化。

随着光学成像技术的进步，研究人员开始开发各类荧光探针，包括化学染料探针和基因编码探针。虽然非基因编码探针省去了基因递送或蛋白质表达步骤，但仍需要递送至目标区域，且不能用于测量特定细胞类型中的神经元和神经核团。得益于基因工程技术的发展，通过将荧光蛋白（fluorescent protein，FP）或其他光敏分子与神经递质受体相结合，能够实现对神经递质或神经肽的高时空分辨率、细胞特异性的检测。

(三) 神经递质和神经肽探针的分类

传统的神经递质检测方法主要包括微透析（详见本章第五节）和电生理技术（详见本章第九节）等。然而，近年来兴起的光学成像技术往往展现出更高的时空分辨率和更低的侵入性。本章将聚焦于基于基因编码的神经递质和神经肽荧光探针的介绍。这些探针能够在特定细胞类型中稳定表达数天乃至数月之久，为研究人员提供了对神经元进行长期成像的工具。典型的基因编码荧光探针主要由两部分组成：配体结合模块和荧光模块。配体结合模块负责与特定的神经递质或神经肽结合，随之发生结构变化，而荧光模块则发挥检测、报告的作用，其功能性可通过两种机制实现：一是利用一对荧光蛋白间距离的变动，触发荧光共振能量转移（fluorescence resonance energy transfer，FRET）现象作为检测信号；二是利用单个构象敏感的环形荧光蛋白

（circularly permuted fluorescent protein，cpFP）的荧光强度会因结构变化而发生相应变化作为检测信号。一旦配体结合模块与相应的神经递质或神经肽成功结合，其空间构象将会发生特定变化，从而引发荧光模块的信号变化。

根据配体结合模块的类型，基因编码的神经递质探针主要分为两类：基于细菌周质结合蛋白（periplasmic-binding protein，PBP）的探针和基于G蛋白偶联受体的探针[1]。PBPs是一个具有高度选择性和高亲和力的蛋白质超家族，能够与特定分子（如神经递质或神经肽）结合，并通过结合事件激活或抑制探针的信号输出。因此，PBP可作为感应神经递质或神经肽的配体结合模块，用于构建荧光探针（图2-18）。然而，天然存在的PBP可结合的神经递质或神经肽种类有限，其亲和力也较低，测量精度受到一定限制。

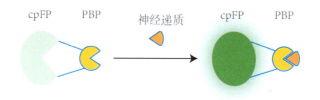

图2-18 基于PBP的基因编码神经递质探针示意图
与特定神经递质结合后，PBP构象发生变化从而引起cpFP荧光的变化

G蛋白偶联受体是已知最大的天然膜受体蛋白家族，几乎每种神经递质和神经肽都有其特异性的GPCR。目前已开发出一系列基于FRET的探针，一种策略是将一对荧光蛋白（如CFP和YFP）融合到GPCR的胞内部分（如图2-19A所示），当GPCR构象发生变化时，FRET蛋白间的距离也随之改变，从而引起FRET信号的变化。

另一种策略是将构象敏感的环状排列荧光蛋白插入GPCR高度保守的细胞内第三环（如图2-19B所示）。该区域在与配体结合时会发生相对受体其他位置更大的构象变化，这类探针通过检测荧光强度的变化（如增强或减弱）来工作，通常具有较高的信噪比，因此更适合在体内使用。这种方法已被广泛应用于生物医学研究领域。

理论上，研究者可以基于任何配体的相应GPCR构建探针，但在实际应用中，还需要根据具体场景对探针进行优化。优化方法包括选择不同种属或亚型的GPCR、更改cpFP的连接位点、调整连接肽段（linker）的长度与序列、对连接位点进行突变等。优化的关键指标包括膜表达水平、荧光变化倍数、配体亲和力以及信号串扰等。

基于GPCR的探针主要用于检测实时成像时神经递质的瞬时释放。而第三种策略——受体激活测定（Tango assay）则用于测量脑内特定时间段内神经递质的累积释放情况（如图2-19C所示）。Tango assay的原理是对特定GPCR进行改造，使其在接受递质信号后通过变构激活招募改造的β-arrestin，β-arrestin进一步引发下游指示基因（如荧光蛋白）的转录表达。通过检测指示基因的表达量，可以间接测量神经递质的释放情况。

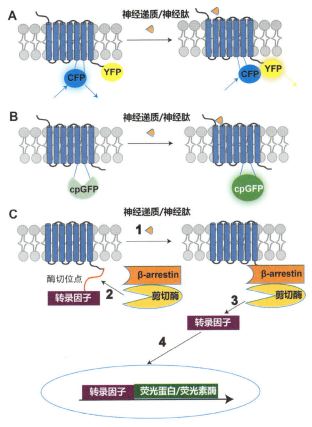

图2-19 基于GPCR构建的神经递质或神经肽示意图

二、应用

通过将神经递质或神经肽探针表达在细胞膜上，可以实现将神经化学信号转变为荧光变化的目的。利用不同的成像技术，我们能够实时监测这些神经递质或神经肽的释放情况，并探究它们与神经活动以及动物行为之间的关联。此类探针技术对于研究突触间的信号传递机制、神经递质和神经肽对行为的影响，以及在药物开发中的筛选过程具有不可或缺的价值。

（一）多通道成像技术与神经递质或神经肽共释放的检测

神经递质的共释放（co-release）是一种常见的生理现象，但以往的研究方法难以同时检测多种递质的动态变化。通过联合应用不同颜色的探针，例如，红色荧光的五羟色胺探针r5-HT1.0和绿色荧光的内源性大麻素探针eCB 2.0，便可以通过不同颜色荧光强度的变化同步观察脑内5-羟色胺和内源性大麻素的释放特征。除了红色和绿色的荧光探针，目前科研人员还开发了黄色荧光探针，可实现同时观测三种递质和神经肽的释放特征。这些高效检测多种神经递质的浓度变化的研究，有助于解析不同神经递质和神经肽释放的相互关系及其在神经功能中的作用。

（二）神经环路中神经递质或神经肽动态变化的在体研究

神经递质或神经肽基因编码荧光探针广泛应用于活体动物模型中，用于研究神经递质和神经肽在神经回路中的作用。迄今为止，该类型探针已被用于检测各种条件下的神经递质或者神经肽的释放，包括在睡眠和清醒状态之间的切换、自然行为、学习和应激等。

将光纤记录技术与基因编码探针结合，可以在自由活动的动物中实现亚秒级监测，具备高时间分辨率、高特异性和高灵敏度等优势。研究者可以通过选择合适的神经递质探针，实时监测脑内神经递质在各种生理和病理条件下的浓度变化，并将其与动物行为的变化相关联。光纤记录技术尤其适用于深部脑区的研究，这一点优于单光子或双光子显微镜。目前，这项技术已广泛用于检测乙酰胆碱、多巴胺、去甲肾上腺素、腺苷、大麻素等神经活性物质在不同状态下的释放动态[2]。光纤记录技术的采样率范围广泛，从几十赫兹到几千赫兹不等，可满足不同时间分辨率的研究需求。然而，该技术测量的是来自几百微米半径范围内的荧光信号，这导致其空间分辨率相对较低。因此，光纤记录所获得的信号主要反映的是神经递质在细胞群体中的同步释放情况，难以实现单细胞水平的分辨能力。

（三）突触传递中神经递质或神经肽的动态变化检测

神经递质和神经肽在突触传递过程中扮演着至关重要的角色，它们的释放是神经信号传导的基础。荧光探针技术能够实时追踪这些化学信使的动态变化，提供了一种直接且高效的手段来评估其释放效率。这使得荧光探针成为研究神经递质和神经肽释放机制及分子调控路径中重要的检测工具之一。例如，科研人员利用短神经肽F（short neuropeptide F，sNPF）绿色荧光探针GRABsNPF1.0和乙酰胆碱（acetylcholine，ACh）荧光探针GRABACh3.0（简称ACh3.0）揭示了两种不同囊泡的释放分别是由钙敏感蛋白Synaptotagmin 1和Synaptotagmin 7所调控[3]。这一发现不仅加深了我们对大脑如何精细调整信息传递过程的理解，也展示了荧光探针技术在解析复杂神经网络运作原理中的强大能力。

（四）药物筛选和机制研究

这些探针还可以用于研究药物对神经递质或神经肽释放的影响。例如，在抗抑郁药和抗焦虑药的研究中，荧光探针可以详细揭示药物如何改变多巴胺、5-羟色胺（5-

HT）等关键神经递质的释放模式，为理解药物作用机制提供重要的依据。此外，针对神经递质类似物的药物，荧光探针技术还提供了检测药代动力学的手段。以尼古丁为例，基因编码的荧光探针iNicSnFRs已被成功应用于人及小鼠等多种哺乳动物模型，用以监测细胞内质网中的尼古丁浓度变化，从而研究其药代动力学特征[4]。研究表明，在典型的吸烟者体内，烟碱乙酰胆碱受体在内质网中可能保持超过75%的激活水平，这会导致质膜上这些受体的表达上调。这些探针技术不仅对于深入理解药物的作用机制至关重要，它们还在药物的早期筛选和活性评估阶段扮演着不可或缺的角色，通过实时可视化分析，加速了新药研发的进程并提高了效率。

三、实验流程图

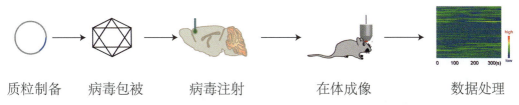

质粒制备　　病毒包被　　病毒注射　　　　在体成像　　数据处理

图2-20　神经递质或神经肽探针在体成像实验流程图

四、实验试剂与器材

本文以多巴胺探针 DA3m（基于GPCR和cpFP开发，如图2-19B）为例，使用的包被好的DA3m病毒AAV2/9-hsyn-GRAB-DA3.3（DA3m）来源于上海生博生物医药科技有限公司，其他试剂详见第二章第五节以及第三章第三节。

表2-8　实验器材

名称	厂商
双光子激光扫描显微成像系统	Olympus
小鼠脑立体定位仪器	深圳瑞沃德生命科技有限公司
体式显微镜	江西凤凰光学科技有限公司
微型手持颅钻	深圳瑞沃德生命科技有限公司
P-1000 电极拉制仪	Sutter Instrument Company
BT100-2J 型蠕动泵	兰格恒流泵有限公司

续表

名称	厂商
注射内管	深圳瑞沃德生命科技有限公司
微量进样器	上海高鸽工贸有限公司
微量注射泵系统	World Precision Instruments LLC

五、实验步骤

本节以观察小鼠内侧前额叶PrL脑区神经元的多巴胺浓度变化为例，介绍神经递质探针在体成像的基本原则和方法。本实验使用了李毓龙教授课题组最新开发的多巴胺探针DA3m，利用重组腺相关病毒（rAAV）将探针表达在PrL脑区的神经元上，随后于双光子显微镜下观察多巴胺探针的信号变化。

1. 病毒载体的选择

rAAV是使用基因编码探针进行体内成像实验的首选病毒载体。与其他方法相比，生产高滴度的rAAV成本相对较低，安全问题较少。具体的病毒质粒模板根据实验需求选用。选用规则及包被方法详见第二章第三节。本次实验选用AAV2/9-hSyn-GRAB-DA3m。

2. 小鼠脑立体定位注射

（1）暴露颅骨。按照13 μL/g的剂量给小鼠腹腔注射阿佛丁，待其充分麻醉后，将红霉素眼膏均匀涂抹在眼部，保证其眼部湿润。使用75%酒精清洁小鼠头部毛发并用剃须刀剔除，随后将其头部放置在脑立体定位仪的耳杆和鼻夹中间，调整耳杆和鼻夹使小鼠头部稳定固定于脑立体定位仪上，用组织剪剪开头部皮肤，充分暴露所需注射位点的颅骨位置，清理局部颅骨上的组织黏膜。

（2）颅骨调平。将灌有石蜡油的玻璃电极固定在微量注射泵上。用玻璃电极的尖端触碰到小鼠颅骨的前囟，设为零点，再找到后囟，计算前囟与后囟的z轴差值，如果小于0.03 mm，则判定颅骨前后为水平状态；再以前囟为零点，将玻璃电极沿左右水平方向移动2 mm，使其分别触碰到颅骨表面，测量z轴差值，若差值小于0.03 mm，则判定颅骨处于水平状态。

（3）确定注射位点。由于在小鼠注射完病毒后需要使用双光子成像显微镜对PrL脑区神经元进行荧光信号采集，因此我们采用斜后45°注射方式，以保证成像区域完整且便于后续实验。结合小鼠脑图谱中 PrL 脑区的坐标，经实际注射后切脑片验证确定最终注射坐标为（AP: +3.72 mm，ML: ± 0.30 mm，DV: −0.70 mm）。在提前拉制好的微量电极针内注满石蜡油，以排尽空气。随后将其安装于微量注射泵上，然后根据需要注射的病毒体积排出相应体积的石蜡油并吸入病毒，待用。

（4）病毒注射。将微量注射泵调整至与水平方向成 45°，根据确定的坐标在颅骨上用笔标记。使用微型手持颅钻在体式显微镜观察下打磨标记区域，用 1 mL 注射器轻轻挑破磨薄的颅骨以便玻璃电极针可以刺入大脑皮层；在体式显微镜下将玻璃电极针顺利插入大脑皮层，调节至需要的深度。待病毒注射完毕后留针 10 min，再将玻璃电极针迅速移出脑外；注射完成后缝合小鼠头部皮肤，待其在加热垫上恢复至清醒状态，随后放回鼠笼给予正常的饲养，使其自由饮水与摄食。恢复 3~4 周后即可进行行为学、双光子等其他检测。

3. 在体双光子成像

（1）头部固定。于 PrL 脑区表达 DA3m 完成的小鼠腹腔注射阿佛丁，以麻醉小鼠，随后，将其放在体式显微镜下，在眼部涂抹红霉素眼膏以保持湿润。接着，对小鼠进行备皮处理，并剪开其头皮，使用生理盐水浸润的棉球轻柔清理颅骨表面，去除残留的组织黏膜和结缔组织。使用颅骨钻小心打磨颅骨表面，直至颅骨变薄且透明。确保颅骨表面干燥，无组织液或血液渗出，以维持清晰的成像视野。通过立体定位仪，以前囟为参照点，向后 2.80 mm、中缝两侧各 0.3 mm 的位置定位 PrL 脑区，并用铅笔做好标记。将实验室自制的小鼠头部固定架（由一个内侧直径为 2 cm 的圆环及向两侧呈135° 开角的短棒组成）用 495 胶水固定在颅骨表面，并使标记好的位置暴露在固定架圆环中央。待胶水干燥后，将小鼠固定于实验室自制的板子上。

（2）开窗。在所需成像的位置加入人工脑脊液，再用颅骨钻轻轻打磨标记区域，在此过程中，需频繁更换成像部位的人工脑脊液，以达到局部降温的作用，防止因打磨产生高温引起血管破裂，导致成像部位出血。当颅骨被打磨至足够薄，能够透过其观察到脑实质表面的血管时，使用精细镊小心撬开该部位的颅骨，并将其掀开。接着，彻底清理打磨后的颅骨碎片，直至完全暴露出成像脑区。在此过程中，需确保精细镊不压迫到脑实质，并防止颅骨碎片损伤大脑实质及周围血管。

（3）玻片固定。使用人工脑脊液轻轻清理成像部位的脑实质，并根据所开成像区域的大小裁取所需玻片，先用 75% 酒精清洗玻片，再用人工脑脊液冲洗干净后，小心地盖在成像部位上。使用精细镊轻轻按压玻片，使其紧密贴合在脑实质上，并用纸巾吸干多余的液体。接着，在玻片四周涂抹 495 胶水，待胶水完全干燥后，玻片即被牢固地固定在颅骨上。在此过程中，需特别注意避免产生气泡。若需在观察时给药，应在盖玻片黏合时于观察区域四周预留一定缝隙。

（4）成像。在成像前，将测试鼠固定在定制的固定板上，并在成像部位滴加人工脑脊液。然后，将小鼠放置于双光子显微镜的水浸物镜（25×）下，并通过目镜找到荧光表达的位置。成像分为两个阶段：第一阶段，待测试小鼠适应环境后，将演示鼠放在观察鼠的前方，同时打开激光器（激发波长为920 nm），记录测试鼠的荧光信号。此时，图像像素为512×512，共采集120帧图像；第二阶段，根据实验需求给予小鼠刺激，并使用相同的参数采集相同成像位置的荧光信号。

六、数据分析及结果解读

首先，将待分析的数据导入Fiji软件。若图像出现抖动现象，则需实施图像校正处理，以减轻实验鼠在成像过程中因呼吸活动引起的图像晃动干扰。此外，还需调整图像至适宜的对比度显示范围，便于后续操作中准确圈定荧光信号区域。

接下来，进行图像背景扣除。在成像区域内选定一个信号较弱的区域（即背景区域，呈现为黑色），并测量该区域的灰度值。随后，利用背景扣除工具对整个图像进行统一处理，以消除背景干扰。

紧接着，圈定感兴趣区域（region of interest，ROI）并进行灰度值测定。调出ROI添加窗口，将细胞胞体或者突起等选用合适的工具进行圈定并逐个添加至ROI窗口，在此过程中，需确保整个时间序列所有满足实验条件的荧光信号均被圈定。

最后，利用软件计算出每个ROI在每一帧的灰度值，将这些数据导入Excel表格中进行各个指标的计算。使用公式$\Delta F/F_0=(F-F_0)/F_0$（F_0为共120帧中10帧最小荧光信号的平均值）量化荧光信号的荧光变化值。以$\Delta F/F_0$作为热值，ROI编号作为y轴，时间作为x轴即可绘制出钙信号的轨迹（图2-21），该图展示了刺激前后多巴胺探针信号的热度变化，直观地反映了实验过程中荧光信号的动态变化。

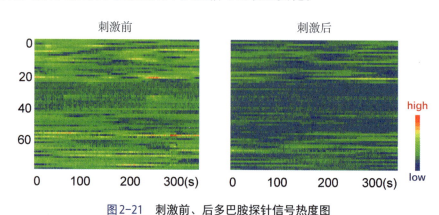

图2-21　刺激前、后多巴胺探针信号热度图

刺激后多巴胺探针信号降低，提示刺激后多巴胺释放减少

图来源：中山大学神经科学团队

七、关键点

实验条件	问题	原因	解决办法
在体	刺激后未检测到荧光强度变化	神经递质浓度局部过低	调整成像位置或改变刺激条件（如果是人为给药，则改变给药方式）
		病毒注射浓度过高，损伤了神经元	确认病毒滴度或者质粒浓度是否达到合适值
	未检测到荧光	探针未表达	确认探针的基础荧光值是否偏小；偏低意味着探针的标记效率不高，或者探针与靶标的结合能力较弱，则使用flag染色技术确认探针是否成功表达
		LED或激光光强过弱	逐渐增加光强
体外细胞	未检测到探针表达	细胞转染失败	使用新纯化和经序列验证的质粒DNA重复转染
	转染后细胞死亡	转染造成过大损伤	降低探针的表达量或缩短表达时间；非常强的启动子（如CMV启动子）不应用于神经元的生理实验
体外脑片	切片漂移	焦点不稳定	降低灌注速率，保证人工脑脊液和显微镜成像室的温度稳定，以免在实验过程中发生热膨胀

八、技术的局限性

尽管神经递质探针为神经科学研究提供了便利，但其具有的局限性必须在进行实验设计和数据解释时加以考虑，尤其是在解读探针所反映的信号和推断生理功能时。

(一) 可能影响内源信号转导

神经递质探针的设计通常基于某些内源性受体的结构或配体结合特性。因此，探针可能与内源性受体产生相互作用，这种相互作用可能改变内源性神经递质或神经肽的信号转导过程。探针本身的存在可能会改变受体的正常激活状态或下游的细胞反应，从而导致信号传导过程发生偏离。这种影响使得探针的使用需要谨慎考虑，特别是在研究细胞信号传递和受体功能时。

(二) 仅反映相对浓度变化，无法同微透析方法一样获取真实浓度值

与微透析方法相比，神经递质探针通常只能反映神经递质的相对浓度变化，而无法直接测量细胞或组织中神经递质的绝对浓度。这意味着探针无法提供精确的定量数据，例如神经递质在不同条件下的浓度水平或其变化速率。因此，虽然探针可以揭示神经递质的动态变化，但它不能同微透析方法一样提供更精确的浓度信息。

(三) 仅反应细胞外神经递质浓度的变化而不能反映其功能

神经递质探针主要用于监测细胞外的神经递质浓度变化。然而，神经递质的生理功能不仅取决于其浓度，还和其与受体的结合、下游信号的传导以及细胞的整体反应有关。仅监测神经递质浓度并不足以全面反映其功能或作用机制。因此，探针的结果需要与其他技术（如电生理记录或细胞内信号通路探针）结合，以便深入理解神经递质的作用。

(四) 受到荧光探针的光谱限制

神经递质探针常基于荧光探针的原理，而不同荧光探针的光谱特性存在差异，这限制了可同时检测的神经递质或神经肽的种类。尤其是绿色荧光探针的应用较为广泛，而其他颜色（如红色、蓝色等）的探针研发相对滞后。光谱的限制使得在多种神经递质或神经肽同时检测的实验中，无法实现多种信号的同步记录，进而限制了实验的多样性和信息量。

(五) 可能影响细胞本身的蛋白表达水平

探针的引入可能会影响细胞的基因表达或蛋白质合成，尤其是在长期实验中。探针本身或其与细胞的相互作用可能会导致某些蛋白质的过表达或下调，从而干扰细胞的正常生理过程。这种影响可能会在某些情况下导致结果的偏差，尤其是在研究细胞的内源性调节机制时。因此，在设计实验时，必须考虑探针可能对细胞内其他生物过程产生影响，以避免产生误导性结果。

1. 如何判断探针的表达是否影响到内源受体或其他蛋白的表达?
2. 如何在数据处理中排除荧光淬灭的影响?
3. 探讨上文所述三种不同类型的探针, 于不同的实验需求下应如何择取?

参 考 文 献

[1] Dong C, Zheng Y, Kiran LI, et al. fluorescence imaging of neural activity, neurochemical dynamics, and drug-specific receptor conformation with genetically encoded sensors. Annu Rev Neurosci 45, 273-294 (2022).

[2] Wu Z, Lin D, Li Y. Pushing the frontiers: tools for monitoring neurotransmitters and neuromodulators. Nat Rev Neurosci 23, 257-274 (2022).

[3] Xia X, Li Y. A high-performance GRAB sensor reveals differences in the dynamics and molecular regulation between neuropeptide and neurotransmitter release. Nat Commun 16, 819 (2025).

[4] Shivange AV, Borden PM, Muthusamy AK, et al. Determining the pharmacokinetics of nicotinic drugs in the endoplasmic reticulum using biosensors. J Gen Physiol 151, 738-757 (2019).

（杨奕帅　郑介岩　张小敏　李勃兴）

第五节 重组病毒的分类和制备

一、简介

重组病毒指的是通过基因工程手段改造后的病毒。利用重组病毒天然的基因递送和复制的能力，人们可将其转变为安全且高效的生物医学工具。这种病毒能够将特定的外源基因精确地表达在目标细胞类型中，因此在基础生物学研究、医学探索以及临床基因治疗领域有着广泛的应用[1]。目前，重组病毒已成为现代神经科学的主要支柱。人们若想了解神经元的形态、活动模式、分子构成、在神经环路中的作用或其在行为学中的功能，大多数研究都是从重组病毒注射开始。

重组病毒种类繁多，每种病毒对不同细胞群体的感染能力各异，这种选择性被称为病毒的嗜性。为了进入特定细胞，病毒颗粒必须与细胞表面的特定受体相结合，这些受体包括蛋白质、碳水化合物或脂质，选择取决于病毒的结构特性。某些病毒具有选择性地感染神经元细胞的能力，因此被归类为"嗜神经"病毒。以腺相关病毒（adeno-associated virus，AAV）为例，根据其衣壳蛋白的不同，研究人员已经开发出了十余种血清型，它们在感染效率和组织特异性上存在差异。例如，AAV1、AAV2、AAV5、AAV8 和 AAV9 等血清型均能有效感染神经细胞，其中AAV2不仅对神经元表现出高度的选择性，而且在脑内注射时显示出较低的扩散性，这使其成为神经科学研究的理想工具。此外，大多数AAV通过感染神经元胞体来表达基因产物，如钙离子探针、光遗传学工具等，故常用于监测或操控神经活动；而狂犬病毒和伪狂犬病毒则优先被神经末梢突触结构吸收，随后沿轴突逆行运输至胞体，故常用于追踪神经环路连接的研究。因此，研究人员需根据目标细胞类型、所需的基因表达模式以及预期的实验结果来挑选最适宜的病毒载体。

（一）重组病毒的分类

根据病毒是否有包膜、颗粒直径大小、遗传物质种类等特性，可将重组病毒分为多个种类。目前神经科学研究常用的重组病毒包括腺相关病毒、逆转录病毒（retrovirus，RV）及慢病毒（lentivirus，LV）、单纯疱疹病毒（herpes simplex virus，HSV）、水疱性口炎病毒（vesicular stomatitis Virus，VSV）、狂犬病毒（rabies virus，

RV）和伪狂犬病毒（pseudorabies virus，PRV）。各类重组病毒在插入片段大小、免疫原性强弱、是否整合宿主基因组等方面具有不同的特点及优势，故具有不同的应用场景。在这里我们展示了多种重组病毒的特点及应用（表2-9）。

表2-9 重组病毒的特点及应用

种类	包膜	颗粒直径	基因组	有效荷载能力	免疫原性	是否整合宿主基因	特点	应用
腺相关病毒载体	无	90~100 nm	ssDNA	3.5 kb	极低	不整合	宿主范围广、免疫原性安全性高、体内扩散能力强、基因表达时间长	常用于神经、代谢研究领域，是体内研究首选病毒载体之一、基因治疗"明星"载体之一
慢病毒载体	有	20~30 nm	RNA	5~7 kb	低	随机高频整合	宿主范围广、基因容量大、感染效率高、整合基因组实现长期稳定表达	常用于肿瘤、神经研究领域，如稳定株构建、细胞功能研究、瘤内注射、细胞治疗等
单纯疱疹病毒载体	有	150~200 nm	dsDNA	>5 kb	低	不整合	宿主范围广、基因容量大、不整合宿主基因组、可顺向跨突触	常用于全脑范围多级输出网络结构及神经网络变化研究
水疱性口炎病毒载体	有	150~180 nm	RNA	4.5 kb	低	不整合	宿主范围广、安全性高、感染性强、易于操作制备、能刺激机体免疫反应	常用于中枢神经回路示踪研究、疫苗研发、辨认介导病毒感染细胞的细胞表面受体、筛选病毒抑制药物
狂犬病毒载体	有	75~80 nm	RNA	3~5 kb	低	不整合	宿主范围广、具有神经嗜性、只能进行化学突触传播	常用于神经研究中神经元输入网络的标记、脑靶向药物的载体构建、疫苗研究
伪狂犬病毒载体	有	150~180 nm	dsDNA	40 kb	极低	不整合	宿主范围广、基因容量大、安全性高、不易感染人类、可同时应用于外周与中枢	常用于神经元逆行示踪、神经网络变化研究、重组疫苗研究

（二）重组病毒在神经科学领域的发展

自20世纪80年代以来，随着分子生物学和基因工程学的飞速发展，重组病毒逐渐成为神经科学研究的重要工具。在早期的神经科学研究中，科学家们利用一类能够选择性感染神经元且沿着神经连接传播的病毒，即嗜神经病毒，实现对神经网络的示踪[2]。单纯疱疹病毒是首个广泛应用于神经环路追踪的病毒[3]，它不仅可以标记中枢神经系统不同脑区之间的连接，还能标记外周神经与中枢神经的连接，是顺向跨突触示踪最常用的病毒，目前使用得最多的是HSV-1亚型的H129毒株。此外，伪狂犬病毒的Bartha毒株因细胞毒性较低且在神经系统中逆向跨突触传递特异性高，被广泛应用于筛选神经环路中的上游脑区[4]。

随后，科学家们利用腺相关病毒和单纯疱疹病毒等病毒载体，将外源基因导入神经系统并研究其功能。在1993年，人们成功使用腺病毒将半乳糖苷酶基因递送到小鼠大脑的神经元和胶质细胞中，并使其在这些细胞中稳定表达2个月以上[5]。此外，科学家们也可以通过在特定脑区过表达或敲除相关基因来构建疾病模型[6]。虽然这些早期的重组病毒载体存在包装容量有限、感染特异性不足等局限性，但重组病毒的基因递送功能在神经科学研究中已开始得到广泛应用。

随着技术的不断进步，科学家们对重组病毒进行了诸多改造和优化。例如，通过改变病毒的衣壳蛋白，使其特异性地感染某一类神经元。腺相关病毒可根据衣壳蛋白的差异分为不同的血清型，目前人们已发现AAV有13种天然血清亚型（AAV1~13），不断发现的新血清型及经过人工改造的新型AAV载体，进一步扩大了AAV的应用范围[7]。为了进一步提升重组病毒使用的安全性，病毒包装技术也在不断进步和优化。例如，在慢病毒的包装方面，已经从最初的三质粒系统（第一、二代）进化到了更为安全的四质粒系统（第三代）。在三质粒系统中，包装过程涉及三个独立的质粒：一个用于编码病毒结构蛋白的包装质粒、一个提供病毒包膜蛋白的包膜质粒，以及一个携带目标基因的目的质粒。而最新的四质粒系统则将原来的包装质粒进一步细分为两个质粒，从而降低了所有必需成分集中在少数几个质粒上的风险。这种改进确保了慢病毒载体即使在细胞内也不会轻易恢复复制能力，大大提高了其使用安全性。

（三）重组病毒的设计

不同种类的重组病毒可以携带核酸分子的能力不一，其可携载目的基因核酸大小的能力也各不相同，即"有效荷载能力"有差异。例如，常用的腺相关病毒和慢病毒的有效荷载通常限制在5 000个碱基对以内，而单纯疱疹病毒与伪狂犬病毒，则能够携带数万对甚至更多的碱基对。因此，在设计重组病毒载体时，首先需要根据每种病毒的特性选择最合适的类型。这需要综合考虑病毒的组织特异性、感染效率、免疫原性以及安全性等因素。其次，必须确保目的基因的序列长度适合所选病毒的有效荷载范围，以保证基因表达的有效性和稳定性。

目的质粒中常用的载体元件包括启动子、连接元件、抗性基因、荧光蛋白和标签等（表2-10），这些元件的选择对于重组病毒质粒的设计与功能至关重要。启动子作为能够激活RNA聚合酶的DNA序列，负责启动基因的转录过程，根据其特异性和效率，可分为广泛型（适用于多种细胞类型）和组织特异性型（针对特定组织或细胞类型）。连接元件（如IRES序列或多顺反子表达系统）允许在一个载体上实现多个基因的协同表达，使得多基因工程成为可能。抗性基因提供对抗生素或其他选择压力的耐受性，用于筛选成功转化了质粒的宿主细胞。荧光蛋白（如GFP、RFP等）不仅可用于可视化细胞形态，还可以与目的基因融合表达以标记蛋白质定位，帮助追踪基因表达和蛋白质分布。标签（如His标签、FLAG标签等）则用于目的蛋白的检测和纯化，便于后续实验操作。通过精心挑选这些元件，并结合辅助质粒的支持进行病毒包装，研究人员可以根据具体的实验需求设计出高效且安全的重组病毒质粒，从而构建出适合特定应用场景的重组病毒，以满足从基础研究到临床治疗的多样化需求。

表2-10　常用的载体元件

元件名称	种类	特征描述
启动子 （仅列举部分）	CMV、EF1α、CAG	广泛感染性启动子
	Synapsin	神经元特异性启动子
	Camk2a	兴奋性神经元特异性启动子
	GfaABC1D	星形胶质细胞特异性启动子
连接元件	T2A、P2A、IRES等	可实现多基因的协同表达
抗性基因	AmpR、KanR、PuroR、Neo等	用于原核细胞/真核细胞抗性筛选
蛋白标签	Flag、HA、His Tag等	可用于目的蛋白的检测与纯化等
荧光蛋白	BFP、GFP、mCherry等	可视化蛋白，可用于显示细胞形态或蛋白定位标记

二、应用

（一）记录和调节神经元

记录和调节神经元在不同条件下的活动状态是研究神经元功能的关键手段。腺相关病毒和慢病毒载体由于其具有能够长期稳定表达目的基因且免疫原性低的特点，常被用于递送检测神经活动的探针或光/化学遗传工具至神经元内，以进行神经活动的观测或调控[8]。例如，通过这些病毒载体可以在神经元内表达钙离子探针GCaMP6等，以实时监测胞内钙离子浓度的变化。通过荧光成像技术，研究人员可以非侵入性地观察神经元的兴奋性变化，从而深入了解神经元的功能动态（详见本书第三章）。为了实现对神经元活动的精确控制，还可以利用重组病毒递送特定的调控蛋白，如常用的光遗传学工具——视紫红质通道蛋白ChR2。ChR2作为一种对蓝光敏感的阳离子通道，能够在光照激活时引起神经元去极化，触发动作电位，从而实现对神经元活动的精准操控（详见本书第四章第三节）。

（二）神经环路成像

神经系统的环路极为复杂，某些重组病毒展现出对神经末梢而非胞体的优先感染能力，并在细胞内进行顺行或逆行运输，甚至向多个方向扩散至相连的细胞。利用这些独特的病毒特性，可以通过重组病毒携载荧光蛋白实现对神经网络的顺向或逆向标记[9]，这种方法能够精确示踪神经元的胞体、末梢及其形成的突触联系，从而实现对神经环路的高分辨率成像，详细追踪神经连接通路，深入理解神经系统的结构和功能关系（详见本书第四章第一节）。

（三）分析基因功能

通过设计特定的重组病毒，可以实现对不同细胞类型中特定基因的调控，如过表达、干扰、敲除和内源性激活等，从而探索该基因在分子、细胞、环路和行为水平的重要功能。利用重组病毒进行基因操控具有较高的时空分辨率，可在任意时间对任意空间的神经元群体进行基因操控[10]。例如，我们可以利用病毒载体包装CRISPR基因敲除工具，感染小鼠某一类神经元群体，从而以调节的方式激活或抑制内源性基因的活性。

三、实验流程图

为了生产重组病毒，将目的质粒与辅助质粒共同转染至工程细胞（如HEK293T）中进行病毒组装。收获病毒颗粒后，通过超速离心等方法浓缩和纯化病毒，并进行浓度滴度和质量检测。最终制备的病毒制剂即可用于后续实验，确保高效、稳定地递送目标基因（图2-22）。

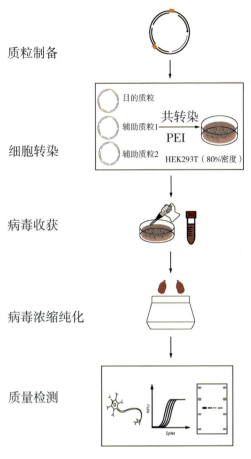

图2-22 病毒包装实验流程图

四、实验试剂与器材

表2-11 实验试剂

名称	厂商/型号
HEK239T cell line	ATCC
pHelper plasmid	Addgene
DMEM basic	Gibco, cat. no. C11965500
Neurobasal medium	Gibco, cat. no. 21103-049
1×PBS	Solarbio, cat. no.P1020
HEPES	Sigma-Aldrich, cat. no.H3375

续表

名称	厂商/型号
Sodium pyruvate	Sigma-Aldrich, cat. no.P4562
GlutaMAX	Thermo Fisher, cat. no. 35050061
Fetal Bovine Serum	Excell Bio, cat. no. FSD500
Penicillin-Streptomycin	新赛美, cat no.C100C5
Polyethylenimine Linear MW40000（PEI）	Yeasen, cat.no. 40816ES03

表2-12　实验器材

名称	厂商/型号
Syringe Driven Filters	BIOFIL, cat. no. FPE204030
Centrifuge Tubes	BECKMAN COULTER, cat. no.361625
AAVpro Purification kit（All serotypes）	Takara, cat.no. 6666
超速离心机	BECKMAN COULTER
二氧化碳培养箱	Thermo Fisher
高速冷冻离心机	Thermo Fisher
实时荧光定量PCR仪	Roche LifeScience
涡旋振荡器	SCILOGEX

五、实验步骤

本节以"超速离心法制备慢病毒载体"和"超滤法制备腺相关病毒载体"为例，介绍常用的病毒载体制备方法。

(一) 超速离心法制备慢病毒载体

1. 细胞转染

（1）细胞培养：配制新鲜的DMEM-FBS培养液（含10%FBS、1×Penicillin-Streptomycin、1×GlutaMAX、1 mmol/L Sodium pyruvate、pH=7.4的10 mmol/L

HEPES）。转染前24 h，将2.5×10^6个HEK293T细胞均匀接种至直径为10 cm的细胞培养皿中，并移至培养箱（37℃，5%CO_2）中孵育，直至细胞密度生长至70%~80%。

（2）质粒转染：准备psPAX2质粒、pMD2.G质粒、DMEM培养液和1 mg/mL的线性聚乙烯亚胺（PEI）试剂。取两个1.5 mL离心管，分别加入500 μL DMEM培养液，标记为A管与B管。将1.64 pmol目的质粒、1.3 pmol psPAX2质粒、0.72 pmol pMD2.G质粒充分混合至A管；按3 μL PEI对应1μg 总DNA的比例，将PEI试剂加入B管。将A管与B管液体充分混合，室温孵育20 min。将混合液加入HEK293T细胞培养皿中，摇晃均匀后，将培养皿移至培养箱（37℃，5%CO_2）中孵育。

（3）细胞换液：质粒转染8~12 h后，移除培养皿上清，加入预热的DMEM-FBS培养液，继续培养细胞。

2. 病毒收获

转染48 h后，收集上清液至50 mL离心管中，向培养皿内重新加入DMEM-FBS培养液，继续培养细胞。转染72 h后，再次收集上清液至50 mL离心管中，然后进行离心（预冷至4℃，$1\ 000 \times g$，5 min）。将上清液经0.45 μm过滤器过滤至超速离心管内。细胞培养期间注意上清液pH须维持在7.2~7.4。

3. 病毒浓缩纯化

提前预冷BECKMAN OptimAL-100xp超速离心机与Type70Ti角转头，对超速离心管内的病毒上清液进行离心（$70\ 000 \times g$，2 h），离心机内需严格配平样品。离心后，小心移除上清液，加入300 μL培养液重悬病毒沉淀。将病毒混悬液转移至新的1.5 mL离心管并分装，置-80℃保存。注意避免反复冻融。

4. 质量检测

将病毒混悬液进行梯度稀释后，加入宿主细胞并观察细胞状态。若目的质粒含荧光蛋白序列，则观察荧光蛋白表达情况；也可利用qPCR、Western Blot等方法检测目的基因的表达水平。

（二）超滤法制备腺相关病毒载体

1. 细胞转染

（1）细胞培养：同"超速离心法制备慢病毒载体"。

（2）质粒转染：准备pHelper质粒、pRepCap质粒、DMEM培养液和1 mg/mL的PEI试剂。取两个1.5 mL离心管，分别加入500 μL DMEM培养液，标记为A管与B管。将目的质粒、pHelper、pRepcap按1∶1∶1的摩尔比例（总DNA量50 μg），充分混合至A管；按3 μL PEI对应1 μg总DNA的比例，将PEI试剂加入B管。将A管与B管液体充分混合，室温孵育20 min。将混合液加入HEK293T细胞培养皿中，摇晃均匀后，将培养皿移至培养箱（37℃，5%CO_2）中孵育。

（3）细胞换液：同"超速离心法制备慢病毒载体"。

2. 病毒收获

转染72 h后，加入1/80培养液体积的0.5 mol/L EDTA至细胞培养皿中，充分混匀，室温孵育10 min。通过敲击培养皿侧面使细胞脱落，收集细胞与上清液至50 mL离心管中，离心（预冷至4℃，2 000×g，10 min）后完全去除上清。

3. 病毒浓缩纯化［以下内容参考AAVpro Purification kit（Takara. cat.no. 6666）实验方案］

（1）细胞裂解：振荡细胞沉淀使其松散，加入1 250 μL AAV Extraction Solution A plus，振荡15 s使细胞充分悬浮，室温静置5 min。再次振荡15 s，离心（预冷至4℃，7 000×g，10 min）收集上清液至新的离心管中，加入1/10上清液体积的AAV Extraction Solution B。

（2）病毒纯化：向上述溶液中加入1/100上清液体积的Cryonase Cold-active Nuclease，37℃反应1 h。加入1/10上清液体积的Precipitator A，振荡混合10 s后，37℃反应30 min，再振荡混合10 s。加入1/20上清液体积的Precipitator B，振荡混合10 s后，离心（预冷至4℃，9 000×g，5 min）收集上清，用Millex-HV 0.45 μm滤膜过滤上清。

（3）病毒浓缩：将过滤后的病毒上清加至Amicon Ultra-15 100 kDa超滤管中，离心（预冷至4℃，2 000×g）直至病毒上清体积少于300 μL。移除废液后，向超滤管中加入15 mL 1×PBS溶液，离心（预冷至4℃，2 000×g）直至上清体积少于300 μL。将病毒上清转移至新的离心管并分装，置−80℃保存。注意避免反复冻融。

4. 质量检测

同"超速离心法制备慢病毒载体"部分。

六、数据分析及结果解读

1. 利用qPCR技术验证目的基因mRNA表达水平：例如，利用病毒载体过表达基因后，qPCR结果显示实验（Virus）组的mRNA相对定量水平显著高于对照（Ctrl）组（图2-23）。

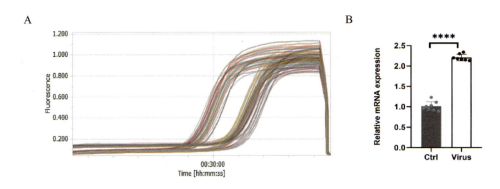

图2-23　qPCR结果示例

A. 在实时荧光PCR扩增过程中，荧光信号随反应时间变化的扩增曲线图；B.经相对定量分析后，对照组与实验组mRNA表达水平的柱状图

2. 利用Western Blot技术验证目的蛋白表达水平：例如，利用病毒载体传递沉默基因后，该基因编码的蛋白表达受抑制，Western Blot结果显示实验组（LV）病毒载体敲低的细胞内蛋白相对定量水平显著低于对照（Ctrl）组（图2-24）。

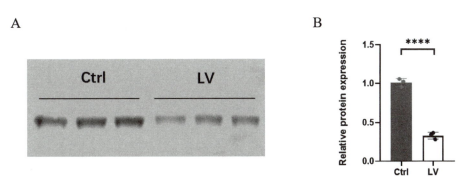

图2-24　Western Blot结果示例

A. Western Blot技术的蛋白条带结果模拟图；B.经相对定量分析后，对照组与实验组蛋白表达水平的柱状图

七、关键点

实验步骤	问题	原因	解决办法
细胞转染	质粒转染效率低	细胞状态不佳	细胞复苏后，向培养液中加入丙酮酸钠以恢复细胞状态
		A管与B管液体未充分混合	转染时用移液枪充分吹打混合液
病毒收获	上清液pH偏低，病毒感染滴度低	培养细胞量过多	转染当天维持细胞密度在70%~80%
		培养液过少	添加适量培养液（加入10 mmol/L HEPES以维持pH稳定）
病毒浓缩纯化	超速离心后，病毒沉淀未贴壁，悬浮在上清	取出离心管时过度摇晃	离心管轻拿轻放，小心移除上清液
		离心后未及时处理，存放时间过久，沉淀脱离管壁	再次离心
质量检测	病毒表达量低	病毒沉淀未充分重悬，遗失部分病毒量	充分吹打病毒沉淀使其完全重悬均匀
		病毒纯度较低，杂质多，影响细胞状态	密切观察病毒包装过程的细胞状态，避免死细胞过多导致上清液杂质过多
	加入病毒后宿主细胞状态差	病毒感染量过多，影响细胞状态	将病毒上清液进行梯度稀释后加入宿主细胞以验证病毒效果，适当减少病毒感染量

八、技术的局限性

（一）生物安全问题

尽管病毒载体经过改造后安全性大大提高，但病毒包装技术仍涉及生物安全问题，包括病毒的扩散、污染以及对实验人员的潜在危害等。因此，在实验室中需要严格遵守生物安全规定，采取必要的防护措施。

（二）病毒载体感染滴度较低

当目的基因和载体元件的总长度超过病毒载体的最大容量时，病毒的包装滴度就会大大降低。同时，病毒载体或辅助质粒的质量差异也会影响病毒载体的感染滴度。低感染力会降低病毒对靶细胞的转导效率，从而限制了其在基因治疗等领域的应用。

(三) 病毒载体纯度较低

病毒载体包装过程耗时较长，细胞培养期间死细胞碎片和代谢废物会释放入病毒上清液中，若不经进一步纯化处理，会使病毒夹杂较多的杂质，导致纯度降低，从而影响宿主细胞状态。

思 考 题

1. 影响病毒包装效率的关键因素有哪些?

2. 为什么质粒转染后 8~12 h 需要置换培养液?

3. 若目的基因序列中含荧光蛋白序列，但病毒包装后质量检测未观察到荧光表达，可能有哪些原因?

参 考 文 献

[1] Nectow A, Nestler E. Viral tools for neuroscience. Nat Rev Neurosci 21, 669-681 (2020).

[2] Qiu L, Zhang B, Gao Z. Lighting up neural circuits by viral tracing. Neurosci Bull 38, 1383-1396 (2022).

[3] Jacobs A, Breakefield X, Fraefel C. HSV-1-based vectors for gene therapy of neurological diseases and brain tumors: Part II. vector systems and applications. Neoplasia 1, 402-416 (1999).

[4] Ekstrand M, Enquist L, Pomeranz L. The alpha-herpesviruses: molecular pathfinders in nervous system circuits. Trends Mol Med 14, 134-140 (2008).

[5] Salle G, Robert J, Berrard S, et al. An adenovirus vector for gene transfer into neurons and glia in the brain. Science 259, 988-990 (1993).

[6] Luo L, Callaway E, Svoboda K. Genetic dissection of neural circuits. Neuron 57, 634-660 (2008).

[7] Li C, Samulski R. Engineering adeno-associated virus vectors for gene therapy. Nat Rev Genet 21, 255-272 (2020).

[8] Lin M, Schnitzer M. Genetically encoded indicators of neuronal activity. Nat Neurosci 19, 1142-1153 (2016).

[9] Liu Q, Wu Y, Wang H, et al. Viral tools for neural circuit tracing. Neurosci Bull 38, 1508-1518 (2022).

[10] Bedbrook C, Deverman B, Gradinaru V. Viral strategies for targeting the central and peripheral nervous systems. Annu Rev Neurosci 41, 323-348 (2018).

（钟裕芳　唐云　张小敏　李勃兴）

第六节　原位杂交技术

一、简介

原位杂交（*in situ* Hybridization，ISH）是一种分子细胞学和遗传诊断学实验技术，该技术通过使用带有标记的核酸探针序列，与细胞或组织中的靶标序列互补杂交从而确定靶标核酸序列的表达和分布情况[1]。根据探针标记物的不同，探针序列可以分为同位素或非同位素两大类型。同位素标记探针的方法被称为放射性原位杂交，虽然该技术具有反应性强、敏感性高的优点，但同时存在成本高、耗时长和具有潜在的放射性污染等缺陷[2]。目前，非同位素原位杂交技术已成为常用的方法。其探针类型包括荧光标记探针、酶标记探针及生物素标记探针等。其中，荧光标记探针因其可实现多靶标同步检测的优势而被广泛应用。基于此，在本节中，我们将重点介绍荧光原位杂交（Fluorescence *in situ* Hybridization，FISH）。这是在放射性原位杂交技术基础上发展而来的一种非同位素原位杂交技术，其核心创新性在于荧光素标记取代了同位素标记。具体的实验流程，将以 RNAscope 为例进行介绍。

（一）原位杂交技术的原理

原位杂交是基于碱基互补配对原则的分子检测技术，其核心原理是利用标记的单链核酸探针（DNA 或 RNA）与细胞内或组织中的靶核酸序列（DNA 或 RNA）进行特异性杂交，从而实现对目标核酸的空间定位与可视化检测。在该技术中，探针可通过荧光、同位素或生物素等直接或间接标记[2]。当这些探针与待检组织或细胞涂片中的目标核酸发互补结合后，可形成稳定的杂交双链复合物，随后通过相应的检测系统（如荧光显微镜、放射自显影或酶促显色）对标记信号进行捕获与分析，从而确认目标核酸的存在和空间分布。

（二）原位杂交技术的发展历程

这项技术的发明可以追溯到 20 世纪 60 年代，由于当时仪器设备和分析技术相对落后，基因表达的测定和信号通路的定量比较困难。美国耶鲁大学的生物学家 Joseph G. Gall 和 Mary-Lou Pardue 首次利用放射性同位素标记的探针对 rRNA 进行标记，成功观察到果蝇体细胞内核糖体基因数量扩增的过程，并将这项技术命名为原位杂交[3]。该技术为确定特定基因序列在胞内扩增和空间定位提供了切实可行的解决方案。随后，这种技术也被广泛应用于分子定量表达、基因组测序等领域。

然而，ISH的早期推广受到了诸多限制：①获得高纯度、高特异性的探针非常困难。②放射性探针的制备和处理过程耗时长。③具有严重的生物安全风险。④难以生产靶标RNA-DNA杂交体的抗体。因此，改进实验技术、寻找替代放射性探针的方案迫在眉睫[4]。

20世纪70年代，克隆技术的出现大大增加了制备探针模板序列的可能性，并且随着放射性标记和杂交技术的改进，放射性ISH的检测精度达到了单拷贝序列的水平[5]。

随着生物素、地高辛等非放射性标记手段的开发，原位杂交技术得到了改进。非放射性标记不仅安全，而且可以通过化学显色或荧光信号来检测，极大简化了操作流程，不再需要长时间的放射性显影过程。1980年，荷兰莱顿大学医学中心的研究员Joop Wiegant及其同事开发了一种将荧光素与RNA探针进行化学耦合的新技术，开启了快速、安全、可视化的非同位素原位杂交新时代[6]。这种荧光原位杂交技术被称为直接FISH技术，广泛应用于当代分子生物学和遗传诊断学实验。目前，已经发展出多种荧光标签来标记探针，现代FISH技术中，通常可以使用3到5种不同的荧光探针，甚至在一些高端的成像和分析系统中，能够扩展到10种或更多的荧光标记[7-9]

间接FISH技术是一种利用抗体和荧光标记来检测RNA或DNA的技术。与直接FISH不同，间接FISH使用的是一组不直接结合到探针上的荧光标记物，其中，基于酶法标记或免疫标记的探针应用最为广泛。该技术由David Ward于1981年发明，其创新性在于将生物素修饰的核苷酸类似物通过DNA聚合酶整合至探针序列，然后通过抗生物素抗体进行检测[10]。这一时期的代表性技术是生物素标记探针结合链霉亲和素-辣根过氧化物酶（HRP），用DAB（3,3'-二氨基联苯胺）进行显色，显微镜下可观察到清晰的色素沉积。现代商业化的FISH试剂盒通常基于间接FISH技术构建，但目前的方案通常使用链霉亲和素荧光偶联物来检测生物素标签，而不是抗生物素抗体[11]。链霉亲和素荧光偶联物是具有共价结合荧光标记物的生物素结合蛋白，由于链霉亲和素对生物素具有高亲和力，因此，商业化的FISH试剂盒具有高特异性、高清晰度和快速的检测动力学特性。目前，此类优化系统已广泛应用于多尺度生物样本的分子检测，包括单个细胞、组织及整个胚胎水平上的核酸或其他分子。

从20世纪80年代至今，FISH在方法上经历了持续的演进。FISH的染色范围已从最初的单一染色扩展到多重染色；其应用亦从对细胞分裂中期高度凝聚结构的染色体的检测，拓展至对减数分裂粗线期拉长和松散结构的染色体的检测；通过进一步改进，还发展出可在拉长成长链纤维的DNA上，与单个DNA分子进行杂交的纤维FISH；在核酸探测范围上从检测mRNA扩展至检测非编码RNA。这些发展使得FISH的灵敏度和空间分辨率大幅提升，使其能够同时检测多个RNA分子的空间位置和表达水平，从而实现更准确的核酸表达定量和定位。目前还衍生出了一些新的技术和方法，包括单分子荧光原位杂交（Single-molecule Fluorescence *in situ* Hybridization，smFISH）及其衍生技术、多彩色荧光原位杂交（Multicolor Fluorescence *in situ* Hybridization，mFISH）和高分辨纤维荧光原位杂交（High-resolution Fider Fluorescence *in situ* Hybridization，HR-Fiber-FISH）[12-14]。

在当代对基因组水平高通量测量的日益增长的需求背景下，FISH凭借其可与多种实验技术协同应用的优势，发展出了能够精确测定基因组表达水平的高通量方法。例如，多重误差稳定荧光原位杂交（Multiplexed Error Robust Fluorescence *in situ* Hybridization，MERFISH）结合单分子荧光原位杂交技术的优势，使用组合标签为每个目标RNA分子分配独特的条形码，利用二进制条形码来抵消单分子标记和检测中的错误。这种方法允许对单个样本中RNA实现逐个成像，提供了在时空层面对单细胞转录本进行分析的有效方案[15]。点击扩增荧光原位杂交（Click-amplifying Fluorescence *in situ* Hybridization，ClampFISH）通过非酶促的方式实现对RNA分子的高灵敏度检测。它利用挂锁式探针与目标RNA结合，并通过生物正交反应［铜（I）催化的叠氮化物–炔烃环加成反应，CuAAC］固定探针的位置，从而提高了检测的准确性和可靠性。这种方法特别适合在单细胞层面进行精确的转录组分析[16]。下面根据探针类型和适用范围列举了不同的原位杂交技术。

（三）原位杂交的方法

表2-13　原位杂交技术概览

原位杂交技术	探针类型	适用范围	应用描述
Interphase FISH（IFISH）	位点特异性DNA探针	处于分裂间期的细胞	用于检测染色体异常，灵敏度高
SKY FISH/COBRA FISH	寡核苷酸探针	染色体或未知遗传物质	用于绘制所有染色体，通量高，常用于检测基因组中的复杂变化
HCR-FISH	单链DNA引发剂和双链聚合物	生物传感与生物医学领域	通过引发剂触发形成双螺旋聚合物，实现信号放大。等温扩增，放大效率高，适合多重检测，具有较好的信噪比和深度穿透力
RNAscope	双Z探针	常规标本的基因表达分析	通过新颖的探针设计和基于杂交的信号放大系统提高灵敏度和特异性。能够实现单个细胞的信号可视化
SeqFISH	条形码探针	固定细胞中的转录本	通过连续杂交、成像和探头剥离进行条形码编码，实现多轮原位杂交。能够高效标识大量转录本，适合转录组研究，具有较高的空间分辨率

原位杂交技术	探针类型	适用范围	应用描述
MERFISH	组合标签探针	单细胞RNA检测	通过使用组合标签和连续成像提高检测通量，并具有纠错功能。提高结果准确性，能够在单个样本中识别大量RNA，适合转录组规模分析
ClampFISH	双螺旋探针	空间转录组学研究	依赖非酶促的指数扩增，能够有效锁定探针并提高信号。灵敏度高和信噪比低，适合空间转录组学研究
Split-FISH	桥式探针和编码探针	复杂组织中的转录组学分析	利用分裂探针实现信号增强，减小背景荧光和假阳性。能够在复杂组织中准确检测RNA
AmpFISH	扩增型探针	低丰度RNA检测	通过扩增反应增强信号，适用于低丰度RNA的检测，用于RNA定量和可视化
CircFISH	特异性针对环状RNA的探针	环状RNA检测	针对环状RNA设计探针，具有高特异性和灵敏度，适合肿瘤和发育生物学研究
π-FISH	π-结合探针	多种RNA目标检测	结合多种探针，通过颜色编码实现多重RNA成像，提高检测灵敏度和特异性
HT-smFISH	高通量单分子探针	单细胞RNA分析	实现高通量检测，快速处理大量样本，适用于单细胞转录组学研究

（四）原位杂交技术的优势

其他利用碱基互补配对原则检测核酸表达水平的技术有Southern印迹杂交（Southern Blot）和Northern印迹杂交（Northern Blot）。二者皆为常用的分子生物学技术，分别用于分析DNA和RNA及其含量，分析样品中是否存在与探针序列同源的核酸片段，并验证检测片段的分子量大小。此外，还可用于检测基因是否有突变、扩增重排等变化。然而，与印迹杂交技术相比，FISH具有以下优势：FISH不仅可以检测样品中是否存在与探针序列同源的核酸片段，分析样品中的核酸及其含量，还可以直接获取精确的原位空间信息，准确观察分子在细胞核内和核外的定位与分布，利用超分辨率显微镜还可以实现亚细胞水平的空间定位与定量。因此，FISH在分子生物学领域的应用场景更加多样。

展望未来，FISH将继续对基因组结构和基因表达的研究做出重要贡献。随着多模态、多重原位杂交和空间转录组学等技术的发展，原位杂交技术进一步提升其在生命科学研究中的应用深度和广度，为生命科学研究提供更强大的技术支撑。

二、应用

通常，在获得高质量的高通量测序数据后，研究人员会通过生物信息学分析揭示特定组织细胞在生物过程或疾病发展中的基因表达调控机制。为了验证和完善测序结果，FISH广泛应用于细胞爬片、冰冻或石蜡切片等组织样本中，结合荧光标记表征特定细胞亚群。FISH已经实现高通量化：单次实验中，可同时检测多个样本；单个样本中，可同时检测数百到数千个基因，高质量地对测序结果进行验证和完善。利用共聚焦显微镜或超分辨显微镜可以进一步直观地确定靶标分子在细胞核、细胞器及细胞膜的空间定位，实现定性和相对定量的检测。以下是FISH的主要应用场景。

(一) 定位特定基因

通过选用适当的探针，FISH可以确定特定核酸分子存在与否，定位特定核酸序列，直接观察和分析其在细胞核、细胞质中的空间分布情况。

(二) 定量特定基因

通过使用RNA探针，实现可视化验证目标核酸分子的扩增特征，从而定量RNA分子在细胞或组织中的表达水平。

(三) 观察多基因共表达情况

通过使用多个探针，可以同时检测和分析多个目标核酸在组织中的分布和相互关系，从而揭示基因组对组织结构和功能发挥的作用。

(四) 探究染色体结构

通过使用DNA探针，使探针与染色体特定区域的DNA序列相互配对，从而研究染色体的结构、数量和排列方式。

(五) 染色体异常检测

通过使用DNA探针，可以检测染色体缺失、重排、扩增或染色体上的特定突变，从而帮助诊断和评估染色体相关的疾病。

总的来说，FISH通过选择适当的探针和标记方法，可以用于定位特定基因、研究基因表达谱、观察多基因共表达情况，以及探究染色体的结构和异常；帮助研究者揭示发育、生理和疾病状态下基因表达模式和调控网络，深入了解基因功能和调控机制；揭示细胞分化和组织形成等重要生物学过程，探究细胞命运选择和细胞命运转变的分子机制；揭示与基因相关疾病发生和发展过程，为疾病的诊断和治疗提供重要依据。这些应用使得FISH成为生物学和医学研究中不可或缺的工具。

三、实验流程图

本节以RNAscope技术标记冰冻脑组织为例，介绍实验流程及结果解读。

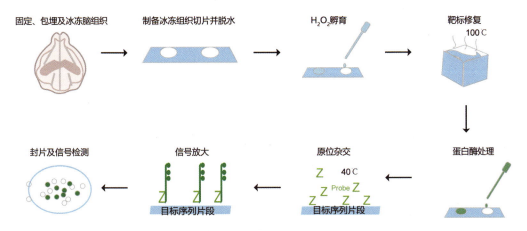

图2-25　荧光原位杂交实验流程图（以RNAscope为例）

四、实验试剂与器材

表2-14　实验试剂

名称	厂商/型号
2,2,2-三溴乙醇	Sigma, Cat. No. T48402
叔戊醇	Sigma, Cat. No. 240486
PBS缓冲液	Absin, Cat. No. abs961
二乙基焦碳酸酯（DEPC）处理水	Biosharp, Cat. No. BL510B
4%多聚甲醛（PFA）固定液（含DEPC）	Boster, Cat. No. AR1069
中性福尔马林固定液（10%，RNase free）	Biosharp, Cat. No. BL389A
蔗糖	Sigma, Cat. No. V900116
无水乙醇	Macklin, Cat. No. e809063

续表

名称	厂商/型号
OCT复合物	Sakura, Cat. No. 4383
Tween-20	Sigma, Cat. No. P7949
RNAscope® 探针	根据实验需求购买
RNAscope® H$_2$O$_2$ and Protease Reagents	ACD, Cat. No. 322381
RNAscope® Target Retrieval Reagents	ACD, Cat. No. 322001
RNAscope® Wash Buffer Reagents	ACD, Cat. No. 310091
Fluorescent Multiplex Fluorescent Detection Reagents	ACD, Cat. No. 32311

表2-15 实验器材

名称	厂商
杂交炉	HybEZTM
免疫组化笔	BKMAM
载玻片	世泰
盖玻片	世泰
1 mL注射器	洪达
眼科剪刀	瑞沃德
镊子	瑞沃德

五、实验步骤

(一) 固定、包埋及冰冻脑组织

1. 将小鼠麻醉后，通过心脏依次灌注由商品化的DEPC水配制的1×PBS缓冲液和4%多聚甲醛固定液。取出脑组织，置于4%多聚甲醛固定液中，在4℃下固定24小时。随后，将脑组织转移到30%蔗糖溶液（用DEPC水配制的1×PBS溶液调配）中，4℃下脱水至完全沉底。最后，用无水乙醇冲洗脑组织表面残留蔗糖，并让其自然风干。

2. 取适量低温包埋剂（OCT复合物），将已干燥的脑组织放置于其中，确保脑组织被完全包裹。将含有脑组织的OCT复合物模具迅速放入干冰或液氮中，使样本快速冻结。最后，将冷冻后的包埋块存放于-80℃冰箱内长期保存，以便后续实验使用。

(二) 制备冰冻组织切片及脱水处理

1. 组织切片前，于-20℃平衡组织块，时长约1小时。用冰冻切片机将包埋好的组织切成7~15 μm的切片，将切片黏附在载玻片上（玻片可在−80℃下存放三个月）。

2. 将组织切片置于60℃烘箱中20分钟，待玻片完全干燥后，在4℃下用4%多聚甲醛固定液固定玻片15分钟。然后将玻片依次放入50%、70%和100%乙醇的染色缸中进行梯度脱水，每次脱水5分钟。

（三）RNAscope®双氧水处理

将脱水后的玻片置于室温下干燥，待载玻片完全干燥后，滴加RNAscope®H$_2$O$_2$并在室温下孵育10分钟。然后将载玻片转移至DEPC处理水中清洗两次，每次至少清洗2分钟。

（四）RNAscope®靶标修复试剂处理

1. 提前将1 × RNAscope®Target Retrieval Reagent加热并维持缓慢沸腾状态（98~102℃）备用，但煮沸时间不可超过30分钟。将玻片缓慢转移至盛有1 × RNAscope®Target Retrieval Reagent的容器中，沸水热修复5分钟。

2. 用DEPC处理水清洗载玻片3~5次。

3. 用1 × PBST（由DEPC水配制的含0.1% Tween-20的1 × PBS溶液）清洗玻片。将样本周围的液体小心擦干。然后用免疫组化笔在切片周围绘制疏水圈，后将玻片转移至10%中性福尔马林固定液中。室温下孵育30分钟，随后使用1 × PBST清洗4次，每次2分钟。

（五）疏水圈绘制及RNAscope®蛋白酶III处理

1. 在每张载玻片上滴加RNAscope® Protease，使其覆盖整个脑切片。

2. 将载玻片置于40℃预热的湿盒内。密封湿盒，在40℃的杂交炉内孵育30分钟。

3. 将载玻片在蒸馏水中清洗3次。

（六）探针杂交

将玻片放置在湿盒中，在每张切片上加入50~100 μL RNAscope® Co-detection Antibody Dilute稀释的一抗，置于4℃冰箱过夜。

（七）RNAscope®探针杂交及信号放大

1. 提前准备适量目的基因探针溶液（30~50 μL/片），40℃预热15分钟，然后冷却至室温。将AMP及HRP试剂在室温下平衡15~20分钟。

2. 将步骤（六）中清洗好的载玻片放置在湿盒中，将脑片周围的液体小心擦干。

将探针滴加至样品表面，覆盖整个脑片。密封湿盒，在40℃的杂交炉内孵育2小时。用1×RNAscope® Wash Buffer Reagents清洗载玻片2次，每次2分钟。

3．在脑片表面滴加Amp1溶液，置于40℃湿盒中孵育30分钟。然后使用1×RNAscope® Wash Buffer Reagents清洗2次，每次2分钟。

4．在脑片表面滴加Amp2溶液，置于40℃湿盒中孵育30分钟。然后使用1×RNAscope® Wash Buffer Reagents清洗2次，每次2分钟。

5．在脑片表面滴加Amp3溶液，置于40℃湿盒中孵育30分钟。然后使用1×RNAscope® Wash Buffer Reagents清洗2次，每次2分钟。

6. 根据探针通道，在脑片表面滴加与探针通道相对应的HRP溶液（C1、C2或C3通道），置于40℃湿盒中孵育15分钟。然后使用1×RNAscope® Wash Buffer Reagents清洗2次，每次2分钟。

7. 荧光标记探针。将TSA® Plus FITC（例如TSA-Cy3）染料溶液稀释至推荐浓度，并将此溶液均匀滴加到脑片上；随后，将处理过的脑片置于40℃的湿盒中孵育30分钟；孵育完成后，用1× RNAscope® Wash Buffer Reagents对脑片进行两次清洗，每次持续2分钟。

8. 去除载玻片上多余的液体，在脑片表面滴加相应通道的HRP-blocker。置于40℃湿盒中孵育15分钟。然后使用1×RNAscope® Wash Buffer Reagents清洗2次，每次2分钟。

（八）封片

立即在载玻片上滴加1~2滴抗荧光淬灭封片剂进行封片，然后在荧光显微镜下观察。

六、数据分析及结果解读

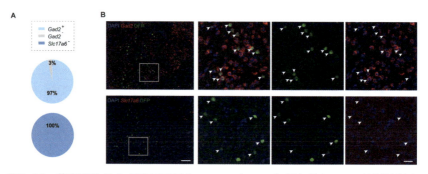

图2-26　荧光原位杂交成像显示了在dBNST中GFP标记细胞与Gad2抑制性神经元探针/vGlut2兴奋性神经元探针的共定位情况[17]

本研究利用荧光原位杂交技术观察了dBNST脑区中GFP标记细胞与Gad2抑制性

神经元标志物探针（Gad2）或vGlut2兴奋性神经元标志物探针（Slc17a6）的共定位情况（图2-26）。根据结果分析，97%的GFP标记细胞为抑制性神经元（Gad2探针阳性），而且几乎没有GFP标记细胞与vGlut2共定位。这些结果表明，在dBNST脑区中，只有抑制性神经元与GFP共标记，为该研究中的目标神经元群体。

七、关键点

实验步骤	问题	原因	解决办法
制备冰冻组织切片及脱水处理	组织脱片	掉片现象常见于石蜡样本和固定冰冻样本	建议使用高黏附载玻片；在贴片过程中避免气泡的产生。可以适当延长烘片时间，以增加组织与载玻片间的吸附力
固定、包埋及冰冻脑组织；制备冰冻组织切片及脱水处理	共检探针无信号	组织样本固定不充分，导致RNA发生了严重的降解，无法检测到靶探针的信号	需要确保充分固定组织样本
RNAscope®探针杂交及信号放大	共检探针信号较弱或背景较高	探针本身特异性不强	确认样本探针及阳性和阴性对照探针的结果
		探针工作液浓度较低	核对探针工作液的浓度，C1通道探针为1×，无须稀释；C2/C3通道探针为50×，需要使用探针稀释液1∶50稀释后使用
		在信号增强和背景消除过程中，未提前将试剂置于室温平衡	确保AMP1，AMP2，AMP3，HRPC1，HRP blocker提前放置于室温平衡15~20分钟
		Tyramide Signal Amplification（TSA™）工作液浓度过低	提前计算染料的工作液浓度，一般推荐使用浓度为1∶1 500

八、技术的局限性

（一）样品处理要求严格

FISH需要进行多个步骤，特别是对样品进行特定的固定和处理，以确保探针与目标序列的杂交并生成可靠的信号。然而，固定处理过程可能会引起细胞结构和形态的改变，因此在分析结果时需要谨慎，特别是对于组织细胞形态和结构的研究。

（二）信息获取有限

FISH主要用于检测和定位特定的DNA或RNA序列，无法直接提供关于其功能和调控的信息。虽然可以结合其他技术，如组学或基因表达富集分析，以获取更全面的信息，但仍然存在信息获取的局限性。

（三）非特异性信号或假阳性结果

原位杂交技术使用信号增强步骤来增强探针对目标序列的识别信号。因此，在设计和标记探针时，需要确保探针与目标核酸能够高效杂交，否则可能会出现非特异性信号或假阳性结果。对于复杂样品或低丰度目标序列的样品，需要进行更多的优化和控制实验，以获得可靠的结果。

（四）交叉反应和背景噪声

FISH中使用的标记探针可能会发生非特异性结合，从而导致交叉反应和背景噪声的产生。这可能导致信号出现假阳性或干扰目标信号的解读。为了减少这些问题的发生，可以设定适当的控制组并优化实验设计，以提高特异性并减少背景噪声。

- ● 思 考 题 ● -

1. 请结合荧光原位杂交技术与高通量技术设计一个实现基因表达分析的实验方案。

2. 请简述荧光原位杂交在基因组学、发育生物学、肿瘤学等领域的应用。

3. 如何提高荧光原位杂交的特异性和灵敏度？在探针设计、信号增强以及图像分析等方面，有哪些新的技术或方法可以对其进行优化，从而提高杂交的准确性和可靠性？

4. 简述荧光原位杂交技术的未来发展方向。

- ● 参 考 文 献 ● -

[1] Bayani J, Squire JA. Fluorescence in situ Hybridization (FISH). Curr Protoc Cell Biol Chapter 22, Unit 22-24, (2004).

[2] Veselinyová D, Mašlanková J, Kalinová K, et al. Selected in situ hybridization methods: principles and application. Molecules 26(13), 3874 (2021).

[3] Gall JG, Pardue ML. Formation and detection of RNA-DNA hybrid molecules in cytological preparations. Proc Natl Acad Sci USA 63, 378-383 (1969).

[4] Eisenstein M. ALook back: FISH still fresh after 25 years. Nat Methods 2, 236-236 (2005).

[5] Rudkin GT, Stollar BD. High resolution detection of DNA-RNA hybrids in situ by indirect immunofluorescence. Nature 265, 472-473 (1977).

[6] Bauman JG, Wiegant J, Borst P, et al. A new method for fluorescence microscopical localization of specific DNA sequences by in situ hybridization of fluorochromelabelled RNA. Exp Cell Res 128, 485-490 (1980).

[7] Wiegant J, Bezrookove V, Rosenberg C, et al. Differentially painting human chromosome arms with combined binary ratio-labeling fluorescence in situ hybridization. Genome Res 10, 861-865 (2000).

[8] Levsky JM, Singer RH. Fluorescence in situ hybridization: past, present and future. J Cell Sci 116, 2833-2838 (2003).

[9] Lubeck E, Coskun AF, Zhiyentayev T, et al. Single-cell in situ RNA profiling by sequential hybridization. Nat Methods 11, 360-361 (2014).

[10] Langer PR, Waldrop AA, Ward DC. Enzymatic synthesis of biotin-labeled polynucleotides: novel nucleic acid affinity probes. Proc Natl Acad Sci USA 78, 6633-6637 (1981).

[11] Liao R, Pham T, Mastroeni D, et al. Highly sensitive and multiplexed in-situ protein profiling with cleavable fluorescent streptavidin. Cells 9(4),852 (2020).

[12] Safieddine A, Coleno E, Lionneton F, et al. HT-smFISH: a cost-effective and flexible workflow for high-throughput single-molecule RNA imaging. Nat Protoc 18, 157-187 (2023).

[13] Brockhoff G. Complementary tumor diagnosis by single cell-based cytogenetics using multi-marker fluorescence in situ hybridization (mFISH). Curr Protoc 3, e971 (2023).

[14] Zhao Y, Deng H, Chen Y, et al. Establishment and optimization of molecular cytogenetic techniques (45S rDNA-FISH, GISH, and Fiber-FISH) in Kiwifruit (ActinidiALindl.). Front Plant Sci 13, 906168 (2022).

[15] Fang R, Xia C, Close JL, et al. Conservation and divergence of cortical cell organization in human and mouse revealed by MERFISH. Science 377, 56-62 (2022).

[16] Dardani I, Emert BL, Goyal Y, et al. ClampFISH 2.0 enables rapid, scalable amplified RNA detection in situ. Nat Methods 19, 1403-1410 (2022).

[17] Zheng J, Zhang XM, Tang W, et al. An insular cortical circuit required for itch sensation and aversion. Curr Biol e6, 1453-1468 (2024).

（杨琳　张小敏　黄潋滟）

第七节　微透析技术

一、简介

微透析是一种将灌流采样与透析结合的一种新型生物采样技术，是一种在不破坏机体内环境的前提下，从细胞或组织间隙中连续收集小分子量物质并进行分析的微量生化取样技术。其可以在麻醉或清醒的活体动物上使用，并且具有微创、持续取样的优点，是神经科学中少数几种可量化自由活动动物体内神经递质、肽和激素的技术之一。微透析的目标检测物质可以是内源性分子（如神经递质、激素、葡萄糖等），以评估相关生物机能；也可以是外源性分子（如药品），以测量其在体内的浓度。利用微透析技术，我们可以对清醒状态的小鼠进行连续的定时自动采集，同时能够与液相色谱、质谱等检测技术联用，进行及时处理与分析，得到更加可靠、稳定的实验数据。

(一) 微透析技术的原理与设备组成

微透析技术利用膜透析原理，对生物体细胞液的内源性或外源性物质进行连续采样。微透析系统的核心部件是微透析探针（也称微透析导管），由半透膜、导管及套管等部分组成，其设计模仿微血管，探针轴向尖端的中空纤维半透膜通过入口管和出口管与灌注系统相连。采样时，将由膜制成的微透析探针植于需要取样的部位，用与细胞间液非常接近的生理溶液作为灌注液以慢速度（0.1~5 μL/min）灌注探针。由于灌流的透析液中待测物质的浓度会低于组织环境中的浓度，因此组织中待测物质会顺着浓度梯度扩散到透析液中，并被持续地带出，从而达到从活体组织中连续取样的目的[1]（图2-27）。因为微透析取样依赖于浓度梯度扩散效应，故需采用低灌流速度，这也导致所获样品的浓度相对较低。后续针对样品的处理与分析除了可以利用高效液量色谱与质谱等方式外，还可以考虑使用生物传感器法、免疫化学分析法、化学发光法、流动注射法进行采样和制备样品。此外微透析技术还可与毛细管电泳、微柱高效液相色谱等仪器进行联机分析。

微透析取样装置主要由灌流泵、微透析探针、实验对象、连接管和微量收集器组成。微透析探针有直线型探针、环形探针、同心型探针等不同类型，可根据我们的实验对象进行灵活的选择。微透析技术不仅仅可以用于血液样本的采集，还可以对多种组织液进行采集，例如脑组织液、脊髓液等[2]。同心套管探针是目前应用最普遍的，通常是由半透膜与不锈钢和毛细管组成的双层管道，这种探针常常用于脑组织液取样。

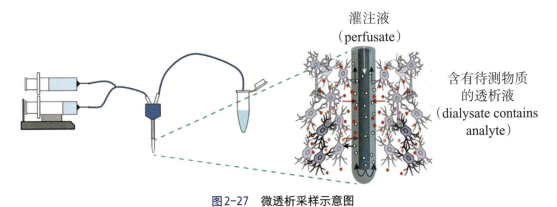

灌注液
（perfusate）

含有待测物质
的透析液
（dialysate contains
analyte）

图2-27　微透析采样示意图

（二）微透析技术的发展历程

微透析的概念可以追溯到20世纪60年代初期，早期研究者通过植入动物组织的推拉式插管、透析囊和透析电极等装置，直接探究组织的生化特性，尤其是啮齿类动物脑内神经递质的释放。1974年，Ungerstedt和Pycock率先引入"空心纤维"的概念，经过不断改进，最终形成可直接或通过导管植入组织的针状探针[3]。微透析技术最早用于研究脑内神经递质的释放和药物在脑内的分布和转运，随着技术的不断成熟和发展，微透析与高效液相色谱（HPLC）等分析技术的联用，在药物体内过程研究中起重要作用。在20世纪80年代中期，研究者开始利用微透析技术监测啮齿类动物的药代动力学，并将其应用于临床研究，如监测皮下脂肪组织中的葡萄糖水平。不久后，微透析技术也被用于监测人脑内源性代谢物和神经递质水平。20世纪90年代初，首批关于人类药物药代动力学的研究成果相继发表。如今，微透析导管已获得美国食品药品监督管理局（FDA）和欧盟CE的批准，可用于人体研究。现代微透析技术几乎已实现在所有人体组织中进行采样，包括心肌、大脑、肺以及人类肿瘤[4]。

二、应用

近几十年来，微透析技术在脑神经生理学研究领域内得到了广泛应用，常被用于检测神经递质、单胺、代谢物、氨基酸及其他小内源性化合物的释放。随着几种应用于外周器官的新型微透析探针的引入，微透析也广泛应用于肌肉、肝脏和脂肪组织以及脊髓、滑液、玻璃体和血液等组织中的分子取样，用来评估药物和代谢物的输送和分布及其对内源性化合物的影响[5,6]。

神经科学研究： 微透析最早应用于神经科学，以研究神经递质的释放和动态变化。例如，通过将微透析探针插入啮齿类动物的大脑特定区域，研究者可以实时监测多巴胺、血清素、去甲肾上腺素、乙酰胆碱、谷氨酸、GABA等神经递质及其代谢产物，以及小型神经调节因子（如cAMP、cGMP、NO）、氨基酸（如甘氨酸、半胱氨酸、酪氨酸）和能量底物（如葡萄糖、乳酸、丙酮酸）的水平，帮助研究者理解情绪、学习、记忆和应激等复杂的脑功能。

药代动力学与药效学研究： 微透析广泛应用于药物研究中，尤其是评估药物在体内组织中的分布、吸收、代谢和清除情况。例如，通过微透析技术可以直接测量药物在脑组织、肝脏或肌肉中的浓度变化，从而评估药物在靶器官中的作用和效果。外源性药物包括新型抗抑郁药、抗精神病药以及抗生素等多种药物。

代谢研究： 微透析可用于研究代谢物的动态变化，帮助理解代谢过程和代谢调节。例如，通过在皮下组织中使用微透析，可以监测葡萄糖、乳酸、甘油等代谢物的水平，从而用于研究糖尿病、肥胖症等代谢性疾病。甚至可以整合至人工胰腺系统中，用于进行自动化胰岛素管理。

临床监测： 微透析在重症监护和术后监测中有实际应用。它可用于监测脑损伤患者脑组织中的葡萄糖和乳酸水平，以评估脑代谢状态；在心脏手术或器官移植中，微透析可用于监测心肌或移植器官的代谢情况，从而帮助医护人员及时调整治疗方案。

肿瘤研究： 在肿瘤研究中，微透析用于监测肿瘤组织中的化学物质变化，以了解肿瘤的代谢特征和药物反应。这一技术可以帮助评估抗癌药物在肿瘤组织中的浓度及其作用效果，为个性化治疗提供数据支持。

微透析是一种高效、实用的体内研究方法，通过与高效液相色谱、质谱的联用，近年来成为生物医学研究中的强力手段。

三、实验流程图

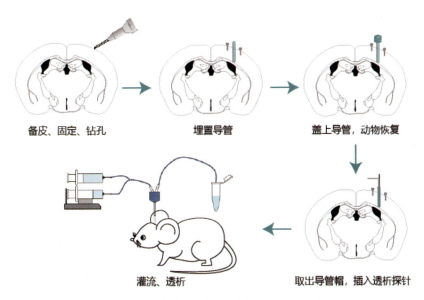

备皮、固定、钻孔　　　埋置导管　　　盖上导管，动物恢复

灌流、透析　　　取出导管帽，插入透析探针

图2-28　小鼠颅内微透析采样流程示意图

四、实验试剂与器材

实验试剂：人工脑脊液（artificial cerebrospinal fluid，ACSF）、75%乙醇、生理盐水、麻醉剂。

实验器材：立体定位仪（瑞沃德，68803）、微量注射器、体式显微镜、小鼠适配器（瑞沃德，68030）、颅骨钻、牙科水泥。

表2-16　人工脑脊液（ACSF）的配制

成分	浓度（mmol/L）	分子量（g/mol）
NaCl	126	58.44
KCl	3	74.55
$NaH_2PO_4 \cdot 2H_2O$	1.26	156.01
$MgSO_4$	1	120.37
$CaCl_2 \cdot 2H_2O$	2	147.01
$NaHCO_3$	26	84.01
D-Glucose	10	180.16

五、实验步骤

1. 麻醉小鼠，小鼠头部皮肤备皮（详见第四章第一节）

2. 剪开小鼠头部皮肤，暴露颅骨，消毒。

3. 将小鼠头部放置于脑立体定位仪底座耳杆和鼻夹中间，固定于脑立体定位仪上，并在其眼部涂抹红霉素眼膏，保持其眼睛湿润。

4. 充分暴露所需埋置引导套管的颅骨位置，清理局部颅骨上的组织黏膜。

5. 颅骨调平、定位、钻孔。

6. 将目标脑区的钻孔打好之后，继续在孔洞附近再打2个孔使之成为一个正三角形，用于安装螺丝固定探针底座。

7. 埋置探针：选择合适规格的螺丝，用螺丝刀将螺丝固定于打好的孔内。用注射器针尖头刺破硬脑膜，然后利用立体定位仪垂直植入导管。螺丝和导管都植入完成后，利用牙科水泥将螺丝和导管黏合。待牙科水泥凝固后，退出定位器再缓慢插入导管帽。

8. 缝合伤口，等待小鼠恢复。

9. 连接微透析泵、注射器、清醒活动装置、样品收集器等装置。

10. 微透析探针预处理：提前准备1 mL注射器，根据实验需求，将微透析探针放于灌流液中预润湿一段时间（一般为30分钟到1小时），以平衡探针膜并去除气泡。将小鼠固定好后，小心取出导管帽，插入透析探针。

11. 灌流：灌流速度一般控制在0.5~5 μL/min，灌流后，需要一定的时间平衡，故采样通常选择在30min之后开始。采样时间、采集体积、间隔采样时间要根据具体实验需求调整。若收集的样品后续用于单胺类神经递质检测，则需要加入适量的稳定剂（如抗坏血酸、Na_2-EDTA等），稳定剂与收集样品的体积比为1∶5，收集到的样品液氮速冻后放置于-80℃冰箱保存。

六、数据分析及结果解读

对于通过微透析所获取的样品如何进行精准的测定与校正是个关键的问题。探针回收率指的是灌流所获得样本中待测组分含量与标准品相比的百分数。由于受取样部位、探针选用、灌流速度等因素的影响，最终探针的回收率也会大大不同。早期透析探针的回收率校正采用体外（*in vitro*）校正法，目前已很少使用。目前常用的测定回收率的方法是体内校正法。

（一）内标法

在灌流时向灌流液中加入与待测物质相似的另一种物质作为内标。要求内标的浓度已知，并且要与待测物质具有相似的理化性质，代谢过程也尽可能一致，特别是扩散速度要一致。因此，可将内标的渗出率（即内标由膜内透析至膜外）作为待测物质的回收率。

（二）低灌注流速法

这种方法是将灌流速度尽可能地降低至低于40 nL/min的速度。在低灌流速度下，灌流液可与待测组织进行充分的物质交换，当回收率接近100%就不需要再进行校正了。但是这种方法取样时间比较长，容易造成样品的挥发或者降解，而且由于该方法取样的样本体积很少，对后续仪器检测要求也比较高。

（三）外推法

外推法是以灌注液流速为横坐标，通过在不同灌流液流速下测量浓度，绘制浓度—流速曲线并外推至零流速时的浓度，从而估算组织液中的实际浓度。优点：可以获得更精确的浓度结果。缺点：需要多次测量，实验耗时长，低流速下测量误差可能较大。

（四）零网状流法（Zero Net Flux，ZNF）

零网状流法是校正微透析回收率的常用方法。通过设置探针的灌流液浓度，使得灌流液与样品浓度的净流动为零，即流入探针和流出探针的溶质浓度相等。此时，灌流液浓度等于组织液的实际浓度。以灌注液浓度为横坐标，灌注液流出与流入的浓度变化为纵坐标得一直线，纵坐标为零时（即无浓度变化）所对应的浓度就是体内欲测组分的浓度，直线斜率即为透析探针的回收率。此方法不需要对探针进行校正，并且较为准确，但其缺点是实验操作相对复杂。

七、关键点

实验步骤	问题	原因	解决办法
9	灌流过程中发生漏液	管路连接出现问题；探针膜损坏	检查管路连接以及探针完好性
10	采集过程中发现气泡	灌流前准备时没有排空气泡	探针使用前必须排空气泡，气泡的存在会导致回收率降低
	样品浓度过低	灌流流速过快，取样体积过大	适当降低灌流速度

续表

实验步骤	问题	原因	解决办法
11	灌流过程中发生堵塞	管路和探针清洁不完全	每次透析结束后，及时使用双蒸水彻底清洗管路和探针，保证排干净盐分
	样品发生降解	样品保存不当	采集过程中保证采集的样品处于低温，并及时检测

八、技术的局限性

虽然微透析技术在生物采样中具有非常突出的优势，但同样也有一些避免不了的缺陷。

（一）具有侵入性

尽管微透析被视为一种微创技术，但其固有的侵入性仍然在实际应用中带来了一定的局限性。植入微透析探针可能会改变组织形态，从而影响微循环、代谢速率或生理屏障的完整性，如血脑屏障[7]。对于探针插入引起的急性反应（如植入创伤），需要充足的恢复时间；此外，对于长期采样，还需考虑坏死、炎症反应[8]或伤口愈合过程等因素，因为这些因素可能会影响实验结果。

（二）须考虑样品回收率

微透析技术受限于样品回收率的测定，而样品的类型又会影响回收率。回收率的测定耗时较长，且可能需要额外的实验对象或先导实验。回收率在很大程度上依赖于流速：流速越低，回收率越高。然而，在实际操作中流速不能过低，否则样本体积将不足以进行分析，或实验的时间分辨率将会丧失。

（三）时间和空间分辨率相对较低

与荧光探针和电化学生物传感器相比，微透析技术的时间和空间分辨率相对较低。其时间分辨率只能由采样间隔（通常间隔为几分钟）决定，空间分辨率则由探针的尺寸决定。因此，在检测半衰期较短的代谢物时，由于其降解较快，则不适用微透析技术，而是适用于更为实时且灵敏的检测手段。

思　考　题

1. 简述微透析技术的原理。

2. 总结微透析技术的优缺点。

3. 简述一种微透析样品回收率的矫正方法。

参考文献

[1] Müller M. Science, medicine, and the future: Microdialysis. BMJ 324, 588-591 (2002).

[2] Li N, Zhang Z, Li G. Recent advance on microextraction sampling technologies for bioanalysis. J Chromatogr A 1720, 464775 (2024).

[3] Ungerstedt U, Pycock C. Functional correlates of dopamine neurotransmission. Bull Schweiz Akad Med Wiss 30, 44-55 (1974).

[4] Chaurasia C, Müller M, Bashaw E, et al. AAPS-FDA workshop white paper: microdialysis principles, application and regulatory perspectives. Pharm Res 24, 1014-1025 (2007).

[5] Guiard B, Gotti G. The high-precision liquid chromatography with electrochemical detection (HPLC-ECD) for monoamines neurotransmitters and their metabolites: A review. Molecules 29, 496 (2024).

[6] O'Connell M, Krejci J. Microdialysis techniques and microdialysis-based patient-near diagnostics. Anal Bioanal Chem 414, 3165-3175 (2022).

[7] Morgan M, Singhal D, Anderson B. Quantitative assessment of blood-brain barrier damage during microdialysis. J Pharmacol Exp Ther 277, 1167-1176 (1996).

[8] Carson B, McCormack W, Conway C, et al. An in vivo microdialysis characterization of the transient changes in the interstitial dialysate concentration of metabolites and cytokines in human skeletal muscle in response to insertion of a microdialysis probe. Cytokine 71, 327-333 (2015).

（张星岩　张小敏　黄潋滟）

第八节　膜片钳技术

一、简介

电生理学是一种用于研究可兴奋细胞（通常是神经元）及其网络的功能和病理机制的重要工具。细胞膜上分布着多种离子通道，这些通道通过控制离子的跨膜流动来调控神经元的活动。细胞膜具有选择性通透性，由此形成显著的离子浓度梯度，如钠（Na^+）、钾（K^+）、氯（Cl^-）和钙（Ca^{2+}）的浓度在膜内外有显著差异。

细胞膜可视为夹在两种导电溶液之间的一层薄绝缘体，其将非均匀分布的离子隔开，导致细胞内外溶液间产生电荷差异。根据能斯特方程，离子的平衡电位决定了膜内电荷相对于膜外的负电性。此外，细胞膜具有电容功能，可分离和储存电荷，因此在充放电过程中能够延缓膜电位的变化。

电压或配体门控离子通道的构象变化促进离子通过细胞膜流动，这种运动构成了神经元电活动的基础，并可通过记录电流信号加以检测。电流的大小和方向由驱动力（即膜电势差）以及细胞膜对离子通透性的阻力（电阻）共同决定。根据欧姆定律，流经细胞膜的电流（I）与膜电势（V）成正比，与电阻（R）成反比。

通过多种电生理学方法，可以直接（如细胞内记录）或间接（如细胞外记录）测量细胞膜上的电位和电流。本节将重点介绍膜片钳技术（patch clamp），这是利用玻璃微电极对细胞膜施加电压或电流以记录其电活动的技术，被广泛认为是分析细胞电生理特性的"金标准"。

（一）膜片钳技术的原理

膜片钳技术的原理是使用尖端直径为 1.5~3.0 μm 的玻璃微电极接近细胞膜表面，通过负压吸引使电极尖端与细胞膜紧密接触。当电极与膜的接触电阻达到 1 GΩ 以上时，即形成了高阻封接（gigaohm seal，或称 gigaseal）。此时，电极尖端内的细胞膜区域与周围其他膜区域实现电学隔离，从而可以对膜片上的离子通道进行精确监测与记录。在高阻封接形成后，进一步施加负压或通过电击打破细胞膜，即可记录整个细胞的电活动。

膜片钳技术包括电压钳和电流钳两种模式。电压钳技术将膜电位固定在一个恒定值，并记录通过细胞膜的电流。电压钳通常用于记录全细胞或单通道水平的离子通道电流。在单电极电压钳中，电压监测与电流注入使用同一根电极；而在双电极电压钳中，一根电极用于施加刺激，另一根则用于记录。电流钳技术则通过注入一定量的电流来记录相应的电压变化，通常用于记录神经元的动作电位或突触后电位[1]。

膜片钳记录通常有4种基本记录模式（图2-29）：细胞贴附记录模式（cell-attached recording）、全细胞记录模式（whole-cell recording）、外面向外记录模式（outside-out recording）和内面向外记录模式（inside-out recording）。

细胞贴附记录模式是最早期、最简单、侵入性最小的记录方式。当微电极接触细胞膜并形成高阻封接后，即可进行记录。为避免电极堵塞，在微电极进入浴液前，通常会施加一个小的正压。入液后，施加一个测试脉冲（如5 mV，5 ms）来监测微电极电阻Rp（对于直径为1~3 μm的微电极，阻值通常为2~7 MΩ）。当电极接近细胞时，会在膜上产生轻微凹陷，帮助"清洁"细胞表面。撤去正压后，膜会回弹并贴合电极，通常再施加少量负压即可形成松散封接（loose patch，电阻大小为MΩ级而非GΩ级），适用于监测细胞放电活动。这种封接的优势在于玻璃电极可重复使用。然而，为获得更稳定的电压或电流控制，电极与细胞膜间通常进一步形成紧密封接（gigaseal，电阻达到GΩ级）。一般通过适度的负压和负电位钳制来促成这种密封。一旦形成紧密封接，即使撤去负压，封接仍可维持牢固。此模式不仅可用于记录自发细胞放电，也可用于单通道电流及其总和的记录。

全细胞记录模式是在形成高阻封接后，通过负压或电击破坏细胞膜，钳制至接近静息膜电位（-60至-70 mV），从而记录全细胞的电活动。

外面向外记录模式是在全细胞模式的基础上，轻轻拉离电极使膜破裂并暴露在浴液中，再在电极尖端形成封接。该模式具有更优异的电压钳控制性能，适合检测细胞膜电容较低的离子通道。

内面向外记录模式则是在细胞贴附记录模式的基础上，将电极小心拉离细胞。由于电极与膜之间的封接非常牢固，电极周围的膜会断裂，留下胞内面朝外的膜片。在低钙浓度环境下，膜片不会形成囊泡。此时，细胞膜的胞内面暴露在浴液中，可以将信号分子或药物加入浴液中，以研究其对膜片的影响。

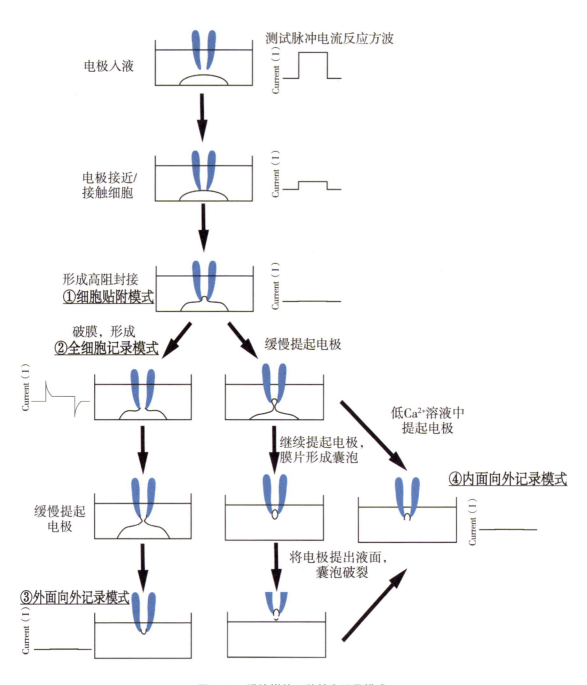

图2-29　膜片钳的四种基本记录模式

（二）膜片钳技术的发展历程

生物电的首次验证实验可追溯到18世纪70年代，当时John Walsh观察到电鳗和电鳐等动物能够产生电反应。18世纪末，Luigi Galvani通过金属丝刺激青蛙神经，引起神经肌肉接头后的肌肉收缩，为动物电活动提供了实验证据[2]。到20世纪50年代初，Alan Hodgkin和Andrew Huxley使用粗玻璃电极首次测得鱿鱼巨轴突的膜电位，完整描述了动作电位的离子机制，并因此获得了1963年诺贝尔生理学或医学奖。

1972年，Katz和Miledi发表了一篇具有开创性的论文，对青蛙神经肌肉接头膜电位波动进行了统计分析，发现这种波动由乙酰胆碱（ACh）引起。1976年，Erwin Neher和Bert Sakmann首次成功利用膜片钳技术记录了单个离子通道的电流，他们在蛙卵母细胞上形成微小膜片密封，能够测量单个离子通道的开启和关闭状态。这一突破为膜片钳技术的进一步发展奠定了基础，但当时的封接不够紧密，导致电泄漏和较大噪声，无法清晰记录微小的单通道电流。1980年，Sigworth和Neher发现，在电极轻微吸附细胞表面时会显著提高密封阻值，从而降低背景噪声，使得小电流更易分辨。Sakmann和Neher因开发膜片钳技术而获得1991年诺贝尔生理学或医学奖。

膜片钳技术是现代电生理学中应用最广泛的技术之一，是研究离子通道活性的最佳工具。该技术可观察从单一离子通道行为到全细胞膜电位的变化，甚至包括离体脑片及在体内脑区的群体电位（即场电位）的变化。离子通道在多种神经和心血管疾病中发挥关键作用，成为研究者的重要研究对象。通过膜片钳技术，研究者揭示了多种疾病的发病机制。例如，心血管疾病和神经肌肉疾病（如兰伯特-伊顿综合征）可能与钙离子通道的缺陷有关，而癫痫和囊性纤维化则分别涉及钠钾离子通道和氯离子通道的功能障碍。

二、实验流程图

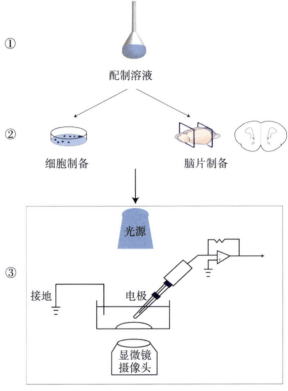

① 配制溶液

② 细胞制备　　　脑片制备

③ 光源
接地　　电极
显微镜摄像头

设置灌流系统和各仪器软件，检查噪声，钳制细胞

④ 信号记录、放大和数字化

⑤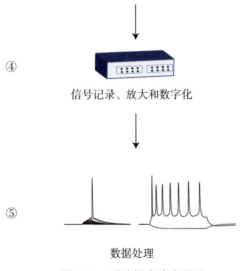

数据处理

图2-30　膜片钳实验流程图

三、实验试剂与器材

1. 实验试剂

表2-17　实验试剂

名称	厂商	名称	厂商
NaCl	Sigma	MgATP	Sigma
$NaHCO_3$	Sigma	NaGTP	Sigma
KCl	Sigma	肌酸钠（NaCreatine）	Sigma
NaH_2PO_4	Sigma	葡萄糖酸钾（potassium gluconate）	Sigma
$MgCl_2$	Sigma	Cs_2SO_4	Sigma
蔗糖	Sigma	TEA	Sigma
葡萄糖	Sigma	河豚毒素（tetrodotoxin，TTX）	上海恰姆
$MgSO_4$	Sigma	荷包牡丹碱（bicuculline）	APEX BIO
$CaCl_2$	Sigma	EGTA	Sigma
HEPES	Sigma	495胶水	乐泰

2. 实验试剂配方

表2-18　人工脑脊液配方

成分	浓度（mmol/L）
NaCl	124
$NaHCO_3$	26
KCl	2.5
NaH_2PO_4	1.25
$MgCl_2$	1.0
$CaCl_2$	2.0
葡萄糖	10

表2-19　切片液配方

成分	浓度（mmol/L）
$NaHCO_3$	26
KCl	2
NaH_2PO_4	1.3
蔗糖	250
葡萄糖	10
$MgSO_4$	10
$CaCl_2$	0.2

表2-20 细胞系外液配方

成分	浓度（mmol/L）
NaCl	145
KCl	4
HEPES	10
$MgCl_2$	1.0
$CaCl_2$	2.0
葡萄糖	10

调pH为7.4，渗透压为295~310 mOsm。

表2-21 mEPSC & AP & sEPSC内液配方

成分	浓度（mmol/L）
葡萄糖酸钾	130
KCl	20
HEPES	10
EGTA	0.2
MgATP	4
NaGTP	0.3
NaCreatine	10

调pH为7.3，渗透压为285 mOsm。

表2-22 mIPSCs内液配方（0 mV内液）

成分	浓度（mmol/L）	成分	浓度（mmol/L）
Cs_2SO_4	110	HEPES	5
$CaCl_2$	0.5	TEA	5
$MgCl_2$	2	MgATP	5
EGTA	5		

调pH为7.3，渗透压为285 mOsm。

3. 实验仪器

表2-23 实验仪器

仪器名称	仪器品牌
AF100 制冰机	Scotsman
−80℃超低温冰箱	海尔
B-120-69-15 玻璃电极	Stutter Ins.
PC 100电极拉制仪	日本Narishige
MultiClamp 700B 放大器	Axon Ins.
Digidata 1550B 数模转换器	Axon Ins.
Pclamp 10.0 数据采集分析软件	Axon Ins.
VT-1200S 振动切片机	Leica

四、实验步骤

1. 溶液的配制与准备

（1）溶液的配制。根据配方准确称量试剂，配制切片液及人工脑脊液，使用容量瓶最终定容。切片液放在−20℃或−80℃冰箱冷冻。人工脑脊液需现配现用，pH应维持在7.3~7.4，渗透压应维持在290 ~ 310 mOsm。

（2）通氧。取出冻好的切片液融化至冰水混合物状态，此时液体温度在0~4℃，通氧（95% O_2，5% CO_2）20分钟以上。人工脑脊液需加热至32℃，并且通氧30分钟以上。

2. 离体脑片制备

（1）准备好所用器械（手术弯剪、组织剪、直镊子、双头勺）并放置于冰上预冷，振动切片机底座需提前预冷，另准备两小皿充氧饱和的人工脑脊液。

（2）小鼠麻醉及心脏灌注。精确称量小鼠体重，腹腔注射阿佛丁（0.2 mL/10 g）以麻醉小鼠。待小鼠深度麻醉后，使用大头针将小鼠四肢固定在泡沫板上。用解剖剪横向剪开胸腔下方皮肤，随后在横膈膜上剪一个垂直的切口，切口呈现为倒"T"字形。用止血钳夹住剑突置于头上，剪开粘连胸膜以暴露出心脏。将钝的针口推入左心室，止血夹固定头皮针，剪开右心耳，将20 mL冰冷的切片液匀速注入左心室，直至肝脏颜色变灰白。

（3）此时可使用手术弯剪断头取脑。此步骤非常关键，所有操作用时须控制在1分钟内。对小鼠实施安乐死后，立即使用手术弯剪进行断头处理。随后，用剪刀剪开鼠脑头皮，拨开至两侧露出完整头骨。随即迅速用剪刀沿矢状缝剪开头骨，去除多余组织及粘连脑膜，暴露脑组织后迅速用冰的切片液滴注鼠脑。最后，用双头勺小心取出脑组织，尽量不要牵扯挤压脑组织。

（4）鼠脑取出后迅速转移到预冷的氧饱和的切片液中，让其冷却1分钟。

（5）在金属样品盘上滴适量的胶水，在冰冷的操作台上切出所需脑组织，并迅速将其转移至预涂黏合剂的金属样品盘中，通过组织黏合剂完成固着。最后，将样品盘放置于切片机底座内并固定。

（6）设置切片的前后界限，调整切片机参数：厚度200~300 μm，振幅0.95 mm，速度0.12 mm/s。随即用振荡切片机对目标脑区进行切片。

（7）切片过程中，用细毛笔轻刷以辅助分离切好的脑片，再用大口径吸管转移至盛有人工脑脊液的小皿中，洗去切片液，再转移至孵育槽孵育。在32℃水浴锅中孵育30分钟后转移至室温，需再孵育约1小时。孵育完成后，即可开始脑片电生理记录。

目前，涉及膜片钳技术的仪器和软件主要由美国的Axon公司、德国的HEKA公司以及日本的光电公司等提供。在这里我们以使用更广泛的Axon公司的MultiClamp 700B放大器和Digidata 1550B数模转换器为例，介绍膜片钳记录的操作流程。不同的操作系统操作流程大同小异，其他操作系统的使用者也可以适当借鉴。

3. 细胞系及培养神经元记录

（1）提前5分钟启动MultiClamp 700B放大器、Digidata 1550B数模转换器、显微镜成像系统、MPC200显微操作器及明场光源，再于电脑上打开相应软件（MultiClamp 700B commander软件、Clampex软件及NIS-Elements BR软件）。

（2）在电压钳模式下，将Clampex软件调至Membrane test模式。

（3）吸取氧饱和的人工脑脊液充灌浴槽，夹取细胞玻片放置于浴槽中央，用镊子轻点玻片边缘以固定。

（4）通过显微镜电动载物台XYZ-三轴操作杆，在高倍镜下找到轮廓清晰、表面光滑且与其他细胞无粘连的目标细胞后，切换回低倍镜。

（5）使用细长的注射器将电极内液从尾端灌入玻璃电极，注意内液体积不超过电极长度的1/3，轻弹电极以排除气泡。随后将玻璃电极安装至显微操作臂上，同时使用注射器给予较小的正压。在低倍镜下，操控显微操作臂使电极入液，此时点击Clampex软件中的"bath"按键，以补偿液接电位。使用微操的快速挡位"1"移动电极，使电极出现在显微镜视野中央。

（6）切换至高倍镜，将微操调至中速挡位"3"，在显微镜视野中央找到玻璃电极。随后旋动细准焦螺旋向下对焦，同时下调玻璃电极。在电极下调过程中，始终确保显微镜焦平面先向下，然后将玻璃电极下降至焦平面。

（7）当玻璃电极接近目标细胞时，将微操调至低速挡位"5"。将电极尖端移动到目标细胞胞体中央，轻微下降即可观察到电极内正压在细胞表面形成一个小凹陷，同时电极电阻值增大。此时通过注射器给予一定负压，点击Clampex软件中的"seal"按键，同时观察膜测试脉冲的各项参数。

（8）当观察到封接电阻>120 MΩ后，通过放大器控制面板给予−70 mV的钳制电压。当封接电阻≥1 GΩ，表明达到高阻封接，形成细胞贴附记录模式。

（9）高阻封接完成后，点击放大器控制面板中自动补偿模块的"Cp Fast"和"Cp Slow"按键。

（10）当观察到封接电阻≥1 GΩ且封接稳定、背景电流<50 pA时，点击Clampex软件中的"cell"按键，通过注射器抽吸或者用嘴小口嘬吸继续增大负压，同时配合点击放大器控制面板的"Zap"按键以完成破膜。

（11）当观察到如图2-29中的膜测试脉冲波形，出现瞬时的充放电电容，并且在Clampex软件界面观察到Rs ≤ 25 MΩ、Rm为100~800 MΩ、Cm为10~100pF，则表明形成稳定的全细胞记录模式。

（12）完成上述步骤后，可以根据实验需求进行细胞电容补偿及电阻补偿，在电压钳模式下可记录电流，如钾离子通道电流和钙离子通道电流等。如果需记录膜电压的变化，则切换到电流钳模式。

4. 脑片膜片钳记录

（1）连通电生理灌流系统，将灌流液流速控制在1~2 mL/min。用单蒸水冲洗一遍灌流系统后，再使用人工脑脊液冲灌，记录过程需确保人工脑脊液的持续稳定供氧。

（2）提前5分钟启动MultiClamp 700B放大器、Digidata 1550B数模转换器、显微镜成像系统、MPC200显微操作器及明场光源，再于电脑上打开相应软件（MultiClamp 700B commander软件、Clampex软件及NIS-Elements BR软件）。

（3）在电压钳模式下，将Clampex软件调至Membrane test模式。

（4）使用大口径吸管将脑片转移至记录槽，调整脑片位置，用U型压片环固定。

（5）通过显微镜电动载物台XYZ-三轴操作杆，先在低倍镜下找到目标脑区，然后切换至高倍镜，此时若发现脑切片表面细胞状态较差，需轻微下降高倍镜，在浅层脑区找到轮廓清晰、表面光滑的神经元后，再切换回低倍镜。

后续实验步骤同"细胞系及培养神经元记录"的（5）~（11）。

完成上述步骤后，可以根据实验需求进行细胞电容补偿及电阻补偿，在电压钳模式下记录电流，例如mEPSC、mIPSC等。若需记录膜电压的变化，如动作电位频率和幅度，则切换到电流钳模式。在电流钳模式下，需要根据破膜状态，注入正电流或负电流以将膜电位维持在生理状态。

五、技术应用及数据分析

膜片钳技术在神经科学研究中具有广泛的应用，已成为研究神经活动和功能的重要工具。它主要用于记录神经元动作电位的发放频率和模式，以及神经元之间的突触传递强度。在神经环路研究中，膜片钳技术可与病毒标记和示踪技术相结合，用于鉴定突触连接。此外，通过结合分子生物学和药理学方法，还可以记录神经元的离子通道电流，从而揭示神经元的电生理特性和分子机制。以下内容将详细介绍记录指标及其在研究中的具体应用。

（一）突触活动记录及数据分析

在神经系统中，信息传递的基础是突触前末梢释放神经递质进入突触间隙，激活突触后膜的受体。激活的受体可进一步激活下游信号通路并传递突触前的电信号。借助电生理技术，我们可以捕捉到突触后膜的电信号，例如自发突触后电流（spontaneous postsynaptic currents，sPSCs）和微小突触后电流（miniature postsynaptic currents，mPSCs）。

sPSCs是在完整的神经网络下，由自发动作电位诱发的谷氨酸或者GABA释放引起的突触后膜反应。因此sPSCs提供了在没有外源性刺激的情况下，完整神经环路的突触活动的信息。而mPSCs是在TTX的处理下，突触前膜谷氨酸或者GABA随机量子释放的突触后膜反应。一般来说，mPSCs幅值的改变反映的是突触后膜受体反应性变化或者数目变化，频率的改变反映的是突触前随机量子释放频率的变化。将电生理记录到的sPSCs与mPSCs信号结合，我们可以得知在实验条件（敲低或者过表达处理）下，整个神经网络环路或单个突触结构中突触活动的变化情况。

1. 实验步骤

离体脑片制备及膜片钳记录操作流程详见本节"四、实验步骤"。需要注意的是，记录自发兴奋性突触后电流（spontaneous excitatory postsynaptic currents，sEPSCs）需在细胞外液中添加GABA受体拮抗剂荷包牡丹碱（Bicuculline），以阻断抑制性突触传递；记录微小兴奋性突触后电流（miniature excitatory postsynaptic currents，mEPSCs）需添加钠通道阻断剂河豚毒素（TTX）和Bicuculline，以阻断动作电位及抑制性突触传递；记录自发抑制性突触后电流（spontaneous inhibitory postsynaptic currents，sIPSC）需添加谷氨酸受体阻断剂APV和NBQX，以阻断兴奋性突触传递；记录微小抑制性突触后电流（miniature inhibitory postsynaptic currents，mIPSCs）需添加TTX、APV和NBQX，以阻断动作电位及兴奋性突触传递。

当形成稳定的全细胞记录模式时，需等待几分钟以确保细胞内外液交换充分，在离子浓度稳定后，再应用编辑好的刺激程序（Protocol）文件记录相应的突触活动。

2. 数据分析

在此，我们使用clampfit软件进行突触活动的分析，以sEPSC为例。

（1）使用clampfit软件打开EPSC文件，对记录到的信号进行降噪处理和基线调平。如图2-31所示，点击图标1→选择low pass→点击OK，进行低通滤波降噪；点击图标2→选择Adjust manually→手动调整基线并确认（图2-32）。

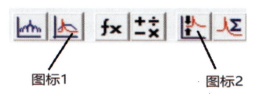

图2-31　clampfit软件的工具栏图标

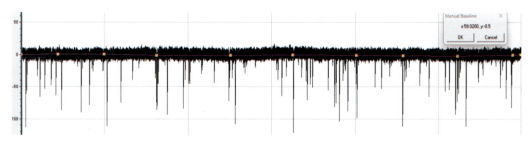

图2-32　使用clampfit软件进行sEPSC基线调零后窗口示例

（2）设置sEPSC模板。点击Event Detection→Create Template→移动Cursor 1和2，选择合适的sEPSC事件作为模板依据（图2-33），依次选择多个事件并加入模板库，直至Template窗口所示电流满意为止。保存为*.atf格式文件。

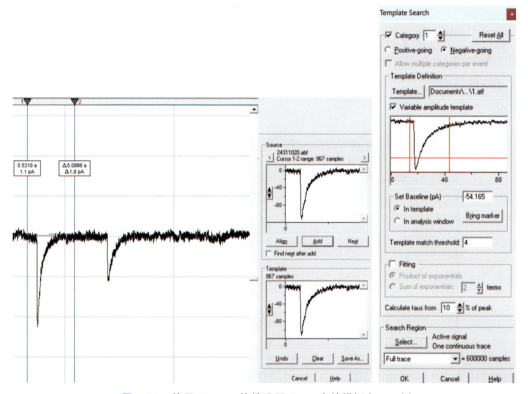

图2-33　使用clampfit软件设置sEPSC事件模板窗口示例

（3）依据模板检测sEPSC事件。点击Event Detection—Template Search—载入模板文件，设置Template match threshold值为4，其余参数为默认值（图2-33），确认设置后，可筛选出所有sEPSC事件（图2-34）。

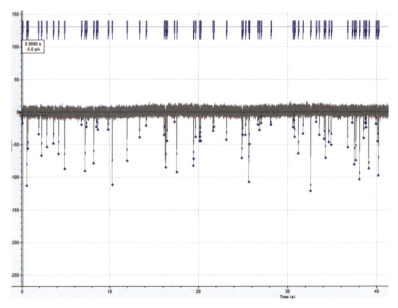

图2-34 clampfit软件筛选出的sEPSC事件示例

（4）作图。点击Window，选择Result窗口，可以看到所有sEPSC电流的相关参数值（图2-35），如Amplitude Peak、Interevent intervals等，同组数据分析结束后，可以合并数据做均值直方图或者累积频率分布图。同时也可以点击Event Detection—Event Statistics进行数据概览（图2-36）。

Trace	Search	Category	State	Event Start	Event End T	Baseline (p	Peak Amp (	Time to Pe	Time of Pe	Antipeak A
1	1	1	A	41.100	70.600	-11.25305	-5.33311	15.300	56.400	16.64153
1	1	1	A	43.800	73.300	-11.22174	-5.36442	12.600	56.400	11.11339
1	1	1	A	544.900	574.400	-79.96635	-32.51122	4.600	549.500	83.45579
1	1	1	A	673.800	703.300	-46.24697	-9.48522	4.700	678.500	52.16086
1	1	1	A	1906.900	1936.400	-22.88016	-10.43456	4.400	1911.300	24.35247
1	1	1	A	2239.300	2268.800	-47.74026	-18.57812	4.700	2244.000	55.88539
1	1	1	A	2833.900	2863.400	-33.33808	-20.24274	4.600	2838.500	36.52023
1	1	1	A	3580.300	3609.800	-33.10917	-14.55849	4.600	3584.900	38.54325
1	1	1	A	4151.300	4180.800	-45.08490	-18.73948	4.700	4156.000	48.40151
1	1	1	A	4837.500	4867.000	-63.76226	-22.93244	4.300	4841.800	68.62093
1	1	1	A	6786.000	6815.500	-10.71411	-8.29742	5.300	6791.300	15.50352
1	1	1	A	7179.700	7209.200	-62.77818	-27.10880	4.800	7184.500	67.49622
1	1	1	A	7354.700	7384.200	-16.64441	-5.52677	4.800	7359.500	21.32926
1	1	1	A	8151.700	8181.200	-59.28338	-19.19152	4.900	8156.600	60.76531
1	1	1	A	8469.200	8498.699	-13.84150	-8.54119	4.000	8473.200	20.75164
1	1	1	A	8615.800	8645.301	-16.97643	-9.70657	4.101	8619.900	23.86341
1	1	1	A	9807.600	9837.100	-17.48512	-8.78617	4.500	9812.100	19.90035
1	1	1	A	10263.600	10293.100	-73.62648	-37.38962	4.500	10268.100	77.96615
1	1	1	A	11957.900	11987.399	-57.70516	-16.82444	4.300	11962.200	64.96161
1	1	1	A	13385.000	13414.501	-26.90161	-11.21645	4.300	13389.300	32.72805
1	1	1	A	14115.200	14144.699	-10.34551	-9.86732	4.200	14119.400	20.65708
1	1	1	A	16134.500	16164.001	-22.38513	-12.51920	4.900	16139.400	28.99063
1	1	1	A	16315.600	16345.100	-64.50324	-19.81038	4.801	16320.400	66.24940
1	1	1	A	16438.699	16468.199	-27.84220	-16.19658	4.602	16443.301	37.51271
1	1	1	A	17258.199	17287.699	-8.66094	-6.1398/	6.102	17264.301	20.10851

图2-35 clampfit软件中sEPSC事件参数窗口示例

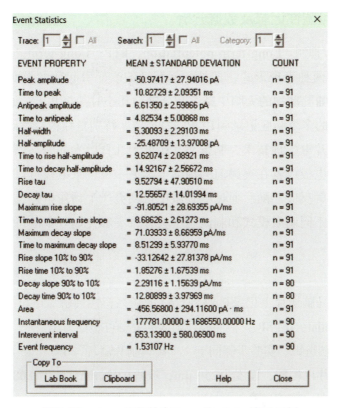

图2-36　clampfit软件中Event Statistics窗口示例

（5）实验结果示例。图2-37为sEPSC幅值的直方统计图，从中可以看到实验组与对照组间幅值有显著差异。图2-38为两组sEPSC幅值的累积频率分布曲线，两组间也存在显著差异，可以考虑为实验组突触后谷氨酸受体反应性降低或者受体数目减少所致。

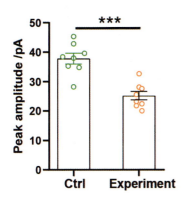

图2-37　对照组和实验组的sEPSC幅值的直方统计图

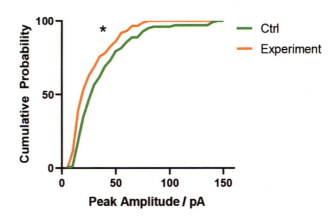

图2-38　对照组和实验组的sEPSC幅值累积频率分布曲线

（二）突触可塑性记录及数据分析

长时程增强/抑制（Long-term potentiation，LTP；Long-term depression，LTD）是突触可塑性的两种表现形式，即神经元活动的改变引起突触强度的长时程变化。这种现象可以在哺乳动物的大脑中持续几分钟、几小时甚至几天。通过电生理技术，可以在神经系统的多个脑区记录到LTP/LTD现象，特别是在被广泛研究的海马脑区。我们可以借助脑片电生理技术，制备一片厚度为几百微米的海马脑切片，准备两根电极，一根刺激电极放置在突触前的轴突上，另一根记录电极可以放置在突触后的树突上以记录突触反应。随后通过电刺激使得轴突产生动作电位，在树突上可记录到突触后反应；不同刺激模式和刺激频率会导致突触传递效率的持久变化，这也就是突触的可塑性。

1. 实验步骤

本文以在海马脑切片上记录CA3到CA1的场兴奋性突触后电位（field excitatory postsynaptic potential，fEPSP），检测海马脑区的突触可塑性为例。

（1）取小鼠脑组织。实验步骤同上文"离体脑片制备"（1）~（5）。

（2）设置切片机参数，厚度为250 μm，振幅0.95 mm，速度0.08 mm/s。切片后，于32℃孵育30分钟，室温孵育1小时后即可进行电生理记录。

（3）放置电极。连通灌流系统，调整浴槽中脑片位置，使刺激电极和记录电极均可在工作距离范围内接触到目标脑区。将刺激电极置于突触前CA3脑区的Schaffer侧支纤维上，记录电极置于CA1脑区胞体附近，尽量使两根电极分布于海马角两侧。

（4）脑片电生理记录。

基线记录：通过刺激电极在突触前施加低频刺激（间隔15 s），然后通过记录电极在Clampex软件上监测fEPSP。检测到突触活动信号后，设置步阶增加刺激强度的刺激程序（protocol），记录fEPSP，做出输入/输出曲线（I/O curve）。调整刺激强度，使得fEPSP幅度在峰值幅度的1/3~1/2，稳定记录基线20分钟。基线不稳则直接舍弃。

给予高频刺激：施加强直刺激（100 Hz，2 s）。

刺激后记录：维持原刺激强度不变，继续稳定记录1小时。

2. 数据分析

以下内容使用Clampfit软件进行数据分析。

（1）在Clampfit软件中打开基线记录阶段的数据文件（为方便数据展示，已对fEPSP信号进行均一化处理）。点击Analyse→打开Statistics窗口（图2-39）→点击Select，选择基线记录阶段的所有trace→将Cursors1、2设置为Mean level，Cursors3、4设置为Search region→在Measurements窗口选择Peak amplitude和Slope（图2-39）→

将Cursors1、2区间设置为基线，Cursors3、4区间囊括fEPSP信号（图2-40）→点击OK（图2-39）。

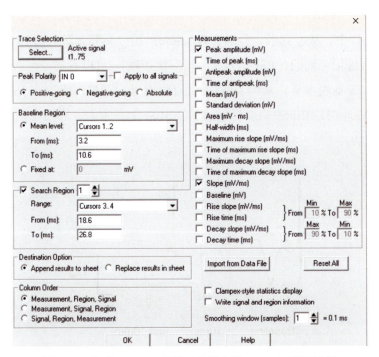

图2-39　打开clampfit软件工具栏中的Statistics窗口示例

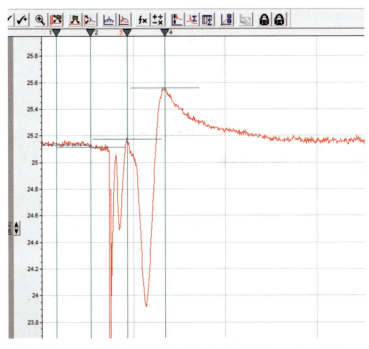

图2-40　clampfit软件中分析fEPSP信号时四条Cursors的放置示例

（2）打开高频刺激后记录数据文件，点击Window，选择Result窗口，可以看到计算后的fEPSP相关参数值、Peak Amplitude和Slope值。随后于作图软件中作图。

（3）如图2-41和图2-42所示，这是在年龄为12个月的小鼠海马脑片上记录到的fEPSP。图2-41中，从左到右，分别为Baseline阶段、高频刺激后前10分钟和高频刺激后最后10分钟记录到的fEPSP信号（已均一化处理）。可以看到经高频刺激后fEPSP的幅度明显大于基线水平，从图2-42可以直观看出，高频刺激后fEPSP幅度显著上升，并且记录1小时后fEPSP幅度仍≥150% fEPSP基线水平，表明在鼠脑离体脑切片上LTP诱导成功。

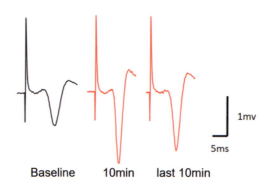

图2-41 小鼠海马脑片上记录到的fEPSP信号
（左）基线阶段；（中）高频刺激后前10分钟；（右）高频刺激后最后10分钟

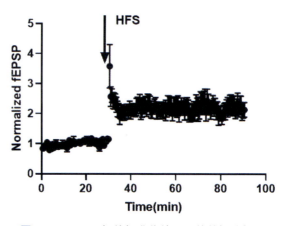

图2-42 fEPSP幅值标准化处理后的数据分析图

（三）神经元动作电位的记录及数据分析

动作电位是神经元电信号传递的基础，其频率通常被用作衡量神经元兴奋性的指标。此外，动作电位的发放模式和波形变化也能反映相关离子通道功能的变化。神经元动作电位的变化可能由以下原因引起：①外部传入的兴奋性或抑制性突触传递水平的改变。②神经元自身与兴奋性相关的分子机制变化，即"内在兴奋性"改变，如离子通道功能的改变。因此，在记录神经元动作电位时，应根据实验目的选择合适的研究方向：是专注于内在兴奋性的变化，还是分析突触传递影响下的动作电位变化？在研究内在兴奋性时，为了排除突触传递的干扰，需在细胞外液中添加常见的突触传递阻断剂。这些阻断剂包括：GABA受体阻断剂（Bicuculline）、AMPA受体阻断剂（NBQX）和NMDA受体阻断剂（APV）。通过使用这些阻断剂，可以更精准地记录神经元内在兴奋性变化，避免外部突触输入的干扰。

1. 实验试剂

（1）细胞外液：记录神经元动作电位所用的外液一般为ACSF，配方见表2-2。若记录内在兴奋性，则需在外液中加入突触传递阻断剂Bicuculline、NBQX、APV。

（2）细胞内液：配方见表2-21。

2. 实验步骤

离体脑片制备及神经元动作电位记录操作流程详见上文"四、实验步骤"。动作电位的记录一般选择全细胞模式，若要记录细胞的自发放电，也可采用贴附记录模式。以全细胞模式为例，在破膜后，待细胞串联电阻（Ra）稳定后，切换至电流钳模式，向细胞内注入不同模式的电流刺激，记录神经元的动作电位。以下介绍几种常见的刺激模式：

（1）最小阈刺激（Rheobase）：向细胞内注入短时程（50 ms）、步阶递增的（每次增加5 pA）电流刺激（图2-43A），可刺激神经元产生动作电位（图2-43B）的最小电流即最小阈刺激。

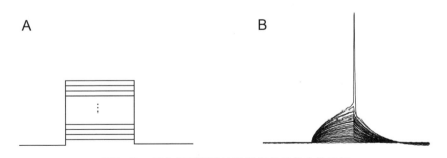

图2-43　最小阈刺激脉冲及诱发的动作电位示例

A. 最小阈刺激脉冲；B. 最小阈刺激脉冲诱发的动作电位

（2）斜坡刺激（Ramp）：向细胞注入线性递增电流（如0到+300 pA，图2-44A），观察动作电位的发放（图2-44B）可初步判断细胞的兴奋。

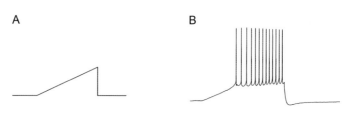

图2-44　斜坡刺激脉冲及诱发的动作电位示例

A. 斜坡刺激脉冲；B. 斜坡刺激脉冲诱发的动作电位

（3）递增的矩形波刺激：向细胞注入较长时间（1 s）、步阶递增（+10 pA）的电流（图2-45A），记录每个刺激引起的动作电位（图2-45B）。

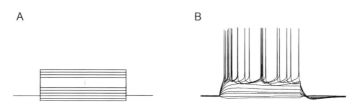

图2-45　递增的矩形波刺激脉冲及诱发的动作电位示例

A. 步阶递增的矩形波刺激脉冲；B. 步阶递增的矩形波刺激脉冲诱发的动作电位

3. 数据分析

（1）动作电位频率的分析

以注入的电流大小为 X，以动作电位的数目或频率为 Y，作折线图，即可得到动作电位频率（f）与刺激电流强度（I）的关系，即 f-I 曲线，其可反映细胞的兴奋性。如图2-46所示，处理组（红色折线）与对照组（黑色折线）相比，f-I 曲线上移，说明处理组神经元兴奋性显著增加。

（2）动作电位波形分析

除动作电位的频率之外，动作电位的波形也同样有重要的生理意义。通过分析单个动作电位的波形，可提示对应离子通道的功能变化。

动作电位波形分析常见的参数有：

阈值（threshold）：首先，求出电压（V）对时间（t）的一阶导数 dV/dt（其生理意义为动作电位的速度），当 dV/dt 大于判定值时所对应的电压即为动作电位的阈值（例如，椎体神经元常用的判断值为 10 mV/ms）。

峰值（peak）：为动作电位的最高点，有时也统计动作电位在 0 mV 以上的超射（overshoot）幅度。

半峰宽（half-width）：如图2-47所示，动作电位达到最大幅度的一半时（$V_{1/2}$），所对应的宽度，即为动作电位的半峰宽。

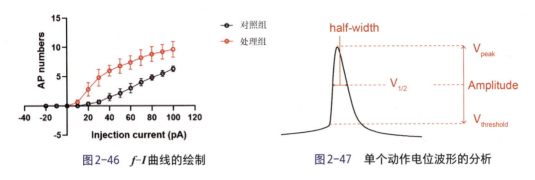

图2-46 *f-I*曲线的绘制　　　　　　图2-47 单个动作电位波形的分析

（3）放电模式分析

神经元有不同的放电模式，例如簇状放电、规律放电，可通过计算动作电位间隔时间（inter-spike interval，ISI）的分布，初步分析放电模式。对于有适应性放电的神经元，还可以采用适应指数（adaptation index）来反映频率的适应现象。如图2-48所示，适应指数=前两个动作电位的间隔时间（1st ISI）/最后两个动作电位的间隔时间（nth ISI）。

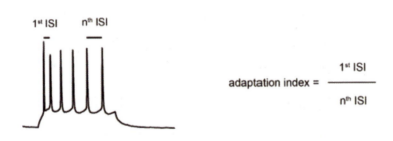

图2-48 动作电位频率适应指数的计算

（四）离子通道功能检测及数据分析

膜片钳技术对离子通道研究的推动作用显著，被誉为检测离子通道功能的"金标准"。传统分子生物学技术（如Western blot和qPCR）通常用于检测细胞群体中离子通道的表达水平。然而，与这些技术相比，膜片钳技术的独特优势在于能够在活细胞中动态测量单细胞水平的离子通道功能。例如，它可以检测离子通道的离子选择性、开放、失活和关闭的动力学特性。膜片钳技术具有极高的时间和空间分辨率，甚至能够解析单个离子通道的开放状态。此外，膜片钳技术常与遗传学和药理学方法结合，用于研究离子通道突变引起的动力学变化以及离子通道对药物的敏感性等功能变化。同时，膜片钳技术还可以与结构生物学相结合。例如，通过荧光构象膜片钳技术，可以深入探讨离子通道的结构与功能之间的关系，从而为功能机制研究提供更全面的视角。

1. 实验步骤

离子通道电流记录的操作流程详见上文"四、实验步骤"。此处列出一些记录离子通道电流需要注意之处。

（1）记录离子通道所需内外液的配制：一般以该通道通透的离子为主要成分，另外还含有其他类型离子通道的阻断剂。

（2）若记录细胞内源性离子通道，还需准备该离子通道特异的阻断剂，先记录细胞总离子电流，然后记录加入阻断剂后的离子电流，通过比较加药前后电流的差值，来计算对此类阻断剂敏感的离子通道电流。

2. 数据分析

以全细胞记录模式为例，选择需要的刺激脉冲，记录对应电流。例如，在电压钳模式下，将细胞膜电位钳制在静息膜电位–70 mV，给予步阶增大的电压，记录不同电压下的电流（图2-49A），以钳制的电压大小为X，以电流的幅度为Y，作折线图，即可绘制出离子通道的I-V曲线（图2-49B）。通过该曲线可反映离子通道在不同电压下的开放状态。

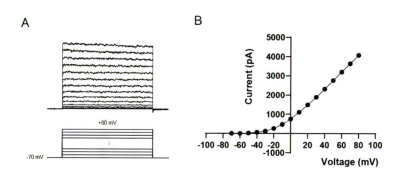

图2-49 离子通道I-V曲线的记录示例
A. 步阶去极化电压（下）诱导的离子通道电流（上）；B. 离子通道的I-V曲线

六、关键点

问题	可能的原因	解决办法
电极液接电位补偿后，电流和电压的数值没有归零	参比电极没有浸入浴液或者电极支架（holder）的电极丝未形成闭合电路	将参考电极放入浴槽中，并将其连接到电极holder上
		检查电极丝是否入液
测试脉冲基线偏移	参比电极AgCl镀层损耗	将参比电极的银线一端放入次氯酸钠中浸泡30分钟，直至电极颜色由白转变为暗灰色

问题	可能的原因	解决办法
施加正压时，玻璃电极电阻>15 MΩ	有灰尘阻塞玻璃电极	更换玻璃电极
玻璃电极电阻>50 MΩ	有气泡阻塞玻璃电极尖端	施加更大正压或取下玻璃电极轻弹几下排除气泡
玻璃电极电阻<1 MΩ	玻璃电极尖端破损	更换新的玻璃电极
	施加的负压不够	施加更大负压，关闭三通管等待几分钟，并将钳制电压设置为-70 mV
封接电阻难以达到GΩ	细胞活性不好	确保浴液持续通氧，检查细胞内液及外液的pH和渗透压是否稳定、合格，否则就更换脑片或神经元玻片
	玻璃电极阻塞	检查电极电阻，若不在正常范围则须更换电极
	给压系统出现问题	检查三通管及连通管道是否漏气
封接成功后，难以破膜	玻璃电极电阻>8 MΩ	调整拉制仪参数，将电极电阻控制在4~7 MΩ
	给压系统出现问题	检查三通管及连通管道是否漏气
	破膜时给予的负压不够	使用放大器中的"zap"功能，通过电极提供短电脉冲，在细胞膜上形成小孔，以帮助破膜
脑片神经元活性不好	取脑过程用时过长	反复练习取脑技巧，尽量缩短操作时长
破膜后，细胞串联电阻偏大	封接处的细胞膜未完全打破	破膜后，用注射器抽吸或者用嘴轻嗍以维持较小的负压，使得串联电阻<25 MΩ
难以维持破膜的状态	玻璃电极漂移	确保防震台和显微操作臂的稳定性
	细胞拨片或者脑片漂移	确保ACSF的灌流速度在1~2 mL/min；同时确保浴槽中没有气泡
不同季节记录到的动作电位频率及突触活动不一致	浴液温度不一致	需给脑片浴槽加装温控系统，确保每次实验时浴液温度一致
离子通道记录电流过小	所使用细胞系中离子通道表达量过低	使用HEK 293或HEK 293T细胞系，HEK 293T细胞含有T抗原，可增加表达量
	质粒提取不纯净，质粒提取时有内毒素残留等	更换细胞系，调整质粒的转染比例，使用转染级的质粒提取试剂盒，重复去除内毒素的步骤

七、技术的局限性

膜片钳技术虽然仍是测量离子通道电生理的金标准，但是也存在一部分局限性。

(一) 实验成本高且通量低

膜片钳技术对实验操作者的技术水平要求较高，特别是在稳定记录单通道或全细胞时，需要极高的技巧。实验装置精密且复杂，维护成本较高。从制备细胞到成功记录，实验周期较长。一次实验只能记录一个细胞或单个通道，限制了通量。

(二) 无法同时记录多个细胞

膜片钳技术通常需要单个电极与单个细胞接触，以形成高阻抗的密封，从而记录精确的电流信号。这种操作方式决定了只能对单个细胞进行记录。为克服这一限制，研究者经常结合其他技术进行多细胞电活动记录，例如多电极阵列技术、光遗传和荧光探针技术等。

(三) 记录亚细胞结构较困难

线粒体和溶酶体等亚细胞结构体积小，虽然可以通过特定药物增大细胞器体积来减少记录难度，但是封接操作依旧困难。为解决这个问题，研究者可使用荧光成像（如钙成像或电压成像）记录亚细胞水平的信号变化，并用光遗传学工具（如 ChR 或 OptoGluN）以光学方式操控并记录亚细胞活动。

(四) 记录的时间通常较短

长时间记录过程中，电极与细胞膜之间的高阻抗密封容易因机械震动、液体流动或膜损伤而破裂，导致封接被破坏致记录中断。另外，膜片钳记录会干扰细胞正常的生理活动，例如内液交换可能改变细胞的 pH、离子浓度或代谢状态，最终导致细胞功能受损。记录环境中的溶液可能因水分蒸发导致离子浓度发生变化，从而影响电生理特性。

(五) 离体环境与体内环境存在差异

记录过程中通常使用离体细胞或片段组织，可能无法完全模拟体内环境。人工调控的细胞外液成分可能影响离子通道的自然行为。

思 考 题

1. 电生理技术的原理是什么？
2. 不同的膜片钳记录模式分别有哪些缺点？
3. 脑片电生理技术中，影响信号记录的因素都有哪些？

参 考 文 献

[1] Hill CL, Stephens GJ. In patch clamp electrophysiology: Methods and protocols, Springer US, 1-19 (2021).

[2] Zhao Y, Inayat S, Dikinet DA, et al. Patch clamp technique: Review of the current state of the art and potential contributions from nanoengineering. Proc Inst Mech Eng, Part N: J. Nanoeng. Nanosyst 222, 1-11 (2009).

（陈立晰　赵赛锋　杨奕帅　张小敏　李勃兴）

第三章

神经系统细胞检测方法

第一节 神经元和神经胶质原代细胞培养

一、简介

细胞培养是将细胞从动植物体内取出，让其在适宜的人工环境中生长或繁殖并维持主要结构和功能的实验方法，多用于深入探究细胞的生理学和病理学过程。在神经科学领域，对于大脑这一高度复杂的器官，细胞培养成为研究其细胞分子机制的关键方法。大脑内细胞种类繁多，包括神经元、星形胶质细胞、少突胶质细胞等，它们之间通过精细的三维空间排列相互连接，构成了复杂的信息处理系统。然而，这种复杂性也给直接在体内研究细胞间相互作用和分子机制带来了巨大挑战。细胞培养技术通过将神经元和胶质细胞置于培养皿中，让其以密度相对较低的平面方式生长，极大地简化了细胞间的空间关系和结构复杂度。这种简化不仅便于控制实验条件和观察实验结果，还为研究轴突生长与导向、突触形成与功能、蛋白质转运与代谢、神经发育和细胞间相互作用等关键生物学过程提供了重要的研究基础。

针对神经元和胶质细胞的不同生长需求和实验目标，目前研究人员已开发了多种神经系统细胞培养技术，其中最常用的培养方式是原代神经元和胶质细胞培养。该方法从胚胎或新生动物的脑组织中分离出神经元和胶质细胞，后续借助特定培养基或培养策略，人们可有效筛选并富集神经元、星形胶质细胞或其他类型细胞，构建出专一或多元的细胞培养体系。

同时，神经元也可通过神经细胞系或神经干细胞分化获得。神经细胞系一般来源于肿瘤细胞，经特定诱导后展现出神经元样表型，包括形成轴突和树突等标志性结构。神经细胞系因操作简便、成本效益高而广受欢迎。然而，与原代神经元相比，这类神经元在功能上存在显著差异，如PC12细胞缺乏表达兴奋性谷氨酸受体（NMDA受体）的能力，这导致了其在神经传递与响应上与神经元出现本质区别。与此形成对比的是，由人神经干细胞或神经祖细胞诱导分化而来的神经元，其生物学特性更为接近人类大脑神经元，为疾病模型构建、药物筛选及临床治疗策略探索提供了强有力的支持。但是，干细胞分化具有较大的不稳定性，实验难度相对更高，需要进一步优化与改进。

本节将集中探讨神经系统原代细胞培养技术，详细阐述其操作流程、培养条件优化、细胞特性保持与功能评估等方面的内容，系统且全面地介绍细胞培养方法。

(一) 神经元体外培养的发展历程

20世纪初，Ross Harrison创立了悬滴培养法，成功将蛙胚胎神经细胞培养在青蛙淋巴液中，并首次观察到神经元分支的生长过程[1]，这一发现为神经元体外培养技术奠定了基础。随后的几十年里，科学家们不断优化神经元体外培养的条件，包括培养容器、培养液及培养操作技术等方面。例如，培养容器从简单器皿逐步迭代为培养瓶和培养板，不仅更利于无菌技术操作，还能实现培养液的随时更换；1968年，Levi-Montalcini等首次发现提纯的神经生长因子可显著促进神经元的生长并明显提升细胞的健康状态[2]；在培养操作技术层面，从Ross Granville Harrison与Alexis Carral在无菌技术下实施的悬滴培养，到Renato Dulbecco引入胰蛋白酶消化技术实现单层细胞培养，再到Stefanie Kaech和Gary Banker创建高效、简便的原代神经元培养法[3]，都极大地推动了神经元培养技术的发展。Stefanie Kaech和Gary Banker的原代神经元培养法至今仍被视为神经元培养技术中最为完善和广泛使用的方法之一。

(二) 神经胶质细胞体外培养的发展历程

神经胶质细胞的培养技术同样经历了多次更迭改进。1980年，Ken McCarthy和Jean de Vellis建立了"MD星形胶质细胞培养"方法。该方法通过大脑组织解离、血清培养及震荡培养的方式即可制备大量的星形胶质细胞。它具有快速、简便且低成本的优点，至今仍是星形胶质细胞研究领域的首选培养方法[4]。2011年，本·巴雷斯实验室研发了一种"免疫筛选"技术：先将出生后小鼠的皮层组织解离；再使用一系列经过不同抗体包被的免疫筛选板从细胞悬浮液中去除其他类型的细胞，包括小胶质细胞、巨噬细胞、内皮细胞和少突胶质细胞前体细胞；然后再使用包被有ITGB5单克隆抗体的阳性筛选板来筛选出星形胶质细胞，并通过无血清培养基进行培养。这种方法虽然显著提高了所获取星形胶质细胞的纯度，且其状态更接近原代细胞[5]，但因其成本高昂、细胞获得率低，并未能全面取代MD星形胶质细胞培养法。因此，MD星形胶质细胞培养法在科研实践中依然占据重要地位。

二、应用

在神经科学研究中，神经元与胶质细胞的体外培养技术为我们探索分子机制与细胞生物学特性提供了重要途径。通过这一技术，研究人员能够深入解析细胞的精细结构与复杂功能；同时，它也是揭示细胞间通讯以及细胞与外界环境交互作用的关键手段。更为重要的是，这一技术的应用极大地促进了科研人员们对疾病发生机制的深入理解，为药物研发与创新治疗策略的开发奠定了坚实的基础。

(一) 细胞结构与功能研究

体外培养神经元简化了神经系统复杂的空间结构，为我们揭示神经元的发育过程和信息处理提供了相对简单的研究模式。借助于细胞成像技术，我们能够直观地追踪神经元和胶质细胞的生长、分裂和代谢等生命历程。利用荧光标记物或荧光探针，我们可以实时观测神经元的发育进程，包括突触的构建、囊泡的释放以及细胞内钙离子浓度的微妙变化，这些过程都对神经信号的传递起着决定性作用。

(二) 细胞间相互作用研究

在神经系统的微观结构中，神经元与胶质细胞以复杂的模式紧密排列，它们之间的相互作用对神经功能的正常执行至关重要。既往研究表明，小胶质细胞具有吞噬和修饰突触的能力，直接影响神经元间的信息交流；同时，星形胶质细胞通过分泌特定分子调节神经元的兴奋性，维护神经网络的稳定性。神经元与胶质细胞的共培养技术，允许我们在体外环境下模拟不同细胞类型之间的相互作用。通过观察和分析共培养体系中细胞的行为、形态及功能变化，我们可以更深入地了解细胞间相互作用的机理，进而探索神经系统的运作规律。

(三) 疾病机制研究与药物研发

体外细胞培养提供了大量稳定的细胞资源，允许研究人员在受控条件下测试各种细胞因子、蛋白突变体及其他生物活性分子对细胞的影响，从而有效地探索疾病发生发展机制并发现新的治疗靶点。在神经肿瘤学领域，患者肿瘤组织的体外培养技术能够使我们系统性地研究肿瘤细胞的增殖速率、分化潜能、侵袭迁移能力以及对药物的敏感性。通过对神经元和神经胶质细胞与肿瘤细胞相互作用的模拟，还可以揭示肿瘤微环境的复杂性，为开发新型治疗策略提供理论依据。这些信息对于制定个性化治疗方案、预测疾病进展和疗效评估具有重要意义。

三、实验流程图

图 3-1　神经元/胶质细胞培养实验流程图

四、实验试剂与器材

表3-1　实验试剂

名称	厂商/型号
B-27 supplement 50x	Gibco, cat. No. 17504
DMEM basic	Gibco, cat. No. C11965500
Neurobasal medium	Gibco, cat. No. 21103-049
Fetal bovine serum	Excell Bio, cat. No. FSD500
Papain from papaya latex	Sigma-Aldrich, cat. No. P4762
Poly-L-lysine hydrobromide powder	Sigma-Aldrich, cat. No. P2636
Deoxyribonuclease I from bovine pancreas	Sigma-Aldrich, cat. No. DN25
GlutaMAX	Thermo Fisher, cat. No. 35050061
DMEM/F-12（1:1）basic	Gibco, cat. No. C11330500
Cytosine β -D-arabinofuranoside hydrochloride	Sigma-Aldrich, cat. No. C6645

表3-2　实验器材

名称	厂商/型号
体视显微镜	凤凰光学
细胞培养板	NEST
Cell strainer	BIOFIL, cat. No. CSS013040
Syringe driven filters	BIOFIL, cat. No. FPE204013
自动细胞计数仪	瑞沃德
离心机	瑞沃德

五、实验步骤

　　本节将系统介绍大脑皮层原代细胞混合培养、原代星形胶质细胞纯化培养和神经元–星形胶质细胞共培养方法。

(一) 大脑皮层原代细胞混合培养

1. 提前准备：用0.1 mg/mL的左旋多聚赖氨酸（Poly-L-Lysine，PLL）溶液包被培养板/培养玻片，37℃孵育2 h后用ddH$_2$O清洗2~3次，晾干。用DMEM培养液配制浓度为1 mg/mL的木瓜蛋白酶溶液，0.22 μm过滤器过滤后备用（消化一只新生乳鼠的皮层组织约需1 mL木瓜蛋白酶溶液）。准备新生乳鼠若干。

2. 解剖组织：用75%乙醇清洁乳鼠头部，于体视显微镜下剪开后颈，剖离皮肤与颅骨取出完整的大脑，置于预冷（4℃）的含10% FBS的DMEM中。清除软脑膜，去除腹侧的皮层下组织。用剪刀将大脑皮层组织块剪碎至约1 mm³大小后移至15 mL离心管中，用DMEM清洗1~2次。

3. 消化组织：将木瓜蛋白酶溶液加入含组织碎块的15 mL离心管中，溶液中含DNase I（终浓度为0.04 mg/mL）。37℃孵育30 min，期间每10 min轻轻振摇离心管一次。

4. 机械分散细胞：向离心管中加入等体积含10% FBS的DMEM培养液终止消化，待组织块下沉至管底，小心移除上清。用DMEM培养液清洗组织块1~2次。将2 mL含DNase I（0.04 mg/mL）的DMEM培养液加入离心管，用带1 mL枪头的移液枪轻轻吹打组织块10~15次。随着吹打，组织块逐渐消失，溶液逐渐变浑浊，期间注意避免产生气泡。

5. 收集细胞：向细胞混悬液中加入等体积含10%FBS的DMEM培养液，1 000 rpm离心5 min（离心机需提前预冷至4℃）。去除上清液，加入含10% FBS的DMEM培养液重悬细胞沉淀。用70 μm细胞滤筛过滤细胞混悬液，移除未充分吹散和消化的组织。将过滤后的细胞混悬液摇晃均匀，取少量样品用于计数。（每只乳鼠的大脑皮层可收集约1 000万个细胞）。

6. 细胞接种：根据实验所需的细胞密度，将单细胞悬液均匀接种至培养板/培养皿中。将培养板/培养皿移至培养箱（37℃，5% CO$_2$）中孵育2~3 h。

7. 更换培养液：预热Neurobasal培养液（含1×B27、1×Glutamax）至37℃。细胞接种2 h后，将含10% FBS的DMEM培养液替换为Neurobasal培养液。

8. 半量换液：细胞培养7天后，半量换液培养液，此后每隔2~3天半量换液一次。

(二) 原代星形胶质细胞纯化培养

1. 实验步骤同"（一）大脑皮层原代细胞混合培养"步骤1~4。

2. 收集细胞：向细胞混悬液中加入等体积含10%FBS的DMEM培养液，1 000 rpm离心5 min（离心机需提前预冷至4℃）。去除上清液，加入含10% FBS的DMEM/F-12培养液重悬细胞沉淀。用70 μm细胞滤筛过滤细胞混悬液，移除未充分消化的组织。将过滤后的细胞混悬液摇晃均匀，取少量样品用于计数。

3. 细胞接种：根据实验所需的细胞密度，将单细胞悬液均匀接种至培养瓶中。将培养瓶移至培养箱（37℃，5% CO_2）中孵育2~4天。

4. 机械振荡细胞：在细胞培养第5天，从培养箱中取出细胞培养瓶，并用封口膜密封瓶口，放入干净的密封袋子中以防污染。将培养瓶放入摇床（37℃，200~300 rpm）机械振荡2 h。

5. 观察细胞：取出培养瓶，用酒精擦拭表面以防污染，置显微镜下观察细胞。此时可见星形胶质细胞呈平铺形态贴壁于瓶底，神经元和其他胶质细胞悬浮于上清，伴随较多泡沫与细胞碎片。

6. 更换培养液：去除上清液，用1×PBS清洗三次。加入含10% FBS的DMEM/F-12培养液，继续培养细胞至进行后续实验。

（三）神经元－星形胶质细胞共培养

1. 更换培养液：待"（二）原代星形胶质细胞纯化培养"步骤6中纯化后的星形胶质细胞生长密度达90%，将培养液更换为Neurobasal（含1×B27、1×Glutamax）。

2. 收集细胞：按照"（一）大脑皮层原代细胞混合培养"步骤1~4制备神经元单细胞悬液。向细胞混悬液中加入等体积含10%FBS的DMEM培养液，1 000 rpm离心5 min（离心机需提前预冷至4℃）。去除上清液，加入Neurobasal（含1×B27、1×Glutamax）培养液重悬细胞沉淀。用70 μm细胞滤筛过滤细胞混悬液，移除未充分吹散和消化的组织。将过滤后的细胞混悬液摇晃均匀，取少量样品用于计数。

3. 细胞接种：根据实验所需的细胞密度，将单细胞悬液均匀接种至含纯化的星形胶质细胞的培养瓶中。将培养瓶移至培养箱（37℃，5% CO_2）中孵育24 h。

4. 更换培养液：细胞培养24 h后，更换培养液为预热的Neurobasal（含1×B27、1×Glutamax）培养液。

5. 药物处理（选做）：在细胞培养24~48 h，可加入阿糖胞苷（终浓度5 μmol/L，可根据实际情况调整），以抑制其他胶质细胞生长。

六、数据分析及结果解读

表3-3　不同培养细胞的形态特征

	第一天	第三天	第七天
大脑皮层原代细胞混合培养			
原代星形胶质细胞纯化培养			
神经元–星形胶质细胞共培养			

（一）大脑皮层原代细胞混合培养

细胞混合培养第一天，神经元胞体呈椭圆形，部分细胞长出突起，细胞碎片稍多，此时胶质细胞不明显；第三天，神经元胞体饱满，绝大部分细胞长出突起，各类胶质细胞呈平铺形态贴壁于培养皿底；第七天，神经元轴突与树突结构明显，神经元之间形成突触连接，胶质细胞延伸填充在神经元周围。

（二）原代星形胶质细胞纯化培养

原代星形胶质细胞培养第一天的状态与上述混合培养第一天状态相同；第三天，星形胶质细胞呈平铺状态贴壁于培养瓶底；大部分神经元不能存活，仅残余少量神经元，且周围伴有较多细胞碎片；第七天，经过振荡纯化后可见星形胶质细胞呈扁平状紧密生长，贴壁于瓶底。

(三) 神经元-星形胶质细胞共培养

神经元-星形胶质细胞共培养状态下的神经元生长状态与原代混合培养类似。

七、关键点

实验步骤	问题	原因	解决办法
消化组织	消化时组织粘连，难以消化	软脑膜未清除干净	彻底清除软脑膜
		组织块过大，未剪碎	将组织块重新剪切
		DNase I失效	配置新鲜DNase I，加入消化液继续消化
机械分散细胞	吹打10~15次后，残余组织仍过多，难以形成单细胞悬液	吹打力度过小	适度加大吹打力度
		消化不充分	收集未消化组织块，添加消化液继续消化
细胞接种	细胞聚团	PLL包被不均匀	延长PLL包被时间
		细胞接种不均匀	细胞接种后轻轻摇晃2 min，使细胞悬液均匀分布于培养板
更换培养液	换液时大部分细胞未贴附培养板而被吸除	PLL效果差	延长接种后细胞孵育时间至3~4 h
半量换液	细胞形态异常，死细胞较多	乳鼠状态差、出生时间久	最好采用新生小鼠（不超过24 h）
		组织解剖时间过久	提高解剖效率，缩短实验时间
		过度吹打单细胞悬液	严格控制机械吹打的速度和次数
机械振荡细胞	机械振荡后发现残余大量神经元及其他胶质细胞	振荡速度过小或时间过短致残余神经元较多	适当调整振荡速度与时间，或使用手动振荡方式
		前期培养时间过长致其他胶质细胞过度增殖	减少前期培养时间至2~3天

八、技术的局限性

(一) 体外培养技术无法完全模拟体内生理状态

体外培养细胞技术虽然简化了细胞的空间关系和结构，但无法完全模拟细胞在体内的生理状态。因此，通过该技术揭示的分子机制，仍需进一步在体内环境中进行验证。

（二）MD星形胶质细胞培养法中的血清影响细胞状态

在MD星形胶质细胞的纯化过程中，需要采用血清进行培养。然而，利用血清培养会引发星形胶质细胞部分形态与生理功能的改变，导致细胞状态与正常生理情况产生较大差异。

（三）MD星形胶质细胞培养法获得的细胞纯度较低

MD星形胶质细胞培养法的分离纯化手段高度依赖于星形胶质细胞的贴壁性，星形胶质细胞的贴壁性强于其他细胞，故利用了机械力对其他细胞进行分离。而这种方式难以彻底避免其他类型细胞的残留，因此，通过该方法得到的细胞，其纯度可能不及免疫筛选方式。

（四）神经元-星形胶质细胞共培养的周期较长

由于获得纯化的星形胶质细胞是实现神经元-星形胶质细胞共培养的前提，因此共培养技术的实验周期较长，一般要三周以上才能获得成熟的共培养状态下的细胞。

思 考 题

1. 成功培养大脑皮层原代细胞的关键因素有哪些？
2. 比较MD星形胶质细胞培养法中纯化方式与免疫筛选方式的优缺点。
3. 结合自己的研究经验，提出一个多细胞共培养模型，不局限于神经元与星形胶质细胞，并思考该模型能解决哪些科学问题。

参 考 文 献

[1] Harrison RG. Observations on the living developing nerve fiber. Proc Soc Exp Biol Med 4, 140-143 (1906).

[2] Levi-Montalcini R, Caramia, F, Luse, SA, et al. In vitro effects of the nerve growth factor on the fine structure of the sensory nerve cells. Brain Res 8, 347-362 (1968).

[3] Kaech S, Banker, G. Culturing hippocampal neurons. Nat Protoc 1, 2406-2415 (2006).

[4] McCarthy KD, de Vellis J. Preparation of separate astroglial and oligodendroglial cell cultures from rat cerebral tissue. J Cell Biol 85, 890-902 (1980).

[5] Foo LC, Allen NJ, Bushong EA, et al. Development of a method for the purification and culture of rodent astrocytes. Neuron 71, 799-811 (2011).

（钟裕芳　张星岩　张小敏　李勃兴）

第二节　体外检测神经元活动的成像技术

大脑执行任何任务都依赖神经元间电活动的高度协作。神经元作为信息处理的基本单元，其活动变化直接反映了大脑的工作机制。因此，精确记录和研究神经元的活动特征，对于揭示神经系统如何整合和处理信息至关重要。

传统的电生理膜片钳技术是研究神经元电活动的经典方法，其高时间分辨率和精确性为神经科学研究提供了宝贵的数据。然而，该技术也存在一些明显的局限性：操作复杂且技术门槛高，一次只能记录少量神经元，难以全面监测大规模神经网络的活动；此外，其侵入性操作可能对细胞造成一定损伤；为克服这些缺点，科学家们尝试用成像技术来替代膜片钳。成像技术结合荧光探针和先进显微设备，能够将神经元活动信号（如钙信号、膜电压或囊泡释放）转化为光学信号，从而实现对神经元网络的非侵入性、多参数、高空间分辨率的动态监测。这种方法在细胞及亚细胞水平的信息采集上具有显著优势，并在研究大范围神经元活动和亚细胞特征方面表现出独特价值。

在神经元活动过程中，可用于成像检测的信号包括多种生物学反应。例如，当神经元产生动作电位（action potential，AP）时，静息膜电位由约-65 mV迅速去极化至+40 mV或更高，这一过程持续不足2 ms。同时，钙离子（Ca^{2+}）通过配体门控或电压门控钙通道内流，使胞质内Ca^{2+}浓度从静息态的100 nmol/L瞬间升高至约400 nmol/L，并维持约50至150 ms，直至被转运至内质网或线粒体。此外，动作电位沿轴突传播至突触前末端，导致局部Ca^{2+}浓度进一步增加，触发突触囊泡释放神经递质；这些神经递质与突触后膜上的受体结合后，引发下游神经元的去极化或超极化。目前已开发了多种荧光探针，为上述膜电压、钙浓度或囊泡释放等信号变化的成像技术的检测提供了基础。

本节将以体外钙成像、电压成像和囊泡释放成像为例，详细介绍神经元活动的检测方法及其在研究中的具体应用。

一、体外神经元钙成像

（一）简介

神经元钙成像是一种利用Ca^{2+}探针动态监测神经元活动变化的常用科研方法。Ca^{2+}探针通过与细胞内的Ca^{2+}结合产生荧光，且荧光强度与Ca^{2+}浓度直接相关，从而精确反映细胞内Ca²⁺水平的波动。在神经元产生动作电位的过程中，细胞内Ca²⁺浓度会短暂而显著地跃升，从静息状态下的约100 nmol/L瞬间增加至约400 nmol/L。钙成像捕获的荧光信号变化与电生理记录的动作电位变化高度一致，进一步验证了Ca²⁺探针在反映神经元活动方面的可靠性和有效性。

选择适合实验需求的Ca²⁺探针是钙成像实验成功的核心。当前常用的Ca²⁺探针分为两大类：化学合成的Ca²⁺染料和基因编码的荧光蛋白探针。两类探针在多方面表现出各自的特点，包括荧光发射波长、对Ca²⁺的亲和力（以Kd值表示）、对钙浓度变化的敏感性，以及在特定细胞类型或空间分辨率下的适用性。因此，结合实验目标和研究对象特性，合理规划并选择最适合的Ca²⁺探针，是实验设计中不可忽视的重要环节。

1. Ca²⁺探针分类

（1）化学染料型Ca²⁺探针

化学染料型Ca²⁺探针通常由钙螯合剂［如乙二胺四乙酸钙（EGTA）、1,2-二氨基环己烷-N,N,N',N'-四乙酸（APTRA）和1,2-双（2-氨基苯基硫基）乙烯-N,N,N',N'-四乙酸（BAPTA）］与荧光基团（如荧光素和罗丹明）组成（表3-4）。这些探针可通过电穿孔或孵育渗透等方法进入细胞。一旦与Ca²⁺结合，探针的分子结构会发生变化，导致荧光强度增强。此类探针的优点在于其种类繁多、荧光输出强、适用范围广（可应用于体内外细胞），且操作简便。特别值得注意的是，希尔系数（Hill coefficient）接近1的化学探针，其荧光强度与Ca²⁺浓度之间呈线性关系，可作为直接测定Ca²⁺浓度的理想工具。例如，Fura-2是一种经典的荧光指示剂，能够以1:1的比例特异性结合细胞内自由Ca²⁺，其最大激发波长在钙饱和状态下从380 nm变为340 nm。通过比较340 nm和380 nm激发下的荧光强度比值，可以精确计算细胞内游离Ca²⁺的浓度。此比率法有效地消除了探针装载效率、荧光泄漏和细胞厚度差异等因素引起的测量误差，因此，这类探针也被称为比率测量探针。

尽管化学染料型Ca²⁺探针具有多种优势，但是其使用也存在一定的局限性。首先，探针进入细胞的方式通常具有侵袭性，且缺乏细胞类型或空间特异性。其次，随着时间的推移，探针可能会从细胞内渗漏到细胞外。因此，化学染料型探针更适合用于短期或急性实验（通常在数小时内）中的钙成像研究。

（2）基因编码型Ca²⁺探针

基因编码Ca²⁺探针（Genetically Encoded Calcium Indicators，GECIs）如表3-5所示，相较于化学染料型探针具有两大核心优势：一是能够精准靶向特定细胞类型，二是支持长达数周甚至数月的长期成像研究。当前，GECIs中最为广泛应用的系列是GCaMP家族，这类探针基于构象敏感的环形荧光蛋白（circularly permuted Fluorescent Protein，cpFPs）设计而成。GCaMP探针结构以环状增强型绿色荧光蛋白（circularly permuted Enhanced Green Fluorescent Protein，cpEGFP）为基础，并结合了钙调素（CaM）与M13钙调素结合肽。当Ca^{2+}浓度升高时，CaM与M13肽的结合会引发荧光蛋白结构的微小变化，从而显著增强荧光信号。

二十余年来，GECIs在不断发展和优化。如最新发表的jGCaMP8，这一版本探针在信噪比、动态范围、稳定性和响应速度方面都有显著提升。此外，GECIs的光谱范围也得到了扩展，目前已经开发出从蓝光到近红外波段多种颜色的荧光蛋白钙探针。尤其是经过优化的红色Ca^{2+}探针，如jRGECO1和XCaMP-R，其性能显著提高，并已广泛应用于深层组织成像和多色成像等研究中。

表3-4　常用化学染料型Ca^{2+}探针概览

	探针名称	Kd（nmol/L）	Ex（nm）	Em（nm）	Max $\Delta F/F_0$
比率测量类	Fura-2	140	340/380	510	22.4 ± 3.8
	Indo-1	230	351~364	475/400	24.0
非比率测量类	Fluo-3	390	488	525	>100
	Fluo-4	345	494	520	>100
	Rhod-2	570	549	580	>100
	Calcium Green-1	190	506	531	>100

表3-5　常用基因编码型Ca^{2+}探针概览

	探针名称	Kd（nmol/L）	Ex（nm）	Em（nm）	Max $\Delta F/F_0$
比率测量类	Yellow Cameleon 3.6	250	430~470	475(CFP) 527(YFP)	14
	Yellow Cameleon Nano15	15~50	430~470	475(CFP) 527(YFP)	14.5
非比率测量类	jGCaMP7f	150	485	510	31.0 ± 1.1
	jGCaMP8f	334	485	510	78.8 ± 9.7
	jGCaMP8m	108	485	510	45.7 ± 0.9
	jGCaMP8s	46	485	510	49.5 ± 0.1

2. 钙成像技术的发展

钙成像技术的进步依赖于两个核心因素的持续演进：一是Ca^{2+}探针的创新与优化，二是成像技术与设备的革新。在20世纪70年代中期，以aequorin为代表的早期Ca^{2+}探针揭开了钙信号研究的序幕[1]。尽管这些早期探针能够反映Ca²⁺浓度的变化，但由于其毒副作用较强、钙亲和力不足、敏感度较低以及动力学特性上的限制，它们在生物研究中的应用受到较大制约[2]。随后，Roger Tsien及其团队在20世纪80年代取得了关键进展。他们将高选择性钙螯合剂（如EGTA和BAPTA）与荧光发色团结合，开发出了更为敏感的化学染料型Ca²⁺探针，如Fura-2和Indo-1，这些探针因其具有较宽的激发光谱、优异的钙亲和力和高信噪比，成为神经科学研究中的重要工具[3]。

然而，传统染料探针的非特异性和细胞毒性问题促使科研界寻求新的解决方案。20世纪90年代末，Roger Tsien实验室在基因编码Ca²⁺探针方面取得了重大突破，开创了这一领域的新纪元。最早的Cameleon探针结合了青色荧光蛋白（CFP）、黄色荧光蛋白（YFP）和钙敏感结构域，是一种基于FRET的探针[4]。然而，FRET探针的信号较为复杂，且在动态范围上存在一定局限。随后，Tisen实验室又开发了基于cpEYFP的Camgaroo系列单色荧光探针，为GECI的发展带来了新的方向[5]。如今，GCaMP和RCaMP系列探针，通过多次优化迭代，大大提升了钙结合动力学、荧光强度和光学响应，广泛应用于各类钙信号检测中。

与探针的进展同步，成像技术的飞速发展也为钙成像研究提供了强大的支持。高灵敏度高速相机、激光共聚焦显微镜和多光子显微镜等设备的引入，显著提高了成像的速度、分辨率和信噪比，并增强了对细胞深层动态过程的观测能力，推动了钙成像研究在空间和时间分辨率上的突破。

此外，计算机科学的进步也促进了数据分析软件的发展，使得数据处理逐步从手动分析转向自动化处理，极大地提高了数据处理的精度和效率，为复杂成像和高通量分析提供了强有力的支持。

（二）应用

长期（慢性）成像技术可以追踪神经网络发育过程中Ca²⁺活动的变化，而短期成像则适用于监测神经元在特定刺激下的瞬时Ca²⁺响应。与化学染料探针相比，基因编码Ca²⁺探针通过与特定定位序列或启动子结合，能够将探针精准定位到细胞膜、突触、线粒体等亚细胞区域，从而提供更高的空间分辨率，实现对局部钙活动的高精度观测。此外，借助大视场和高分辨率的多神经元钙成像技术，研究人员能够全面解析神经网络的活动模式和信息处理机制，从而为理解大脑功能提供宝贵的见解。

1. 神经元胞体钙成像

在动作电位的生成过程中，Ca^{2+}通过电压门控钙通道进入神经元胞体，导致胞内钙浓度的瞬时变化。因此，神经元胞体钙成像可以监测神经元活动的强度。通过荧光显微镜监测神经元的钙信号动态，研究人员能够深入探究神经元的激活与抑制过程，揭示细胞内信号转导维持钙稳态的机制，并评估不同药物对钙信号通路的干预效果。此外，这一方法还可用于揭示钙信号与多种神经退行性疾病、精神疾病等的关联，为分子机制研究提供了强有力的工具。

2. 突触钙成像

突触是神经元之间信息传递的基本单元。树突棘，作为密集分布于树突表面的突起结构，是接收和传导神经信号的核心位点。钙信号在树突棘，尤其是在突触后区域的动态变化，直接影响神经元的兴奋或抑制状态。因此，精确监测这些区域的钙信号波动能够帮助研究突触后信号转导的精细调控机制。例如，对树突棘的钙成像研究表明，代谢性谷氨酸受体1型介导的树突棘内钙释放对启动长期突触抑制过程至关重要，这一发现为小脑运动学习的细胞层面机制提供了新的视角[6]。此外，GECI还可通过突触前定位序列或与突触囊泡蛋白融合的方式，富集并精准地定位于突触前区域，从而实现对突触前钙信号的监测。这一方法使得我们能够深入探讨突触前钙信号如何调控神经信息的传递效率，并为理解突触传递的分子机制提供了重要线索。

3. 细胞器钙成像

Ca^{2+}在多个亚细胞结构中，如线粒体、内质网和高尔基体等，充当重要的调节因子，并与多种病理状态密切相关。通过将GECI与特定细胞器的标记蛋白融合，或使用特异性启动子，研究人员可以实现对细胞器内Ca^{2+}信号的空间特异性成像。这为探究细胞器内Ca^{2+}信号在健康与疾病状态下的作用机制提供了强有力的方法。例如，线粒体基质中的Ca^{2+}水平升高直接影响参与ATP合成的酶活性。然而，当线粒体内Ca^{2+}过度积累时，可能触发caspase辅助因子的释放，进而启动细胞凋亡程序。因此，深入研究线粒体内Ca^{2+}信号的动态变化，对于揭示线粒体功能与Ca^{2+}信号网络之间复杂的相互作用机制，以及它们在细胞周期中的作用，具有重要的科学价值。

4. 长时程广视野钙成像

瞬时钙成像能够快速捕捉细胞的电生理活动，而持续的钙信号监测则揭示了信息传递的广泛影响，涉及Ca^{2+}依赖的基因表达调控、神经系统发育、长时程突触可塑性（如增强与抑制），以及学习与记忆等高级认知功能。因此，长时程（从几天至数周甚至更长）钙动态追踪，对于揭示Ca^{2+}在多种病理生理条件下的基因组调控作用及其慢性效应至关重要。

长时程、广视野的体外钙成像技术能够全面观察神经元网络的长期动态模式和信息处理策略，覆盖广泛的神经元群体，并在延续的时间框架内描绘神经活动的演变轨迹。例如，通过对比研究发现，人类诱导多能干细胞（hiPSCs）来源的神经元与啮齿类动物原代神经元培养的自发活动特性存在显著差异：hiPSCs神经元在成熟过程中展现出动态的转变，其活动模式和功能特征逐渐丰富并多样化，逐步趋近生理状态；而大鼠原代神经元则自培养开始便保持相对稳定的活动状态，未展现类似的动态变化[7]。

（三）实验流程图

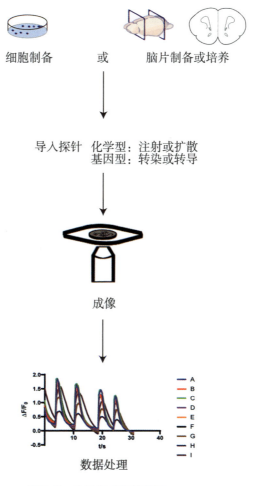

图3-2 体外钙成像流程图

（四）实验试剂与器材

表3-6　实验试剂

功能分类	名称	厂商/型号
神经元培养	B-27 supplement 50x	Gibco, cat. No. 17504
	DMEM basic	Gibco, cat. No. C11965500
	Neurobasal medium	Gibco, cat. No. 21103-049
	Fetal Bovine Serum（FBS）	Excell Bio, cat. No. FSD500
	Poly-L-lysine hydrobromide	Sigma-Aldrich, cat. No. P2636
神经元成像	NaCl	Sigma, cat. No. S3014
	KCl	Sigma, cat. No. P3911
	$MgCl_2$	Sigma, cat. No. 208337
	$CaCl_2$	Sigma, cat. No. C4901
	D-Glucose	Sigma, cat. No. 107653
	Hepes	Sigma, cat. No. H3375

表3-7　Tyrode溶液配制成分表（1 L）

成分	相对分子质量	最终浓度（mmol/L）	重量（g）
NaCl	58.44	150	8.766
KCl	74.56	4	0.298
$MgCl_2$	95.21	2	0.190
$CaCl_2$	147.02	2	0.294
Glucose	180.16	10	1.802
Hepes	238.3	10	2.383

调pH = 7.3，305~310 mOsm，使用之前预热至室温

表3-8　实验仪器及软件

名称	厂商/型号
恒温培养箱	Therma Forma
倒置荧光显微镜	Nikon eclipse Ti2（LED lamp, filter for EGFP）
NIS element BR 4.60.00	Nikon

(五) 实验步骤

本节以"检测小鼠原代培养神经元胞体钙信号"为例，利用腺相关病毒（AAV）载体使GECIs在目标细胞中表达，介绍钙成像检测神经元兴奋性基本原则和方法。

1. 神经元培养：按照本章第一节的方法培养原代神经元，使其贴附生长在0.1 mg/mL多聚赖氨酸包被的盖玻片或共聚焦培养皿中。

2. AAV转导：待神经元体外培养天数（days *in vitro*，DIV）为4~6时，取适量冰上解冻的AAV（CaMKII-jGCaMP8f）直接加入培养基中以转导神经元。

注：可设计预实验，在培养皿中加入梯度滴度的AAV，选择适量病毒以保证成像时细胞状态良好且探针亮度足够强。

3. 成像准备：待细胞生长至DIV 16~18，观察细胞状态及探针表达水平，确定是否适宜用于成像实验。

4. 预处理：预热Tyrode溶液至37℃。移除培养皿中的培养基，用预热Tyrode溶液润洗神经元2~3次，向培养皿中加入适量的Tyrode溶液准备成像。

5. 倒置荧光显微镜成像：①首先使用明场成像聚焦并检查细胞的状态，选择活性良好且细胞转染率较高的区域进行成像。②切换荧光光源，调节照明强度进行荧光成像。根据钙离子浓度维持时长及探针的动力学特性，成像频率可设置为2~4 Hz。为了避免过度曝光、光毒性以及光漂白，激发光应从小功率开始激发，逐步优化成像参数以获得理想的图像效果。

注：此处采用倒置荧光显微镜成像。实验时应根据实验目的选择合适的显微镜以获得高质量的图像。

6. 数据分析：对采集的数据进行分析，评估钙信号的动态变化。

(六) 数据分析及结果解读

1. 打开图片

将录制好的图像数据导入Fiji软件。

2. 图像偏移、荧光漂白校正

由于显微镜的不稳定震动以及细胞本身的移动，可能造成在时间序列上的图像漂移。可选用插件StackReg（https://imagej.net/imagej-wiki-static/StackReg）矫正图像偏移问题。

若成像时间较长，或激发光强度过高，图像荧光强度会随着时间逐渐变弱，出现明显的光漂白现象。为了校正光漂白，可选用插件Bleach Correction（https://imagej.net/plugins/bleach-correction）处理图像，以纠正光漂白影响。

3. 钙信号分析

如图3-3所示，选取视野中感兴趣的神经元，并手动标记其胞体形态作为感兴趣区域（region of interest，ROI）。接着，测定ROI区域及图像背景的灰度值，并将数据导入Excel表格进行进一步分析。为了去除背景干扰，首先对ROI的灰度值进行背景减除处理。然后，使用相对荧光变化公式$\Delta F/F_0=(F-F_0)/F_0$来量化神经元活动期间的荧光强度变化，其中，F代表某一时刻的荧光强度，F_0为基线荧光强度。为确定基线荧光强度（F_0），对于每个神经元，从所拍摄的图像中选取荧光强度较低的数据点（即按荧光强度由强到弱排序，选择后10%的数据点），并计算这些数据点的平均值，从而得到该神经元的基线荧光强度（图3-4）。

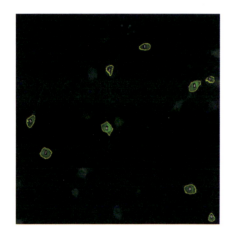

图3-3　培养神经元的GCaMP8s成像示例

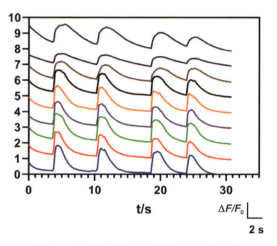

图3-4　培养神经元自发钙信号变化示例

（七）关键点

探针类型	问题	原因	解决办法
基因编码型	未检测到荧光变化	成像时过度曝光或神经元状态差	降低成像时的曝光时间或光源强度；优化神经元培养方式
	未检测到荧光	病毒无效或者质粒转染失败，导致探针未表达	确定病毒有效后再进行实验，或优化质粒转染操作
		LED或激光光强过弱	成像时逐渐增加光强或延长曝光时间
化学染料型	无法从电极尖端注射染料	电极堵塞或者漏气	更换电极；过滤溶液；调整压力系统
	细胞荧光强度低	染料量过低或者染色时间过短	增加染料量或延长染色时间

（八）技术的局限性

尽管钙成像技术已广泛应用于检测细胞活动，并在现代神经科学研究中发挥着重要作用，但由于Ca^{2+}探针的固有特性以及成像技术的局限性，钙成像在一些方面仍然存在一定的限制。

1. 单尖峰检测能力较差

当前的Ca^{2+}探针存在灵敏度较低的问题，且其与Ca^{2+}的结合动力学较慢，响应具有滞后性。这导致钙信号的上升相位可能出现扭曲，而下降相位则可能出现失真。尤其在检测高频脉冲放电的抑制性神经元或其他快速动作电位爆发的神经元时，钙成像技术可能无法捕捉到每一个单独的动作电位峰值。因此，钙成像无法准确测量动作电位的频率和数量。随着技术的不断进步，最新研发的jGCaMP8探针在灵敏度和动态响应方面已有显著改进。

2. 动力学较慢

钙信号的动态变化明显滞后于膜电位变化。尽管胞内Ca^{2+}浓度的波动与神经元的电活动密切相关，但Ca^{2+}信号的变化速度远低于膜电位的变化。当Ca^{2+}从细胞内的储存库中释放时，这些瞬时的钙波动与膜电位的变化之间存在复杂的关系，导致在某些情况下难以精确解析二者之间的联系。

3. 难以分辨动作电位前后的阈下事件

钙成像技术难以有效捕捉和分辨动作电位触发前后的阈下事件。由于这些阈下信号对钙离子浓度的影响较小，且往往不引起显著的钙信号变化，因此难以通过钙成像技术实时检测到。

4. 成像过程中不能进行实时分析

虽然钙成像技术能够以较高的空间和时间分辨率记录神经元的钙活动，但在成像过程中，数据分析仍然面临挑战。成像数据集的规模通常非常庞大，且数据的处理和分析复杂度较高，导致分析成本较高。尽管已有越来越多的分析软件和机器学习工具被应用于钙信号数据的处理，但实时数据分析和高效处理仍然是钙成像技术中的一大难题。

思 考 题

1. 简述不同类型钙指示剂的工作原理和使用场景。

2. jGCaMP探针有sensitive、medium和fast三种版本，它们分别适用于哪些应用场景？

3. 如何对成像数据进行降噪？

二、体外神经元电压成像

(一) 简介

神经网络间电信号的生成与传输是大脑的运作基础。因此，在探究行为与神经活动之间的关系时，观测神经元膜电压变化过程极为关键。电生理膜片钳技术仍然是检测细胞膜电位及评估离子通道活性的金标准，但由于其操作复杂且检测效率较低，限制了其广泛应用。尽管钙成像技术已被广泛应用于神经元动作电位的检测，但由于钙离子响应的迟滞性和无法反馈阈下膜电位变化等局限性，钙成像无法全面揭示神经元电生理活动的细节。相比之下，利用成像技术直接检测膜电压变化为电生理学研究提供了新的途径。电压探针不仅能够有效捕捉如树突棘等微小亚细胞结构的电压变化，而且具有高时空分辨率，能够同步记录多个神经元或大脑特定区域内的快速电活动，极大地增强了我们对神经网络复杂运作机制的理解。

1. 电压探针分类

电压探针分为化学染料型与基因编码型两大类。化学染料型荧光探针是一类能附着在细胞膜上的荧光团，通过荧光或吸收光谱变化直接反映膜电位的变化，从而提供高时空分辨率的电生理活动监测。典型的电压敏感染料分子包含一对疏水的烃链，可将染料分子锚定在神经元膜上；分子的其余部分为亲水基团，使得发色团能够垂直于细胞表面排布。电压敏感染料的工作原理基于以下三种主要机制：

（1）分子重排（或分子位移）：这是最简单的电压传导机制。膜电位的变化会导致带电分子出入细胞，最终改变这些荧光染料的重新分布，使荧光强度随着电压变化而变化。典型例子是 Di-4-ANEPPS，它可用于检测神经元和心肌细胞的动作电位。

（2）电致色效应（重定向原理）：膜电位变化可引起染料分子的电子结构改变，从而导致染料分子的激发光谱和发射光谱发生变化。与分子重排相比，重定向效应发生较快（亚毫秒级），适合快速信号监测。

（3）能量转移：某些染料通过两个荧光团之间的能量转移机制来监测电压变化。一个荧光团（供体）与另一个荧光团（受体）结合在膜的两侧，膜电位变化改变了它们之间的空间距离，从而调节了 FRET 效率。

基因编码电压探针（Genetically Encoded Voltage Indicator，GEVI）通过特定的启动子定位到目标细胞膜，精确监测特定细胞类型的电压变化。GEVI 主要包括电压敏感域（VSD）和光敏视蛋白（Opsins）两类。ASAP 家族是 VSD 类电压探针的代表，主要由来源于电压敏感通道的电压敏感区域与嵌入其中的环状绿色荧光蛋白（circularly permuted Green Fluorescent Protein，cpGFP）构成。膜电位变化诱发 VSD 结构的变化，从而调节荧光强度。其中，ASAP4 的动力学尤为突出，响应速度可达约 40 毫秒，且荧光强度与膜电压呈正相关。另一方面，光敏视蛋白如 Archaerhodopsin，虽然常用于光遗传学，但也能感知膜电压变化。在 650 nm 波长的激光照射下，Archaerhodopsin会发出随电压波动而变化的微弱近红外光。基于这一原理，Adam Cohen 实验室开发了 QuasArs 系列探针。虽然 QuasArs 探针能迅速反映电压变化，但因其荧光信号较弱，限制了其应用范围。后续改良版的能量转移 eFRET 探针（如 QuasAr2-mOrange2、Ace2N-mNeon、VARNAM）显著增强了亮度，克服了这一缺点。

2. 电压成像技术的发展

电压成像技术起源于20世纪70至80年代。1972年，Larry Cohen 与 Brian Salzberg合作开发出首个适用的电压敏感染料——merocyanine 540，标志着该领域研究的起步。这种染料可与细胞膜结合，在膜电位变化时发生荧光强度的变化，从而有效记录细胞电压的变化。此后，电压敏感染料经历了从 ANNEPS、ANNINE、ICG 到 PeT 等多代演变。近期，还开发了可与光遗传学技术（如 channelrhodopsin）结合使用的近红外探针，通过同步成像可记录蓝光刺激后的神经活动动态。这种方法特别适用于在体实验，如清醒动物的脑功能研究。因为近红外光的深度穿透性减少了组织光损伤，提高了信号的可靠性，能够同时实现光调控与神经元活动记录[1, 8, 9]。

然而，早期的染料探针面临细胞毒性、空间分辨率差、信号交叉干扰等问题。20世纪90年代，基因编码荧光蛋白的发现促进了GECI和GEVI的发展。GECI在全球各实验室中已得到了广泛和成熟的应用，但GEVI的应用仍处于探索阶段。早期 GEVI存在多个问题：一是初代 GEVI 响应速度较慢，无法捕捉单个动作电位（最新版本已克服）；二是GEVI在神经元细胞膜上的表达量较低，导致荧光亮度不足。为了获得良好的成像效果，往往需要更强的激发光，而这可能导致细胞损伤。近年来，多个实验室对电压探针进行了定向改造，开发出了许多性能更优的探针。最新的GEVI逐渐满足了关键性能指标，提供了体外和在体成像中灵敏而稳定探测神经活动变化的可能性。

（二）应用

钙成像技术已经广泛应用于体内外的钙信号监测领域，但电压成像技术，尤其是在体内神经细胞电活动的实时观测方面，仍处于发展阶段，尚未普及全球实验室。其体内应用推广的主要瓶颈包括两点：一是现有电压探针的荧光信号强度不足；二是成像系统及数据后期处理技术要求较高。不过，在体外研究中，电压成像技术已较为成熟，能够有效观测细胞及亚细胞膜电压活动的变化。

1. 神经元胞体电压成像

尽管钙离子探针已成为探测神经元活动的主流工具，但其响应速度的局限性（通常超过200毫秒）限制了对快速动作电位瞬时动态的精确捕捉。相比之下，电压成像技术能够快速检测出神经元电压变化，而且可同时监测视野内多个神经元的电压波动，为探索神经网络中信息传递和加工的复杂机制提供了新的途径。近期科研人员利用GEVI在活动小鼠的海马区同时记录了13个神经元的动作电位阈值下刺激的电位变化以及动作电位活动，这类实验获得的数据不仅能够重建局部回路中的突触相互作用，还由于电压成像方法具有优异的时间分辨率，使得研究人员能够分析所成像回路的计算特性[10]。

2. 亚细胞结构膜电压成像

传统电生理技术无法实时探测多个亚细胞结构之间瞬时的电压变化。然而，GEVI能够均匀分布在神经元的细胞膜上，微小的荧光信号变化映射出细胞各部位电压的动态波动，弥补了传统方法的不足。例如，GEVI使我们能够在突触传递过程中直接观测树突棘上的电压变化。通过对树突棘头部与颈部电压特征的细致分析，我们能够研究这些微小结构中电压变化的分布规律及其背后的调控机制。这对于理解神经元信息处理与整合过程至关重要，不仅深化了我们对突触信息传递基本原理的认知，还为揭示突触功能的多样性以及探索相关神经系统疾病的发生机制开辟了新的视角。此外，罗丹明类的化学染料电压探针，已成功应用于线粒体及其他细胞器膜电压的监测，为深入了解细胞器在生理功能和疾病进程中的作用提供了有效的研究工具。

(三) 实验流程图

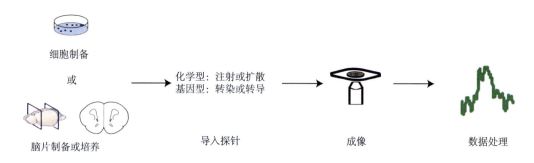

细胞制备

或

脑片制备或培养

化学型：注射或扩散
基因型：转染或转导

导入探针

成像

数据处理

图3-5　体外膜电压成像实验流程图

(四) 实验试剂与器材

表3-9　实验仪器及软件

名称	厂商
恒温培养箱	Therma Forma
倒置显微镜	Nikon eclipse Ti2（LED lamp, filter for EGFP）
NIS element BR 4.60.00	Nikon

(五) 实验步骤

本节以"小鼠原代培养神经元树突棘电压成像"为例，介绍利用电压敏感探针ASAP1进行电压成像的方法。

1. 根据本章第一节的方法，将原代神经元培养在直径为12 mm的圆形玻璃片上，确保细胞贴附良好。

2. 待神经元生长至DIV 7~9时，使用磷酸钙转染技术将质粒pCAG-ASAP1转染至神经元中。

3. 转染后的第5~7天，观察细胞状态及ASAP1的表达水平。取转染成功且状态良好的细胞进行成像观测。

4. 用提前预热到37℃的Tyrode buffer轻轻润洗玻片2~3次。将细胞浸润在Tyrode buffer中进行成像。

5. 倒置激光共聚焦显微镜成像。①用40×油浸物镜观测细胞。选择表达ASAP1且树突棘形态清晰的神经元进行成像。②由于膜电位变化迅速，且ASAP1的响应速率大约为2 ms，可以将曝光时间设置为2 ms进行连续成像2分钟，以观察到更精细的自发去极化引起的荧光变化。

6. 数据分析。

(六) 数据分析及结果解读

1. 打开图片

将录制好的图像数据导入Fiji软件，选择成像清晰的数据进行分析（图3-6）。

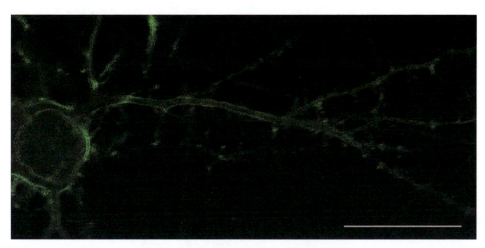

图3-6　培养神经元的ASAP1成像示例[17]

2. 图像校正及设定ROI

使用StackReg插件（https://imagej.net/imagej-wiki-static/StackReg）进行图像偏移校正。手动选定树突棘的细胞膜区作为ROI，同时框选出背景区域（如图3-7A所示，红色箭头所指为选定的ROI，白色箭头所指为背景）进行数据提取。

3. 电压信号数据收集及分析

收集每一帧下的ROI荧光平均值，导入excel表格中。首先扣除背景荧光，然后确定基线荧光强度（F_0）。为了量化神经元活动期间荧光强度的变化，我们使用$\Delta F/F_0$代表电压信号的相对荧光变化，$\Delta F/F_0=（F-F_0）/F_0$。

以时间作横轴、相对荧光变化量-$\Delta F/F_0$为纵轴作图便可直观看到树突棘上的电压变化过程（图3-7B）。

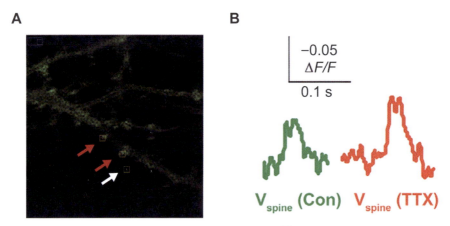

图3-7　数据处理示意图[17]

A. 圈定ROI（红色箭头）及背景（白色箭头）；B. 培养神经元树突棘膜电压变化率

（七）关键点

问题	原因	解决办法
未检测到荧光响应变化	细胞状态不佳	更换神经元
荧光响应变化微弱	曝光时间过长，拍摄帧数不足	根据探针的响应动力学调整拍摄帧数和曝光时间
未检测到荧光	探针未表达	确认病毒滴度或质粒的有效性
	光源强度不足	增加激光强度至合适水平
染料无法从电极尖端释放	电极堵塞或漏气	更换电极、过滤溶液或调整压力系统

(八) 技术的局限性

1. 图像质量低

电压成像的目的是监测细胞毫秒级的细微电活动，尽管这一技术提供了较高的时间分辨率，但由于曝光时间过短，成像质量可能受到影响，导致图像噪声较大。

2. 数据分析难度大

电压成像每秒需要采集几十甚至几百帧图像，这对计算和存储设备的要求较高。短时间内的成像数据通常具有较低的信噪比，难以准确区分微弱的电压波动与背景噪音。因此，电压成像的数据分析需要使用专门的去噪方法，并根据成像设备和图像特点选择合适的分析策略，以获得无偏的结果。

3. 可能干扰细胞本身膜电位

作为膜蛋白，基因编码电压探针可能导致膜上的电荷变化，从而增加膜的电容。尽管在一些基于动作电位宽度测量的电容研究中尚未观察到这一问题的显著干扰，但这一因素仍需在未来的实验中进行验证和优化。

思 考 题

1. 设计一个实验，使用膜电压探针比较神经元在兴奋时胞体与树突的膜电压差异。

2. 电压敏感染料与基因编码膜电压探针的使用场景分别有哪些？

三、体外神经元囊泡释放成像

(一) 简介

突触是神经元之间信息传递的关键部位。神经元的兴奋能够引发突触前膜的钙离子内流，促进突触囊泡与突触前膜的融合。囊泡内的神经递质随后被释放到突触间隙，与突触后膜上的特定受体结合，从而实现跨细胞的信号传递。同时，突触囊泡中的蛋白质经过胞吞等过程重新形成新的囊泡，等待下一轮神经递质的释放。

突触内可容纳数百至数千个囊泡，囊泡在突触前区域聚集并排列，共同构成了所谓的囊泡池。根据执行的功能不同，这些聚集的囊泡被划分为三种囊泡池：即刻释放囊泡池（Readily Releasable Pool，RRP）、循环利用囊泡池（Recycling Pool）和储备囊泡池（Reserve Pool）[11]。即刻释放囊泡池中的囊泡位于突触前活跃区，能够在微小的刺激下迅速释放递质；循环利用囊泡池则扮演动态补充的角色，在适当的生理刺激下，部分囊泡被动员释放递质，同时通过新生成的囊泡进行补充，维持突触传递的持续性与效率；储备囊泡池包含突触前末梢的大部分囊泡，在常规情况下处于静默状态，仅在强烈或非典型的刺激下才会被动员参与递质释放。因此，精准测定即刻释放囊泡池和循环利用囊泡池的规模、囊泡回收速率以及储备池的总体容量，是评估突触功能的关键指标。

1. 突触囊泡循环监测工具

突触囊泡的内部环境呈酸性（pH约为4.5到5.5），当囊泡与突触前膜融合并释放神经递质时，其内部环境会迅速转变为中性（pH约为7）。基于这一特性，我们可以利用pH敏感探针来监测突触囊泡的循环过程。

pH敏感的化学染料，如FM系列的膜染料（表3-10），可用于检测突触囊泡内腔的开闭状态。FM染料属于水溶性苯乙烯类化合物，包含一个亲脂尾部和增强水溶性的阳离子头部，使其能够结合细胞膜。未嵌入膜中的FM染料荧光微弱，但一旦嵌入细胞膜后，荧光亮度会显著增强。利用这一特性，我们可以将神经元置于FM染料溶液中进行孵育，通过施加强烈的电刺激诱发突触囊泡与突触前膜融合，从而使染料标记这些突触囊泡的膜。标记后的囊泡通过回收形成新的囊泡，而荧光的亮度则与被标记囊泡的数量成正比。在后续的实验中，当突触囊泡释放神经递质并与突触前膜融合时，暴露在外的染料分子会被灌流液冲洗掉，导致荧光信号减弱。荧光信号的减弱程度直接反映了囊泡的释放量，为定量分析突触囊泡的动态释放过程提供了一种直观且精确的方法[12]。不同FM染料的性能差异主要体现在其亲脂尾部的长度，尾部越长，膜的亲和力越高。FM1-84、FM1-43、FM2-10等染料会发出红色荧光，而FM4-64则能够发射波长为710 nm的近红外光。需要注意的是，FM染料的动力学特性受温度影响，而不受pH变化的调控[13]。

此外，基因编码的pH敏感荧光蛋白（表3-11）也能用来检测pH值的剧烈变化。这些荧光蛋白在酸性囊泡腔内几乎不发荧光，而在中性环境下则会显著增强荧光。因此，当这些蛋白在突触囊泡腔内表达时，可以实时追踪囊泡的释放和回收过程[14]。尤其是荧光蛋白pHluorin，由于其具有高亮度、接近中性的pKa值，在酸性环境和中性环境中荧光强度差异最大等特性，成为研究囊泡瞬时释放现象的理想选择。目前，除了绿色的pHluorin荧光蛋白，还开发出了红色和橙色的pH敏感荧光蛋白，研究人员可以根据实验需求灵活选择。

表3-10　常用囊泡释放检测染料工具概览

类别	探针名称	Kd（nmol/L）	Ex（nm）	Em（nm）
FM 染料	FM 1-84	2.3	510	625
	FM 1-43	13.3	510	626
	FM 2-10	30.0	480	598
	FM 4-64	24.3	510	735

表3-11　常用囊泡释放检测荧光蛋白工具概览

类别	探针名称	Brightness $[\times 10^3 L/(mol \cdot cm)]$	Ex（nm）	Em（nm）	pKa
荧光蛋白	pHluorin	23.15	495	512	7.2
	mOrange2	34.8	549	565	6.5
	pHTomato	—	550	580	7.8
	pHuji	6.82	572	598	7.7
	pHmScarlet	39.95	562	585	7.4

（二）应用

染料标记技术操作复杂且非特异性标记所有膜结构，在检测突触囊泡循环时存在一定的操作难度。目前，绿色pH敏感荧光蛋白pHluorin仍然是监测囊泡循环的主要工具。将pHluorin与囊泡膜蛋白的腔内段融合，可以有效地将pHluorin锚定在囊泡内部，从而实现精准的囊泡内膜周围溶液的pH监测。

常见的突触囊泡融合蛋白包括Synaptobrevin（又称VAMP）、Synaptophysin、vGlut和vGat等。VAMP和Synaptophysin广泛存在于所有突触囊泡中，但VAMP的标记特异性较差。在囊泡释放后，较多的VAMP会残留在突触前膜（表面池）并可能扩散至相邻的突触，导致较高的背景噪声。因此，使用VAMP标记时，有时需要在实验前先淬灭膜表面的荧光。相比之下，Synaptophysin由于其在突触前膜中的表达量较低，且极少横向扩散，提供了更高的信号纯净度，从而更适合用于高信噪比的监测实验[16]。

(三) 实验流程图

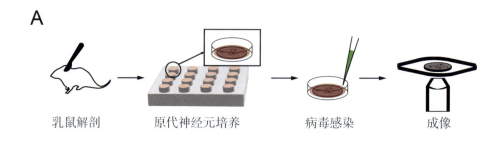

乳鼠解剖　　　　原代神经元培养　　　病毒感染　　　　成像

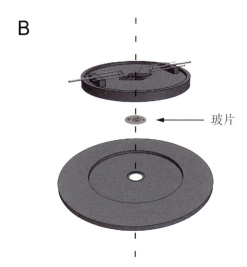

玻片

图3-8　神经突触囊泡释放成像实验流程示意图

A.体外培养神经元成像流程；B.灌流槽的组装

(四) 实验试剂与器材

表3-12　实验试剂

功能分类	名称	厂商/型号
神经元培养	B-27 supplement (50×)	Gibco, cat. No. 17504
	DMEM basic	Gibco, cat. No. C11965500
	Neurobasal medium	Gibco, cat. No. 21103-049
	胎牛血清（FBS）	Excell Bio, cat. No. FSD500
	Poly-L-lysine hydrobromide	Sigma-Aldrich, cat. No. P2636
慢病毒	Lenti-hsyn-pHluorin-mCherry-WPRE	自备

续表

功能分类	名称	厂商/型号
神经元成像	NaCl	Sigma, cat. No. S3014
	KCl	Sigma, cat. No. P3911
	$MgCl_2$	Sigma, cat. No. 208337
	$CaCl_2$	Sigma, cat. No. C4901
	D-Glucose	Sigma, cat. No. 107653
	Hepes	Sigma, cat. No. H3375
	NH_4Cl	Sigma, cat. No. 213330
	APV（2-amino-5-phosphonovaleric acid）	MCE, cat. No. HY-100714A
	CNQX（6-cyano-7-nitroquinoxaline-2,3-dione）	MCE, cat. No. HY-15066
	巴弗洛霉素（Bafilomycin）	MCE, cat. No. HY-100558

表3-13 实验器材及软件

名称	厂商/型号
恒温培养箱	Therma Forma
Stage adapters for series 20 platforms	Warner instruments cat. No. 64-3073
场电位灌流槽	Warner instruments cat. No. RC-49MFSH
18 mm 圆玻片，#1.5	Warner instruments cat. No. 64-0714
Silicone grease kit	Warner instruments cat. No. 64-0378
MCS peristaltic 灌流系统	Warner instruments cat. No. 89-0688
MCS 刺激器	Warner instruments cat. No. STG4000
倒置显微镜	Nikon eclipse Ti2（LED lamp, filter for EGFP）
NIS element BR 4.60.00	Nikon

（五）实验步骤

本节介绍了利用普通倒置荧光显微镜观察突触囊泡释放的成像方法。我们采用Synaptophysin-pHlurorin探针监测突触囊泡的循环，并在Synaptophysin的C末端融合红色荧光蛋白mCherry（简称spH-m）标记突触前囊泡池。通过慢病毒载体在神经元中表达spH-m，在场电位刺激下观察突触囊泡的循环过程。

1. 原代神经元培养

参照本章第一节的原代神经元培养方法，将原代神经元分离后以低细胞密度（约500~1 000个/mm²）培养在18 mm玻片上，每3天更换一次培养液，每次更换一半液体。

2. 慢病毒转导使神经元表达spH-m

当神经元生长至DIV 7~8时，加入适量的慢病毒载体Lenti-hSyn-spH-m-WPRE至培养基中，轻轻晃动培养皿以确保病毒混匀。

3. 检测荧光表达

待神经元生长至DIV 15~16时，使用荧光显微镜观察神经元，以评估spH-m探针的表达效果和神经元生长状况。理想情况下，应观察到沿树突分布的条带状红色荧光团，同时在蓝光激发下可见微弱绿色荧光点与红色荧光共定位，表明神经元状态良好，且spH-m表达正常，适合进行后续成像和分析。

4. 成像前准备

在实验准备阶段，根据表3-7配置含谷氨酸受体拮抗剂APV和CNQX（各50 μmol/L）的Tyrode缓冲液。更换倒置荧光显微镜的载物台为特定的场电位刺激灌流槽。使用毛笔在灌流槽底座涂抹一圈真空密封油脂，将神经元玻片从培养基中转移至灌流槽底座，快速盖上电刺激顶盖并加入Tyrode缓冲液，确保神经元完全浸润（图3-8A）。启动灌流，腔室内以1~2 mL/min的流速持续灌注Tyrode缓冲液，确保药物快速、均匀作用于样本并有效清除代谢产物。

使用40×或60×物镜在倒置荧光显微镜下观察神经元。在红色荧光通道下搜索理想的观察区域，精细调节焦平面，选择展示多条清晰轴突和多个成熟突触荧光团的视野。选定合适的成像视野后，拍摄一张spH-m的表达图用于后期数据分析和突触前终扣定位。

由于突触囊泡的循环时间尺度较长，通常需要拍摄超过1分钟。建议设置帧率为2~10 Hz，并在保证图像质量的同时，尽量使用较低功率的激发光，以减少荧光淬灭。

注意：选择成像视野时，避免选择绿色荧光较强的轴突区域。过度表达的spH-m可能导致这些区域的绿色荧光基线偏高，从而影响囊泡回收信号的准确性。

5. 刺激及记录

根据实验需要，从表3-14中选择合适的刺激模式。切换至绿色荧光通道，首先采集5~10秒的基线荧光图像，随后使用刺激隔离器施加电刺激，并持续录制1~3分钟，观察囊泡的释放与回收过程。

表3-14　不同囊泡池对应的刺激模式

观测的囊泡池	刺激条件
即刻释放池（PPR）	20 Hz，刺激40个动作电位（action potential，AP） （对于抑制性神经元需要大于100个AP）
循环池（reserve pool）	10 Hz，刺激900个AP
储存池（resting pool）	50 mmol/L NH$_4$Cl

注意：

观测RRP时，在谷氨酸受体拮抗剂的存在下，对于短暂的刺激，囊泡释放变化都很稳定，且一般在刺激1分钟后荧光即可恢复至基线水平，实验时可据此设定图像采集的时间间隔。

检测循环池时，因为给予的场电位刺激强度较高，每张玻片最好只进行一次成像。无论什么刺激模式，刺激前都需要在明场下观察神经元的状态，若观察到大面积的神经元表面皱缩、细胞膜粗糙，则需要更换健康神经元进行实验。

刺激导致突触囊泡释放后，同时也会存在囊泡的内吞回收，通过观测刺激后荧光亮度变化可以测量囊泡的内吞动力学。反而言之，由于存在囊泡的回收，所观测到的释放池可能比实际释放要小。因此在观测释放池大小时，可以在灌流液中加入巴弗洛霉素。巴弗洛霉素可以抑制囊泡回收的再酸化，因此所表现的荧光强度即为释放的囊泡池。

若想观测整个突触前终扣的囊泡池大小（包括储存池），可以替换为添加了NH$_4$Cl的灌流液，使突触前所有囊泡都去酸化，以展现所有囊泡。此方法可以在其他常规实验结束时应用，加入含NH$_4$Cl的灌流液后，曝光一分钟以计算囊泡池大小。

（六）数据分析及结果解读

1. 打开图片

将录制好的图像数据以及红色通道下的spH-m表达定位图同时导入Fiji软件。调节适宜的图像显示对比度。

2. ROI数据采集

根据定位图在视频中选择一条清晰的、包含多个成熟突触前终扣的轴突。打开ROI manager，使用圆形工具圈选单条轴突下的单个突触作为一个ROI。由于Synaptophysin在突触前膜上存在横向扩散，ROI半径应略大于mCherry标记的突触形态，防止出现非内吞作用而导致的荧光减少现象。同时，还需测量背景灰度值（图3-9A）。

3. 囊泡活动信号分析

测量所有ROI在每一帧图像中的平均荧光值，并复制进excel表格中（图3-9B）。扣除背景，以场电位刺激前5秒ROI的荧光值均值为F_0。随后计算刺激后荧光的变化值ΔF（$\Delta F=F-F_0$）与最开始的基线荧光值（F_0）的比值，得出每个ROI的$\Delta F/F_0$，比较每一帧图像下每个ROI的$\Delta F/F_0$，即可得出囊泡释放的情况（图3-9C）。

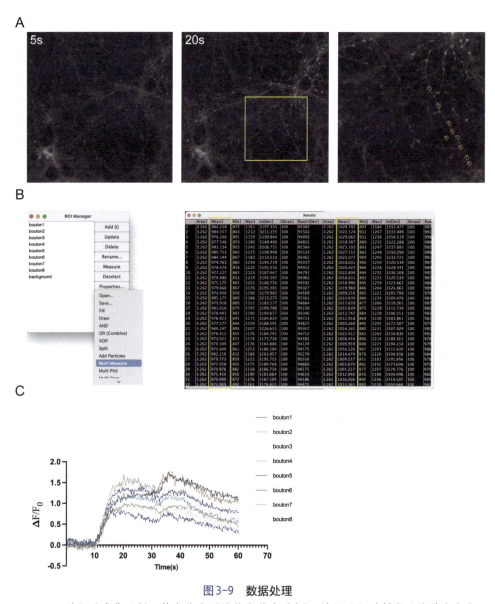

图3-9　数据处理

A. spH-m神经元成像示例。静息状态下的基线荧光（左）；神经元经过刺激后的荧光变化，亮点代表囊泡的释放点位（中）；框选的局部单条轴突上选定ROI（右）；B. 对所有ROI进行统一处理，获取每个ROI的平均荧光强度；C. 计算每个ROI减去背景荧光后的$\Delta F/F_0$

(七) 关键点

问题	原因	解决办法
有spH-m表达但细胞无反应	缓冲溶液pH不符合要求	检查溶液pH，确保其在7.3左右
	刺激器不能正常工作或刺激强度不足	检查刺激器是否正常工作，确认刺激参数是否合适；某些兴奋性较低的神经元可能需要更强的刺激才能引发一致的囊泡释放
	细胞状态不佳	更换为健康的细胞进行实验
spH-m对刺激的反应不可重复	突触囊泡重新装载时间不足	根据刺激强度调整恢复时间，通常刺激强度越大，囊泡恢复所需时间越长
	缓冲液中含有过量巴弗洛霉素，影响囊泡酸化	更换新鲜的缓冲液，确保其不含巴弗洛霉素或其他干扰物
	细胞状态不佳	更换为健康的神经元进行实验

(八) 技术的局限性

　　荧光淬灭对成像的影响。在囊泡释放和回收的成像过程中，由于需要持续几分钟的时间，细胞必须长时间暴露在激发光下。然而，突触囊泡上表达的pHluorin荧光蛋白量较低，通常要求使用较高强度的激发光以确保荧光信号足够强，从而获得高质量的图像。同时，pHluorin具有相对有限的抗淬灭稳定性，这意味着荧光淬灭将不可避免地影响实验结果。为了优化这一过程并减少荧光淬灭的影响，可以采取以下策略：尽量降低激发光的强度，并通过适当延长单次曝光时间或减少图像采集的频率来补偿由此导致的信号减弱。

- - - - - - - - - - - - - ◆　思　考　题　◆ - - - - - - - - - - - - -

　　1. 选择监测囊泡释放的pH敏感荧光蛋白时，需要考虑哪些因素？如何评判一个pH敏感荧光蛋白是否适合用作囊泡释放监测工具？

　　2. 成像时灌流液中所添加的谷氨酸受体拮抗剂APV和CNQX的作用是什么？若缺乏谷氨酸受体拮抗剂对实验有什么影响？

参考文献

[1]　Ashley CC, Ridgway EB. Simultaneous recording of membrane potential, calcium transient and tension in single muscle fibres. Nature 219, 1168-1169 (1968).

[2]　Grienberger C, Konnerth A. Imaging calcium in neurons. Neuron 73, 862-885 (2012).

[3]　Tsien RY. New calcium indicators and buffers with high selectivity against magnesium and protons: design, synthesis, and properties of prototype structures. Biochemistry 19, 2396-2404 (1980).

[4]　Miyawaki A, Llopis J, Heim R, et al. Fluorescent indicators for Ca2+ based on green fluorescent proteins and calmodulin. Nature 388, 882-887 (1997).

[5]　Porumb T, Yau P, Harvey TS, et al. A calmodulin-target peptide hybrid molecule with unique calcium-binding properties. Protein Eng Des Sel 7, 109-115 (1994).

[6]　Wang SSH, Denk W, Häusser M. Coincidence detection in single dendritic spines mediated by calcium release. Nat Neurosci 3, 1266-1273 (2000).

[7]　Estévez-Priego E, Martina MF, Emanuela M, et al. Long-term calcium imaging reveals functional development in hiPSC-derived cultures comparable to human but not rat primary cultures. Stem Cell Rep18, 205-219 (2023).

[8]　Yang HH, St-Pierre F. Genetically encoded voltage indicators: Opportunities and challenges. J Neurosci 36, 9977-9989 (2016).

[9]　Raliski BK, Kirk MJ, Miller EW. Imaging spontaneous neuronal activity with voltage-sensitive dyes. Current Protocols 1(3),e48 (2021).

[10]　Kiryl DP, Seth B, Hua-an T, et al. Population imaging of neural activity in awake behaving mice. Nature 574, 413-417 (2019).

[11]　Rizzoli SO, Betz WJ. Synaptic vesicle pools. Nat Rev Neurosci 6, 57-69 (2005).

[12]　Ryan TA, Reuter H, Wendland B, et al. The kinetics of synaptic vesicle recycling measured at single presynaptic boutons. Neuron 11, 713-724 (1993).

[13]　Wu Y, Yeh FL, Mao F, et al. Biophysical characterization of styryl dye-membrane interactions. Biophys J 97, 101-109 (2009).

[14]　Sankaranarayanan S, De Angelis D, Rothman JE, et al. The use of pHluorins for optical measurements of presynaptic activity. Biophys J 79, 2199-2208, (2000).

[15]　Liu A, Huang X, He W, et al. pHmScarlet is a pH-sensitive red fluorescent protein to monitor exocytosis docking and fusion steps. Nat Commun12, 1413 (2021).

[16]　Granseth B, Odermatt B, Royle Stephen J, et al. Clathrin-mediated endocytosis is the dominant mechanism of vesicle retrieval at hippocampal synapses. Neuron 51, 773-786 (2006).

[17]　Li B, Suutari BS, Sun SD, et al. Neuronal inactivity Co-opts LTP machinery to drive potassium channel splicing and homeostatic spike widening. Cell 181(7), 1547-1565.e15 (2020).

（杨奕帅　唐云　张小敏　李勃兴）

第三节 双光子在体成像技术

一、简介

双光子在体成像技术是一种应用双光子显微镜研究活体生物体内组织细胞结构和功能的先进技术。在神经系统研究中，这项技术结合了神经元荧光标记和双光子显微镜高质量成像的优势，使研究者能够在脑组织中实时观察神经元的结构或者功能的变化。本节将以双光子在体钙成像技术为例，深度解析该项技术的操作方法和应用方向。

双光子在体钙成像技术结合了双光子在体成像和钙成像的优点，使研究者能够实时观察脑组织中神经元的钙信号变化。当神经元膜电位发生去极化，会诱发大量钙离子流入细胞内部[1]。这一现象与神经元的动作电位具有很强的相关性，因此可以通过记录钙离子浓度变化间接测量神经元的电活动。鉴于此，钙离子指示剂成了监测神经元活动的重要工具，其中，基因编码钙指示剂（Genetically Encoded Calcium Indicators，GECIs）尤为突出[2]。GECIs巧妙地融合了荧光蛋白（如cpEGFP）与钙敏感元件。这些指示剂在与钙离子结合后，会促发钙调蛋白的构象变化，进而改变荧光蛋白的空间结构，释放出绿色荧光，从而实现对钙离子动态变化的可视化追踪[3]。双光子显微镜与钙成像技术的结合运用，为研究神经元的活动提供了一个新的、非侵入性的视角。

（一）双光子在体成像技术的原理

一般而言，物质分子一次只能吸收一个光子的能量，使分子从基态跃迁到激发态。但在高光子密度的情况下，荧光分子可以同时吸收两个（或多个）长波长的光子，然后发射出一个波长较短的光子，其效果和使用一个波长为长波长一半的光子去激发荧光分子是相同的。如绿色荧光蛋白（eGFP），使用单光子激发时，在波长为488 nm的激发光下发出509 nm的荧光；而使用双光子激发时，可采用920 nm的激发光得到509 nm的荧光。双光子在体成像技术采用的激发光通常为波长较长的近红外光，在生物组织中的散射系数较小，穿透能力更强，侵入性较低，适合观察生物组织中更深层的信息；其次，由于双光子激发需要很高的光子密度，为了不损伤细胞，双光子显微镜使用高能量锁模脉冲激光器。这种激光器发出的激光峰值能量高而平均能量低，从而能减少光漂白和光毒性；且只在激发光焦点附近的区域才能激发荧光，不需要使用针孔滤波，故双光子显微镜具有天然的光学层析能力，能更好地对生物组织进行三维成像。此外，在样品的非焦点区域不产生荧光，能自动抑制离焦信号，减少杂散光；且由于近红外光激发，也能避免样品中激发波长较短的自发荧光物质的干扰，可获得较强的荧光信号。因此，空间分辨率高能观察到组织内更细微的结构。双光子显微镜的上述优势，使得其成像质量高，同时也降低了样本的光漂白、光损伤，非常适用于在体动物的长时间动态成像。

（二）双光子在体成像技术的发展历程

16世纪末光学显微镜的出现，开启了人类了解生命本质的大门。1665年，英国科学家罗伯特·胡克（Robert Hooke）将自己用显微镜观察所得，写成《显微图谱》（*Micrographia*）一书，开启了人类在微观尺度研究生命现象的征程[4]。对于常规明场光学显微镜而言，从标本不同纵深而来的光线均可投射到同一焦平面，因此，样品的图像是由聚焦区域内的各个清晰细节和聚焦区域外的模糊部分共同组成的重叠像。这种效应在放大倍数较低（10×及以下，此时工作距离较长）时不会严重影响图像质量。然而，在使用高放大倍率物镜、大数值孔径的镜头聚焦时，大部分成像光束来自非严格聚焦的区域，这会导致图像的背景模糊，降低聚焦区域的信噪比。

共聚焦显微技术克服了这个问题，它通过在成像光路上引入一个共聚焦光阑（例如针孔）来阻挡非聚焦区域的光线，有效滤除了杂散光。在共聚焦显微技术中，一个点状光源通过物镜聚焦到样品上，然后，通过原始的物镜（或另一个透镜）将光线聚焦到光阑上，再传送到检测器，图像分辨率有了显著的提高。因此，单光子共聚焦显微镜的发明使样品在特定焦平面的精细成像、三维成像、动态成像成为可能。然而，针孔在滤除杂散光的同时也滤过了大部分焦平面的荧光，导致到达检测器的荧光强度较弱。若要观察厚的样品或是深部组织，提高信号强度，则需加大激发光功率，但这又会对活细胞产生光毒性和增加荧光分子的光漂白效应。因此，很难实现对在体组织的观察和记录。

然而，在神经科学研究中，研究者们已经不再满足于仅在体外研究细胞和组织。他们希望能在体内实时观察神经元的活动和变化，解析信息的编码和神经网络的工作模式，以探索更真实的生命现象。此时，双光子在体成像技术应运而生了。与传统的共聚焦显微镜相比，双光子显微镜展现出两大显著优势：增强的组织穿透力与显著降低的光毒性，这些特性对于在活体生物体内实现高分辨率、高信噪比的成像至关重要[5]。

值得一提的是，在神经系统功能性研究中，电生理技术被广泛采纳为记录与分析神经元活动的基本方法[6]。直至今日，该技术仍旧是衡量神经元动作电位及膜电位变化精确度的金标准。然而，在体电生理技术实施过程中存在若干局限性：其一，通过电极直接插入脑组织以获取记录数据的方法，不可避免地会对脑组织造成一定的物理损伤，并有可能触发神经元的异常放电模式；其二，该技术在单位时间内所能监测的神经元数量较少，并且倾向于捕获活动水平较高的神经元，从而可能忽视了其他同样重要的，但在这个背景下活跃度较低的神经元信号。

而双光子在体成像技术通常不需要破坏大脑的结构，入侵性比在体电生理技术更小；其次，它可以与遗传技术相结合，比如Cre-loxP系统、Tet-ON/OFF系统，从而在特异神经元中表达钙指示剂，实现特定神经元、特定时间以及特定脑区的神经元活动记录[9]；此外，使用双光子在体钙成像技术可以记录到亚细胞结构的钙活动，如细胞体、树突、轴突等[10]；且可以实现长时间、多次数的成像。这一技术进步使得研究人员能够在不破坏脑组织的前提下，同时观察并记录多个神经元的动态，有效地弥补了传统电生理技术在空间分辨率和采样范围上的不足，进一步推动了神经科学领域对大脑复杂网络的深入理解[2, 7, 8]。

（三）双光子在体成像的实现方法

实现双光子在体成像的重要一步是将光透过动物的颅骨，而颅骨对光的强散射限制了光的通透性。为了克服这一问题，目前主要有三个方法，包括颅骨开窗法（open skull window）、磨薄颅骨法（thinned-skull preparation）以及活体颅骨光透明法（skull optical clearing techniques）[10-12]。其中，磨薄颅骨法是通过将颅骨磨薄至 25 μm 左右，从而增加光的通透性，但仍无法完全去除颅骨对光的物理阻隔，因而常用于浅表皮层目标的成像，比如用于皮层的胶质细胞以及树突棘的检测[10]。值得注意的是，颅骨在反复磨薄的过程中，其成像质量也会越来越差，不适用于长期重复成像。与之相比，颅骨开窗法不仅适合皮层以及深层脑区神经元的成像，而且其玻璃窗可以维持数月，可以用于长期反复成像，因而颅骨开窗法在神经元成像中具有更广泛的应用[11]。但是，由于开颅手术易造成颅内炎症，因此颅骨开窗并不能用于急性观察实验。随着活体颅骨光透明技术的发展，目前可以实现在不做开颅手术的前提下，通过改变颅骨的散射率，实现高分辨、大视场、长时程的观测[12]。下面将介绍几种常用的双光子成像操作技术（图3-10）。

1. 标准颅骨开窗技术

双光子在体钙成像技术中最常用的方法就是在皮层脑区定点实现神经元成像。首先，需要使目标细胞表达GECIs。最常用的方法是将所需的GECIs（如GCaMP6m）

AAV病毒通过脑立体定位技术直接注射到目标脑区，使得神经元表达GECIs[9, 13]。当然，也可以直接在转基因小鼠（Thy1-GCaMP6s小鼠）目标脑区上方进行开窗手术，并将透光性好的玻璃覆盖在成像区域的上方并固定[14]。标准颅骨开窗是一种最基础的开窗手术，它可以观测术后数小时至数月目标脑区的神经元的钙活动变化。需要注意的是，随着术后时间的延长，窗口下的皮层容易出现炎症，即便使用抗生素也很难避免。炎症的出现会使得窗口变得模糊，光无法透过炎症介质，导致成像质量变差。但是经过一周左右的恢复期，手术窗口下的炎症物质会逐渐吸收减少，窗口视野重新变得清晰，通过双光子显微镜可以再次看到成像区域，并维持数周。

2. 标准颅骨开窗结合局部给药或局部电生理技术

在神经科学实验中，评估药物及不同环境刺激对神经元功能的影响是一个至关重要的环节。为实现此类观测，我们需采用结合局部药物递送与局部电生理记录的方法，从多维度揭示神经元的动态活性变化。此类实验需要在显微镜观测区域上方使用一种高度柔韧的覆盖材料，来替代常规的硬质玻璃盖片，而硅基聚合薄膜（silicone-based polymer films）能够满足这一需求[15]。该类薄膜的独特属性不仅确保了对下方神经元活动的高清晰度成像，还便于研究人员在薄膜内部嵌入微小给药导管及电生理测量电极。这一设计精妙地规避了对成像流程的干扰，从而实现在不影响成像质量的前提下，同步进行精确的局部给药与神经元电活动的实时监测[16, 17]。

3. 深部脑区成像技术

双光子显微镜的成像深度可达数百微米，位于大脑皮层的观测窗口最深可检测皮层第五、六层的神经元，难以探测皮层下脑组织的神经元活动，这极大限制了双光子在深部脑区的成像功能。因此，我们需要借助透镜增加成像的深度。当光线传播的过程中遇到不同介质时，由于介质的折射率不同，光线的传播方向会发生改变。因此，如果我们使用普通玻璃透镜，由于光线在透镜中会出现无规律的折射，就不能清晰地看到镜下的神经元形态。但是，自聚焦透镜（GRIN Lens）材料具有特殊性，其折射率的分布沿径向逐渐减小，能够使得光线沿轴向传输，产生连续折射，从而实现光线出透镜时保证光滑且汇聚到一点[18]。因此，当自聚焦透镜插入脑内，通过自聚焦透镜的作用，双光子显微镜依然可以清晰且准确地检测到镜下深部脑区的神经元[19]。

4. 神经环路成像技术

双光子在体钙成像技术在神经环路的成像应用通常需要结合病毒示踪技术。利用Cre/LoxP系统，使GECI特异地表达在神经环路上游或下游脑区的神经元上，再利用颅骨开窗手术，即可观测到这些神经元的活动变化[9, 20, 21]。当掌握了标准颅骨开窗以及深部脑区成像技术后，结合病毒示踪以及基因编辑技术，就可以实现不同脑区特异性神经元的成像。

5. 活体颅骨光透明技术

活体组织透明化技术最早应用于皮肤等组织，利用甘油、丙二醇、聚乙二醇–400解离组织中的胶原蛋白，从而提高组织的透明度[22]。但是，颅骨不同于机体的其他组织，其主要成分是钙质、脂质以及少部分胶原蛋白和水。基于此，活体颅骨光透明技术需要减少颅骨中这些成分的影响才能增强光的通透性。目前，常用的两种开透明窗的方法分别是：SOCW（Skull Optical Clearing Window）和 USOCA（Urea-based Skull Optical Clearing Agent）[23, 24]。这两种方法是通过在颅骨上孵育不同的透明化试剂，进而解离颅骨的胶原酶，并增加组织的水合作用，实现光透明的效果。利用这些方法研究人员已经可以实现在皮层区域进行亚微米级别的观测。尽管如此，这两种方法存在成像深度方面的限制，仅能观察到皮层浅表区域。研究发现，当 SOCW 和 USOCA 两者结合使用则可以显著增加成像深度，使其达到 850 μm，应用范围更加广泛。但仍存在一定的缺陷，例如，操作过程冗长、试剂对颅骨刚性机构的破坏不利于长期成像等[25]。

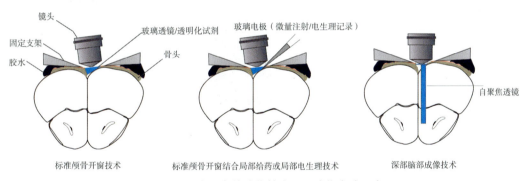

图3-10 双光子在体成像技术不同成像方式示意图

二、应用

双光子在体成像技术以其深层组织成像能力和对活体样品低损伤的特点，在生命科学研究中展现出独特的优势。该技术自问世以来，已广泛应用于神经科学、肿瘤学、发育生物学等多个领域。

神经科学 双光子显微镜能够在细胞乃至亚细胞水平上对活体神经元的形态结构、电活动、神经递质释放以及神经网络动态进行高分辨率成像。此外，结合光遗传学技术，可实现对神经环路的精确操控，为深入理解神经系统功能提供了有力工具。

肿瘤学　在肿瘤研究中，双光子显微镜可用于实时监测肿瘤的生长、血管生成、细胞迁移以及对治疗的响应。通过标记肿瘤细胞和基质细胞，研究人员能够深入了解肿瘤微环境的复杂性，为肿瘤的诊断和治疗提供新的思路。

发育生物学　双光子显微镜能够对胚胎发育过程中的细胞迁移、形态建成以及基因表达进行动态成像，揭示生命早期发育的分子机制。

三、实验流程图

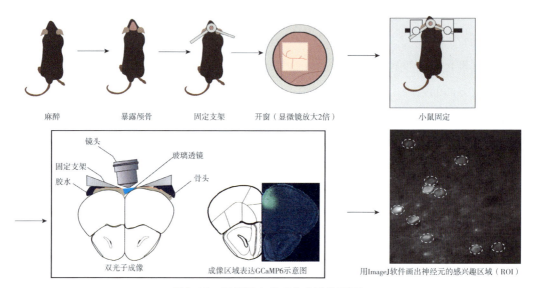

图3-11　双光子在体成像实验流程图

四、实验试剂与器材

表3-15　实验试剂

名称	厂商/型号
AAV2/1-hSyn-GCaMP6s-WPRE-pA	Taitool S0225-1
2,2,2-三溴乙醇	Sigma T48402
叔戊醇	Sigma 240486
红霉素眼膏	广州白云山

续表

名称	厂商/型号
青霉素	江西科达
葡萄糖	Sigma, cat. no. G7528
NaCl	Sigma, cat. no. S9888
$NaHCO_3$	Sigma, cat. no. 401676
KCl	Sigma, cat. no. P9333
NaH_2PO_4	Sigma, cat. no. S8282
$MgCl_2$	Sigma, cat. no. 449172

表3-16　实验器材

名称	厂商/型号
头部固定支架	根据专利CN 209946518 U自制
固定板	自制，规格：长20 cm，宽16 cm的铝板，加装3 cm的立方块（配备螺母、螺丝以及垫片）
双刃剃须刀	吉列
495胶水	乐泰
颅骨钻	瑞沃德
体式显微镜	凤凰
眼科剪刀	瑞沃德
镊子	瑞沃德
精细镊	瑞沃德
载玻片	世泰
双光子显微镜	Olympus FVMPE-RS

五、实验步骤

目的脑区表达钙指示剂：

1. 该步骤与病毒注射的操作步骤相同，将包含有钙指示剂原件的病毒AAV2/1-hSyn-GCaMP6s-WPRE-pA注射到目标脑区。

2. 病毒表达21天后，病毒注射的窗口闭合，伤口恢复后即可进行以下步骤。

颅骨开窗手术：

3. 给小鼠腹腔注射麻醉剂阿佛丁（0.1 mL/10 g），等待5分钟，待小鼠对疼痛刺激无反应后将小鼠放置在柔软的垫子上。

4. 用双刃剃须刀片去除大部分头皮上的毛发，用75%酒精清洁头皮，然后沿头皮中线切开，大约从颈部区域（耳朵之间）延伸到头部前部（双眼之间）。用剪刀小心地分离位于头皮和下面的肌肉和头骨之间的筋膜，注意不要切断血管。

5. 将青霉素眼膏涂抹在小鼠双眼，避免手术期间眼球干燥，并皮下注射青霉素。

6. 将小鼠固定在立体定位仪上，利用立体定位仪确定成像区域，并用马克笔在颅骨上标记。

7. 用颅骨钻轻轻打磨颅骨，去除附着在颅骨上的结缔组织。

8. 将495胶水涂抹在头部固定支架上，并将其按压在颅骨上，确保成像区域处于支架开口区域的中央位置。

9. 轻轻将松弛的皮肤拉到颅骨支架内部开口的边缘，并在皮肤边缘涂抹少量胶水，使其黏附在颅骨上。

10. 等待约15分钟，直到颅骨支架完全粘在颅骨上。将颅骨支架的侧边支杆轻轻插入颅骨固定装置的铝块和螺钉之间拧紧螺钉，使颅骨支架完全固定。用ACSF清洗颅骨若干次，以去除残余的非聚合胶。这有助于防止胶水污染显微镜物镜。

11. 将ACSF滴在颅骨表面，使用高速微型钻头打磨目标脑区上的颅骨区域。在打磨过程中，需要使用气瓶轻轻吹颅骨，以避免摩擦引起的过热。ACSF有助于软化骨骼并吸收热量。需定时更换ACSF并冲洗掉骨碎片。该过程需在体式显微镜下边观察边进行操作。

12. 小鼠的颅骨由两层薄薄的致密骨和一层厚厚的海绵状骨组成。海绵状骨包含以同心圆排列的微小腔体和多个携带血管的小管。在用钻头去除致密骨的外层和大部分海绵状骨的过程中，一些穿过海绵状骨的血管可能会发生出血。这种出血通常会在几分钟内自动停止。

13. 磨掉大部分颅骨后，滴入ACSF时若能透过剩余颅骨观察到皮层表面的血管，则无须进一步打磨。

14. 在打磨区域的周边，轻轻地挑破一个小小的窗口，再小心地撕开这层薄薄的颅骨。

15. 当颅骨撕开后，硬脑膜表面会有出血，此时需要用ACSF反复清洗。

16. 用精细镊将硬脑膜轻轻撕开。需要注意的是硬脑膜韧性较强，直接撕开硬脑膜可能会损伤脑实质，因此需要在磨薄的周边轻轻破开硬脑膜，分多次撕开硬脑膜。

17. 裁剪出大小适宜的盖玻片，确保盖玻片刚好能够盖住成像区域周边的颅骨。

18. 用无尘纸轻轻地吸干成像区域以外的ACSF。

19. 将495胶水加在盖玻片的周围，使之固定。

20. 开窗后的1周，每天需要皮下注射青霉素，防止炎症的发生。

双光子显微镜成像：

21. 调整双光子显微镜至合适的波长（如920 nm可用于GCaMP6成像）。

22. 在颅骨固定支架的开口处加入ACSF，物镜浸入ACSF中。

23. 在物镜下找到成像区域。因为成像区域是由荧光蛋白标记的，因此在寻找成像区域时需要找到物镜下最亮的位置。

24. 打开双光子激光器，关灯，避免光源进入显微镜探测器。

25. 通过调节物镜的位置，确定z轴的0点坐标。0点坐标为刚好可以看到成像区域树突结构的坐标。

26. 找到所需成像的坐标位置，即可记录神经元的活动。

六、数据分析及结果解读

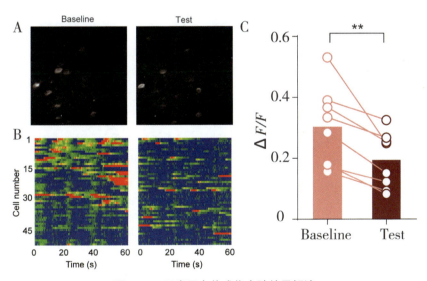

图3-12　双光子在体成像实验结果解读
A.神经元成像示意图；B.神经元成像热图；C.神经元在刺激前后$\Delta F/F$值的变化

（一）数据分析

1. 图像背景扣除：使用ImageJ软件，在无神经元的区域（通常为视野边缘或最暗区域）手动划定背景ROI，记录其平均灰度值作为图像背景值$F\_background$。

2. 荧光信号值（F）的提取：在钙成像时间序列分析中，首先通过手动或半自动方式在荧光图像（图3-12A）中划定单个神经元的ROI。记录各时间点ROI区域内的平均原始荧光强度（F_raw）。最终通过公式 $F = F\_raw - F\_background$ 计算获得每个神经元的校正后荧光信号值。

3. 基线荧光值（F_0）的确定：为消除自发荧光和噪声的影响，根据图像特征选取每个神经元在静息状态下的10帧最小荧光值，或者特定百分比的最小荧光值，计算其平均值作为该神经元的基线荧光值。

4. 神经元的相对荧光变化（$\Delta F/F$）的计算：通过公式 $\Delta F/F = (F - F_0)/F_0$ 进行计算。该方式可消除细胞间基线差异，适用于比较不同神经元的活动幅度。

5. 数据应用：通过 $\Delta F/F$ 值可绘制热图（图3-12B），显示神经元群体动态。并且，计算 $\Delta F/F$ 的峰值、积分（AUC）或均值，可以用于组间数据的比较（图3-12C）。

（二）数据解读

通过数据分析得出的 $\Delta F/F$ 值可以计算每次图像采集时神经元活动的平均值。通过图3-12的结果我们可以知道，与基线（baseline）的 $\Delta F/F$ 值相比，行为测验（test）阶段的 $\Delta F/F$ 值更低，这说明神经元的活动降低了。

七、关键点

问题	实验步骤	原因	解决办法
成像过程中看不到神经元	1	病毒注射的位置不准确	在注射病毒之前需要用染料替代病毒以确定坐标
	11	开窗位置偏离	在开窗之前需要用立体定位仪确定成像区域的准确位置
	20	炎症还未消退	在成像前一周，每天注射青霉素
成像过程中神经元抖动	8	颅骨固定支架在颅骨上粘贴得不牢固	将颅骨固定支架黏在颅骨上时，需要加大495胶水的量，保证周围的皮肤完全黏在支架上
	10	颅骨固定支架与固定板之间不牢固	在上固定板时，要旋紧螺母
	19	窗口没有粘贴牢固	在固定窗口的盖玻片时，需要将495胶水加在颅骨和玻片之间，确保盖玻片可以与颅骨贴紧。

续表

问题	实验步骤	原因	解决办法
皮层下出血不止	11	没有及时更换 ACSF	需要定时更换 ACSF，以降低成像区域的温度
	13	在磨薄的过程中，颅骨钻的速度太快，引起成像区域温度过高	降低颅骨钻的速度，磨薄的过程中需要停歇
	15	在掀开颅骨时用力不当，损伤脑实质	无论是掀开颅骨还是硬脑膜，都需要从周边区域轻轻破开

八、技术的局限性

(一) 数据采集的质量不均一

在体双光子在成像的过程中容易受到两个方面的影响：手术和病毒。如果因为手术导致窗口出现炎症，往往会影响神经元的活动，但手术引起的错误数据的采集在实验过程中往往不可避免。故在分析数据的过程中，通常需要把错误数据排除掉。另一方面，在使用病毒感染目标脑区的过程中，可能会由于病毒浓度过高或者过低，导致目标神经元不能很好地表达 GECI 原件，从而出现双光子显微镜下神经元活动异常。这可能是钙离子探针表达过度引起的神经元活性低，或成像区域神经元内探针表达过少导致的结果。因此，当发现以上现象的时候，这些异常的数据要排除在外。为了更好地采集到数据，实验者需要提前进行梯度试验测定适宜的病毒浓度。此外，由于成像小鼠处于清醒状态，且固定支架并不能完全限制小鼠的活动，因此在成像过程中往往会出现画面抖动，导致荧光变化而引起实验误差。

(二) 神经元动作电位的尖峰难以检测

检测神经元动作电位的尖峰一直是双光子显微钙成像技术最大的挑战。由于采样频率和 GECI 动力学限制的问题，双光子即便使用快速扫描的功能，也不能很好地捕捉到神经元每一个动作电位。虽然 GECI 逐渐迭代，最新的 GECI 具有比之前更好的灵敏度，但是仍无法真实反映毫秒级的动作电位的发放。所以，虽然我们可以通过双光子在体成像技术来记录神经元的活动，但它在反映动作电位变化时并不是完全一一匹配的。

（三）无法检测更多的神经元

为了理解神经元与机体功能之间的关系，我们需要观察更多的神经元的活动变化。虽然双光子在体成像技术可以帮助我们观察到视野中数百个神经元的放电过程，但是这些神经元都处于同一平面，极大限制了对于该脑区整体神经元的检测。尽管目前的少数双光子显微镜可以在同一时间内实现立体3D扫描的功能，但z轴的纵深仍较为局限。因此，我们在使用双光子在体成像技术观察神经元的同时，需要结合其他神经元操控或者记录技术验证该脑区的功能。

（四）缺乏对于深部脑区的非侵入性检测

双光子在体成像技术最大的限制是检测深度仅在1 000 nm左右。因此，使用常规颅骨开窗手术或颅骨透明技术往往只能检测到皮层神经元的功能。尽管使用具有侵入性的透镜插入的方式可以帮助科研人员观察到深部脑区，但是脑区越深，透镜引起的激光扭曲畸变的情况就会越严重，影响神经元的成像质量。因此，对于深部脑区的检测，我们通常会选择其他方式，比如头戴式显微成像、在体电生理等。

（五）缺少对自由运动小鼠的检测

双光子在体成像技术通常不能用于检测自由活动小鼠的神经元的结构与功能，而仅限于头部固定动物的测定。这是双光子显微镜本身的局限性导致的。由于双光子在体成像仪器设备庞大，以及需要很强的发射激光，因此很难做成可以小鼠头戴式的自由活动的装置。随着计算机技术的发展，科学家研发出虚拟现实的系统，通过结合在体双光子成像技术，可以允许头部固定的小鼠具有运动的感受，从而记录其运动过程中的神经元变化[26, 27]。在该装置中，小鼠头部虽被固定，但是其可以在悬浮球上运动，加上小鼠眼前的模拟显示视频，很好地解决了部分由于小鼠固定而无法检测行为的问题[26]。但是，虚拟现实仍有部分限制，不能完全取代真实世界中的全部感受。目前，程和平院士团队研发出了头戴式双光子激光共聚显微镜，我们在检测自由运动的小鼠时，其不失为一种选择。同时也可考虑单光子头戴式显微镜成像或在体电生理技术。

・━━━━━━━━━━・ **思 考 题** ・━━━━━━━━━━・

1. 如果想要观察mPFC兴奋性神经元的活动，我们有哪些方法可以实现？

2. 目前检测神经元活动的方法很多，包括在体电生理、光纤记录、头戴式单光子检测以及在体双光子成像等，以上研究方法各有哪些优缺点？双光子在体成像技术存在很多技术和功能上的限制，但为什么其在神经科学领域中仍被广泛应用？

3. 通过双光子在体成像技术，我们可以得到神经元在测试阶段的活动变化，有的神经元活动变强，有的变弱，有的却不怎么变化，那么如何将这些不同状态的神经元区分开？这些不同状态的神经元代表着什么意义？

参考文献

[1] Grienberger C, Konnerth A. Imaging calcium in neurons. Neuron 73, 862-885 (2012).

[2] Chen TW, Wardill TJ, Sun Y, et al. Ultrasensitive fluorescent proteins for imaging neuronal activity. Nature 499, 295- 300 (2013).

[3] Tian L, Hires SA, Mao T, et al. Imaging neural activity in worms, flies and mice with improved GCaMP calcium indicators. Nat Methods 6, 875-881 (2009).

[4] Gest H. The discovery of microorganisms by Robert Hooke and Antoni Van Leeuwenhoek, fellows of the Royal Society. Notes Rec R Soc Lond 58, 187-201 (2004).

[5] Grienberger C, Giovannucci A, Zeiger W, et al. Two-photon calcium imaging of neuronal activity. Nat Rev Methods Primers 2(1), 67 (2022).

[6] Scanziani M, Häusser M. Electrophysiology in the age of light. Nature 461, 930-939 (2009).

[7] Lecoq J, Orlova N, Grewe BF. Wide. fast. deep: Recent advances in multiphoton microscopy of in vivo neuronal activity. J Neurosci 39, 9042-9052 (2019).

[8] Grutzendler J, Yang G, Pan F, et al. Transcranial two-photon imaging of the living mouse brain. Cold Spring Harb Protoc (9)10, 1101 (2011).

[9] Daigle TL, Madisen L, Hage TA, et al. A suite of transgenic driver and reporter mouse lines with enhanced brain-celltype targeting and functionality. Cell 174(2), 465-480.e22 (2018).

[10] Yang G, Pan F, Parkhurst CN, et al. Thinned-skull cranial window technique for long-term imaging of the cortex in live mice. Nat Protoc 5, 201-208, (2010).

[11] Holtmaat A, Bonhoeffer T, Chow DK,et al. Long-term, high-resolution imaging in the mouse neocortex through a chronic cranial window. Nat Protoc 4, 1128-1144 (2009).

[12] Xu C. Optical clearing of the mouse skull. Light Sci Appl 11, 284 (2022).

[13] Ouzounov DG, Wang T, Wang M, et al. In vivo three-photon imaging of activity of GCaMP6-labeled neurons deep in intact mouse brain. Nat Methods 14, 388-390 (2017).

[14] Dana H, Chen TW, Hu A, et al. Thy1-GCaMP6 transgenic mice for neuronal population imaging in vivo. PLoS One 9, e108697 (2014).

[15] Heo C, Park H, Kim YT, et al. A soft, transparent, freely accessible cranial window for chronic imaging and electrophysiology. Sci Rep 6, 27818 (2016).

[16] Low RJ, Gu Y, Tank DW. Cellular resolution optical access to brain regions in fissures: imaging medial prefrontal cortex and grid cells in entorhinal cortex. Proc Natl Acad Sci USA 111, 18739-18744 (2014).

[17] Andermann ML, Gilfoy NB, Goldey GJ, et al.Chronic cellular imaging of entire cortical columns in awake mice using microprisms. Neuron 80, 900-913 (2013).

[18] Barretto RPJ, Messerschmidt B, Schnitzer MJ. In vivo fluorescence imaging with highresolution microlenses. Nat Methods 6, 511-512 (2009).

[19] Meng G, Liang Y, Sarsfield S, et al. High-throughput synapse-resolving two-photon fluorescence microendoscopy for deep-brain volumetric imaging in vivo. Elife 4:8, e40805 (2019).

[20] Zingg B, Chou XL, Zhang ZG, et al. AAV-mediated anterograde transsynaptic tagging: Mapping corticocollicular inputdefined neural pathways for defense behaviors. Neuron 93, 33-47 (2017).

[21] Kayyal H, Yiannakas A, Kolatt Chandran S, et al. Activity of insula to basolateral amygdala projecting neurons is necessary and sufficient for taste valence representation. J Neurosci 39, 9369-9382 (2019).

[22] Genina EA, Surkov YI, Serebryakova IA, et al. Rapid ultrasound optical clearing of human light and dark skin. IEEE Trans Med Imaging 39, 3198-3206 (2020).

[23] Zhao YJ, Yu TT, Zhang C, et al. Skull optical clearing window for in vivo imaging of the mouse cortex at synaptic resolution. Light Sci Appl 7, 17153 (2018).

[24] Zhang C, Feng W, Zhao Y, et al. A large, switchable optical clearing skull window for cerebrovascular imaging. Theranostics 8, 2696-2708 (2018).

[25] Chen Y, Liu S, Liu H, et al. Coherent raman scattering unravelling mechanisms underlying skull optical clearing for through-skull brain imaging. Anal Chem 91, 9371-9375 (2019).

[26] Harvey CD, Coen P, Tank DW. Choice-specific sequences in parietal cortex during a virtualnavigation decision task. Nature 484, 62-68 (2012).

[27] Harvey CD, Collman F, Dombeck, DA, et al. Intracellular dynamics of hippocampal place cells during virtual navigation. Nature 461, 941-946 (2009).

（方舜昌　张小敏　黄潋滟）

第四节　单光子在体微型显微镜技术

一、简介

生物医学成像技术一直是现代科学研究的重要工具，尤其是在体成像技术允许研究人员实时观察和记录活体生物体内的生物过程。在神经科学领域，这一技术对于理解大脑的工作机制具有至关重要的作用。传统的大型显微镜，如双光子共聚焦显微镜，以其出色的成像效果在科研领域占据了一席之地。但随着科技的发展，科研人员对成像技术的要求也在不断提高。头部固定的实验范式限制了动物的自由活动，以至于大量自然行为（如社会相关行为、精细行为等）的神经机制无法得到充分解析。因此，开发出活动小鼠能够随身携带、可记录小鼠自由活动状态神经活动的轻便成像工具势在必行。头戴式的单光子在体微型显微镜正是在这种背景下以其独特的优势，为神经科学研究带来了新的可能性。同时，基因编码钙离子探针与小型互补金属氧化物半导体（Complementary Metal Oxide Semiconductor，CMOS）成像传感器的发展，无疑为我们提供了一个全新的视角——自由行为动物神经活动的单光子广域成像。

（一）单光子在体微型显微镜技术原理

小型CMOS成像传感器的发展是单光子在体微型显微镜技术的重要基石。CMOS成像传感器的工作原理是将光信号转换为电信号。每个像素点由一个光电二极管和几个晶体管组成，当光子照射到光电二极管上时，光电二极管将光子转换为电子（即电荷），然后由晶体管将这些电荷转化为电压信号。它们以紧凑、轻便的设计著称，广泛应用于便携式相机、手机和无人机等各种电子产品中。随着技术的不断进步，CMOS成像传感器的尺寸逐渐缩小，性能也得到了显著的提升。目前用于头戴式单光子在体微型显微镜的CMOS传感器对角线长度通常在5~8 mm，显微镜整体重量仅有2 g左右，高度不足2 cm，从而减轻实验动物的负担。与此同时，这种微型传感器可在30 Hz的采样频率下稳定采集较高分辨率的图像，为自由行为动物的单光子在体显微成像提供了可能。

单光子在体微型显微镜技术主要应用于神经系统的钙成像研究。基因编码钙离子探针的发明是在体神经活动成像的关键。钙离子在生物体内扮演着重要角色[1]，在大脑中，神经元和星形胶质细胞递质的释放均需要钙离子的参与[2-5]。虽然钙信号并不等同于动作电位，但与神经元的电活动高度相关，因此可作为神经活动的重要间接指标。钙离子探针则是一种能够特异性结合钙离子并发出荧光信号的分子工具，可实时反映钙离子浓度的动态变化。通过基因工程技术，科学家们成功地将钙离子探针表达在细胞内，使其能够在神经系统中实时反映钙离子和神经元活动的动态变化[6, 7]。

那么，基因编码钙离子探针与小型CMOS成像传感器是如何协同并实现自由行为动物的单光子在体微型显微镜钙成像的呢？简单来说，研究人员将基因编码钙离子探针表达在神经元内，使其在钙离子浓度变化时产生荧光信号。随后，固定在小鼠头部的微型显微镜的CMOS成像传感器捕捉这些微弱的荧光信号，再通过图像处理技术将这些信号转化为可视化的图像。这样，我们就能够实时观察到动物在自由行为状态下的神经元活动情况，从而深入了解大脑的功能和工作机制，这一技术被称为单光子在体微型显微镜钙成像。

(二) 单光子在体微型显微镜技术的发展历程

单光子在体微型显微镜技术的雏形可以追溯到2006年，Ferezou等人将柔性光纤微丝束排列成阵列，发展出了一种光纤阵列成像技术[8]。这一成像方式允许小鼠在自由活动的同时记录脑组织中的光学信号。然而，这一成像的空间分辨率受到光纤直径的限制，通常只能实现对脑血管的观察，而无法准确观察到单个神经元的活动。于是在2008年，Flusberg等人对这一技术做了一些改进，通过在光纤束与组织之间增加聚焦透镜的方式，实现了空间分辨率的提升，初步实现了对神经元活动的记录[9]。然而，组件的增加也导致了整体重量的提升，不利于小鼠的自由活动。2011年，Ghosh等人进一步改良了这一成像方式，用轻便的CMOS芯片替换掉了笨重的光纤束，发展出了一种结合小型CMOS成像传感器的单光子在体微型显微镜[10]，这一改进降低了显微镜的整体重量。同时，CMOS芯片的应用显著提升了成像的空间分辨率。自此，单光子在体微型显微镜技术的适用范围得到了极大的发展。目前研究中所使用的单光子在体微型显微镜（结构如图3-13所示）基本都以Ghosh等人提出的系统架构为基础进行发展。近几年，随着大量相关学科发展以及生产工艺的改良，单光子在体微型显微镜技术逐渐向着成像更清晰、视野范围更大、设备功能集成化的方向发展，相继出现了如无线单光子微型显微镜[11]、大视场微型显微镜[12]等新型装置。时至今日，国内外商业公司（如Inscopix等）已经可以成熟、稳定地生产销售用于神经活动成像的微型单光子显微镜。研究人员也可以根据UCLA miniscope官方网站的指引自行搭建。

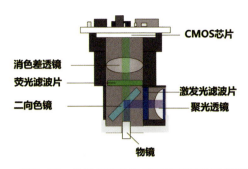

图3-13　单光子在体微型显微镜结构示意图

表3-17　单光子在体微型显微镜技术概览

原理	技术发展历程	优点	缺点
将上百根光纤微丝排列整齐，通过光纤传输光信号，每一根光纤为一个像素点，光纤阵列形成图像	光纤阵列成像	信号传输无延迟，设备成本较低	空间分辨率较低，无法观察到单个神经元
通过透镜放大神经元的像，聚焦于光纤端面，通过光纤传输信号	光纤阵列+透镜	空间分辨率提升，可观察到单个神经元	设备较重，小鼠不易佩戴，可用于大鼠研究
利用CMOS芯片将光信号转变为电信号，传输给数据采集器，每个像素点都可以独立读取，可高速处理图像数据	CMOS芯片单光子微型显微镜	空间分辨率进一步提升，设备重量减轻	设备较为昂贵，空间分辨率仍有限制且不宜用于强电磁或潮湿环境，线缆可能限制动物的活动
	无线单光子微型显微镜	实验动物活动不受线的长度限制，可用于活动范围更大的动物	单次记录时间有限，使用完后需充电，且设备较重
	大视场微型显微镜	可同时记录大量神经元活动	重量较大，不适用于小鼠，可用于大鼠模型

二、应用

单光子在体微型显微镜技术通常用于自由活动小动物神经元水平的神经活动观察以及后续的数据分析，如神经计算等[13-15]。

借助基因工程手段，研究人员能够在同一脑区内精确区分不同类型的神经元，从而实现对特定细胞群体的选择性标记与成像。这一技术优势在自由行为状态下的神经功能研究中尤为突出，极大提升了对复杂神经网络动态活动的解析能力。

传统的大型显微镜，尽管在神经科学研究中发挥了重要作用，但在研究自由活动的小动物时却遇到了诸多挑战。虽然通过结合虚拟现实（VR）、跑球等设备，研究人员能够在一定程度上实现小鼠的自由移动，但这些方法仍然需要将动物固定在显微镜下，不可避免地限制了小动物的自然行为，故难以捕捉与动作细节密切相关的神经活动信息。

单光子在体微型显微镜技术的出现，为我们解决这一问题提供了有力工具。这种技术能够在不阻碍小动物自然行为的前提下，实现对神经活动进行实时、高分辨率的观察，这对于我们全面理解动物行为中的神经机制至关重要。尤其是在研究学习与记忆、情感行为等方面。此外，当实验涉及两只或更多实验动物时，传统大型显微镜的局限性更加突显。由于头部被固定，小动物无法与同伴进行充分的互动，导致涉及社会互动的神经活动难以在传统大型显微镜下得到准确的观察。而微型显微镜的紧凑设计允许在自由移动的动物中进行成像，研究人员可以在不干扰动物社交互动的前提下，对这些复杂的神经活动进行深入的研究。单光子在体微型显微镜技术，实现了对小鼠在自由探索环境中的神经活动模式的观察和记录，为深入理解神经活动如何随环境变化和社会互动而动态调整提供了新的研究手段，也为探索自然行为与大脑功能之间的内在联系开辟了新的路径。

在神经计算领域，光学成像技术作为其中的一项关键技术，为神经科学研究提供了有力的支持。神经计算通常要求有足够的数据量来训练模型，以便模型能够学习到数据的内在规律和特征。在众多光学成像技术中，单光子在体微型显微镜技术凭借其独特的优势，在神经计算研究中占据了重要地位。对于钙信号的处理和数据分析，我们将在下一节中进行具体阐述。

三、实验流程图

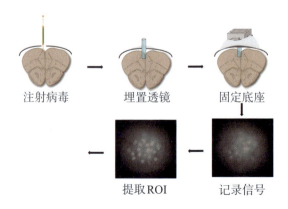

注射病毒　　埋置透镜　　固定底座

提取ROI　　记录信号

图3-14　单光子在体微型显微镜成像实验流程图

四、实验试剂与器材

表3-18 实验试剂

名称	型号	厂商
AAV2/1-hSyn-GCaMP6f-WPRE-pA	S0224-1	泰儿图（Taitool）
叔戊醇	PHR1667	西格玛（Sigma）
生理盐水	27587	科伦（Kelun）
牙科水泥（液装）	Ⅱ型自凝型	新世纪齿科（New Century Dental）
牙科水泥（粉末装）	Ⅱ型自凝型	新世纪齿科（New Century Dental）
青霉素钠	QingMSN	徽千方
495胶水	—	汉高乐泰（Loctite）
三溴乙醇	T48402	西格玛（Sigma）
石蜡油	M8040-500 mL	索莱宝（Solarbio）
75%乙醇	—	致远（Zhiyuan）
地塞米松注射液	—	华畜
卡洛芬注射液	—	辉瑞（Pfizer）

表3-19 实验器材

名称	型号	厂商
单光子微型显微镜	V4.4	Open Ephys
Miniscope DAQ	V3.3	Open Ephys
微型手持颅钻	78011	瑞沃德（RWD）
自聚焦透镜（GRIN-lens）	1050-004605	滔博生物（TOP-Bright）
玻璃电极	504949	世界精密仪器商贸（WPI）
小鼠脑三维立体定位仪	68018	瑞沃德（RWD）
WPI显微注射系统	504127	世界精密仪器商贸（WPI）
真空泵	WZ-5	斯曼峰（SMAF）
除尘罐	ZT-CCG001	展途（Sunto）

五、实验步骤

注射GCaMP病毒：

1. 选用健康的成年C57小鼠作为实验对象，手术前需注射基因编码的荧光指示剂病毒AAV2/1-hSyn-GCaMP6f-WPRE-pA。GCaMP6f具有较快的动力学性质，能够实时反映神经元活动时的钙离子浓度变化。另一种选择是使用GCaMP转基因小鼠，这类小鼠的神经元内已经整合了GCaMP基因，但荧光背景可能较强。

埋置自聚焦透镜：

2. 麻醉：病毒注射2~3周后，GCaMP6f已表达，此时在小鼠腹腔注射阿佛丁（20 μL/g）使其麻醉后进行手术。

3. 固定调平：待小鼠完全麻醉后，减去头皮，暴露并清洁颅骨表面。通过立体定位仪对小鼠颅骨表面进行调平，并定位原点。

4. 颅骨表面预处理：为了增加成像的稳定性，选取远离目标脑区的颅骨表面埋置2~3颗颅骨钉，同时用刀片在颅骨表面制造划痕，增加牙科水泥与颅骨的接触面积。

5. 钻孔：预处理颅骨后，通过立体定位仪找到目标脑区上方的颅骨，在表面做好标记，用颅骨钻钻开颅骨，开口直径略大于自聚焦透镜的直径，以便透镜可以顺利进入。

6. 去除多余组织：利用真空泵将目标脑区上方的脑组织逐渐破坏并抽出，这一过程中可能存在大量出血，此时需用人工脑脊液或生理盐水持续冲洗，同时用真空泵及时吸走多余液体。等待至伤口不再有明显的血液流出。

7. 固定透镜：用夹持器固定自聚焦透镜，重新找到目标脑区，将透镜移动至目标区域。吸去多余液体，用生物胶水将透镜与颅骨表面预固定，随后松开并移除夹持器，用牙科水泥将透镜固定在颅骨上。待牙科水泥彻底固化后，用硅胶包裹透镜，防止表面刮花，等待小鼠恢复两周后再进行底座埋置。

8. 术后恢复：术后七天内须每天皮下注射2 000单位的青霉素钠预防感染，并注射卡洛芬和地塞米松消炎镇痛。

成像前埋置显微镜底座：

9. 找到焦平面：将底座与显微镜连接并用螺丝固定，夹持器持住显微镜后，将显微镜移动至透镜上方，随后缓慢移动显微镜，找到清晰的成像平面。

10. 固定底座：若透镜裸露较多，可用锡纸制作一个遮光环围住透镜，遮光环顶端不高于透镜的顶部。随后用牙科水泥涂抹在底座、遮光环和颅骨表面，将三者连接并固定。

11. 手术完成：待牙科水泥完全凝固后，松开螺丝，取下显微镜。为防止透镜表面污染，可用硅胶覆盖底座上方开口。待小鼠恢复后，先让小鼠适应显微镜的重量，随后可进行成像观察。

记录钙信号：

12. 将显微镜与小鼠头部底座连接，并用螺丝固定，找到清晰的成像平面，进行记录。

六、数据分析及结果解读

单光子在体微型显微镜实验数据处理和结果呈现的方式多种多样。不同实验中研究人员所关注的科学问题往往不尽相同，通过复杂的计算，研究人员可以从实验数据中提取出大量潜在的信息。数据处理方式的复杂性也导致了实验结果呈现方式的多样性，无法一一列举，以下仅介绍几种基础的常见数据呈现方式。

采集到神经元活动的影像数据后，通过分析软件提取出感兴趣区域（神经元）不同时间点的荧光强度，将每一个神经元的钙信号荧光强度轨迹按照时间排列整齐，就获得了如图3-15所示的数据。图中每一行代表一个神经元的原始钙信号轨迹，灰色长

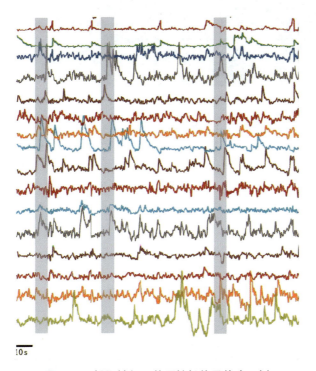

10s

图3-15　提取神经元的原始钙信号轨迹示例

条代表一个特定的事件。从图中可以看出部分神经元在这一事件中有明显激活，而另外一些神经元的活动与这一事件无明显关系，表明不同神经元对同一事件可能具有差异化的响应特性。

与原始数据类似，将钙信号变化幅度转化为不同的颜色，再将数据按照事件发生的时间点对齐，就得到了热图（图3-16）。图中每一行代表了一个神经元相对于事件发生的时间点的钙信号，横轴为相对于事件发生时间的时间轴，颜色越红代表钙信号强度越高。热图展现了相同神经元在所有事件中的平均活动，减小了事件无关的随机因素对神经活动的影响。

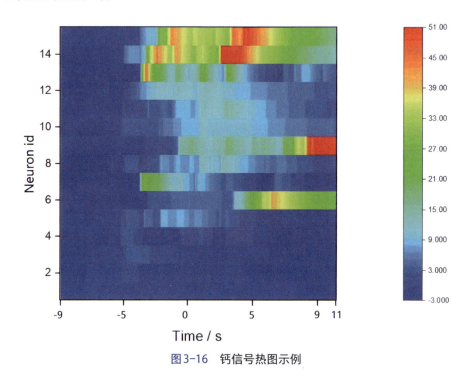

图3-16　钙信号热图示例

七、关键点

实验步骤	问题	原因	解决办法
1	荧光指示剂的强度无变化	病毒注射浓度太高，损伤神经元	调整浓度
4，8	成像区域晃动	颅骨表面发炎或透镜固定不牢	发炎：清洁手术区域，替换其他抗炎药物；固定不牢：增加颅骨表面划痕和颅骨钉数量

实验步骤	问题	原因	解决办法
6	成像不清晰	组织发炎或出血	发炎同上；硬脑膜出血：采用止血凝胶或止血海绵止血；脑实质出血：更换动物
6，8	动物死亡或行为异常	重要脑区被损毁	调整埋置角度，避开有重要功能的脑区
10，11	手术时可以找到清晰的焦平面，而实验时失焦	牙科水泥未完全凝固就取下显微镜，导致底座被带起，远离透镜	麻醉小鼠后，除去牙科水泥，取下底座，重新调整位置后再固定
12	荧光强度衰减	荧光漂白	降低激发光强度，减少连续成像时间

八、技术的局限性

(一) 成像深度与空间分辨率不足

由于脑组织内部结构与成分的复杂性，不同区域的光学特性存在较大差异，脑组织中粒子直径的多样化导致了光信号有不同的散射模式，并且由于单光子显微镜使用的光源波长较短，光子在组织中的散射和吸收较大，荧光信号会产生严重的衰减和失真，进而引入较强的荧光背景。这种背景信号会干扰科研人员对目标信号的识别和分析，从而极大地限制了成像深度，通常有效成像深度不足200 μm。

相较于双光子显微镜，单光子显微镜的空间分辨率较低。由于单光子显微镜依赖于较浅的光学截面，无法有效去除背景噪声，导致成像的清晰度和对比度较低，尤其是在较深的脑区。此外，单光子激发所需的光强度较高，这可能导致光毒性增加，损伤活体组织。同时，高强度的光照射可能导致荧光染料出现光漂白，这种信号衰减可能会影响数据的一致性和可靠性。

(二) 手术流程复杂

手术结束后，小鼠需要经过长时间的恢复，且所需的时长最长可达一个月。尽管这一技术可以实现自由活动小鼠的神经元活动记录，但是小鼠在正式记录前往往需要经过一段时间的适应，以减少头部额外重量对行为的影响，故实验周期较长。

(三) 数据处理复杂

在自由行为的动物实验中，由于动物的运动，图像的运动伪影和信号的去卷积处理变得非常复杂。这对数据分析提出了更高的要求，尤其是进行神经计算等更高级的数据处理时。

(四) 使用环境受限

需要注意的是，由于电子元件的特性，单光子在体微型显微镜在水中以及强电磁场环境中无法正常使用。这在一定程度上限制了这一技术的应用场景。

------------------------------ 思 考 题 ------------------------------

1. 脑中哪些区域难以通过单光子在体微型显微镜技术进行研究？为什么？

2. 若实验中发现GCaMP荧光较弱，利用单光子在体微型显微镜技术进行研究时需要注意什么？

3. 除了用于记录神经元活动，单光子在体微型显微镜技术还可以应用到哪些领域？

------------------------------ 参 考 文 献 ------------------------------

[1] Clapham, DE. Calcium signaling. Cell 131, 1047-1058 (2007).

[2] Bazargani, N. & Attwell, D. Astrocyte calcium signaling: the third wave. Nat Neurosci 19, 182-189 (2016).

[3] Goenaga, J, Araque, A, Kofuji, P. & Herrera Moro Chao, D. Calcium signaling in astrocytes and gliotransmitter release. Front Synaptic Neurosci 15, 1138577 (2023).

[4] Grienberger, C. & Konnerth, A. Imaging calcium in neurons. Neuron 73, 862-885, (2012).

[5] Sutherland, DJ, Pujic, Z. & Goodhill, GJ. Calcium signaling in axon guidance. Trends Neurosci 37, 424-432 (2014).

[6] Nakai, J, Ohkura, M. & Imoto, K. A high signal-to-noise Ca^{2+} probe composed of a single green fluorescent protein. Nat Biotechnol 19, 137-141 (2001).

[7] Zhang, Y. et al. Fast and sensitive GCaMP calcium indicators for imaging neural populations. Nature 615, 884-891 (2023).

[8] Ferezou, I, Bolea, S. & Petersen, CC. H. Visualizing the cortical representation of whisker touch: voltage-sensitive dye imaging in freely moving mice. Neuron 50, 617-629 (2006).

[9] Flusberg, BA. et al. High-speed, miniaturized fluorescence microscopy in freely moving mice. Nat Methods 5, 935-938 (2008).

[10] Ghosh, KK. et al. Miniaturized integration of a fluorescence microscope. Nat Methods 8, 871-878 (2011).

[11] Barbera, G, Liang, B, Zhang, L, Li, Y. & Lin, D.-T. A wireless miniScope for deep brain imaging in freely moving mice. J Neurosci Methods 323, 56-60 (2019).

[12] Guo, C. et al. Miniscope-LFOV: ALarge-field-of-view, single-cell-resolution, miniature microscope for wired and wire-free imaging of neural dynamics in freely behaving animals. Sci Adv 9, eadg3918 (2023).

[13] Zhang, Y. et al. Detailed mapping of behavior reveals the formation of prelimbic neural ensembles across operant learning. Neuron 110, doi:10.1016/j.neuron.2021.11.022 (2022).

[14] Liang, B. et al. Distinct and Dynamic ON and OFF Neural Ensembles in the Prefrontal Cortex Code Social Exploration. Neuron 100, doi:10.1016/j.neuron.2018.08.043 (2018).

[15] Kingsbury, L. et al. Correlated Neural Activity and Encoding of Behavior across Brains of Socially Interacting Animals. Cell 178, doi:10.1016/j.cell.2019.05.022 (2019).

（郭宸驿 张小敏 黄澂滟）

第五节　星形胶质细胞钙成像

一、简介

在过去的30年里，学术界针对星形胶质细胞在中枢神经系统中的功能角色展开了全面而深入的研究，极大地提升了我们对其重要性的认知。近年来，随着神经科学研究范式的转变，越来越多的证据表明星形胶质细胞是大脑中信息处理的关键调节器。星形胶质细胞不仅是神经元支持与稳态维持的关键细胞类型，更是脑内信息处理的重要调节者。星形胶质细胞在多个层面上参与神经系统功能调控，包括调控突触功能、影响血管内皮细胞以及细胞间的相互作用，因此，星形胶质细胞在不同行为中的作用越来越显著。该类细胞信息传递与编码的核心机制在于细胞内钙离子浓度的动态变化，其钙信号呈现高度多样性，呈现出幅度、强度、持续时间、传播方向以及亚细胞特异性等多维度的复杂特征，这些变化响应于多种生理刺激，凸显了其在神经调节中的复杂性和精妙性[1]。近年来，随着显微成像技术的飞速发展，研究者已能以更高的时空分辨率解析星形胶质细胞的钙信号特征，使得对其在体功能的深入探索成为可能。这一领域的发展得益于荧光指示剂的应用、先进光学成像技术的进步，以及高效数据分析工具的集成，这些技术的综合运用极大促进了对星形胶质细胞钙信号特征的精细解析与理解。通过这些技术手段，我们能够直观监测和量化钙离子动态，揭示其在神经网络活动、突触可塑性乃至整个神经系统功能调控中的具体作用机制。因此，深化探索星形胶质细胞钙信号的解码策略，对于解开神经系统复杂交流密码、推进神经科学领域的发展具有不可估量的价值。

(一) 星形胶质细胞钙成像的原理

星形胶质细胞钙成像技术主要依赖于钙离子探针，通过荧光显微镜对星形胶质细胞的钙离子信号进行实时监测。对于体内成像，双光子激光扫描显微镜因其具有深层组织穿透能力而成为首选工具，而激光共聚焦显微镜更适用于活体急性切片或者体外细胞培养的成像。

荧光钙离子探针的生物技术的重大进步推动了我们对钙离子在神经生理学中所起复杂作用的理解。小分子染料可以达到快捷测量细胞内钙离子浓度的目的，这些染料由与荧光报告集团偶联的钙螯合复合物组成。Fura-2 是最早广泛使用的双波长比率型钙指示剂之一，其在结合钙离子后会引起激发光谱的变化，因此，在两种不同激发波长下发射的荧光比率可用于确定钙离子的浓度[2]。近年来，对星形胶质细胞中钙瞬变的研究广泛使用了膜渗透性单波长钙离子探针（如 Rhod-2-AM 或 BAPTA-1-AM）。Rhod-2 对钙离子具有中等水平的亲和力，在钙结合时荧光强度变化很大，甚至能够达到 100 倍以上[2]。不过，Rhod-2 也可能与线粒体结合，导致其部分信号来源于线粒体钙动态，从而影响胞质钙信号的特异性解析。相比之下，BAPTA-1-AM 亮度高，对钙离子具有更高的亲和力，非常适合检测微小的浓度变化，但其动态变化范围小于 Rhod-2。另外还有一类非膜渗透性有机钙染料（如 Fluo-4、Fura-2），通常需通过膜片钳技术直接注入星形胶质细胞中[3]。Fluo-4 是最常用的钙荧光染料探针之一。这主要归因于 Fluo-4 不仅具有较强的本底荧光（比 Fluo-3 强 1~2 倍），而且对钙离子具有高亲和力，同时其荧光信号的动态响应范围较大（比 Fura-2 和 Indo-1 高 100 倍）。这种采用电极直接注入染料的方法的优点在于能够实现对单个细胞及其远端突起的均匀染料填充，并能精确控制胞内染料浓度，从而提高成像的灵敏度和空间分辨率，适用于精细结构的高分辨钙成像研究。

过去十年来，基因编码的荧光钙指示器（GECI）的发展取得了重大进展。该技术省略了以前需要加载外源探针的烦琐步骤，并且避免了在不感兴趣的组织、细胞甚至细胞器中出现无选择性的荧光标记。这是因为 GECI 的表达可以定位于不同的细胞，甚至亚细胞结构。因此，与通常分布于胞质但有时可以被细胞器吸收的高度移动的小分子钙离子探针相比，GECI 可以获得有关区室特异性钙动力学的更精确的信息。用于检测钙信号最普遍应用的 GECI 工具是 GCaMP 家族。GCaMP 由环状排列的绿色荧光蛋白（GFP）通过肌球蛋白轻链激酶（M13）片段与钙调蛋白（CaM）融合组成[4]。研究星形胶质细胞钙瞬态的 GECI 工具正变得越来越多样化和强大。通过对原始 GCaMP 传感器进行多次迭代改进，其在亚细胞定位、灵敏度、亲和力、动态变化范围、信噪比等方面都有显著提升。

（二）星形胶质细胞钙成像的发展历程

星形胶质细胞作为中枢神经系统中的一类非神经元细胞，在传统上因其缺乏电生理活性而其功能重要性未获充分认识。在近期体外培养及脑组织切片研究中，观察到星形胶质细胞内部钙离子浓度存在自发性波动，并能响应神经元活动发生动态变化[5]。这些研究结果提示星形胶质细胞具备监测细胞外环境中多种分子及神经递质浓度变化的能力，从而可在神经调制中扮演关键角色。

技术的进步，尤其是双光子荧光显微镜的广泛应用，为实时观测活体动物中星形胶质细胞的钙信号传导提供了可能。2004 年，Hirase 等人开创性地在麻醉状态下大鼠的大脑皮层中记录到了星形胶质细胞的自发性钙振荡，并将之归结为三类主要模式：极低频的基线钙浓度波动（频率 <0.025 Hz）、短时程（持续 5 至 50 秒）钙瞬变，以及长

时程（超过50秒）的钙平台期[6]。这一发现不仅揭示了星形胶质细胞的钙活动具有内在节律性，而且首次提出了这些钙事件在空间上可能存在胶质细胞间的协同性，从而暗示了星形胶质细胞之间可能构成功能性网络，参与信息处理与调控。此外，研究发现神经元活动可直接调控星形胶质细胞的钙动态，例如通过γ-氨基丁酸（GABA）受体介导的机制。研究人员通过使用GABA受体拮抗剂bicuculline增强了神经元网络的兴奋性，并且发现同时伴随着星形胶质细胞钙信号强度的上升，这进一步证明了两者间的互动关系[7]。更引人注目的是，外部感官刺激，如触觉、视觉和嗅觉输入，亦能特异性地激活相应皮层区域的星形胶质细胞内的钙信号[8-10]，这强调了星形胶质细胞在感觉处理和信息整合中的潜在作用。

未来研究方向聚焦于以下几个核心问题：①钙信号如何在星形胶质细胞内具体介导其多样化的生理功能？②这些钙信号波动在大脑整体功能框架下具备何种生理或病理意义？③鉴于星形胶质细胞能响应神经元活动的钙浓度升高，尚需深入探讨其是否也具备反向调节能力，即通过钙信号主动释放神经调节因子，向神经元发送反馈信号，从而参与更广泛的神经调节网络？随着钙成像技术的不断革新，我们期待通过对星形胶质细胞钙信号传递机制的深入探索，能够极大地促进我们对这些细胞乃至整个神经系统复杂互动机制的理解。

二、应用

星形胶质细胞钙成像技术为我们提供了一个强有力的工具，可以更深入地了解星形胶质细胞的功能及其在生理状态和疾病状态中的作用。

（一）研究星形胶质细胞与神经元的相互作用

星形胶质细胞在调节神经元活动、维持神经元的健康和功能中起着关键作用。钙成像技术可以帮助研究人员观察星形胶质细胞在神经活动中的反应，从而了解其如何通过钙信号参与神经调节。值得一提的是，突触可塑性是学习和记忆的基础，而星形胶质细胞则是与神经元之间形成"三方突触"的主要部分，被认为在突触可塑性中扮演了重要角色。钙成像技术可以实时监测星形胶质细胞的钙信号，从而帮助我们揭示其在突触可塑性中的具体功能。

（二）研究星形胶质细胞在神经系统疾病中的作用

许多神经系统疾病（如癫痫、阿尔茨海默病、抑郁症等）都与星形胶质细胞的功能异常有关。通过钙成像技术，研究人员可以研究这些疾病模型中星形胶质细胞的钙信号变化，进而探索其在病理过程中发挥的作用。此外，钙成像技术也被用于研究星形胶质细胞如何对不同的药物或化学物质作出反应，这对于开发新的神经系统治疗药物具有重要意义。

（三）研究星形胶质细胞的代谢功能

星形胶质细胞参与大脑中的多种代谢活动，包括能量代谢、血脑屏障的维持以及神经元的支持。钙成像技术可以用于观察星形胶质细胞在这些代谢活动中的动态变化。

三、实验流程图

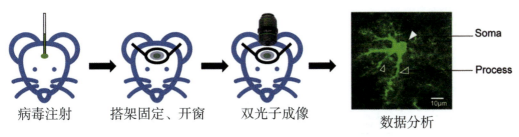

图3-17　在体双光子星形胶质细胞成像实验流程图

四、实验试剂与器材

表3-20　实验试剂

名称	厂商/型号
2,2,2-三溴乙醇	Sigma T48402
叔戊醇	Sigma 240486
红霉素眼膏	广州白云山
葡萄糖	Sigma, cat. no. G7528
NaCl	Sigma, cat. no. S9888
NaHCO$_3$	Sigma, cat. no. 401676
KCl	Sigma, cat. no. P9333
NaH$_2$PO$_4$	Sigma, cat. no. S8282
MgCl$_2$	Sigma, cat. no. 449172

表3-21　实验器材

名称	厂商/型号
头部固定支架	根据专利CN 209946518 U自制
固定板	自制，规格：长20 cm、宽16 cm的铝板，加装3 cm的立方块（配备螺母、螺丝以及垫片）
双刃剃须刀	吉列
495胶水	乐泰
颅骨钻	瑞沃德
体式显微镜	凤凰牌
眼科剪刀	瑞沃德
镊子	瑞沃德
精细镊	瑞沃德
载玻片	世泰
双光子共聚焦显微镜	Olympus

五、实验步骤

1.颅骨开窗手术

（1）给小鼠腹腔注射阿佛丁（0.1 mL/10 g），等待5分钟，将小鼠放置在柔软的垫子上。

（2）用红霉素眼膏润滑双眼，避免小鼠因眼组织脱水而损伤视力。

（3）用双刃剃须刀片彻底剃掉大部分头皮上的头发。去除残留的头发，用75%酒精清洁头皮，然后沿头皮中线切开，大约从颈部区域（耳朵之间）延伸到头部前部（眼睛之间）。用剪刀小心地破坏位于头皮下的肌肉与头骨之间的筋膜，注意不要切断血管。

（4）利用立体定位仪确定成像区域，并用马克笔在颅骨上标记好位置。

（5）用颅骨钻轻轻打磨颅骨，去除附着在颅骨上的结缔组织。

（6）将495胶水涂抹在头部固定支架上，之后将其按压在颅骨上，使其牢牢固定，并确保成像区域处于支架开口区域的中央位置。

（7）轻轻将松弛的皮肤拉至颅骨支架内部开口的边缘，并在皮肤边缘涂抹少量胶水，使其黏附在颅骨上。

（8）等待约15分钟，直到颅骨支架完全粘在颅骨上。将颅骨支架的侧边支杆轻轻插入颅骨固定装置的铝块和螺钉之间，拧紧螺钉，使颅骨支架完全固定。用ACSF清洗颅骨几次，以去除残余的胶水。这有助于防止胶水污染显微镜物镜。

（9）将ACSF滴入颅骨，使用高速微型钻头打磨目标脑区上的颅骨区域。在打磨过程中，需要使用气瓶轻轻吹颅骨，以避免摩擦引起的过热。ACSF有助于软化骨骼并吸收热量，需定时更换ACSF并冲洗掉骨碎片。

（10）小鼠的颅骨由两层薄薄的致密骨和一层厚厚的海绵状骨组成。海绵状骨包含以同心圆方式排列的微小腔体和多个携带血管的小管。在用钻头去除致密骨的外层和大部分海绵状骨的过程中，可能在海绵状骨的区域会发生出血。这种出血通常会在几分钟内自行停止。

（11）磨掉大部分颅骨后，滴入ACSF，当透过颅骨可以看到皮层表面的血管，则不再进一步打磨。

（12）在打磨区域的周边，轻轻地挑破一小块打磨好的颅骨作为小窗口，再小心地撕开这层薄薄的颅骨。

（13）颅骨撕开后，硬脑膜表面会出血，此时需要更换ACSF，并反复清洗。

（14）用精细镊将硬脑膜轻轻撕开。需要注意的是：硬脑膜韧性较强，直接撕开硬脑膜可能会损伤脑实质，因此需要在磨薄的周边先轻轻破开硬脑膜，再分多次撕开。

（15）裁剪出合适大小的盖玻片，以盖玻片刚好能够盖住成像区域周边的颅骨为佳。

（16）用无尘纸轻柔地吸干成像区域以外的ACSF。

（17）将495胶水滴加在盖玻片的周围，使之固定。

（18）开窗后的1周，每天需要皮下注射青霉素，防止炎症。

2. 双光子显微镜成像

（1）调整双光子显微镜至合适的波长（如920 nm可用于GCaMP6成像）。

（2）在颅骨固定支架的开口处加入ACSF，将物镜向下调整，直到刚刚浸入ACSF中。

（3）在物镜下找到成像区域。因为成像区域是由荧光蛋白标记的，因此在寻找成像区域时，需要找到物镜下最亮的位置。

（4）打开双光子激光器前，须关灯，以避免光源进入激光器。

（5）通过调节物镜的位置，确定皮层的0点坐标。0点坐标为刚好可以看到成像区域细胞结构的坐标。

（6）找到所需成像的坐标位置后，打开激光器记录星形胶质细胞的活动。

六、数据分析及结果解读

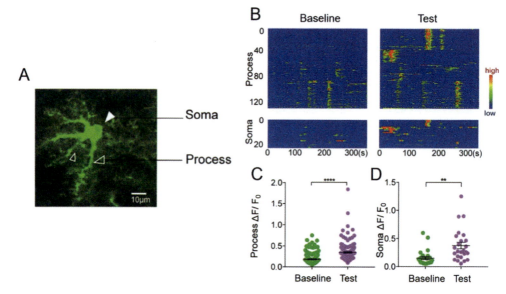

图3-18　在体双光子星形胶质细胞成像示例

A.星形胶质细胞成像图（白色空心箭头所指为星形胶质细胞突起（process），白色实心箭头所指
为胞体（soma）；B.星形胶质细胞钙信号热图；C.星形胶质细胞突起钙信号在行为测试后增强；
D.星形胶质细胞胞体钙信号在行为测试后增强（图来源：中山大学神经科学团队）

（一）数据分析

首先将待分析的数据导入Fiji软件，如果图像有抖动，须进行图像校正，以减少实验鼠成像时因呼吸造成图像抖动的影响。随之扣除图像背景：在成像域中选取一块无明显荧光信号的背景区域（通常为黑色），测量其平均灰度值，并使用"背景扣除（Subtract Background）"工具对全序列图像统一去除背景信号。最后圈定出ROI并进行灰度值测定：打开ROI管理窗口，利用适当的工具（如自由手绘或椭圆工具）圈定细胞胞体或突起等结构，将每一个ROI依次添加至ROI管理器中。需确保在整个时间序列中完整标注所有符合实验标准的钙信号区域。然后通过软件可计算出圈定的 ROI 的每一帧灰度值，将数据导入Excel表格以进行定量分析。使用公式 $\Delta F/F_0 = (F-F_0)/F_0$（$F_0$ 为120帧中荧光信号最弱的10帧的平均值）来量化钙信号的荧光强度变化值。

（二）数据解读

我们在小鼠某个脑区注射了GFaABC1D启动子编码的钙指示剂GCaMP6m的腺相关病毒（AAV2/5-GFaABC1D-GCaMP6m），以特异性感染该脑区的星形胶质细胞。经过3~4周，当病毒在胞内稳定表达后，利用在体双光子共聚焦显微镜记录小鼠在基础状态和测试状态下，相应脑区星形胶质细胞的钙活动变化。成像结果表明，小鼠在行为检测阶段，星形胶质细胞的突起和胞体的钙信号明显增强（图3-18）。

七、关键点

实验步骤	问题	原因	解决办法
颅骨开窗手术	小鼠死亡	麻醉剂量控制不当，术中对气管或主要血管产生了挤压或牵拉	应严格按照体重计算麻醉剂量，并在手术操作中加强对动物气道及颈部血管的保护，确保操作轻柔、精准
双光子显微镜成像	成像区域晃动	颅骨固定支架与颅骨粘贴不牢固	将颅骨固定支架粘在颅骨上时，需要加大495胶水用量并延长按压时间，保证支架与颅骨紧密贴合
	荧光指示剂的强度无变化或太弱	病毒注射浓度过高，损伤神经元；或病毒浓度过低、注射位置不准确、表达时间过短	通过预实验确定适宜的病毒浓度、注射位点、表达时间

八、技术的局限性

（一）空间和时间分辨率的限制

双光子在体钙成像可以提供关于星形胶质细胞钙信号的动态信息，但在研究细胞内更小的亚区或更快速的钙动态变化时，其空间和时间分辨率不足以捕捉所有细微的钙信号变化。

（二）钙信号并不能直接反映所有功能

星形胶质细胞发挥其功能不仅仅依赖于钙信号，还涉及其他信号通路和分子机制。因此，单纯依赖钙成像技术可能无法全面揭示星形胶质细胞的所有生物学功能。

(三) 钙成像的光毒性和信号漂移

长时间进行钙成像实验可能会引起光毒性，从而损伤细胞，影响实验结果，导致数据解读的偏差。

(四) 无法区分钙信号来源

钙成像通常无法明确区分钙信号的来源，难以辨别是由细胞内钙库释放还是外部钙离子流入引起。这使得对钙信号进行更细致的机制性研究变得困难。

(五) 技术依赖性和数据复杂性

钙成像技术要求具有高质量的荧光显微镜和专业的操作技巧，实验设计和数据分析过程也相对复杂。此外，虽然钙成像可以提供关于钙浓度动态变化的丰富信息，但将这些信息定量化并与细胞功能相关联仍然具有挑战性。

思 考 题

1. 简述星形胶质细胞常用的钙离子荧光工具种类以及它们的区别。
2. 举例说明星形胶质细胞的钙信号对神经系统功能的影响。
3. 星形胶质细胞钙成像技术可以为我们解决哪些问题？

参 考 文 献

[1]　Gorzo K, Gordon G. Photonics tools begin to clarify astrocyte calcium transients. Neurophotonics 9(2), 021907 (2022).

[2]　Grynkiewicz G, Poenie M, Tsien R. A new generation of calcium indicators with greatly improved fluorescence properties. J. Biol. Chem. 260, 3340-3350 (1985).

[3]　Alexander MBR, Eiji S, Baljit SK. Bulk loading of calcium indicator dyes to study astrocyte physiology: Key limitations and improvements using morphological maps. J Neurosci 31, 9353 (2011).

[4]　Nakai J, Ohkura M, Imoto K. A high signal-to-noise Ca2+ probe composed of a single green fluorescent protein. Nat Biotechnol 19, 137-141 (2001).

[5]　Wake H, Kato D. Frontiers in live bone imaging researches. In vivo imaging of neuron and glia.Clin Calcium 25, 859-870 (2015).

[6]　Hirase H, Qian L, Barthó P, et al. Calcium dynamics of cortical astrocytic networks in vivo. PLoS Biol 2, e96 (2004).

[7] Göbel W, Kampa BM, Helmchen F. Imaging cellular network dynamics in three dimensions using fast 3D laser scanning. Nat Methods 4, 73-79 (2007).

[8] Wang X, Lou N, Xu Q, et al.Astrocytic Ca2+ signaling evoked by sensory stimulation in vivo. Nat Neurosci 9(6), 816-823 (2006).

[9] Schummers J, Yu H, Sur M. Tuned responses of astrocytes and their influence on hemodynamic signals in the visual cortex. Science 320, 1638-1643 (2008).

[10] Petzold GC, Albeanu DF, Sato TF, et al. Coupling of neural activity to blood flow in olfactory glomeruli is mediated by astrocytic pathways. Neuron 58, 897-910 (2008).

（张星岩　张小敏　黄潋滟）

第六节　小胶质细胞成像

一、简介

小胶质细胞来源于髓系祖细胞，是神经系统中的常驻免疫细胞。小胶质细胞广泛分布于神经系统的各个区域，在大脑灰质中的细胞密度较高。通常，小胶质细胞呈现复杂的动态活动，并与神经系统的其他细胞成分密切协作，起到监视、保护、调控和修复神经组织损伤的作用，对维持脑内稳态至关重要[1]。

自二十世纪初期至今，随着小胶质细胞标记技术和成像技术的不断进步，小胶质细胞的科学研究也得到了充分发展。小胶质细胞由德国病理学家弗里德里希·冯·鲁瑟和西班牙神经科学家圣地亚哥·拉蒙·卡哈尔在19世纪末和20世纪初相继发现，但并未进行明确命名，亦未开展深入的功能研究。直至1919年，Pío del Río-Hortega首次引入碳酸氨银染色法，借助光学显微镜对小胶质细胞进行系统性研究，正式命名并界定了其在中枢神经系统中的存在。通过该染色技术，可清楚地将小胶质细胞与其他类型的胶质细胞（如星形胶质细胞和少突胶质细胞）区分开来。更重要的是，观察发现，小胶质细胞可以识别神经系统中的损伤，并做出快速且强烈的响应。这一发现为科学家们提供了新的研究线索，重新认识到小胶质细胞在中枢神经系统中的独特功能[2]。

然而，由于当时检测设备和细胞标记技术相对落后，小胶质细胞相关研究一度停滞不前。直到二十世纪中期，随着电子显微镜（EM）的问世，科学家们直接观察到了典型的小胶质细胞形态，且无须依赖染色等细胞标记技术。1968年，科学家利用电子显微镜发现运动神经的损伤可以诱导小胶质细胞发生形态转变，能够在运动神经突触末梢检测到活化的小胶质细胞及其体内吞噬的突触碎片[3]。1974年，Ibrahim等人采用组织化学标记法替代银染法，提高了小胶质细胞组织切片体外显像的分辨率[4]。1986年，原代小胶质细胞首次被分离和纯化，研究进一步揭示，在应激或疾病状态下的小胶质细胞形态呈阿米巴样，并能分泌超氧化物、趋化因子和细胞因子等[5-9]。

至此，对小胶质细胞的形态学检测和功能性观察仍然主要依赖于固定组织或原代培养，然而这些技术方法存在一定的局限性：①固定组织只能提供某种生物学状态下或某个时间点的静态图像，无法捕捉小胶质细胞在活体中动态变化的过程。细胞活动、迁移、突触修剪和实时免疫应答等动态信息在固定组织中是缺失的；②体外培养的小胶质细胞可能会失去其在体内的原始特性和生物状态，尤其需要注意的是，其无法模拟小胶质细胞在中枢神经系统（CNS）中与其他细胞类型（如神经元、星形胶质细胞、少突胶质细胞）以及血脑屏障和血管系统之间的相互作用和影响。因此，传统方法难以实现对小胶质细胞在活体环境中动态活动的实时观察，更无法深入探究这类细胞对神经系统的影响。世界上第一台双光子显微镜的问世突破了这一研究领域中的局限性[10]。过去，健康大脑中的小胶质细胞常被定义为处于静息状态。然而，通过使用双光子显微镜进行实时成像，研究人员发现小胶质细胞实际上是一种高度活跃、运动性强的分支细胞。本节将重点探讨双光子显微技术在小胶质细胞实时成像中的应用与优势。

采用双光子显微镜成像小胶质细胞具有以下优势：①通过在不同时间窗采集数据，可以获得高时间分辨率的小胶质细胞动态行为；通过逐层z轴扫描，可构建高空间分辨率的三维图像和形态信息。②双光子激光器通过发射飞秒脉冲激光，将能量聚焦于目标区域的小胶质细胞，具有更好的活体组织穿透能力；并且产生的背景噪声较少，可清晰地观察小胶质细胞的突起等细微结构的形态变化。③双光子显微镜使用近红外光谱选择性激发荧光，具有较低的光毒性。④可在体监测不同生理病理状态下小胶质细胞的功能变化，并研究其与神经元、星形胶质细胞、血管等其他中枢神经系统组分之间的相互作用。因此，双光子显微镜成像技术为小胶质细胞的研究提供了强大的工具，克服了许多传统显微技术的局限，使研究人员能够更深入地了解这些细胞在神经系统中的复杂功能和行为。

为了使用双光子显微镜在体追踪小胶质细胞，科学家们进行了多种尝试，包括组织化学标记法、病毒标记法和基因标记法。起初，科学家直接利用荧光标记的植物凝集素对小胶质细胞进行标记，并采用双光子活体成像进行观测。这是一种不依赖转基因动物的检测小胶质细胞的方法。植物凝集素是一类糖结合蛋白，具有特异性识别和结合单糖或复合糖的能力。这些糖类存在于多种免疫细胞和内皮细胞表面，包括小胶质细胞。使用连接不同荧光基团的凝集素，可以实现对体内小胶质细胞的形态检测和可视化。例如，番茄凝集素（Tomato lectin）和加纳籽凝集素（Isolectin IB4）能够快速高效地标记小胶质细胞，可用于任何年龄和品系的实验动物，无须遗传工程修饰[11]。这种基于植物凝集素的标记方法为研究小胶质细胞的形态和动态变化提供了一种简便有效的活体成像技术。然而，这一标记方法在小胶质细胞活体成像过程中存在以下缺陷：①标记效率和质量取决于特定植物凝集素的物理性质和使用量，不同的植物凝集素有不同的物理化学特性，如亲和力和稳定性等，这些均会影响最终的标记效率及成像效果。②标记特异性存在一定的局限性，会出现非特异性标记的情况。例如，标记不仅会出现在目标小胶质细胞上，也会出现在血管周围的内皮细胞，使得非目标细胞群体被检测到。③凝集素的引入可能会激活小胶质细胞，使其失去在体内的原始特性和状态，影响这类高敏感性免疫细胞的正常功能，干扰细胞内的信号传导或代谢过程，改变细胞的功能状态。④标记探针的体积较小且在样品中的渗透能力受限，这意味着无法对在体样品进行纵向成像。

若不采用转基因小鼠，除使用荧光标记的植物凝集素外，还有一个替代方案是向大脑注射病毒载体，例如microRNA病毒载体[11]。该系统基于在转基因盒中整合特异性的microRNA靶位点，从而在表达该microRNA的细胞中诱导转基因信使RNA（mRNA）的特异性降解，实现靶向去除转基因表达。小胶质细胞是大脑中唯一缺乏microRNA9活性的细胞类型，因此，在其余表达microRNA-9的脑细胞中，含有相应靶位点的mRNA会被降解，仅在小胶质细胞中保留转基因的表达。AAV载体连接小胶质细胞特异性启动子曾被尝试用于标记活体内的小胶质细胞[12]。但这种方法存在技术挑战：①荧光的表达强度因载体活性而异，部分特异性的启动子较弱，导致转基因表达水平低，给报告基因的可视化和功能研究带来困难。②某些病毒载体可能具有潜在的细胞毒性，进而对小胶质细胞的生理状态和功能特性产生影响。③在重复注射或长期标记的情况下，免疫反应会导致小胶质细胞的损伤，对实验结果造成影响。④仍然存在病毒表达泄露、特异性无法保证的问题。之后，科学家们分别在细胞特异性启动子或具有小胶质细胞嗜性的病毒衣壳方面进行改进。目前，AAV载体成功转导小胶质细胞的类型如表3-22所示[13, 14]。

表3-22　已成功用于转导小胶质细胞的腺相关病毒（AAV）载体概述

标记类型	转染部位	AAV血清型及变体	启动子
体外标记	原代培养的小胶质细胞	AAV6、AAV8	CMV
	原代培养的小胶质细胞、星形胶质细胞或神经胶质细胞共培养体系	AAV6衣壳突变体AAV TM6	F4/80、CD68、hCBA
在体标记	脑实质内注射	AAV9	Iba1启动子和针对miR-9与miR-129-23的靶向元件
		AAV5、AAV TM6、AAV8、AAV9、AAV9展示肽变体MG1.1和MG1.2	该类病毒变体携带loxP位点序列，在Cre重组酶表达阳性的小鼠中可以诱导目标转基因（如mScarlet）的表达
	脑室内注射	AAV6衣壳突变体AAV TM6	F4/80
	视网膜下注射	AAV6衣壳突变体AAV TM6和AAV6Δ4	CD68
	玻璃体内注射	AAV8、AAV6衣壳突变体AAV TM6和AAV6Δ4	CAG、CD68
	经外周静脉注射后，该类病毒载体能够穿透血脑屏障，高效转导小胶质细胞和巨噬细胞	AAV9展示肽变体ALAVPFR、ALAVPFK、HGTAASH和YAFGGEG	CD11b

培育转基因动物、优化和改进标记技术，可使对活体小胶质细胞造成的干扰降到最低。对小胶质细胞特异性标记物的开发和研究，在一定程度上推动了小胶质细胞在体内成像技术的发展，使得长期在体检测小胶质细胞得以实现。1998年，离子钙结合适配器分子1（Iba1）被应用于识别组织中的小胶质细胞以及脑膜、脉络丛和血管周围的边缘巨噬细胞[15, 16]。随后于2000年，另一种小胶质细胞特异性趋化因子受体（CX3CR1）被发现[17]。通过对小胶质细胞特异性标记物的开发，小胶质细胞学家们建立起特异性靶向小胶质细胞的报告基因小鼠，例如CX3CR1-GFP、CX3CR1-EGFP、Iba1-eGFP、Csf1R-eGFP、CX3CR1-CreERT2; R26-tdTomato以及CD11b-CreERT2; R26-tdTomato小鼠。2005年，科学家将CX3CR1-GFP、CX3CR1-EGFP小鼠与双光子成像技术相结合，对小胶质细胞持续监视并扫描神经微环境。当激光损伤产生后，这类胶质细胞形态迅速发生改变，其分支会在数十分钟内吞噬受损组织[18, 19]。除了观察小胶质细胞形态变化及反应性外，现已构建了靶向小胶质细胞钙活动的转基因小鼠模型。小胶质细胞依赖细胞内钙浓度的变化来与其他细胞交流，因此，钙信号可作为其功能活动的重要指标。该类细胞中基因编码的钙指示物可以实时记录小胶质细胞钙信号，可以研究其在睡眠、脑卒中或神经退行性疾病等状态下的变化，从而揭示小胶质细胞参与神经调节和病理过程的机制[20, 21]。

过去二十年内，双光子显微镜已成为研究小胶质细胞运动及其功能不可或缺的工具。凭借在体双光子成像技术，小胶质细胞的形态结构、动态变化以及与其他组织细胞的相互作用，均能被实时观察，特别是关键的动态参数和形态学指标，如监视定向运动和分支状态，这为理解小胶质细胞在神经系统中的功能提供了重要科学依据（表3-23）。随着技术的进一步发展，我们可以期待更多关于小胶质细胞在神经科学领域中的重要发现和应用。

表3-23 双光子显微镜成像小胶质细胞常用标记法概览

标记分类	观察目的	标记方法
植物凝集素标记法	短期动态和形态度量	Tomato lectin Isolectin IB4
病毒载体标记法	短期动态和形态度量	microRNA-9
	经他莫昔芬处理后，可对小胶质细胞进行形态学观察和功能活性检测	AAV5、AAV TM6、AAV6Δ4、AAV8、AAV9、AAV9展示肽变体MG1.1和MG1.2
	经外周静脉注射递送病毒载体，可标记小胶质细胞和巨噬细胞，以观察其形态变化	AAV9展示肽变体ALAVPFR、ALAVPFK、HGTAASH和YAFGGEG

续表

标记分类	观察目的	标记方法
基因编辑法	长期动态和形态度量	CX3CR1-GFP
		CX3CR1-EGFP
		Iba1-EGFP
		Csf1R-EGFP
	经他莫昔芬诱导后检测	CD11b-CreERT2; R26-tdTomato
		CX3CR1-CreERT2; R26-tdTomato
	细胞内钙活动	GCaMP5/6/7 fluorescence

二、应用

小胶质细胞是一种脑组织特异性的免疫细胞，与巨噬细胞同源，在不同脑区和不同生物学状态下表现出不同的功能与特性。同时，小胶质细胞具有高度敏感性。生理状态下，静息态的小胶质细胞通过复杂多样的分支持续监视局部组织微环境。在应激或疾病条件下，该类免疫细胞会迅速转变为活化状态，承担相应的生物学功能。为了研究在体小胶质细胞在生理、病理状态下的形态特征与生物学功能，双光子成像技术被广泛用于检测该类细胞在不同生物学环境下的形态变化与功能状态。通常，双光子成像是在活体动物模型或新鲜组织切片中进行的。通过调整激光的聚焦深度和扫描速率，可以获取小胶质细胞相关活动，根据实验需求进一步进行图像处理、重构和分析。

(一) 小胶质细胞形态学的成像

小胶质细胞表型改变的复杂性受多种因素的影响，如损伤、衰老和其他病理生理条件。在特定的微环境条件下，小胶质细胞可呈现不同的表型特征，从而介导特定的功能效应，这些效应既可能具有神经保护作用，也可能加剧神经损伤，进而影响脑组织的修复与功能重建。近年来，在体双光子成像技术被广泛应用于探索小胶质细胞在脑生理功能中的动态行为与调节失衡，为揭示其在神经系统稳态维持及病理进程中的作用提供了强有力的技术支撑。

(二) 小胶质细胞反应性的成像

小胶质细胞具有快速扫描脑实质的能力，通过复杂的感知机制能够迅速察觉稳态的破坏。通过双光子成像，可实时观察小胶质细胞的分支和收缩、迁移以及吞噬活动。这对于研究神经炎症、损伤后的反应以及疾病模型中小胶质细胞的作用具有重要意义。

(三) 小胶质细胞与脑实质其他元素的相互作用的成像

目前，科学家对小胶质细胞之间及其与其他类型细胞之间的交流方式，仍然知之甚少。在体双光子成像技术为探索小胶质细胞与邻近细胞（包括少突胶质细胞、神经干细胞和内皮细胞）之间的相互调控提供了前所未有的可视化手段。例如，可以观察小胶质细胞如何识别和清除突触，以及如何影响神经网络的可塑性。同时，双光子显微镜能够观察小胶质细胞与血管的相互作用。例如，在血脑屏障受损或疾病条件下与血管内皮细胞的相互交流过程，从而揭示小胶质细胞在中枢神经系统中的免疫监视角色。此外，未来的研究还应关注神经疾病中侵袭大脑的常驻巨噬细胞、血管周围空间、脑膜和脉络丛以及循环免疫系统（如单核细胞和白细胞）与小胶质细胞之间的相互作用。

(四) 小胶质细胞钙成像

细胞内钙离子在调节多种生理活动中起着重要作用，包括影响神经递质释放和细胞兴奋性。虽然小胶质细胞是非兴奋性细胞，但是它们利用细胞内钙浓度的变化与其他细胞进行通信。由受体介导的钙离子信号传递是包括小胶质细胞在内的所有细胞中最常见的信号传导机制。小胶质细胞功能变化与细胞内钙离子信号的变化密切相关，因此在体探究小胶质细胞内钙离子信号对揭示小胶质细胞功能具有重要意义。

(五) 小胶质细胞特异群体的追踪

通过结合双光子成像与荧光标记技术，可以追踪特定基因修饰的小胶质细胞，研究其在生理和病理条件下的功能变化。此外，结合光遗传学技术，研究人员可以通过光遗传学和化学遗传学手段调控小胶质细胞的胞内信号（如离子通道或G蛋白偶联受体等）来改变非神经元细胞的状态和功能，研究其在神经系统中的具体功能和作用。

三、实验流程图

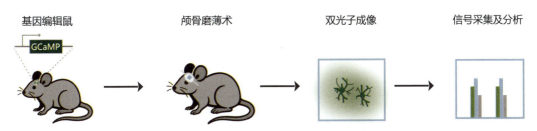

图3-19 利用双光子成像小胶质细胞的实验流程图

四、实验试剂与器材

表3-24 实验试剂

名称	厂商/型号
2,2,2-三溴乙醇	Sigma T48402
叔戊醇	Sigma 240486
红霉素眼膏	广州白云山
葡萄糖	Sigma, cat. no. G7528
NaCl	Sigma, cat. no. S9888
$NaHCO_3$	Sigma, cat. no. 401676
KCl	Sigma, cat. no. P9333
NaH_2PO_4	Sigma, cat. no. S8282
$MgCl_2$	Sigma, cat. no. 449172

表3-25 实验器材

名称	厂商
头部固定支架	根据专利CN 209946518 U自制
定制铝板	自制，规格：长20cm，宽16cm的铝板，加装3cm的立方块（配备螺母、螺丝以及垫片）
双面剃须刀片	吉列
5 mL注射器 1 mL注射器	洪达 洪达
495胶水	乐泰
高速微型颅骨钻及钻头	瑞沃德
体式显微镜	凤凰牌
眼科剪刀	瑞沃德
镊子	瑞沃德
精细镊	瑞沃德
外科缝线6-0	贝朗
双光子共聚焦显微镜	Olympus

五、实验步骤

本节以Cx3cr1-eGFP（增强型绿色荧光蛋白）敲入小鼠模型标记小胶质细胞为例，系统阐述利用双光子显微镜进行在体成像时，观察小胶质细胞形态结构所需的术前处理与成像流程。值得注意的是，为获得高质量的成像结果并最大程度保持小胶质细胞的生理状态，在成像前需实施颅骨磨薄术（thinned-skull preparation），以避免传统开窗手术可能引发的剧烈炎症反应及皮层表层小胶质细胞的异常激活。该操作可显著减少手术对小胶质细胞行为带来的影响，从而提高成像的生理相关性与实验数据的可信度。

以下是具体实验操作：

1. 先向小鼠腹腔注射适量麻醉剂，等待5~10分钟。小鼠完全麻醉后，在小鼠双眼处覆盖红霉素软膏，防止眼组织脱水损伤小鼠视力。手术过程中，通过测试小鼠的眨眼反射或疼痛刺激反射监测麻醉深度，必要时适量补充麻醉剂。

2. 使用双面剃须刀片去除小鼠头皮上的毛发，后使用无菌酒精棉球轻轻去除残余毛发并清洁头皮。沿头皮中线切开切口，切口位置从颈部（两耳之间）延伸至头部前额（两眼之间）。在解剖显微镜下小心去除头皮和下层肌肉与头骨之间的筋膜与软组织，注意不要破坏血管。

3. 使用立体定位仪定位脑区并用记号笔标记，后使用显微外科刀片轻轻除去头骨上的结缔组织。

4. 使用少量495胶水将双光子专用适配器固定于成像区域上方，确保待成像的区域暴露在适配器内部开口的中心。后将皮肤缺口轻轻拉至适配器内部开口的边缘，在皮肤边缘涂抹少量胶水，使其与头骨完全贴合。

5. 静置五分钟，待胶水完全变干，检查双光子专用适配器与头骨间是否完全贴合。使用无菌生理盐水或ACSF冲洗适配器内部开口，防止残留胶水污染物镜。

6. 在解剖显微镜下，于待成像区域头骨处滴加ACSF，使用高速微型颅骨钻在目标区域均匀打磨颅骨（直径为0.5~1 mm），注意应间歇性地打磨并使用ACSF降温，避免摩擦引起过热。

7. 由于小鼠的颅骨由两层较薄的致密骨和一层较厚的海绵骨组成，因此当钻头磨除外层致密骨和大部分海绵骨并接近内层致密骨区域时，颅骨厚度大约为50 μm。在此阶段，需继续减薄颅骨，可使用双光子共聚焦显微镜对头骨自发荧光进行成像并目测头骨厚度。将成像区域内颅骨厚度打磨至20 μm以下，该区域即为小胶质细胞成像的窗口。

8. 在开始成像前，为在后续实验中快速确定相同的成像区域，建议将立体解剖显微镜连接到照相机，拍摄并记录高质量的脑血管照片。

9. 将准备好的小鼠或新鲜离体脑片固定至定制铝板上，使用荧光显微镜选择成像区域，并在拍照记录的脑血管照片上进行标记以便在重复成像时实现快速定位（图3-20）。

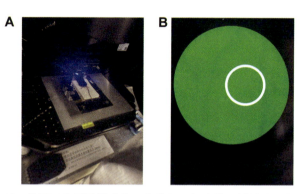

图3-20　使用双光子显微成像平台获取目标成像区域的代表性图像

10. 打开双光子激光扫描成像系统（FVMPE-RS），在软件中开启Ti:Sapphire激光（MaiTai DeepSee, Spectra Physics），打开物镜的蓝色可见光，将小鼠移动至载物台。在物镜下找到清晰的成像视野，随后从可见光模式切换至双光子激光模式。

11. 根据实验设计设置并调节成像参数，包括激光波长、激光强度和拍摄频率，建议选择10至30 mW的激光强度（在样本处测量），以尽量减少光毒性。成像时，始终将镜片完全浸没在ACSF中。激光调谐至eGFP的最佳激发波长（920 nm）。使用25×水浸物镜（N.A. 1.05）以1.0变焦，512×512像素的分辨率收集图像。在放大3~5倍的模式下，通过对软脑膜下方100 μm处的z轴（6个纵向切面，间隔为2 μm）进行33分钟（100帧，20秒间隔）的延时成像，监测静息状态下的小胶质细胞形态和动力学，并用于后续分析。

12. 如需短时间内多次成像，每次成像前须轻轻磨薄成像区域内的骨屑；若重复成像距离初次成像的时间间隔超过3天，则需重新磨薄颅骨，直至获得清晰图像。

13. 成像检查后，轻轻移除小鼠颅骨适配器和颅骨上的残留胶水，使用碘伏消毒颅骨和头皮，使用6-0尼龙缝合头皮缺口，并将小鼠放置于独立饲养笼中直到完全清醒。恢复后，将小鼠放回原来的饲养笼。

六、数据分析及结果解读

（一）数据处理

在定量分析之前，首先需要对连续的z轴图像序列进行处理。使用ImageJ插件StackReg的"rigid body"模式对连续z轴光学切片（6层，步进2 μm）进行空间对齐校正，以消除样本移动或漂移带来的误差。然后将对齐校正后的图像序列通过最大投影方式（maximum intensity projection）压缩为每一时间点对应的2D图像上。接下来，需要对这些沿z轴对齐的2D投影图像再次进行时间维度的对齐校正。具体做法是，沿时间轴（共100帧）对这些图像进行相同的对齐处理，每10帧取一平均值以提高信噪比。最后，选取前10帧（0~3分钟）和后10帧（30~33分钟）的图像进行比较分析。使用Fiji插件"Simple Neurite Tracer"对每个完整的小胶质细胞分支进行2D追踪。将源自小胶质细胞体的最长分支定义为初级分支，每个初级分支上的再分支结构则被定义为次级分支（不包括三级或更远的分支）。

（二）数据分析

根据实验需求，可以计算不同时间窗内小胶质细胞各观察指标的变化情况。至少对每只动物的3个小胶质细胞进行测量，取平均值进行分析比较。这一系列图像处理和分析步骤可以帮助我们定量评估小胶质细胞在不同时间点的变化，为探究其动态生理功能提供有价值的定量数据支持。

（三）小胶质细胞形态学的成像

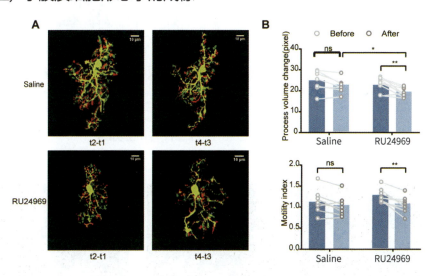

图3-21　小胶质细胞在体成像示例[22]
A. 生理盐水和RU24969处理组中小胶质细胞的形态变化；B. RU24969处理相较于对照组明显引起小胶质细胞分支体积和移动率的下降

数据显示了生理盐水（Saline）组和RU24969处理组中，前额叶皮层小胶质细胞改变的分支体积和移动程度[22]。

在体双光子成像技术可用于观察小胶质细胞的形态改变及移动程度。如图3-21所示，在RU24969处理的实验组中，RU24969使小胶质细胞在改变的分支体积和移动程度上明显降低，而生理盐水处理的对照组中小胶质细胞无明显变化，因此，RU24969处理降低了小胶质细胞的运动性。

（四）小胶质细胞反应性的成像

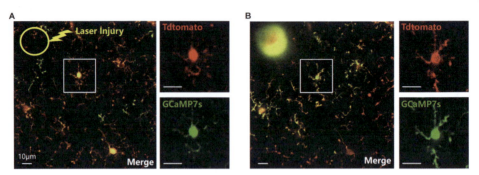

图3-22 小胶质细胞对双光子激光损伤的快速反应

A.激光损伤前小胶质细胞的形态和钙活动情况；B.激光损伤后小胶质细胞的形态和钙活动；右侧小图红色通道Tdtomato显示细胞形态，绿色通道GCaMP7s反映细胞钙活动；左侧大图为双通道重叠示意图

在体双光子成像技术能够有效观察小胶质细胞在损伤或病理状态下的反应。如图3-22所示，当大脑皮层出现局部损伤时，损伤周围的小胶质细胞会迅速做出反应。红色Tdtomato通道显示，在激光损伤的瞬间，小胶质细胞的突起迅速回收并形成球状末端；与此同时，绿色GCaMP7s通道则显示小胶质细胞突起上的钙离子活性显著增加。这些变化表明，双光子成像技术可有效地深入研究小胶质细胞对局部损伤的反应性。

（五）小胶质细胞与脑实质其他元素相互作用的成像

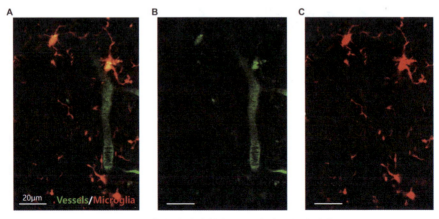

图3-23 小鼠大脑血管与周围小胶质细胞成像

A.同视野下血管与周围小胶质细胞的相对位置；B.绿色荧光标记血管形态；C.红色荧光标记小胶质细胞形态

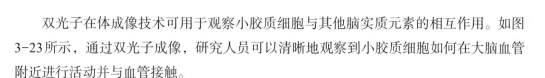

双光子在体成像技术可用于观察小胶质细胞与其他脑实质元素的相互作用。如图3-23所示，通过双光子成像，研究人员可以清晰地观察到小胶质细胞如何在大脑血管附近进行活动并与血管接触。

七、关键点

实验步骤	问题	原因	解决办法
3~9	手术过程中小鼠死亡	常见于麻醉过量或失温	麻醉剂量应适量，不易麻醉过深；手术全程应将小鼠置于棉垫上，使用棉垫维持小鼠体温
8，9	组织出血或组织炎症导致小胶质细胞激活	当颅骨厚度过薄（小于15 μm），钻头可能向下推动颅骨，损伤脑皮层表层组织，导致成像区域出现局部炎症反应，降低后续图像的质量	使用颅骨钻时须小心打磨，并适当使用生理盐水对打磨区域进行物理降温

八、技术的局限性

（一）有限的穿透深度

双光子显微镜的成像深度受限于激光的穿透深度。虽然双光子成像技术相对于传统的单光子荧光显微镜具有更好的深度穿透能力，但对于皮层下小胶质细胞的观察仍存在限制。

（二）高成本和复杂性

双光子显微镜的设备和操作相对复杂，需要专业的培训和丰富的经验。此外，设备本身的成本较高，飞秒激光器的使用寿命有限，对日常的维护和管理要求也较高。

（三）时间分辨率和空间分辨率的局限性

双光子显微镜成像速度较慢，对于观察小胶质细胞的快速动态过程可能不够敏感。这在研究细胞之间的相互作用和动态变化时可能存在局限性。在体双光子显微镜的空间分辨率通常不如离体的共聚焦显微镜高，这可能会影响细胞内结构细节的观察，尤其是在小细胞或细胞内复杂结构中。

(四) 光毒性

虽然双光子成像技术相较于传统的单光子荧光显微镜光毒性较低，但长时间、多次成像也可能会对样品和活体动物模型造成损伤。

-------------------------------- • 思 考 题 • --------------------------------

1. 请设计使用双光子显微镜观察小胶质细胞的反应性的实验流程。

2. 请思考如何拓展小胶质细胞在体成像技术的研究深度，并实现该类细胞转录水平和代谢活动的可视化分析。

3. 请思考如何拓展小胶质细胞的在体成像范围，以满足高通量在体成像的需求，从而研究不同脑区、不同类型的小胶质细胞在生理和疾病中发挥的作用。

-------------------------------- • 参考文献 • --------------------------------

[1] Sierra A, Paolicelli RC, Kettenmann H. Cien anos de microglia: milestones in a century of microglial research. Trends Neurosci 42, 778-792 (2019).

[2] Sierra A, de Castro F, Del Río-Hortega J, et al. The "Big-Bang" for modern glial biology: Translation and comments on Pio del RioHortega 1919 series of papers on microglia. Glia 64, 1801-1840 (2016).

[3] Blinzinger K, Kreutzberg G. Displacement of synaptic terminals from regenerating motoneurons by microglial cells. Z Zellforsch Mikrosk Anat 85, 145-157 (1968).

[4] Ibrahim MZ, Khreis Y, Koshayan DS. The histochemical identification of microglia. J Neurol Sci 22, 11-233 (1974).

[5] Giulian D., Baker TJ. Characterization of ameboid microglia isolated from developing mammalian brain. J Neurosci 6, 2163-2178 (1986).

[6] Colton CA, Gilbert DL. Production of superoxide anions by a CNS macrophage, the microglia. FEBS Lett 223, 284-288 (1987).

[7] Suzumura A, Mezitis SG, Gonatas NK, et al. MHC antigen expression on bulk isolated macrophage-microglia from newborn mouse brain: induction of Ia antigen expression by gamma-interferon. J Neuroimmunol 15, 263-278 (1987).

[8] Hetier E, Ayala J, Denèfle P, et al. Brain macrophages synthesize interleukin-1 and interleukin-1 mRNAs in vitro. J Neurosci Res 21, 391-397 (1988).

[9] Sawada M, Kondo N, Suzumura A, et al. Production of tumor necrosis factor-alpha by microglia and astrocytes in culture. Brain Res 491, 394-397 (1989).

[10] Denk W, Strickler JH, Webb WW. Two-photon laser scanning fluorescence microscopy. Science 248, 73-76 (1990).

[11] Brawek B, Garaschuk O. Monitoring in vivo function of cortical microglia. Cell Calcium 64, 109-117 (2017).

[12] Rosario AM, Cruz PE, Ceballos-Diaz C, et al. Microglia-specific targeting by novel capsid-modified AAV6 vectors. Mol Ther Methods Clin Dev 3, 16026 (2016).

[13] Stamataki M, Rissiek B, Magnus T, et al. Microglia targeting by adeno-associated viral vectors. Front Immunol 15, 1425892 (2024).

[14] Lin R, Zhou Y, Yan T, et al. Directed evolution of adeno-associated virus for efficient gene delivery to microglia. Nat Methods 19, 976-985 (2022).

[15] Ito D, Imai Y, Ohsawa K, et al. Microglia-specific localisation of a novel calcium binding protein, Iba1. Brain Res Mol Brain Res 57, 1-9 (1998).

[16] Goldmann T, Wieghofer P, Jordão MJ, et al. Origin, fate and dynamics of macrophages at central nervous system interfaces. Nat Immunol 17, 797-805 (2016).

[17] Jung S, Aliberti J, Graemmel P, et al. Analysis of fractalkine receptor CX(3)CR1 function by targeted deletion and green fluorescent protein reporter gene insertion. Mol Cell Biol 20, 4106-4114 (2000).

[18] Davalos D, Grutzendler J, Yang G, et al. ATP mediates rapid microglial response to local brain injury in vivo. Nat Neurosci 8, 752-758 (2005).

[19] Nimmerjahn A, Kirchhoff F, Helmchen F. Resting microglial cells are highly dynamic surveillants of brain parenchyma in vivo. Science 308, 1314-1318 (2005).

[20] Brawek B, Garaschuk O. Microglial calcium signaling in the adult, aged and diseased brain. Cell Calcium 53, 159-169 (2013).

[21] Ma C, Li B, Silverman D, et al. Microglia regulate sleep through calcium-dependent modulation of norepinephrine transmission. Nat Neurosci 27, 249-258 (2024).

[22] Luo Y, Chen X, Wei C, et al. BDNF alleviates microglial inhibition and stereotypic behaviors in a mouse model of obsessive-compulsive disorder. Front Mol Neurosci 15, 926572 (2022).

（杨琳　张小敏　黄潋滟）

第七节 钙信号的数据处理

一、概述

研究者从实验中获得的钙信号数据往往以视频的方式保存，然而，视频数据的复杂性给后期的数据处理带来了一系列的挑战，包括烦琐的图像预处理步骤，如降噪、增强、修复、基线校正等，以及对钙信号提取步骤在效率与准确性方面的高度要求。因此，亟须构建一套系统、规范的数据处理流程，以提升数据处理的效率与结果的可靠性。本节将详细介绍基于实验视频的数据处理基本准则和要求，为研究人员提供系统的方法，以提高数据处理的效率和准确性（图3-24）。

首先，图像预处理是数据处理不可或缺的一步，其目的是提高图像质量，为后续的信号提取创造有利条件。这包括去除视频噪声、增强图像的关键特征、修复可能存在的图像缺陷以及进行基线校正。通过这些步骤，可以显著提高信号检测的准确性，减少后续分析中的误差。

其次，使用先进算法提取钙信号这一过程涉及复杂的计算方法，旨在从预处理后的图像中准确地识别和测量钙信号的动态变化。我们将介绍当前最有效的算法和技术，包括机器学习和深度学习方法，以及如何选择最适合的计算模型。

最后，对提取到的钙信号进行进一步处理是至关重要的，包括信号的去噪、归一化和量化分析等。这一步骤确保了从视频数据中提取的信息能够准确反映神经活动，为神经科学的研究提供可靠的数据支持。

本节将为读者提供一套全面的数据处理框架，从图像预处理到信号提取，再到信号的后期处理。通过本节的内容，希望能够对读者有效地处理和分析复杂的钙信号数据有所启发。

图3-24 钙信号数据分析流程总览

图3-25 FFmpeg图标

二、相关软件及工具介绍

有关于钙信号的分析涉及大量的视频、图像以及数据处理方面的知识，本部分旨在为缺少相关理工科背景的读者补充必要的知识，以支持后续的钙信号分析工作。

（一）视频的读取和降采样

以视频形式保存起来的钙信号数据，需要使用合适的编程库加载视频文件，以获取视频的基本信息，如帧率、分辨率、总帧数等。同时，还需要实现逐帧读取视频，确保每一帧数据能够被正确解析和处理。因此，我们需要将视频的每一帧解码并拆分为图片，以方便后续处理。FFmpeg是目前广泛使用的视频处理开源工具，它几乎能够解码、编码、转换和处理所有格式的视频和音频文件。FFmpeg还具有高度可移植性，在Linux、Mac OS X、Microsoft Windows、BSD、Solaris等各种构建环境、机器架构和配置下均可以正常编译、运行。本节后续将要介绍的钙信号分析处理工具中就集成了FFmpeg这个软件（图3-25）。

降采样（Downsampling）是一种在处理数字信号和图像时常用的处理方式，其被用来减少数据量，从而加速后续的分析处理。实现降采样的方式有很多种，对于视频，我们可以对视频的每一帧进行裁剪或缩放处理，从而实现降采样处理。我们也可以根据需要，在视频的时间维度上进行操作，通过设定目标帧率或时间间隔来减少数据量。比如在原视频基础上间隔几帧后取一帧或者多帧合成为一帧，从而重新合成得到一个新的小版本视频用于分析处理，这些相对较小的数据集可以有效减少我们分析工作的时间和资源消耗。

（二）图像降噪

由于技术的局限性和各种内外因素的影响，我们采集到的图像数据中含有噪声是不可避免的。噪声不仅降低了图像质量，还可能干扰数据的解读，因此，有效的降噪处理对于保证实验结果的准确性和可靠性极为重要。滤波器是我们处理各种图像噪声的强大工具，但需要注意的是，虽然滤波器可以显著改善图像质量，但过度或不当的使用也可能导致信息的丢失。因此，进行图像预处理时，在信息丢失和图像质量改善之间需要保持平衡：一方面要尽可能去除噪声，另一方面又要尽量保留图像中的有用信息和细节。这是我们在进行图像降噪处理时所遵循的原则。

图像噪声的来源往往是多种多样的，我们可以分为以下几类：

（1）仪器噪声：由成像设备本身的电子元件产生，如CCD相机的热噪声。

（2）环境噪声：由拍摄环境中的不稳定因素引起，例如光照条件的变化。

（3）信号传输噪声：在信号从成像设备传输到记录设备的过程中产生，可能因为电磁干扰等原因引入。

（4）压缩噪声：在图像压缩过程中产生，尤其是使用了损失压缩算法时。

根据噪声的统计特性，在钙信号的分析提取中我们可能遇到的噪声可以分为以下两类：

（1）高斯噪声：具有正态分布的随机噪声，是最常见的噪声类型之一。

（2）"盐与胡椒"噪声（又称脉冲噪声）：随机出现的白点（"盐"）和黑点（"胡椒"），通常是由尖峰干扰或传感器故障造成的。

下面我们通过一些示例了解噪声是如何影响图像的：

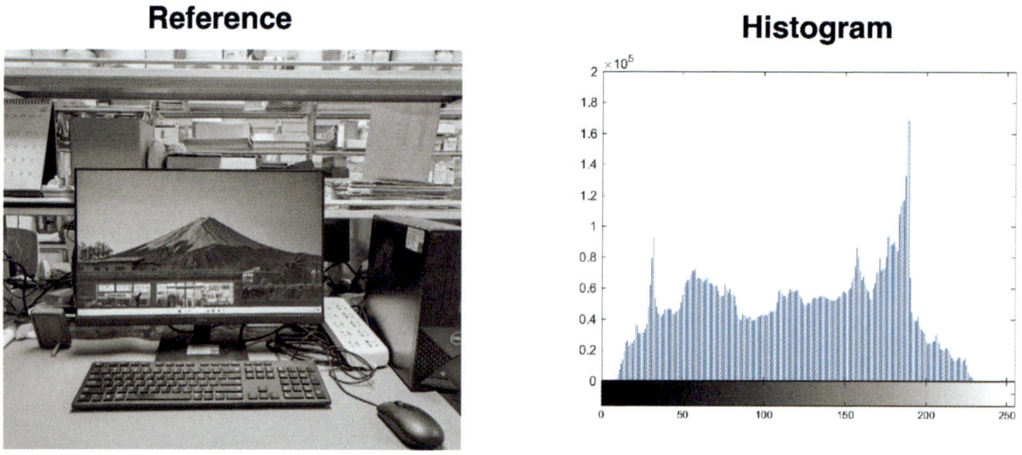

图3-26 参考图片与对应直方图

图3-26展示了一张参考图片和与其对应的灰度直方图，在灰度图片中每一个像素的灰度值通常用一个单一的数字表示，范围从0到255，其中0代表纯黑色，255代表纯白色，中间的数值则代表不同的灰度级别。我们统计一张图片的灰度分布后就可以得到对应的灰度直方图。

现在我们对参考图片添加几种噪声，在添加噪声后图像及其直方图的变化如图3-27所示。

高斯噪声（Gaussian noise）

 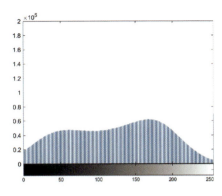

"盐与胡椒"噪声（Salt&Pepper noise）

 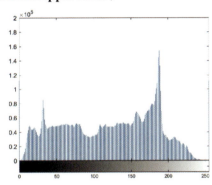

图3-27 加噪后参考图片与对应直方图

为了有效降低或消除这些噪声，我们可以应用多种类型滤波器处理图像，以下几种滤波器比较适用于处理钙信号数据中的图像噪声（表3-26）。

表3-26 各类滤波器一览表

滤波器	原理	针对的噪声类型	优点	缺点
高斯滤波器	通过将高斯函数作为权重系数，对图像进行卷积操作来平滑图像和减少噪声。可以在空间域和频率域实现	高斯噪声	可以有效减少噪声的影响，保持图像细节；频域滤波对大图像处理效率高	对边缘信息处理不如其他滤波器，可能导致模糊
中值滤波器	对滤波器包围的像素值进行排序，用中值替代中心像素的值	"盐与胡椒"噪声（脉冲噪声）	对"盐与胡椒"噪声效果特别显著，模糊程度比同尺寸的线性滤波器低	对于高斯噪声效果不佳，可能会去除一些细节

续表

滤波器	原理	针对的噪声类型	优点	缺点
双边滤波器	考虑像素之间的空间距离和像素值之间的差异，计算加权平均值作为滤波结果	各种类型噪声	能保持边缘信息，广泛应用于去噪和图像美化	计算复杂，处理大图像时可能效率低
各向异性滤波器	类似双边滤波器，通过"扩散"思想，平滑不同区域的噪声，保留边缘信息	各种类型噪声	保留边缘信息，适应性强，特别适合需要保持清晰边缘的应用场景	计算复杂，可能需要长时间来处理图像

　　上述滤波器有着各自的优点和局限性，我们需要根据这些特点和实际情况选择我们要使用的滤波器。高斯滤波器作为线性滤波器其形式简单，计算速度快，在处理高斯噪声时有不错的效果，但是高斯滤波器对所有像素同时操作导致其在减少噪声的同时也会导致图像边缘的模糊，以及图像细节和纹理的丢失。中值滤波器在处理"盐与胡椒"噪声时效果显著，但在处理密集细节的图像时可能会移除或模糊重要的图像细节，其计算模式要求中值滤波器对图像中每一个像素的邻域进行排序操作，这在处理大型图像时会导致大量的时空资源开销。双边滤波器和各向异性滤波器的泛用性广，在去除噪声的同时保留了边缘细节，但因为双边滤波器在计算时需要考虑像素间的空间和强度差异，使得其处理速度通常较慢，而且在某些情况下（特别是参数设置不当时），双边滤波器会在强边缘附近产生光晕效应，这会使得边缘周围出现不自然的亮区。类似的，由于各向异性滤波器迭代和非均质处理特性，各向异性滤波的计算成本远高于简单的线性滤波器，且各向异性滤波器对参数敏感，不恰当的参数选择可能导致过度平滑或不足以消除噪声。因此，在选择降噪方法时，我们应当考虑以下因素：

　　（1）噪声类型：降噪方法的选择需要根据噪声类型来决定（如高斯噪声、"盐与胡椒"噪声等）。

　　（2）图像质量要求：有些方法可能会模糊图像细节，需权衡降噪效果和信号保留。

　　（3）计算效率：在处理大量数据时，选择计算效率较高的降噪方法很重要。

　　通过适当的降噪方法，可以有效提高钙成像数据的质量，为后续的分析提供更加可靠的基础。

（三）钙信号分析算法的发展

1. 初期的钙信号处理算法

早期的研究对于钙图形的信号提取，主要根据形态学识别神经元和细胞区域，采用手动选取ROI的传统方法，选取的效率低，且主观性较强，随着数据复杂度提升，这类方法难以满足高通量数据需求。而钙信号的分析则依赖于简单地记录ROI内像素的亮度变化来表示细胞荧光变化，再通过计算荧光变化相对于基线的差异来量化钙信号的相对强度（$\Delta F/F$），这种分析方法未能有效剔除成像过程中普遍存在的背景亮度波动的影响，也缺少动作校正步骤，无法消除被测动物活动引起的图像位移和信号失真，使得获得的$\Delta F/F$准确性不高。这种简单的方法适用于早期的少数细胞记录，但面对复杂的数据，准确性和通量都有限。因此，深度学习与自动化分析应运而生了。

2. 约束非负矩阵分解算法（CNMF）与CaImAn

在CNMF算法中，视频中神经元的荧光活动被总结为以下形式：

$$Y = A^{\mathrm{T}}C + b^{\mathrm{T}}F + \epsilon$$

式中Y为视频中神经元的荧光活动，A为每一个神经元的空间足迹，C为每一个神经元的时间活动，b和f分别为背景部分的空间足迹和时间活动，最后为ϵ噪声。

在CNMF算法中，假设每个神经元的时间活动为自回归过程（autoregressive process，AR process）：

$$c(t) = \sum_{i=1}^{p} \gamma_i c(t-i) + s(t)$$

$c(t)$：表示时间点t的钙信号强度（如荧光值）。

γ_i：自回归系数（$i=1$，2，$\cdots$，p），反映历史钙信号对当前值的影响权重。

p：自回归模型的阶数，决定历史时间窗口的长度（通常取1或2）。

$s(t)$：神经元放电（spike）活动，表示t时刻神经元的瞬态活动（如动作电位触发的钙离子内流）。

假设我们观察了某个神经元在T个时间点上的钙信号活动，记为$c(t)$，而$s(t)$表示该神经元在第t个时间点真实发放的电信号（也就是脉冲数），它可以近似看作是神经元在这一时刻的放电频率（spike firing rate）。上面的公式描述了我们观察到的钙信号$c(t)$是如何受到神经元放电$s(t)$的影响的——也就是说，某个时间点的钙信号其实是之前若干个时间点内神经元放电的累计结果。这个累计的权重由参数γ_i决定，取决于我们选取的模型阶数p。

当$p=0$时，模型简化为$c(t)=s(t)$，也就是说，只要神经元一发放电信号，它的钙信号就会立刻反映出来，不受任何过去发放的影响。这种模型非常简单，但与真实的生理过程不符。

当$p=1$时，模型表示我们考虑了神经元发放后钙信号会先上升然后逐渐衰减的过程，反映了更真实的钙信号动态变化。

当$p=2$时，模型能更精细地刻画钙信号的变化，不仅能模拟放电后的缓慢衰减，还能更准确地捕捉到信号上升的过程。

当然，如果我们希望更精细地还原复杂的钙信号特征，也可以继续增加阶数p，不过在实际应用中，通常$p=1$或$p=2$已经足够了。

基于上述的假设，CNMF算法的目标是通过迭代算法找到对应当前视频中神经元活动Y的A、C、b和f最优匹配。

掌握CNFM算法的基础思想有助于读者理解后续实际的分析流程，对于仅需要提取钙信号的使用者而言，无须深入研究其数学推导。传统钙成像分析方法在处理神经元重叠和利用时空结构信息方面存在局限性。CNMF算法通过充分挖掘数据中细胞的时空结构信息，显著提升了对重叠神经元的分解能力，并能更精确地确定神经元的空间位置。此外，还可以分辨出具有低信噪比的神经元信号。自提出以来，CNMF已成为钙成像数据分析领域的主流方法。

总的来说，CNMF算法在神经元钙成像数据分析领域表现出卓越的性能。通过充分利用神经元活动的时空信息，该算法能够有效地处理高密度神经元活动，准确识别并分离重叠的神经元信号，并对低信噪比数据具有较强的鲁棒性。CNMF算法在处理大规模神经元钙成像数据方面具有显著优势，为神经科学研究提供了有力工具。

以CNMF算法为核心，研究者开发了大规模钙成像记录分析工具包CaImAn（图3-28）。CaImAn中集成了适用于双光子和单光子钙成像数据的运动校正、神经元提取、钙尖峰反卷积等多种分析功能组件，支持多个平台，还支持在线分析和批处理。目前CaImAn已经被广泛使用，它的出现还启发了后续一系列使用CNMF算法分析钙成像记录的软件工具包的开发。

图3-28　钙信号分析处理包CaImAn

3. MiniAn

在CaImAn和CNMF的基础上，开发者不断地完善钙成像数据分析工具，将数据的预处理和数据可视化功能集成到分析软件中。本教程中使用的MiniAn是目前用户友好的工具之一，降低了神经科学研究者使用CNMF算法的门槛。相比CaImAn，MiniAn的使用更为"傻瓜式"，不需具备丰富的编程经验，仅需掌握基础的Python知识，就可通过MiniAn完成钙成像数据的预处理、分析和可视化。

三、MiniAn分析钙信号数据流程

(一) MiniAn的运行前准备

在开始正式分析前我们需要安装MiniAn，推荐在Anaconda的Python环境下进行，请需要的读者自行安装Anaconda后执行以下安装步骤。

MiniAn有使用Conda安装和从源安装两种方式，这里先介绍使用Conda安装的方式。进入Conda控制台，创建并进入MiniAn虚拟环境：

```
conda create -y -n minian
conda activate minian
```

在完成虚拟环境创建并进入该环境后，使用以下代码安装MiniAn：

```
conda install -y -c conda-forge minian
```

安装必要的Demo和Notebook文件：

```
minian-install --notebooks
minian-install --demo
```

至此，完成MiniAn的Conda安装流程。

从源安装MiniAn是笔者更为推荐的安装方式，这种方式安装的MiniAn在使用中更为稳定。安装同样在Conda控制台中进行，运行以下内容：

```
git clone https://github.com/DeniseCaiLab/minian.git
cd minian/
conda env create -n minian -f environment.yml
```

至此，完成MiniAn的从源安装流程。

使用上述任一种方式安装好MiniAn后，就可以在anaconda里启动 jupyter notebook 界面准备开始分析数据了，Jupyter Notebook是一个开源的交互式计算环境，方便查看和操作我们的数据处理过程，在anaconda控制台中输入即可启动notebook：

```
jupyter notebook
```

（二）MiniAn的数据库结构

在MiniAn中保存的数据结构如图3-29所示：

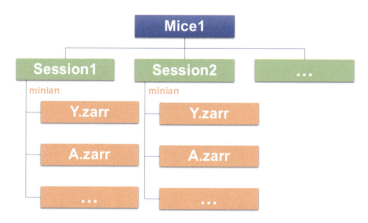

图3-29　MiniAn默认的数据库组成结构

相关的设置可以在param_save_minian字典中的meta_dict下修改，其中有两个参数：session和animal。用来指定未来保存的MiniAn结果中，如session为-1，anmial则为-2，那么结果中将会把dpath路径中倒数第一和第二文件夹分别作为结果元数据中session和animal的名称。

（三）使用MiniAn分析数据

1. 分析前设置

首先导入需要的包和模块：

```
%%capture
%load_ext autoreload
%autoreload 2
import itertools as itt
import os
import sys
import holoviews as hv
import numpy as np
import xarray as xr
from dask.distributed import Client, LocalCluster
from holoviews.operation.datashader import datashade, regrid
from holoviews.util import Dynamic
from IPython.core.display import display
```

指定MiniAn路径：

```
minian_path = "."
```

导入MiniAn包内的各个模块：

```
%%capture
sys.path.append(minian_path)
from minian.cnmf import (
        compute_AtC,
        compute_trace,
        get_noise_fft,
        smooth_sig,
        unit_merge,
        update_spatial,
update_temporal,
        update_background,
)
from minian.initialization import (
        gmm_refine,
        initA,
        initC,
        intensity_refine,
        ks_refine,
        pnr_refine,
        seeds_init,
        seeds_merge,
)
from minian.motion_correction import apply_transform,
estimate_motion
from minian.preprocessing import denoise, remove_background
from minian.utilities import (
        TaskAnnotation,
        get_optimal_chk,
        load_videos,
        open_minian,
        save_minian,
)
from minian.visualization import (
        CNMFViewer,
        VArrayViewer,
        generate_videos,
        visualize_gmm_fit,
        visualize_motion,
        visualize_preprocess,
        visualize_seeds,
        visualize_spatial_update,
        visualize_temporal_update,
        write_video,
)
```

接下来设置初始变量:

```
# Set up Initial Basic Parameters#
dpath = "./demo_movies/"
minian_ds_path = os.path.join(dpath, "minian")
intpath = "./minian_intermediate"
subset = dict(frame=slice(0, None))
subset_mc = None
interactive = True
output_size = 100
n_workers = int(os.getenv("MINIAN_NWORKERS", 4))
param_save_minian = {
        "dpath": minian_ds_path,
        "meta_dict": dict(session=-1, animal=-2),
        "overwrite": True,
}
# Pre-processing Parameters#
param_load_videos = {
        "pattern": "msCam[0-9]+\.avi$",
        "dtype": np.uint8,
        "downsample": dict(frame=1, height=1, width=1),
        "downsample_strategy": "subset",
}
param_denoise = {"method": "median", "ksize": 7}
param_background_removal = {"method": "tophat", "wnd": 15}
# Motion Correction Parameters#
subset_mc = None
param_estimate_motion = {"dim": "frame"}
# Initialization Parameters#
param_seeds_init = {
        "wnd_size": 1000,
        "method": "rolling",
"stp_size": 500,
        "max_wnd": 15,
        "diff_thres": 3,
}
param_pnr_refine = {"noise_freq": 0.06, "thres": 1}
param_ks_refine = {"sig": 0.05}
param_seeds_merge = {"thres_dist": 10, "thres_corr": 0.8, "noise_
freq": 0.06}
param_initialize = {"thres_corr": 0.8, "wnd": 10, "noise_freq": 0.06}
param_init_merge = {"thres_corr": 0.8}
# CNMF Parameters#
```

```
param_get_noise = {"noise_range": (0.06, 0.5)}
param_first_spatial = {
        "dl_wnd": 10,
        "sparse_penal": 0.01,
        "size_thres": (25, None),
}
param_first_temporal = {
        "noise_freq": 0.06,
        "sparse_penal": 1,
        "p": 1,
        "add_lag": 20,
        "jac_thres": 0.2,
}
param_first_merge = {"thres_corr": 0.8}
param_second_spatial = {
        "dl_wnd": 10,
        "sparse_penal": 0.01,
        "size_thres": (25, None),
}
param_second_temporal = {
        "noise_freq": 0.06,
        "sparse_penal": 1,
        "p": 1,
         "add_lag": 20,
         "jac_thres": 0.4,
}
os.environ["OMP_NUM_THREADS"] = "1"
os.environ["MKL_NUM_THREADS"] = "1"
os.environ["OPENBLAS_NUM_THREADS"] = "1"
os.environ["MINIAN_INTERMEDIATE"] = intpath
```

以下为基础参数和各个函数在之后的分析流程中的具体作用：

dpath：含有待处理视频的文件夹。

interactive：此参数控制在运行中是否显示交互式界面以测试各类参数，如果启用，显示的交互式界面需要使用另外的CPU/内存和运行时间。当用户完成参数探索后，可将本参数设置为False以关闭交互式界面，缩短处理时间。

output_size：控制所有图表的相对大小，建议范围是 0~100%，也可以设置大于100 的值，表示放大图表。

param_save_minian：指定保存数据的目标文件夹和格式。

dpath：将要保存数据的文件夹路径。

meta_dict：用于构建最终标记数据结构的元数据的字典。

overwrite：一个布尔值，用于控制是否覆盖已存在的前项文本文件。如果要使用新的参数重新分析视频，建议先删除旧的分析结果。

其余变量的用法和意义将在后文具体使用时向读者详解。

最后初始化模块并启动聚类器：

```
dpath = os.path.abspath(dpath)
hv.notebook_extension("bokeh", width=100)
cluster = LocalCluster(
        n_workers=n_workers,
        memory_limit="2GB",
        resources={"MEM": 1},
        threads_per_worker=2,
        dashboard_address=":8787",
)
annt_plugin = TaskAnnotation()
cluster.scheduler.add_plugin(annt_plugin)
client = Client(cluster)
```

其中，针对聚类器所需资源限制，读者可以根据实际情况修改。

2. 数据预处理

（1）读取视频、降采样并使用可视化面板检查数据

在数据预处理步骤中，MiniAn主要会对加载的视频文件进行降采样、降噪和背景去除处理，我们会按顺序向读者介绍这些步骤及其使用的参数。在这一部分，参与预处理的参数分为3组：用于载入视频的param_load_videos，用于执行去噪的param_denoise，以及用于去除背景的param_background_removal，这三组参数都以字典的形式保存起来。

首先进行的是视频的降采样，我们可以通过变量名直接检查本步骤使用的参数：

```
param_load_videos
```

Jupyter Notebook会有如下形式的返回：

```
{'pattern': 'msCam[0-9]+\\.avi$',
    'dtype': numpy.uint8,
    'downsample': {'frame': 1, 'height': 1, 'width': 1},
    'downsample_strategy': 'subset'}
```

此参数字典中各个参数的作用如下：

pattern：用于在视频文件夹中寻找符合指定命名规律的文件，命名规律以正则表达式字符串形式被储存在其中。如上面返回的msCam[0-9]+\\.avi\$，其意为匹配开头为"msCam"、后续编号范围在0~9、结尾后缀必须为".avi"的视频。

dtype：用于指定视频读取后处理时使用的数据类型。

downsample：用于进行降采样，其中含有frame、height和width三个维度，默认数值"1"代表不进行降采样，若要对视频的某一个维度进行降采样，可以对这三个参数赋大于"2"的整数值，比如frame=2，表示将在时间维度上以两帧取一帧的方式进行降采样，即以两倍速压缩视频帧率。

downsample_strategy：用于指定使用的降采样方式，可指定"subset"或"mean"两个值，"subset"表示通过直接抽取原始数据中的子集实现降采样，处理速度较快；"mean"表示将在降采样的窗口上计算数据的平均值，能够更好地保留原始信号特征，处理速度较慢。

如果有需要，我们可以修改参数，如改变使用降采样方法为"mean"：

```
param_load_videos["downsample_strategy "] = "mean"
```

若参数以字典形式保存：

```
param_load_videos["downsample"] = {"frame": 2}
```

完成参数修改后，我们便可以读入数据视频进行降采样并分块：

```
varr = load_videos(dpath, **param_load_videos)
chk, _ = get_optimal_chk(varr, dtype=float)
```

然后，将数据数组保存到中间文件夹，以避免在后续步骤中重复加载视频：

```
varr = save_minian(
        varr.chunk({"frame":chk["frame"],
"height":-1,
"width":1}).rename("varr"),
                    intpath,
overwrite=True,
)
```

变量varr是一个xarray.DataArray对象，相比numpy.array这类数据结构，xarray.DataArray最大的特点是在每个维度上有附加的元数据，使得其比单纯的数组更容易操作，我们可以打印变量varr来查看其信息（图3-30）。

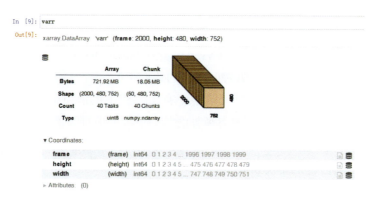

图3-30 变量varr信息

我们可以使用VArrayViewer可视化varr的内容：

```
hv.output(size=output_size)
if interactive:
vaviewer = VArrayViewer(varr, framerate=5, summary=["mean",
"max"])
        display(vaviewer.show())
```

可视化面板如图3-31所示，从上到下分别为控制视频播放的工具栏、展示视频当前帧的图像栏和最下方的总结栏。在图像栏中，我们可以按住Shift键绘制ROI，并单击"Update Mask"按钮保存ROI区域坐标，我们可以在后续阶段检索和使用这些ROI。总结栏可以展示每一帧的汇总信息，如每帧像素亮度最大值max、平均值mean、最小值min和所有像素相对平均亮度的差值diff，可以在summary中指定需要显示的信息。通过检查这些信息，我们可以确认录制的视频中是否存在问题（如相机突然掉落导致的暗帧等）。

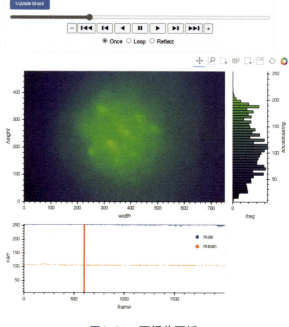

图3-31 可视化面板

如果想要使用自定义的ROI用于后续的运动校正，可以使用：

```
if interactive:
    try:
        subset_mc = list(vaviewer.mask.values())[0]
    except IndexError:
        pass
```

如果在之前的检查中发现视频有问题，可以通过建立子集的方式去除这些不需要的部分，假设只需要视频的前800帧，那么可以运行：

```
varr_ref = varr.sel(frame=slice(0, 799))
```

或者：

```
varr_ref = varr.sel({"frame": slice(0, 799)})
```

可以对任意维度进行我们需要的裁剪，比如只提取角落的100px×100px区域：

```
varr_ref = varr.sel(height=slice(0, 99), width=slice(0, 99))
```

（2）辉光去除和图像去噪

接下来，须去除背景的辉光，在每个像素上计算并减去每帧亮度的最小值：

```
varr_min = varr_ref.min("frame").compute()
varr_ref = varr_ref - varr_min
```

在可视化面板中预览处理结果（图3-32）：

```
hv.output(size=int(output_size * 0.7))
if interactive:
    vaviewer = VArrayViewer(
    [varr.rename("original"), varr_ref.rename("glow_removed")],
        framerate=5,
        summary=None,
    layout=True,
    )
    display(vaviewer.show())
```

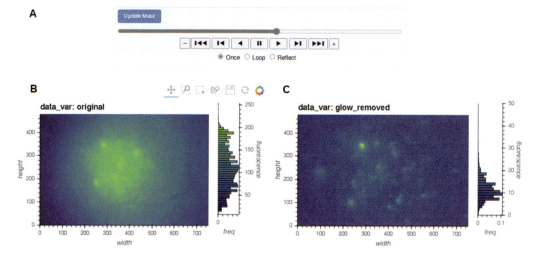

图3-32　在可视化面板中预览辉光去除结果

A.用于控制视频播放的控制台；B.原始视频数据；C.去除辉光后视频

　　然后，须对视频图像进行去噪操作，在这一部分涉及的关键参数字典是param_denoise，保存在字典中的参数有两个，参数method用于指定要使用的滤波器，可以设定gaussian高斯滤波器、median中值滤波器、anisotropic各向异性滤波器、bilateral双边滤波器。这几种滤波器的特性和适用情况在上文背景知识中已有介绍，请读者自行查阅，在实际操作中选择合适的滤波器即可。

　　而参数ksize用于指定使用滤波器的核大小，经验上可设置为最大神经元像素直径的一半（ksize=5是可获取比较好效果的经验参数），此外该值应设置为奇数。

　　可以在可视化面板中检查不同滤波器和核大小的滤波效果：

```
hv.output(size=int(output_size * 0.6))
if interactive:
    display(
        visualize_preprocess(
            varr_ref.isel(frame=0).compute(),
            denoise,
            method=["median"],
            ksize=[5, 7, 9],
        )
    )
```

　　如图3-33，在出现的可视化面板中，我们可以通过滑块检查不同滤波器和核大小的滤波表现。

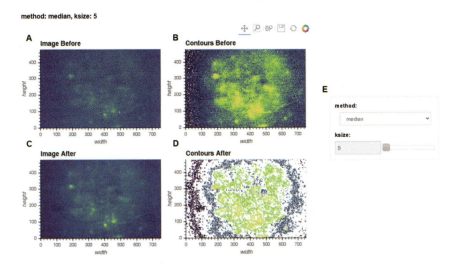

图3-33 在可视化面板中检查滤波器效果

A. 滤波处理前的视频帧；B. 滤波处理前的视频帧中的细胞群轮廓；C. 经过滤波处理后的视频帧；D. 滤波处理后的视频帧中的细胞群轮廓；E. 用于控制进行处理的滤波器类型和核大小

选择好合适的参数后，在数据上应用滤波器：

```
varr_ref = denoise(varr_ref, **param_denoise)
```

（3）背景去除和运动校正

为了去除视频的每一帧中神经元以外的背景部分，MiniAn可通过形态学的顶帽方法（Top-hat）来估计背景，在背景去除步骤中使用的参数字典为param_background_removal，保存在字典中的参数有两个，method参数指定了后续会使用顶帽方法进行像素层面的形态学运算；而wnd参数用于指定进行形态学运算的初始圆盘元素大小，在实际使用中，wnd=15即可获得不错的处理结果，使用者可以根据自己的需求调整。

与之前类似，在MiniAn中，可以通过可视化面板确认一个合适的参数组合：

```
hv.output(size=int(output_size * 0.6))
if interactive:
    display(
        visualize_preprocess(
        varr_ref.isel(frame=0).compute(),
            remove_background,
            method=["tophat"],
            wnd=[10, 15, 20],
        )
    )
```

确认合适参数后，执行背景去除操作：

```
varr_ref = remove_background(varr_ref, **param_background_
removal)
```

此时可以对目前的处理结果进行保存，方便出现意外中断后接续：

```
varr_ref = save_minian(varr_ref.rename("varr_ref"),
dpath=intpath,
overwrite=True)
```

现在可以进行预处理的最后一步，即动作校正。在动作校正部分中使用的参数字典为param_estimate_motion，其中只有一个参数dim，其默认参数为frame，表示以时间维度（帧）为基础进行校正，在动作校正中我们一般不需要修改默认参数设置。

首先，我们执行运动估计操作。在运动估计过程中，MiniAn会通过快速傅里叶变换（FFT）计算两帧间的相位相关性，其相位相关性的峰值与帧间的运动平移相对应：

```
motion = estimate_motion(varr_ref.sel(subset_mc),
**param_estimate_motion)
```

对动作估计的结果进行保存：

```
motion = save_minian(
motion.rename("motion").chunk({"frame":chk["frame"]}),
**param_save_minian
)
```

画图查看帧间动作是如何在长宽两个方向上变化的（图3-34）：

```
hv.output(size=output_size)
visualize_motion(motion)
```

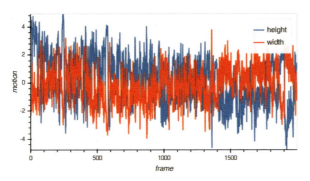

图3-34 在横纵两个方向上的动作估计结果

确定每一帧的运动后，就可以使用函数apply_transform来校正运动。需要注意的是，我们必须决定如何处理从视场外部移动进入的像素。默认情况下MiniAn用0填充这些像素：

```
Y = apply_transform(varr_ref, motion, fill=0)
```

保存运动校正结果：

```
Y_fm_chk = save_minian(Y.astype(float).rename("Y_fm_chk"),
intpath,
overwrite=True)
Y_hw_chk = save_minian(
        Y_fm_chk.rename("Y_hw_chk"),
        intpath,
        overwrite=True,
        chunks={"frame":-1,
"height":chk["height"],
"width":chk["width"]},
)
```

使用可视化窗口预览运动校正后视频（图3-35）：

```
hv.output(size=int(output_size * 0.7))
if interactive:
    vaviewer = VArrayViewer(
        [varr_ref.rename("before_mc"), Y_fm_chk.
rename("after_mc")],
        framerate=5,
        summary=None,
        layout=True,
    )
    display(vaviewer.show())
```

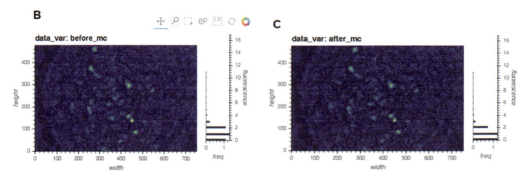

图3-35　运动校正效果

A.用于控制视频播放的控制台；B.进行动作校正前的视频数据；C.进行动作校正后的视频数据

通过检查运动校正前后所有帧的最大投影可以快速检查运动校正效果（图3-36）：

```
im_opts = dict(
    frame_width=500,
  aspect=varr_ref.sizes["width"] / varr_ref.sizes["height"],
    cmap="Viridis",
    colorbar=True,
)
(
    regrid(
        hv.Image(
                varr_ref.max("frame").compute().astype(np.
float32),
            ["width", "height"],
            label="before_mc",
        ).opts(**im_opts)
        )
      + regrid(
        hv.Image(
                Y_hw_chk.max("frame").compute().astype(np.
float32),
            ["width", "height"],
            label="after_mc",
        ).opts(**im_opts)
    )
)
```

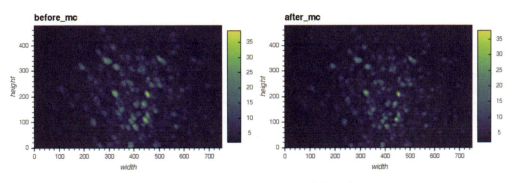

图3-36 通过最大投影检查运动校正结果
A.动作校正处理前的最大投影结果；B.动作校正处理后的最大投影结果

可以选择生成运动校正后的视频结果，并保存在文件中：

```
vid_arr = xr.concat([varr_ref, Y_fm_chk], "width").
chunk({"width": -1})
write_video(vid_arr, "minian_mc.mp4", dpath)
```

（4）分析初始化

为了后续使用CNMF算法，MiniAn会先对数据中细胞可能出现的空间位置和时间活动进行一个初始估计，其核心思想是从多组帧子集中计算最大投影，并找到这些最大投影的局部最大值，而这些局部最大值就是待识别神经元的潜在位置，这些潜在位置被称为种子（seed）。

首先计算后续使用的最大投影，并保存：

```
max_proj = save_minian(
        Y_fm_chk.max("frame").rename("max_proj"), **param_
save_minian
).compute()
```

下一步使用的参数字典为param_seeds_init。该参数字典包含以下六个主要参数：

wnd_size：用于指定每个子集包含的帧数量。

method：用于定义子集划分方式及计算方法，提供两种可选值。

rolling：采用跨时间的滚动窗口进行分块并计算最大投影。

random：使用随机采样窗口进行分块。

stp_size：仅在 rolling 方法下使用，用于控制滑动窗口遍历数据时每个块中心包含的帧数量。

nchunk：仅在 random 方法下使用，用于控制随机采样的块数。

max_wnd：仅在 rolling 方法下使用，用于指定计算局部最大值的窗口半径。

diff_thres：用于设置局部最大值与其相邻最大值之间的差异强度阈值。

基于设置的参数字典，从最大投影中最终生成了种子集：

```
seeds = seeds_init(Y_fm_chk, **param_seeds_init)
```

可以通过表格和画图的形式检查得到的种子集：

```
seeds.head()
```

如图3-37所示，表格中每一行为一个种子：

	height	width	seeds
0	0	325	1.0
1	0	381	1.0
2	0	387	1.0
3	1	263	2.0
4	2	352	1.0

图3-37　列表展示初始种子集

可视化检查种子集（图3-38）：

```
hv.output(size=output_size)
visualize_seeds(max_proj, seeds)
```

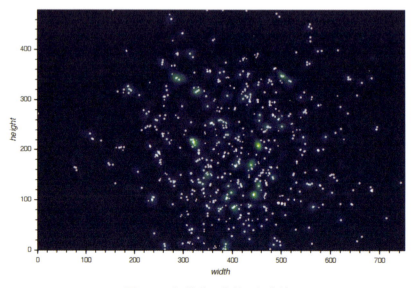

图3-38　初始种子集的可视化结果

根据每个种子的时间活动特性，可以对生成的种子进行筛选。MiniAn提供了基于频率的方法来分离信号和噪声。为了确定合适的截止频率，MiniAn会随机选取若干实例种子，并使用不同的截止频率对其活动进行分离。最后，通过观察分离结果，选择能够最佳区分信号与噪声的频率作为最终参数。

为了便于读者根据自身数据探索合适的参数设置，本节将详细介绍该处理流程的具体步骤。

①创建待测试的截止频率列表

构建一个名为noise_freq_list的列表，其中每个频率值为采样频率的N分之一。若数据已进行降采样，则列表中的频率值应基于降采样率计算为N分之一。

②选择示例种子并初始化结果存储

从已有的种子集中随机选择6个作为示例种子，并初始化一个空字典smooth_dict，用于存储处理结果。

③迭代处理每个测试频率值

遍历noise_freq_list中的每个频率值 f，对示例种子的时间活动进行以下两种滤波操作：

低通滤波：按频率 f 对时间活动信号进行低通滤波，结果保存至变量 trace_smth_low。

高通滤波：按频率 f 对时间活动信号进行高通滤波，结果保存至变量 trace_smth_high。

④计算结果

对滤波后的结果使用compute函数进行分析，计算输出结果并将其存储到 smooth_dict 中。

⑤ 可视化分析并选择最佳频率

将滤波后的结果进行可视化展示，通过观察信号与噪声的分离效果，选择一个最佳区分二者的截止频率 f。

此流程的关键在于逐步优化参数设置，以便用户根据自身数据特点选择最优的频率值，从而提升信号提取的准确性。

经过处理后的结果可能会出现如图3-39中的三种情况：

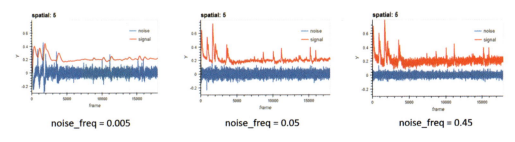

图3-39　初始种子集的可视化结果

　　图中展示了不同截止频率的处理结果，可以看出 noise_freq=0.005 和 noise_freq=0.45 作为截止频率效果都不好，前者过度平滑信号，导致真实的钙活动也被平滑掉了；后者则仍有大量高频噪声未滤除。因此，noise_freq=0.05 是一个不错的选择。

　　在 MiniAn 中，我们可以使用以下代码可视化不同截止频率对种子时间活动的影响，以选择适合自己数据的截止频率：

```python
if interactive:
noise_freq_list = [0.005, 0.01, 0.02, 0.06, 0.1, 0.2, 0.3,
0.45, 0.6, 0.8]
    example_seeds = seeds.sample(6, axis="rows")
    example_trace = Y_hw_chk.sel(
        height=example_seeds["height"].to_xarray(),
        width=example_seeds["width"].to_xarray(),
    ).rename(**{"index": "seed"})
    smooth_dict = dict()
    for freq in noise_freq_list:
        trace_smth_low = smooth_sig(example_trace, freq)
         trace_smth_high = smooth_sig(example_trace, freq,
btype="high")
        trace_smth_low = trace_smth_low.compute()
        trace_smth_high = trace_smth_high.compute()
        hv_trace = hv.HoloMap(
            {
                "signal": (
                    hv.Dataset(trace_smth_low)
                    .to(hv.Curve, kdims=["frame"])
                    .opts(frame_width=300,aspect=2,
ylabel="Signal (A.U.)")
                ),
                "noise": (
                    hv.Dataset(trace_smth_high)
                    .to(hv.Curve, kdims=["frame"])
                    .opts(frame_width=300,
aspect=2,
ylabel="Signal (A.U.)")
                ),
            },
            kdims="trace",
        ).collate()
        smooth_dict[freq] = hv_trace
hv.output(size=int(output_size * 0.7))
```

```
if interactive:
    hv_res = (
        hv.HoloMap(smooth_dict, kdims=["noise_freq"])
        .collate()
        .opts(aspect=2)
        .overlay("trace")
        .layout("seed")
        .cols(3)
    )
    display(hv_res)
```

用来帮助调参的可视化窗口如图3-40所示。

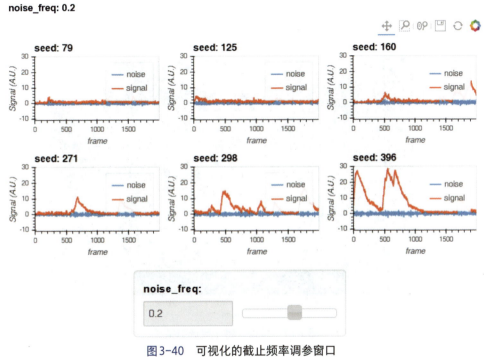

图3-40　可视化的截止频率调参窗口

在确认截止频率后，就可以使用该频率对初始种子集进行峰噪比筛选：

```
seeds, pnr, gmm = pnr_refine(Y_hw_chk, seeds, **param_pnr_
refine)
```

参数字典param_pnr_refine中保存了两个参数：

noise_freq：用于存储选定的的最佳截止频率。该参数用于对信号进行低通和高通滤波，其中低通滤波的结果被定义为信号，高通滤波结果被定义为噪声。滤波后，分别计算信号峰和噪声峰的峰值（即最大值减去最小值）。将信号峰峰值与噪声峰峰值的比值定义为峰噪比（peak-to-noise ratio, PNR）。通过设置峰噪比的阈值，可以对种子进行进一步筛选。

thres：是峰噪比的阈值，通常，阈值设为1即可满足工作需求。此外，还可以选择自动模式（auto），由算法根据数据特性自动调整阈值。

和之前介绍的一样，可以通过表格和画图的方式检查筛选结果，直观了解筛选过程的效果和可靠性（图3-41）。

```
seeds.head()
hv.output(size=output_size)
visualize_seeds(max_proj, seeds, "mask_pnr")
```

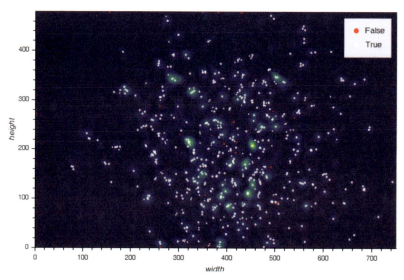

图3-41 峰噪比种子筛选结果

如果在筛选过程中发现某些本应属于细胞的种子被误过滤掉，可以尝试以下措施修正：

①重复筛选步骤

按前述流程重新筛选种子，并确保在每个步骤中仔细调整参数。尤其是重新检查noise_freq是否合适。

②降低阈值

适当降低thres（峰噪比阈值），以减少对潜在细胞种子的过度筛选。

此外，如果之前thres选择了参数auto。可以使用下面的方法可视化高斯混合模型拟合结果：

```
if gmm:
        display(visualize_gmm_fit(pnr, gmm, 100))
else:
        print("nothing to show")
```

我们进一步对种子进行精筛，若得到的种子为潜在的神经元，那么其应该满足以下假设：其荧光活动的强度分布为双峰分布，其中大峰主要与噪声和神经元的微小波动相关，小峰与神经元激活时的活动相关。基于这个假设，可以对每一个种子的荧光强度分布进行柯尔莫哥洛夫–斯米尔诺夫（KS）检验，用于判断荧光强度分布是否偏离正态分布，从而筛除那些满足零假设（即荧光活动强度符合正态分布）的种子。这一步使用参数字典中的唯一参数"sig"作为KS检验的显著性水平（即拒绝零假设的P值）。通常设置sig为一个较低值（例如0.05或0.01），表示只有在分布显著偏离正态分布时，种子才会保留。

运行KS检验筛选种子并检查结果（图3-42）：

```
seeds = ks_refine(Y_hw_chk, seeds, **param_ks_refine)
hv.output(size=output_size)
visualize_seeds(max_proj, seeds, "mask_ks")
```

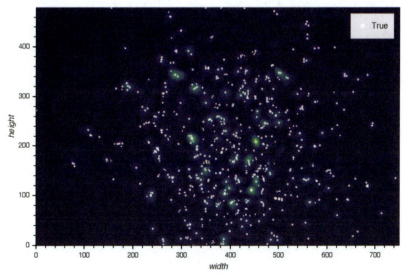

图3-42　KS检验种子筛选结果

虽然之前计算得到的种子大概率已经反映了待识别神经元的位置，但实际每个细胞的位置上仍有可能会包含多个种子，为了避免这种情况，需要对获得的种子进行合并。MiniAn基于种子间的空间距离和时间活动相关性实现种子合并。合并种子时使用的参数字典中有三个参数：thres_dist是种子间欧式距离的阈值，如果两个种子的距离小于该阈值，则它们会被合并；thres_corr则是种子间时间活动的皮尔逊相关系数的阈值，如果两个种子的相关性大于该阈值，则它们会被合并；noise_freq是在计算皮尔逊相关系数前对时间活动进行平滑操作的截止频率，该参数用于抑制高频噪声，从而提高相关性分析的准确性和稳定性。

```
seeds_final=seeds[seeds["mask_ks"]&seeds["mask_pnr"]]
                          .reset_index(drop=True)
seeds_final=seeds_merge(Y_hw_chk,max_proj,seeds_final,
**param_seeds_merge)
```

通过绘制图形对合并后的结果进行验证，检查是否成功消除了多余的冗余种子并保留了正确的神经元位置（图3-43）：

```
hv.output(size=output_size)
visualize_seeds(max_proj, seeds_final, "mask_mrg")
```

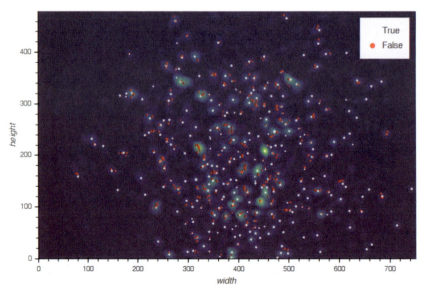

图3-43　种子合并结果

为了将之前步骤中计算得到的种子转化为适用于 CNMF 的初始空间足迹矩阵和时间活动，需要进行初始时空矩阵的生成和初始化操作，即矩阵初始化操作：

```
A_init=initA(Y_hw_chk,seeds_final[seeds_final["mask_
mrg"]],**param_initialize)
A_init = save_minian(A_init.rename("A_init"), intpath,
overwrite = True)
C_init = initC(Y_fm_chk, A_init)
C_init = save_minian(C_init.rename("C_init"),
intpath, overwrite=True, chunks={"unit_id": 1, "frame": -1}
)
```

在矩阵初始化操作中使用的参数字典param_initialize有三个参数：

Wnd：指定相关性计算的空间窗口大小，定义为种子荧光活动与其相邻像素（最大范围为 wnd 像素）的荧光活动之间的相关性。

thres_corr：指相关性阈值，在计算出相关性矩阵后，将所有小于 thres_corr 的相关性值设置为零，以消除微弱相关性。

noise_freq：是在计算皮尔逊相关系数前对时间活动进行平滑操作的截止频率。

获得的空间足迹和时间活动也需要进行合并，在参数字典param_init_merge中设置唯一的参数thres_corr，用于指定单元间时间活动相关性合并阈值，高于此值的单元就会被合并：

```
A, C = unit_merge(A_init, C_init, **param_init_merge)
A = save_minian(A.rename("A"), intpath, overwrite=True)
C = save_minian(C.rename("C"), intpath, overwrite=True)
C_chk = save_minian(
        C.rename("C_chk"),
        intpath,
        overwrite=True,
        chunks={"unit_id": -1, "frame": chk["frame"]},
)
```

类似的，我们需要获得背景部分的初始空间足迹和时间活动：

```
b, f = update_background(Y_fm_chk, A, C_chk)
f = save_minian(f.rename("f"), intpath, overwrite=True)
b = save_minian(b.rename("b"), intpath, overwrite=True)
```

最后，在可视化界面，我们可以检查整个初始化部分的处理结果（图3-44）：

```
hv.output(size=int(output_size * 0.55))
im_opts = dict(
    frame_width=500,
    aspect=A.sizes["width"] / A.sizes["height"],
    cmap="Viridis",
    colorbar=True,
)
cr_opts=dict(frame_width=750,aspect=1.5*A.sizes["width"]/
A.sizes["height"])
(
    regrid(
        hv.Image(
                A.max("unit_id").rename("A").compute().astype(np.
float32),
            kdims=["width", "height"],
        ).opts(**im_opts)
    ).relabel("Initial Spatial Footprints")
    + regrid(
        hv.Image(
                C.rename("C").compute().astype(np.float32),
kdims=["frame", "unit_id"]
        ).opts(cmap="viridis", colorbar=True, **cr_opts)
    ).relabel("Initial Temporal Components")
    + regrid(
        hv.Image(
            b.rename("b").compute().astype(np.float32),
kdims=["width", "height"]
        ).opts(**im_opts)
    ).relabel("Initial Background Sptial")
                +datashade(hv.Curve(f.rename("f").
compute(),kdims=["frame"]), min_alpha=200)
    .opts(**cr_opts)
    .relabel("Initial Background Temporal")
).cols(2)
```

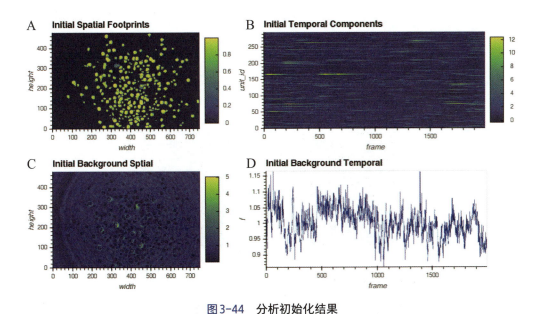

图 3-44　分析初始化结果

A. 初始潜在细胞空间足迹；B. 初始潜在细胞时间足迹；C. 初始背景识别结果；D. 背景时间活动提取结果

3. 使用 CNMF 分析数据

至此，我们将正式使用 CNMF 算法分析钙信号数据。首先估计数据中的噪声量，MiniAn 会独立计算每个像素的 FFT，并根据其功率谱密度估计噪声：

```
sn_spatial = get_noise_fft(Y_hw_chk, **param_get_noise)
sn_spatial = save_minian(sn_spatial.rename("sn_spatial"),
intpath,
overwrite=True)
```

在进行噪声估计时，每个像素的噪声功率估计值存储在 sn_spatial 中。估计噪声使用的参数字典包含以下唯一参数：noise_range。noise_range 定义噪声估计的频率范围，其下界建议使用在峰噪比筛选种子时找到的截止频率。

此外，为了优化后续的参数设置，从之前生成的初始空间足迹和时间活动中随机挑选 10 组，用于进行参数调整：

```
if interactive:
units = np.random.choice(A.coords["unit_id"], 10,
replace=False)
    units.sort()
    A_sub = A.sel(unit_id=units).persist()
    C_sub = C.sel(unit_id=units).persist()
```

第一个需要调整的参数是空间足迹相关的稀疏惩罚（sparse penalty），此参数直接影响算法对细胞形态的识别和背景的分离效果。不同的稀疏惩罚值会导致生成的空间组件密度和形态发生显著变化，具体影响如图3-45所示。

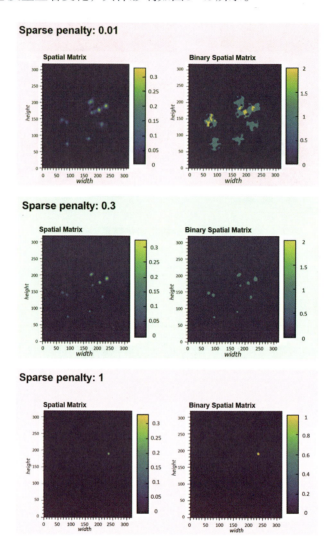

图3-45 稀疏惩罚对分析结果的影响

sparse_penal参数与生成的空间足迹的整体稀疏性直接相关。当sparse_penal=0.01时，从生成的二值掩码中可以看出生成的空间足迹较为宽松，识别出的细胞形态与周边背景形状重叠，产生错误识别。同时，当sparse_penal=1时，算法过于严格，空间足迹过于稀疏，导致丢失部分潜在的细胞。因此，在上面的例子中，sparse_penal=0.3时既可以较好地识别细胞形态，又不至于丢失太多潜在对象，在细胞形态识别和背景分离之间达到平衡。故sparse_penal=0.3是这三种情况中的一个不错的选择。

在可视化窗口中调试sparse_penal参数（图3-46）：

```
if interactive:
    sprs_ls = [0.005, 0.01, 0.05]
    A_dict = dict()
    C_dict = dict()
    for cur_sprs in sprs_ls:
        cur_A, cur_mask, cur_norm = update_spatial(
            Y_hw_chk,
            A_sub,
            in_memory=True,
            dl_wnd = param_first_spatial["dl_wnd"],
            sparse_penal = cur_sprs,
        )
        if cur_A.sizes["unit_id"]:
            A_dict[cur_sprs] = cur_A.compute()
            C_dict[cur_sprs] = C_sub.sel(unit_id=cur_mask).
compute()
    hv_res = visualize_spatial_update(A_dict,
C_dict,
kdims = ["sparse penalty"])
hv.output(size = int(output_size * 0.6))
if interactive:
    display(hv_res)
```

需要测试的可能参数值被保存在sprs_ls列表中，使用者可以在列表中自行添加想要测试的参数值。

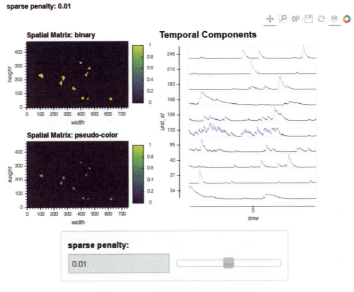

图3-46　可视化稀疏惩罚调参

使用上述找到的 sparse_penal 参数进行数据空间足迹的第一次提取后，可以通过可视化的方式展示生成的空间足迹，从而直观地检查细胞形态的提取效果（图3-47）。以下是代码示例：

```
A_new, mask, norm_fac = update_spatial(
    Y_hw_chk, A, C, sn_spatial, **param_first_spatial
)
C_new = save_minian(
    (C.sel(unit_id=mask) * norm_fac).rename("C_new"),
intpath,
overwrite=True
)
C_chk_new = save_minian(
    (C_chk.sel(unit_id=mask) * norm_fac).rename("C_chk_new"),
intpath,
overwrite=True
)
hv.output(size=int(output_size * 0.6))
opts = dict(
plot=dict(height=A.sizes["height"],
width=A.sizes["width"],
colorbar=True),
    style=dict(cmap="Viridis"),
)
(
    regrid(
        hv.Image(
            A.max("unit_id").compute().astype(np.float32).
rename("A"),
            kdims=["width", "height"],
        ).opts(**opts)
    ).relabel("Spatial Footprints Initial")
    + regrid(
        hv.Image(
(A.fillna(0) > 0).sum("unit_id").compute()
.astype(np.uint8).rename("A"),
            kdims=["width", "height"],
```

```
    ).opts(**opts)
  ).relabel("Binary Spatial Footprints Initial")
  + regrid(
    hv.Image(
      A_new.max("unit_id").compute().astype(np.float32).
rename("A"),
      kdims=["width", "height"],
    ).opts(**opts)
  ).relabel("Spatial Footprints First Update")
  + regrid(
    hv.Image(
(A_new > 0).sum("unit_id").compute().astype(np.uint8).
rename("A"),
      kdims=["width", "height"],
    ).opts(**opts)
  ).relabel("Binary Spatial Footprints First Update")
).cols(2)
```

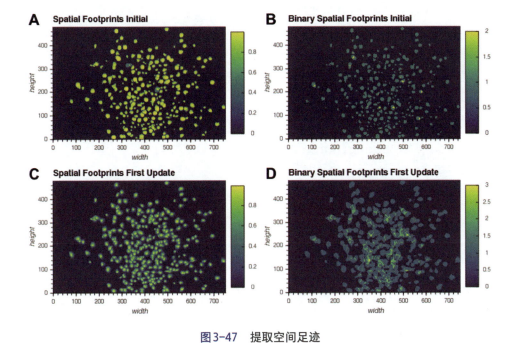

图3-47　提取空间足迹

A. 潜在细胞空间足迹；B. 二值化后的初始潜在细胞空间足迹；C. 第一次提取后的细胞空间足迹；D. 二值化处理第一次提取后的初始潜在细胞空间足迹

在param_first_spatial参数字典中，sparse_penal沿用之前寻找到的合适稀疏惩罚参数不变；对于剩余的两个参数，dl_wnd控制形态膨胀操作的窗口大小，size_thres控制将接受的空间足迹的像素大小，使用上面的代码反复尝试dl_wnd和size_thres的参数组合，并在可视化窗口中检查。获得足够好的空间足迹估计后，更新背景项并查看背景的时空组成，确保背景项得到合理的估计（图3-48）：

```
b_new, f_new = update_background(Y_fm_chk, A_new, C_chk_new)
hv.output(size=int(output_size * 0.55))
opts_im = dict(plot=dict(height=b.sizes["height"],
width=b.sizes["width"],
 colorbar=True),
    style=dict(cmap="Viridis"),
)
opts_cr = dict(plot=dict(height=b.sizes["height"],
width=b.sizes["height"] * 2))
(
    regrid(
        hv.Image(b.compute().astype(np.float32),
kdims=["width", "height"]).opts(**opts_im)
    ).relabel("Background Spatial Initial")
    + hv.Curve(f.compute().rename("f").astype(np.float16),
 kdims=["frame"])
    .opts(**opts_cr)
    .relabel("Background Temporal Initial")
    + regrid(
        hv.Image(b_new.compute().astype(np.float32),
kdims=["width", "height"]).opts(**opts_im)
    ).relabel("Background Spatial First Update")
    + hv.Curve(f_new.compute()
.rename("f").astype(np.float16),kdims=["frame"])
    .opts(**opts_cr)
    .relabel("Background Temporal First Update")
).cols(2)
```

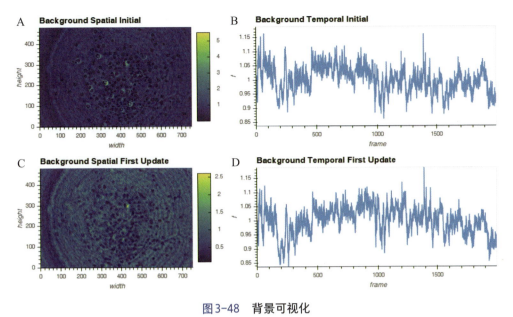

图3-48 背景可视化

A. 初始背景识别结果；B. 初始背景活动提取结果；C. 第一次提取后的背景识别结果；D. 第一次提取获得的背景活动

完成空间足迹的提取后，建议保存至中间文件夹：

```
A = save_minian(
    A_new.rename("A"),
    intpath,
    overwrite = True,
    chunks = {"unit_id": 1, "height": -1, "width": -1},
)
b = save_minian(b_new.rename("b"), intpath, overwrite=True)
f = save_minian(
    f_new.chunk({"frame": chk["frame"]}).rename("f"),
 intpath,
overwrite=True
)
C = save_minian(C_new.rename("C"), intpath, overwrite=True)
C_chk = save_minian(C_chk_new.rename("C_chk"), intpath,
overwrite=True)
```

之后我们需要寻找适合提取时间活动的参数组合，与上面的步骤类似，在 MiniAn 中，通过可视化调参功能，我们可以高效地寻找适合提取时间活动的参数组合（图 3-49）。需要调整的参数字典param_first_temporal中包含noise_freq、sparse_penal、p、add_lag、jac_thres五个参数：

```python
if interactive:
units = np.random.choice(A.coords["unit_id"], 10, replace=False)
    units.sort()
    A_sub = A.sel(unit_id=units).persist()
    C_sub = C_chk.sel(unit_id=units).persist()
if interactive:
    p_ls = [1]
    sprs_ls = [0.1, 0.5, 1, 2]
    add_ls = [20]
    noise_ls = [0.06]
    YA_dict, C_dict, S_dict, g_dict, sig_dict, A_dict = [dict()
for _ in range(6)]
    YrA = (
        compute_trace(Y_fm_chk, A_sub, b, C_sub, f)
        .persist()
        .chunk({"unit_id": 1, "frame": -1})
    )
    for cur_p, cur_sprs, cur_add, cur_noise in itt.product(
        p_ls, sprs_ls, add_ls, noise_ls
    ):
        ks = (cur_p, cur_sprs, cur_add, cur_noise)
        print(
         "p:{}, sparse penalty:{}, additional lag:{}, noise
frequency:{}"
.format(cur_p, cur_sprs, cur_add, cur_noise)
        )
        cur_C, cur_S, cur_b0, cur_c0, cur_g, cur_mask =
update_temporal(
            A_sub,
            C_sub,
            YrA=YrA,
            sparse_penal=cur_sprs,
            p=cur_p,
          use_smooth=True,
            add_lag=cur_add,
            noise_freq=cur_noise,
        )
      YA_dict[ks], C_dict[ks], S_dict[ks], g_dict[ks], sig_
```

```
dict[ks], A_dict[ks] = (
        YrA.compute(),
        cur_C.compute(),
        cur_S.compute(),
        cur_g.compute(),
        (cur_C + cur_b0 + cur_c0).compute(),
        A_sub.compute(),
    )
    hv_res = visualize_temporal_update(
    YA_dict,
    C_dict,
    S_dict,
    g_dict,
    sig_dict,
    A_dict,
    kdims=["p", "sparse penalty", "additional lag",
"noise frequency"],
    )
hv.output(size=int(output_size * 0.6))
if interactive:
        display(hv_res)
```

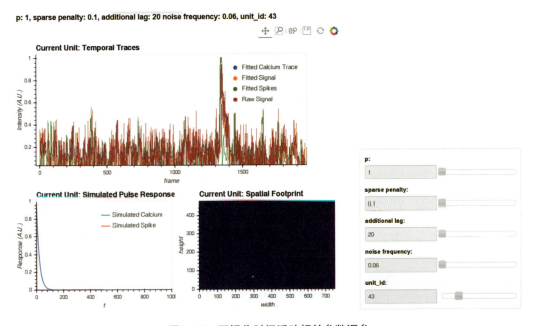

图3-49 可视化时间活动相关参数调参

完成调参后，提取数据的时间活动并进行可视化和保存（图3-50）：

```
hv.output(size=int(output_size * 0.6))
opts_im = dict(frame_width=500, aspect=2, colorbar=True,
cmap="Viridis")
(
    regrid(
            hv.Image(C.compute().astype(np.float32).
rename("ci"),
kdims=["frame", "unit_id"]).opts(**opts_im)
    ).relabel("Temporal Trace Initial")
    + hv.Div("")
    + regrid(
            hv.Image(C_new.compute().astype(np.float32).
rename("c1"),
kdims=["frame", "unit_id"]).opts(**opts_im)
    ).relabel("Temporal Trace First Update")
    + regrid(
            hv.Image(S_new.compute().astype(np.float32).
rename("s1"),
kdims=["frame", "unit_id"]).opts(**opts_im)
    ).relabel("Spikes First Update")
).cols(2)
YrA = save_minian(
    compute_trace(Y_fm_chk, A, b, C_chk, f).rename("YrA"),
    intpath,
    overwrite=True,
    chunks={"unit_id": 1, "frame": -1},
)
C_new, S_new, b0_new, c0_new, g, mask = update_temporal(
    A, C, YrA=YrA, **param_first_temporal
)
```

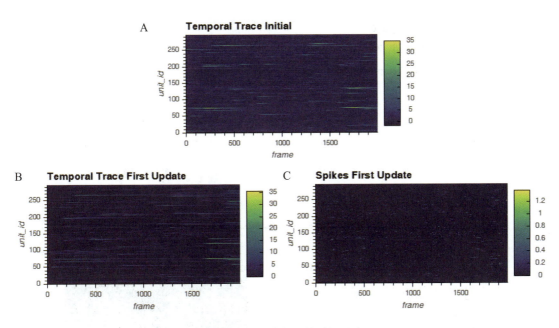

图3-50 可视化提取的时间活动

A. 初始时空活动；B. 第一次提取获得的细胞时间足迹；C. 第一次提取获得的细胞时间足迹解卷积结果

最后检查所有识别到神经元的空间组件和时间活动是否准确合理（图3-51）：

```
hv.output(size=int(output_size * 0.6))
if interactive:
    sig = C_new + b0_new + c0_new
    display(
        visualize_temporal_update(
            YrA.sel(unit_id=mask),
            C_new,
            S_new,
            g,
            sig,
            A.sel(unit_id=mask),
        )
    )
```

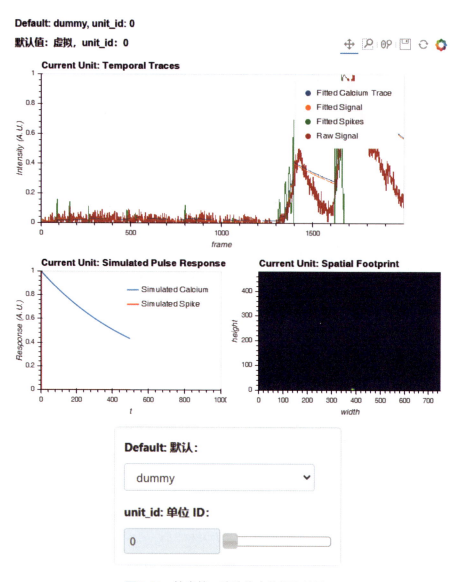

图3-51 检查第一遍迭代中的提取结果

保存第一遍迭代的结果：

```
C = save_minian(C_new.rename("C")
.chunk({"unit_id": 1, "frame": -1}),
intpath, overwrite=True)
C_chk = save_minian(C.rename("C_chk"),intpath,
overwrite=True,
    chunks={"unit_id": -1, "frame": chk["frame"]},
)
```

```
S = save_minian(S_new.rename("S").chunk({"unit_id": 1,
"frame": -1}),
intpath, overwrite=True)
b0 = save_minian(b0_new.rename("b0").chunk({"unit_id": 1,
"frame": -1}), intpath, overwrite=True)
c0 = save_minian(c0_new.rename("c0").chunk({"unit_id": 1,
"frame": -1}), intpath, overwrite=True
)
A = A.sel(unit_id=C.coords["unit_id"].values)
```

在两次迭代之间，我们需要手动合并空间足迹重合的神经元，控制合并的参数字典param_first_merge中只有一个参数thres_corr，我们可以反复运行调整参数，直至合并后的足迹符合生物学特性并减少冗余（图3-52）：

```
A_mrg, C_mrg, [sig_mrg] = unit_merge(A, C, [C + b0 + c0],
**param_first_merge)
hv.output(size=int(output_size * 0.6))
opts_im = dict(frame_width=500, aspect=2,
colorbar=True, cmap="Viridis")
(
        regrid(
            hv.Image(C.compute().astype(np.float32).
rename("c1"),
kdims=["frame", "unit_id"]
        )
        .relabel("Temporal Signals Before Merge")
        .opts(**opts_im)
    )
    + regrid(
            hv.Image(C_mrg.compute().astype(np.float32).
rename("c2"),
kdims=["frame", "unit_id"]
        )
        .relabel("Temporal Signals After Merge")
        .opts(**opts_im)
    )
)
```

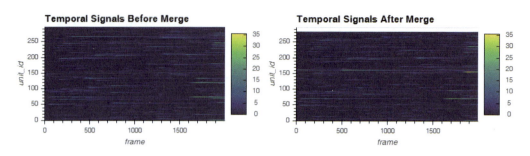

图3-52　检查合并结果

A.合并前信号；B.合并后信号

接下来进行CNMF算法的第二次迭代，由于代码和第一次差别不大，不再另行介绍。

完成第二次迭代后，就可以进行最后结果的可视化检查（图3-53）：

```
generate_videos(varr.sel(subset), Y_fm_chk, A=A, C=C_chk,
vpath=dpath)
if interactive:
        cnmfviewer = CNMFViewer(A=A, C=C, S=S, org=Y_fm_
chk)
hv.output(size=int(output_size * 0.35))
if interactive:
        display(cnmfviewer.show())
```

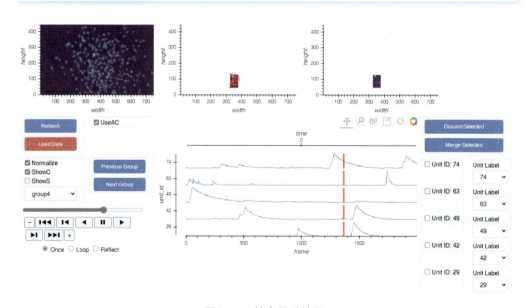

图3-53　检查最后结果

最后一步，保存最后结果并关闭聚类器运行。恭喜！你已经成功使用MiniAn提取了钙成像的神经元数据。

```
if interactive:
    A = A.assign_coords(unit_labels=("unit_id", cnmfviewer.
unit_labels))
    C = C.assign_coords(unit_labels=("unit_id", cnmfviewer.
unit_labels))
    S = S.assign_coords(unit_labels=("unit_id", cnmfviewer.
unit_labels))
c0 = c0.assign_coords(unit_labels=("unit_id",
cnmfviewer.unit_labels))
b0 = b0.assign_coords(unit_labels=("unit_id",
cnmfviewer.unit_labels))
A = save_minian(A.rename("A"), **param_save_minian)
C = save_minian(C.rename("C"), **param_save_minian)
S = save_minian(S.rename("S"), **param_save_minian)
c0 = save_minian(c0.rename("c0"), **param_save_minian)
b0 = save_minian(b0.rename("b0"), **param_save_minian)
b = save_minian(b.rename("b"), **param_save_minian)
f = save_minian(f.rename("f"), **param_save_minian)
client.close()
cluster.close()
```

四、钙信号的分析

在得到神经元的信号后，我们需要从海量钙成像数据中提取有价值的信息。聚类分析作为一种有效的数据挖掘手段，可用于对神经元信号进行分类，从而识别神经元中独特的活动模式，区分不同类型的钙信号事件，研究群体神经元的同步活动，识别和定位特定功能区域，构建时间序列模型和预测模型等。通过构建基于聚类的模型，我们可以更深入地理解神经网络的功能组织和动态变化。这里介绍两种广为使用的聚类算法供读者参考。根据自己独特的实验设计与数据模式，读者应根据实际情况灵活选择方法。

（一）K-means聚类算法

K-means算法是一种广泛使用的聚类算法，是钙信号分析中常用的非监督学习方法，它的目标是通过指定聚类数量K将钙信号分为K个不同的群组，使得同一个群组内的数据点之间的相似度相对较高，而不同群组内的数据点之间的相似度相对较低。K-means适合对特征相对简单的信号进行分组，但需事先指定聚类数，可能会对结果的解释带来一定限制。算法的具体步骤如下：

1. 初始化：随机选取K个数据点作为初始的簇（cluster）中心。

2. 分配：对于每一个数据点，计算它与每个簇中心的距离，并将数据点分配到距离最近的簇中。这一步确保每个点都归属于与其最接近的簇中心。

3. 更新：重新计算每个簇的中心点，即计算所有数据点的平均值，并将该平均值作为新的簇中心。

4. 迭代：重复步骤2和3，直到簇中心不再发生显著变化，或者达到预定的迭代次数，从而得出最终的聚类结果。

K-means算法的核心思想是通过迭代优化簇内的数据点与簇中心之间的距离平方和，最终达到一个局部最优解。这个算法计算效率较高，非常适合处理大规模数值型数据集，尤其是已知簇数量的球形簇分布的数据集。我们可以用R语言中stats包的kmeans函数来方便地实现。其中"centers"参数的值表示要形成的簇的数量，"iter.max"为最大迭代次数。然而，它也有一些局限性，比如对初始簇中心的选择敏感，可能陷入局部最优解，并且假设簇是凸形的，这在实际应用中可能不总是成立。

（二）支持向量机

支持向量机（SVM）算法是一种强大且多用途的机器学习方法，适用于分类、回归乃至异常检测等任务，尤其在处理高维数据组成的中小型数据集的二分类问题时表现优异，特别适合信噪比低或样本量有限的钙信号分析。通过最大化决策边界的间隔，SVM算法能够显著提高模型的泛化能力，减少过拟合的风险。

SVM可以帮助从钙信号数据中提取出重要的特征，并对不同类型的神经活动或钙信号事件进行分类分析。例如，在神经网络钙成像中，SVM可用于检测神经元的同步活动、识别特定的活动模式和群体响应。此外，SVM在分类正常和异常神经活动方面有广泛应用。例如，训练SVM模型可以检测异常的钙信号，帮助识别病理状态下的钙信号模式，辅助神经系统疾病研究。通过SVM模型，研究人员可以高效地进行钙信号事件分类、模式识别和特征提取，从而揭示神经活动的复杂动态规律。其应用如下：

1. 分类不同类型的钙信号事件

事件分类：钙信号数据中可能包含多种事件类型（如突发活动、背景噪声等），SVM能够有效地区分这些事件。通过SVM，可以对钙信号中的每个事件进行分类，从而提高钙信号分析的准确性。

细胞类型分类：不同类型的神经元可能具有不同的钙信号特征，通过训练SVM模型，可以将这些神经元的钙信号进行分类，有助于从大规模钙成像数据中识别出不同类型的神经细胞群体。

2. 特征提取与模式识别

提取特征：在分析钙信号时，通常会提取一系列特征，如信号峰值、持续时间、频率、上升和下降速率等。SVM可以利用这些特征，通过学习样本的分类边界，识别出钙信号的关键模式，帮助筛选出与神经活动相关的特定特征。

识别活动模式：SVM在模式识别中非常有效，可以用于识别不同条件下的钙信号模式。例如，可以训练一个SVM模型来区分刺激条件和静息状态下的钙信号活动，从而分析神经元在不同生理条件下的反应差异。

3. 支持多分类任务

在钙信号分析中，可能会有多种类型的信号事件或神经活动模式。尽管SVM本质上是一个二分类算法，但通过"one-vs-one"或"one-vs-all"等策略，SVM可以扩展为多分类模型，适合区分多种钙信号活动类型或模式。

4. 时间序列分析与事件检测

SVM结合滑动窗口等方法可以用于时间序列数据分析，将钙信号的时间序列分割为多个片段，再通过SVM模型对每个片段进行分类，检测不同时间点的神经活动变化。这种方法对于研究钙信号中的动态活动（如短暂或持续放电）非常有用。

5. 结合其他算法提升性能

与特征选择方法结合：SVM可以与主成分分析（PCA）、独立成分分析（ICA）等特征选择或降维算法结合，以提高数据分析的效率和精度。

与聚类方法结合：通过先使用聚类分析将钙信号分为不同的子群体，再在每个子群体内应用SVM进行分类，可以实现更细致的钙信号分类和模式识别。

SVM算法可以通过多种编程语言和软件包实现。Scikit-learn是Python中最流行的机器学习库之一，它提供了简单且高效的数据挖掘和数据分析工具。Scikit-learn中的svm模块包含了用于分类、回归和异常检测的支持向量机实现。我们可以通过调整正则化参数"c"控制模型的容错空间，修改"kernel"参数来更换使用的核类型，使用"class_weight"来赋予各类别权重等。然而，SVM算法在处理高维数据和执行复杂的分类问题时，也存在一些局限性，例如对大规模数据集的处理效率低、内存消耗大、对特征缩放敏感等。

参考文献

[1] FFmpeg Developers. (2016). FFmpeg tool (Version be1d324) [Software].

[2] Schindelin J, Arganda-Carreras I, Frise E. et al. Fiji: an open-source platform for biological-image analysis. Nat Methods 9, 676–682 (2012)

[3] Gonzales RC, Paul W. Digital image processing. Addison-Wesley Longman Publishing Co., Inc. (1987).

[4] Giovannucci A, Friedrich J, Gunn P, et al. CaImAn an open source tool for scalable calcium imaging data analysis. elife 8, e38173 (2019).

[5] Pnevmatikakis EA, Soudry D, Gao Y, et al. Simultaneous denoising, deconvolution, and demixing of calcium imaging data. Neuron 89.2, 285-299 (2016).

[6] Lu J, Li C, Singh-Alvarado J, et al.MIN1PIPE: a miniscope 1-photon-based calcium imaging signal extraction pipeline. Cell Rep 23.12, 3673-3684 (2018).

[7] Dong Z, Mau W, Feng Y, et al. Minian, an open-source miniscope analysis pipeline. eLife 11, e70661 (2022).

[8] Lloyd S. Least squares quantization in PCM. IEEE Trans. Inf. Theory 28.2, 129-137 (1982).

[9] Cortes C, Vapnik V. Support-vector networks. Mach Learn, 20(3), 273-297 (1995).

（梁梓睿　黄潋滟）

第四章

神经系统脑区－环路研究方法

第一节　神经示踪学技术

一、简介

脑之所以被认为是最复杂、最精密的器官，不仅仅是因为其包含种类复杂、数量庞大的神经元，更是由于每个神经元都可以与多个不同的神经元通过突触进行连接，从而构成复杂的功能网络，即神经环路[1, 2]。因此，不同脑区以及不同类型的神经元之间可以协调运作，精确地传递和处理信息，调控多种生理功能和行为。描绘神经环路的精细结构、认识神经元的连接方式对于了解大脑的复杂功能至关重要。

（一）神经示踪学技术原理

神经元包含胞体、轴突和树突，而轴突承担着运输代谢产物的重要功能[3]。轴浆运输是神经元的基本活动，具有双向性。从神经元胞体合成或吸收的物质向轴突末梢运输的过程被称为顺行运输；从轴突末梢吸收的物质反向运输到神经元胞体的过程被称为逆行运输。因此，利用轴浆运输的特性，目前已经设计出多种顺行和逆行标记神经环路的示踪策略，包括辣根过氧化物酶（HRP）示踪法、菜豆凝集素（PHA）顺行示踪法、生物素葡聚糖胺（BDA）顺行示踪法、霍乱毒素B亚单位（CTB）示踪法、荧光素示踪法以及病毒示踪法等[4-8]。

（二）神经示踪学技术发展历程

早在二十世纪四十年代，研究人员就通过变性神经束路示踪法标记了神经环路[9]。该方法通过物理或化学手段在目标区域损伤神经元，并用镀银染色法标记溃变的神经元，从而确定脑区之间的投射关系[9, 10]。但该法存在操作上的不便且会对神经元造成损伤。随着技术的发展，神经束路示踪法逐渐被不需要损毁神经元的方法所取代，即轴浆运输示踪法。

如表4-1所示，传统的神经示踪学技术主要通过化学示踪剂来实现，这些示踪剂存在以下不足：①环路示踪缺乏细胞类型特异性；②跨突触效率低；③无法传递外源基因且信号衰减严重，难以实现多级神经网络的标记。近些年，随着嗜神经病毒示踪学技术的迅速发展，上述缺点被逐渐克服，使重组病毒成为广泛使用的神经环路标记方式。如表4-2所示，目前常用的几种示踪病毒包括单纯疱疹病毒（herpes simplex virus，HSV）、腺相关病毒（adeno-associated virus，AAV）、狂犬病毒（rabies virus，RV）、伪狂犬病毒（pseudorabies virus，PRV）等[11-13]。根据病毒自身的特性，病毒示踪法既可用于非跨突触的环路标记，也可以实现跨突触的环路标记。随着病毒逐渐被优化，示踪病毒的毒性大幅降低，表达时间得以延长，并具有更加高效的运输能力。基于病毒的示踪手段不仅能够更加稳定地对神经环路进行示踪标记，还能与基因工程相结合，实现特异性神经元类型的神经环路标记[14]。下面将详细介绍不同示踪方法的应用和注意事项。

表4-1　传统神经示踪学技术概览

示踪类型	示踪技术	原理及方法	优点	缺点
顺行示踪	菜豆凝集素（PHA）示踪法	以胞饮的方式进入神经元，并顺行运输至神经轴突末梢	可以细致地标记神经轴突末梢，并且不会标记过路纤维	在神经元中运输速度慢（10～20天）；可能存在逆行运输
	生物素葡聚糖胺（BDA）示踪法	以胞饮的方式进入神经元，并顺行运输至神经轴突末梢	方法简单、灵敏度高、能充分显示神经元投射纤维；不引起细胞内的生理变化	会标记出过路纤维；可能存在逆行运输
逆行示踪	霍乱毒素B（CTB）示踪法	与荧光素结合的CTB由神经轴突末梢吸收后，经逆行轴浆运输至神经元胞体	低毒性；可用于长距离投射；可利用不同荧光素同时示踪多条神经环路	示踪效率存在一定的局限性；可能存在少量顺行运输
	荧光素（荧光金）示踪法	被神经轴突末梢摄取，并通过囊泡逆行运输到胞体；荧光金可以在紫外光激发下呈现金黄色	可多重标记；持续时间长；示踪剂的"金标准"	易扩散；容易褪色；切片不易保存
	辣根过氧化物酶（HRP）示踪法	在神经末梢以被动内吞的方式非选择性地吸收到神经元中，使用过氧化氢以及呈色剂四甲基联苯胺可以显示吸收HRP的神经元	可结合其他植物凝集素发挥示踪作用，比如HRP与麦芽凝集素（WGA）结合形成WGA-HRP，可以提高示踪的灵敏度	HRP也可以被神经元胞体吸收，因而在神经元中并无方向性，并不能很好地标记逆行神经环路

表4-2 病毒神经示踪学技术概览

示踪分类	示踪方向	病毒类型	应用特点
不跨突触示踪	顺行示踪	AAV2/9	应用最为广泛；有效载荷4.7 kb；低毒性；稳定表达；无须辅助病毒
		SFV	高毒性；表达速度快
	逆行示踪	retro-AAV2/2	同AAV2/9
		RV	高毒性；表达速度快
跨单级突触示踪	顺行示踪	HSV1-H129-δTK	需要辅助病毒表达TK蛋白；高毒性
		AAV2/1	低毒性；跨突触效率局限；仅能携带Cre基因的结构元件
		PRV	毒性很强
	逆行示踪	RV	需要辅助病毒表达G蛋白；毒性较强；CSV毒株毒性较低，可携带功能性元件（如GCaMP等）
跨多级突触示踪	顺行示踪	HSV1-H129	荧光较弱；灵敏度低；非特异性表达
	逆行示踪	PRV, RV	毒性很强

二、应用

神经示踪学技术可用于探究不同脑区之间细胞特异性的连接方式。绘制不同脑区之间神经元连接图谱时，则会利用到可特异性标记细胞种类、传导方向可控、可视化标记的示踪工具。应用范围：确定两个相关脑区的上下游关系；寻找已知脑区的上游投射脑区及其下游支配脑区；鉴定特定神经元的上游投射神经元，及其支配的下游神经元的类型。根据具体的实验要求，可选择不同的示踪法。若是仅需要明确脑区间的上下游关系，则可考虑化学示踪剂，也可选择病毒示踪法。若是需要明确特定脑区特定神经元的连接网络则需要选择可特异性标记细胞类型、表达特定荧光蛋白、传导方向明确的病毒示踪法。

(一) 不跨突触示踪

可用于不跨突触的顺行示踪病毒主要有AAV、水泡性口炎病毒（vesicular stomatitis

virus，VSV）、塞姆利基森林病毒（semliki Forest virus，SFV）等，其中AAV的使用最为广泛。AAV是一种单链DNA病毒，可以通过不同的启动子实现在特定细胞类型中表达目标基因，实现特定神经元的标记过程。例如，hSyn通常用于广泛神经元标记，CaMKII用于大脑皮层兴奋性神经元标记等等[15]。除此之外，AAV还可以携带LoxP元件，靶向特定表达Cre重组酶的细胞，实现特定类型神经元的环路标记[16]。

可用于不跨突触的逆行示踪病毒主要有RV和Retro-AAV病毒。其中RV虽然自身具有跨多级突触的特性，但是可以通过设计包膜糖蛋白（G）缺失的RV，使得RV失去扩散到其他突触连接的神经元的能力，从而将其限制在最初感染的细胞中，实现逆行单突触示踪过程[17]。另一个常用的逆行示踪病毒是Retro-AAV，它是从AAV中筛选出来的突变体，可以通过神经元的轴突末梢感染神经元，实现逆行示踪神经环路[18, 19]。Retro-AAV的应用与AAV相似，除了直接对注射位点的传入脑区进行荧光蛋白标记以外，Retro-AAV也可以通过Cre/LoxP系统实现特定类型神经元的环路标记。

（二）跨单级突触示踪

可用于跨单级突触的顺行示踪病毒主要有HSV-1-H129-ΔTK以及AAV1。其中，H129是HSV1的一种毒株，具有顺行跨多级突触的能力[20]。但是，当病毒复制所需要的胸苷激酶（TK）基因被敲除后（HSV-1-H129-ΔTK-tdT），缺乏TK蛋白导致病毒无法自我复制传递到下一级神经元，仅能在注射位置的神经元表达荧光蛋白。当注射的另一个腺相关病毒载体（AAV-TK）在神经元中表达TK蛋白后，HSV-1-H129-ΔTK-tdT获得了自我复制的能力，从而实现顺行跨单级突触示踪[21, 22]。此外，AAV1也是一种有效的顺行示踪病毒，在其高滴度的情况下表现出顺行跨单级突触传播的能力。

可用于跨单级的逆行突触病毒主要有PRV和RV[23]。PRV属于疱疹病毒，是一种与HSV1相似的双链DNA病毒。PRV也可以通过敲除TK基因，实现跨单级突触的能力。但是PRV具有很强的毒性，因而仅能用于短期逆行示踪，并且使用过程中要采取必要的安全预防措施[24]。RV是一种单链RNA病毒，它具有很强的逆行传播能力，当其编码的G蛋白缺失（RV-ΔG），会导致RV-ΔG失去传播能力；若此时外源性给予G蛋白，RV-ΔG与G蛋白完成组装后，则具有逆行跨到上一级神经元的能力。为了能够实现G蛋白与RV-ΔG在同一神经元中表达，需要借助禽类肉瘤病毒外膜蛋白EnvA及其同源受体TVA介导病毒特异性感染细胞。由于TVA仅在禽类细胞中存在，因此通过RV-ΔG-EnvA结合TVA可实现RV病毒的跨单级逆行示踪的过程[25]。

（三）跨多级突触示踪

目前常用的跨多级突触示踪病毒种类并不多，可用于顺行跨多级突触的示踪病毒主要是HSV-1-H129，但其仍有很多缺陷，比如荧光弱、灵敏度低、长时间感染会引起非特异性表达等。逆行跨多级突触的示踪病毒主要是PRV和RV，正如前文所述，这两种病毒具有很强的毒性，因此使用过程中需要谨慎。

（四）Cre/LoxP系统在神经示踪中的应用

Cre（cyclization recombination enzyme）是一种重组酶，它能够特异性地识别一种DNA序列，即LoxP位点序列[26]。LoxP是由两个反向回文序列和一个间隔序列组成，Cre酶可以识别两个LoxP位点间回文序列，并诱导序列发生重组[26, 27]。而其重组的结果取决于LoxP位点的方向，主要有以下三种可能：①当两个LoxP位点在一条DNA链上且方向相同，则Cre酶敲除LoxP位点间的序列基因（Cre-OFF策略）；②当两个LoxP位点在一条DNA链上且方向相反，则Cre酶翻转LoxP位点间的序列基因（Cre-ON策略）；③当两个LoxP位点在不同的DNA链上，则Cre酶诱导两条DNA链间的序列互换[27, 28]。在神经示踪学技术中，我们通常使用第二种策略，也就是Cre-ON策略，可以通过Cre/LoxP系统，在神经元中特异性表达荧光蛋白。例如，当我们需要特异性地标记上游神经元，我们可以在下游注射Retro-AAV-Cre病毒，而在上游注射Cre依赖的表达荧光蛋白的病毒，如AAV9-DIO-mCherry（DIO即Cre-ON策略），这样就可以在上游神经元特异性地表达荧光蛋白mCherry。当然，我们也可以使用该方法实现特异性神经元的顺行示踪，例如，在Vglut2-Cre小鼠的MeA脑区注射AAV9-DIO-EGFP病毒，这样可以实现观察MeA脑区Vglut2阳性神经元的下游投射脑区。

三、实验流程图

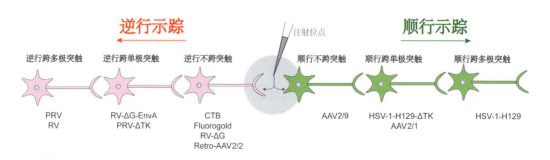

图4-1　神经环路示踪示意图

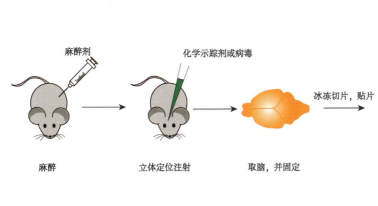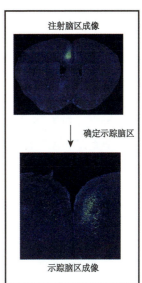

图4-2　病毒注射及脑区成像流程图

四、实验试剂与器材

表4-3　实验试剂

名称	厂商/型号
AAV2/9-hSyn-mGFP-2A-Synaptophysin-mRuby	Shanghai Taitool Bioscience, S0250-9
AAV2/9-hSyn-DIO-mCherry	Shanghai Taitool Bioscience, S0240-9
AAV2/1-hSyn-Cre	Shanghai Taitool Bioscience, S0278-1
液体石蜡	Solarbio, M8040

表4-4　实验器材

名称	厂商/型号
电极拉制仪	Sutter Instrument，P-97
立体定位仪	RWD Life Science，68803
小鼠适配器	RWD Life Science，68030
颅骨钻	RWD Life Science，78001
体式显微镜	Phenix，XTL-165
微量注射器	World Precision Instruments, MICRO02T

五、实验步骤

1. 拉制和安装玻璃电极。使用玻璃电极拉制仪拉制玻璃微电极，根据目标脑区深度，剪去电极尖端封闭部分。在玻璃电极中缓慢灌入液体石蜡，灌满为止。注意玻璃电极中不要出现气泡。

2. 给小鼠腹腔注射阿佛丁（0.1 mL/10 g），待动物完全麻醉后，轻轻提起小鼠背部皮肤，使用小剪刀或刀片逆着毛的方向给小鼠头部皮肤备毛，并使用75%酒精对其头部皮肤进行消毒。

3. 固定小鼠。将小鼠双侧耳凹卡于小鼠适配器双侧耳杆，然后固定耳杆；上提或下压小鼠头部，若小鼠头部均不掉落，则耳凹固定完成。将小鼠上牙卡入适配器牙槽，旋紧牙槽压板，固定完成。

4. 剪开小鼠头部皮肤，暴露颅骨，消毒。

5. 调平

（1）设置零点：在体式显微镜下，将玻璃电极尖端移动到前囟中心（Bregma点）（如图4-3所示），在立体定位仪上将该位置为零点，坐标为（0, 0, 0）。

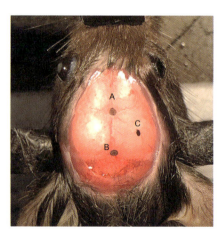

图4-3　小鼠颅骨表面示意图

A. 前囟（Bregma点）；B. 后囟（λ点）；C. 背侧海马 x、y 坐标对应在颅骨表面的位置

（2）前后调平：在体视显微镜下，将玻璃电极尖端移动到后囟中心（λ点），观察此时的 z 坐标值。若 z 坐标值在 ±0.05 mm 范围内，则无须调整。若 z 坐标值超出 ±0.05 mm 范围，则需要调整牙槽高度以及小鼠颅骨的前后端的高度。调整后，将电极尖端重新移动至Bregma点并重置零点，随后观察λ点的 z 坐标值。经过反复调整，使λ点的 z 坐标值在 ±0.05 mm 范围内。

（3）左右调平：在体式显微镜下，分别找到距离Bregma点左右2 mm的位置，观察两点的z坐标值z_1和z_2。若z_1和z_2差值在 ± 0.05 mm范围内，则无须调整。若z_1和z_2的差值超过0.05 mm，则通过调整左右耳杆的高度，减小颅骨左右侧的高度差。调整后，将电极尖端重新移动至Bregma点并重置零点，重新观察z_1和z_2的差值，直至z_1和z_2的差值在 ± 0.05 mm范围内。

6. 吸取病毒示踪剂。

7. 定位、钻孔及注射

（1）定位：在颅骨表面找到目标脑区坐标对应的(x, y)点。

（2）钻孔：用颅骨钻在颅骨(x, y)点处进行钻孔，直至暴露硬脑膜。

（3）进针：将玻璃电极缓慢插入至目标脑区的坐标(x, y, z)。

（4）注射：缓慢注射病毒示踪剂。注射体积以能够覆盖目标脑区为准，注射速度一般为30~50 nL/min。

（5）停针：注射结束后，静置5~10 min，使针管内相应体积的病毒示踪剂完全进入脑组织。

（6）提针：缓慢提起玻璃电极，注射完毕。

8. 缝合皮肤，用75%乙醇进行消毒。

9. 待小鼠苏醒恢复后，正常饲养至病毒表达完全。

10. 制备冷冻脑组织切片（详见第四章第二节）。

11. 荧光显微镜成像及观察。

六、数据分析及结果解读

（一）顺行不跨突触示踪

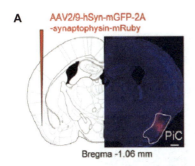
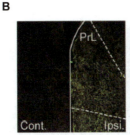

图4-4　不跨突触的顺行示踪案例[29]

A. 在PiC注射AAV2/9-hSyn-mGFP-2A-synaptophysin-mRuby病毒；B. 在PrL和MeA观察到表达黄色（红色+绿色）荧光蛋白的轴突末梢

（二）逆行不跨突触示踪

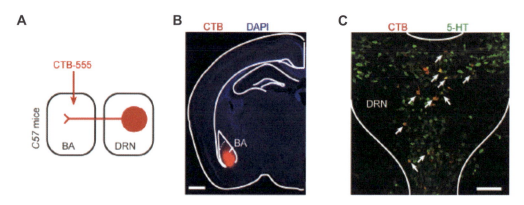

图4-5　用CTB进行逆行不跨突触示踪案例[30]

A. 在BA注射逆行示踪染料CTB-555；B. 在BA观察到注射位点BA有红色荧光蛋白；C. 在中缝背核（DRN）观察到表达红色荧光蛋白的神经元

（三）逆行跨单级突触示踪

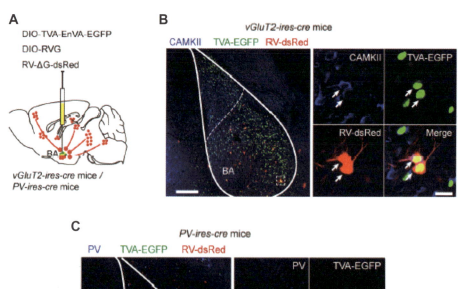

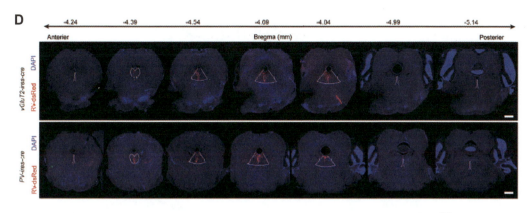

图4-6　利用改造后的伪狂犬病毒体系进行逆行跨单级突触示踪的案例[30]

A. 在vGluT2-ires-cre或PV-ires-cre小鼠的BA注射逆行跨单级突触伪狂犬病毒示踪体系（DIO-TVA-EnVA-EGFP, DIO-RVG和RVδG-dsRed）；B~C. BA中同时表达EGFP和dsRed的神经元为靶向起始神经元（Starter cells）；D. DRN中表达dsRed的神经元为投射到BA vGluT2+神经元（第一行）和BA PV+神经元（第二行）的神经元

（四）神经元类型特异的神经环路示踪

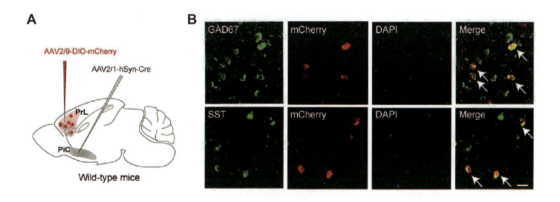

图4-7　利用Cre重组酶系统进行神经环路示踪案例[29]

A. 在PIC注射AAV2/1-hSyn-Cre，使接收PIC投射的神经元表达Cre；在PrL注射AAV2/9-DIO-mCherry，使PrL中接受PIC投射（表达Cre）的神经元表达mCherry；B. PrL观察到表达mCherry的神经元为接收PIC投射的神经元。利用免疫荧光染色鉴定该神经元的类型为SST阳性的GABA能神经元（GAD67$^+$, SST$^+$）

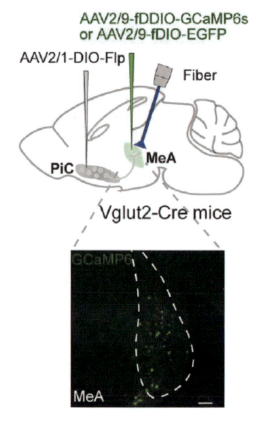

图4-8　结合Cre和Flp重组酶系统进行神经环路示踪案例[29]

在vGluT2-Cre小鼠的PIC注射 AAV2/1-DIO-Flp，使接收 PIC 投射的 vGluT2+ 神经元表达 Flp；在 MeA 注射 AAV2/9-fDIO-EGFP/GCaMP6s，使 MeA 中接收 PIC 投射（表达 Flp）的 vGluT2+ 神经元表达 EGFP。荧光图为 MeA 中表达 GCaMP6s 的神经元图像

七、关键点

实验步骤	问题	原因	解决办法
6	病毒无法被吸入玻璃电极	玻璃微电极中有气泡	换新的玻璃电极，重新安装；在灌液体石蜡和安装过程中，注意保持电极不出现气泡
7	出血	目标脑区上方有血管经过，在进针时被损伤	调整注射角度和坐标
7	病毒无法被打出电极	电极尖端被堵住	用生理盐水轻轻擦拭电极尖端，或剪掉一小段尖端

八、技术的局限性

（一）示踪的不完全性

无论是示踪病毒还是示踪染料，在感染神经细胞或者被神经元轴突末梢吸收的过程中并非所有细胞/染料都能被完全感染/吸收，而是存在一定的标记效率。实验所得到的示踪结果只能反映成功被病毒感染或吸收了染料的神经细胞的上下游关系，因此，实验结果可能存在假阴性。随着示踪病毒的开发，病毒对神经元的感染效率相较从前有了很大的提高，但仍然达不到完全感染的水平。对于较大的脑区，注射病毒/染料时，在不影响其他脑区的前提下，尽可能将示踪剂覆盖整个目标脑区，以便更准确地标记目标脑区的连接环路。为了尽量避免假阴性，还应进行多次重复实验加以验证。

（二）病毒的免疫原性

注射到脑内的病毒会引起神经免疫响应，神经元的活动和形态可能进一步受到影响。因此，在进行神经示踪时，尽可能地选用低毒性、低滴度的病毒。

（三）有创性

立体定位和显微注射技术为有创性操作，可能会引起动物疼痛和产生炎症反应，受到感染的脑区可能会出现神经元死亡的现象，导致示踪剂不易被神经元吸收和表达，可能出现示踪效果不佳的情况。因此，消毒和抗炎操作是十分必要的。同时，手术过程中的麻醉也会引发神经细胞活动的改变，这些改变也可能会影响示踪剂的标记效率。因此，在使用麻醉剂时，使用适当的麻醉剂量，不仅可以减少麻醉对示踪剂效率的影响，而且有助于动物状态的恢复。

- • 思 考 题 • -

1. 请简述病毒示踪的原理。

2. 请比较染料示踪剂和病毒示踪剂的优缺点。

3. 以往研究表明，基底外侧杏仁核（BLA）中存在一群神经元接受内侧前额叶皮层（mPFC）的投射，但是这群BLA的神经元是否投射到大脑的其他区域，尚不清楚。请设计一个实验方案，探究接收mPFC投射的BLA的神经元对大脑其他区域的神经投射情况。

4. 以往研究表明，mPFC有一群神经元投射到BLA，但是这群mPFC相同的神经元是否也投射到大脑其他区域，尚不清楚。请设计一个实验方案，探究投射到BLA的mPFC神经元对大脑其他区域的神经投射情况。

5. 在巴甫洛夫条件性恐惧的实验中，小鼠一听到特定的声音就会受到一次电击。反复给小鼠声音-电击的刺激，小鼠就会形成声音-电击偶联，最后在小鼠听到声音时，即使不给予电击，小鼠也会产生跟受到电击同样的反应，即"冻僵"行为。"冻僵"行为需要许多肌肉（如背部、腿部肌肉等）共同参与。小鼠一听到声音就会"冻僵"，这提示小鼠的听觉中枢（如听觉皮层Au）可能与肌肉（如背部肌肉）存在神经联系。请设计一个实验方案，探讨小鼠Au是否与背部肌肉存在直接神经投射的联系。

参考文献

[1] Mikula S. Progress towards mammalian whole-brain cellular connectomics. Front Neuroanat 10, 62 (2016).

[2] Lerner TN, Ye L, Deisseroth K. Communication in neural circuits: tools, opportunities, and challenges. Cell 164, 1136-1150 (2016).

[3] Grafstein B. Transport of protein by goldfish optic nerve fibers. Science 157, 196-198 (1967).

[4] Saleeba C, Dempsey B, Le S, et al. A student's guide to neural circuit tracing. Front Neurosci 13, 897 (2019).

[5] Köbbert C, Apps R, Bechmann I, et al. Current concepts in neuroanatomical tracing. Prog Neurobiol 62, 327-351 (2000).

[6] LaVail JH, LaVail MM. Retrograde axonal transport in the central nervous system. Science 176, 1416-1417 (1972).

[7] Trojanowski JQ, Gonatas JO, Gonatas NK. Horseradish peroxidase (HRP) conjugates of cholera toxin and lectins are more sensitive retrogradely transported markers than free HRP. Brain Res 231, 33-50 (1982).

[8] Callaway EM. A molecular and genetic arsenal for systems neuroscience. Trends Neurosci 28, 196-201 (2005).

[9] Fink RP, Heimer L. Two methods for selective silver impregnation of degenerating axons and their synaptic endings in the central nervous system. Brain Res 4, 369-374 (1967).

[10] Glees P. Terminal degeneration within the central nervous system as studied by a new silver method. J Neuropathol Exp Neurol 5, 54-59 (1946).

[11] Xiong F, Yang H, Song YG, et al. An HSV-1-H129 amplicon tracer system for rapid and efficient monosynaptic anterograde neural circuit tracing. Nat Commun13, 7645 (2022).

[12] Company C, Schmitt MJ, Dramaretska Y, et al. Logical design of synthetic cis-regulatory DNA for genetic tracing of cell identities and state changes. Nat Commun15, 897 (2024).

[13] Hao F, Jia F, Hao P, et al. Proper wiring of newborn neurons to control bladder function after complete spinal cord injury. Biomater 292, 121919 (2023).

[14] Samulski RJ, Muzyczka N. AAV-Mediated Gene Therapy for Research and Therapeutic Purposes. Annu Rev Virol 1, 427-451 (2014).

[15] He M, Huang ZJ. Genetic approaches to access cell types in mammalian nervous systems. Curr Opin Neurobiol 50, 109-118 (2018).

[16] Luo L, Callaway EM, Svoboda K. Genetic dissection of neural circuits: A decade of progress. Neuron 98, 865 (2018).

[17] Wickersham IR, Finke S, Conzelmann KK, et al. Retrograde neuronal tracing with a deletion-mutant rabies virus. Nat Methods 4, 47-49 (2007).

[18] Tervo DG, Hwang BY, Viswanathan S, et al. A designer AAV variant permits efficient retrograde access to projection neurons. Neuron 92, 372-382 (2016).

[19] Zhang B, Qiu L, Xiao W, et al. Reconstruction of the hypothalamo-neurohypophysial system and functional dissection of magnocellular oxytocin neurons in the brain. Neuron109(2), 331-346.e7 (2021).

[20] Sun N, Cassell MD, Perlman S. Anterograde, transneuronal transport of herpes simplex virus type 1 strain H129 in the murine visual system. J Virol 70, 5405-5413 (1996).

[21] Lo L, Anderson DJA. Cre-dependent, anterograde transsynaptic viral tracer for mapping output pathways of genetically marked neurons. Neuron 72, 938-950 (2011).

[22] Zeng WB, Jiang HF, Gang YD, et al. Anterograde monosynaptic transneuronal tracers derived from herpes simplex virus 1 strain H129. Mol Neurodegener 12, 38 (2017).

[23] Card JP, Levitt P, Enquist LW. Different patterns of neuronal infection after intracerebral injection of two strains of pseudorabies virus. J Virol 72, 4434-4441 (1998).

[24] Callaway EM, Luo L. Monosynaptic circuit tracing with glycoprotein-deleted rabies viruses. J Neurosci 35, 8979-8985 (2015).

[25] Wickersham IR, Lyon DC, Barnard RJ, et al. Monosynaptic restriction of transsynaptic tracing from single, genetically targeted neurons. Neuron 53, 639-647 (2007).

[26] Mizoguchi T. In vivo dynamics of hard tissue-forming cell origins: Insights from Cre/loxP-based cell lineage tracing studies. Jpn Dent Sci Rev 60, 109-119 (2024).

[27] Madisen L, Zwingman TA, Sunkin SM, et al. A robust and high-throughput Cre reporting and characterization system for the whole mouse brain. Nat Neurosci 13, 133-140 (2010).

[28] Sauer B. Functional expression of the cre-lox site-specific recombination system in the yeast Saccharomyces cerevisiae. Mol Cell Biol 7, 2087-2096 (1987).

[29] Fang S, Luo Z, Wei Z, et al. Sexually dimorphic control of affective state processing and empathic behaviors. Neuron 112(9), 1498-1517.e8 (2004).

[30] Yu XD, Zhu Y, Sun QX, et al. Distinct serotonergic pathways to the amygdala underlie separate behavioral features of anxiety. Nat Neurosci 25(12), 1651-1663 (2022).

（方舜昌　余小丹　黄潋滟）

第二节　c-Fos标记技术

一、简介

c-Fos标记技术是指*Fos*基因表达产物c-Fos蛋白的免疫组织化学检测技术，常用于标记刺激所激活的神经元。确定刺激激活的相关脑区及神经元，对于揭示脑功能背后相关的神经细胞机制或神经环路机制是必不可少的。

（一）c-Fos标记技术的原理

即刻早期基因（immediate-early genes、IEGs）是在受到外界刺激后能够迅速且短暂地被激活的基因，主要包括*Fos*、*zif268*、*arc*等[1]。在神经元中，IEGs的激活可进一步激活或抑制其他基因的表达进而调控神经元的功能。

*Fos*是*Fos*基因家族的一员，*Fos*家族还包括*FosB*、*Fra-1*和*Fra-2*。在神经元中，cAMP和Ca^{2+}通过激活CREB/CRE复合物来激活*Fos*基因表达，*Fos*基因编码c-Fos蛋白。c-Fos蛋白与Jun蛋白（c-Jun、JunB、JunD）形成二聚体复合物，即转录因子AP-1（activating protein-1）。AP-1激活一系列与细胞增殖、分化，以及运动、认知和学习相关行为的众多基因的转录[2, 3]。在神经元受到刺激之后，*Fos*基因能够在20分钟内迅速发生转录，其mRNA在30分钟左右积累到最大值，其蛋白产物c-Fos也逐渐合成与积累，在刺激后的90~120分钟内达到最大值，可通过免疫组织化学的方法进行检测[4]。因此，c-Fos的表达被用作神经元激活的标志物，c-Fos标记技术是标记脑区和神经环路功能性激活的有力工具。

*Fos*基因表达产物c-Fos蛋白通常表达在细胞核中，c-Fos蛋白的标记通常使用免疫荧光染色法。免疫荧光染色是根据抗原抗体反应的原理，使用能够与c-Fos蛋白特异性结合的c-Fos抗体，形成c-Fos蛋白/c-Fos抗体复合物，再使用带荧光标记、能特异性结合c-Fos抗体的荧光二抗，形成c-Fos蛋白/c-Fos抗体/荧光二抗复合物，例如小鼠c-Fos/兔抗鼠c-Fos/羊抗兔IgG-荧光素复合物。利用荧光显微镜观察标本，荧光素受外来激发光的照射而发出明亮的荧光，可以通过荧光所在的组织细胞位置，从而确定抗原或抗体的性质、位置，以及利用定量技术测定含量。

（二）c-Fos标记技术的发展历程

Fos 基因于1980年被发现，其产物c-Fos蛋白于1984年被鉴定为具有基因激活特性的核蛋白[5]。20世纪90年代，Kaczmarek等人发现，大鼠在经过不同种类的行为训练后，*Fos* 基因编码的mRNA和蛋白在不同的脑区均有升高，证明 *Fos* 基因在许多脑区中的表达是与行为任务相关的[6]。随后，多项研究发现内嗅皮层-海马通路的长时程增强也伴随着c-Fos表达的升高，说明记忆的形成可能与皮层-海马通路的c-Fos表达增加有关[7]。因此，c-Fos表达的升高被认为参与已习得的行为任务。

在后来的研究中人们发现，在动物初次接受任务刺激时，c-Fos表达明显增加，而在任务习得之后，c-Fos的表达水平不会再进一步上调。Kaczmarek因此提出新的假说，认为c-Fos在学习过程中发挥着整合信息的作用[8]。1999年，Savonenko发现，大鼠进行条件性恐惧学习任务时，其杏仁核的外侧核、基底核、内侧核和皮质核c-Fos表达升高，但不包括杏仁核中央核[9]。使用NMDA受体拮抗剂抑制外侧基底杏仁核后，大鼠在条件性恐惧学习中的学习效果明显变差，且外侧基底杏仁核的c-Fos水平也明显下调，因此证明了c-Fos标记了由刺激激活的神经元[10]。此后，*Fos* mRNA和c-Fos蛋白的表达作为神经元激活的标志，被广泛应用于行为和认知等研究中。

二、应用

在神经科学研究中，*Fos* 作为即刻早期基因，其表达迅速且瞬时，因此常用于标记神经元的活动状态。c-Fos有助于锁定行为刺激激活的脑区和神经元，揭示脑功能的神经编码机制。在获得某种状态或刺激下的全脑c-Fos表达模式后，可以利用功能连接网络分析，通过分析每个脑区响应刺激的相关性，来无偏差地反映全脑脑区之间的功能连接情况，从而进一步帮助我们筛选响应刺激的脑区和环路。而实现功能连接网络的前提，是对全脑或大部分脑区进行准确且无偏差的c-Fos定量分析。

此外，*Fos* 驱动的基因表达，也广泛涵盖了多种研究场景。包括以下几种：①*Fos* 驱动报告基因（如GFP），可标记和追踪特定行为或刺激后被激活的神经元群体，有助于绘制出脑区或神经环路的活动图谱；②*Fos* 启动子驱动特定基因的表达，可以研究特定基因在神经元激活及静息状态下的作用；③使用 *Fos* 驱动光遗传学工具或化学遗传学工具表达（见第四章第三节），可以特异性地激活或抑制在特定行为或刺激前后活跃的神经元，这有助于研究特定神经元群体在情绪、认知等行为中的因果关系。

三、实验流程图

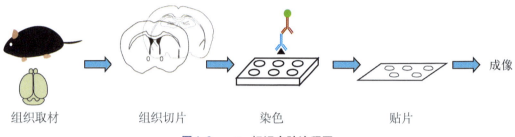

| 组织取材 | 组织切片 | 染色 | 贴片 | 成像 |

图4-9 c-Fos标记实验流程图

四、实验试剂与器材

表4-5 实验试剂

名称	厂商/型号
1×磷酸盐缓冲溶液 （phosphate buffered saline, PBS）	Biosharp, cat. No.BL601A
4%多聚甲醛	Biosharp, cat. No.BL539A
蔗糖	Sigma, cat.No.BP818
OCT包埋剂 （optimal cutting temperature compound）	Biosharp, cat. No.BL557A
乙二醇	Macklin, cat. No.E808735
甘油	Aladdin,cat. No.G116206
山羊血清	Jackson,cat. No.165575
牛血清蛋白 （blood serum albumin, BSA）	Solarbio,cat. No.A8020
Triton X-100	Aladdin,cat. No.T109027
兔抗鼠c-Fos	Cell Signaling Technology, cat. No. 2250S
羊抗兔IgG 647	Invitrogen, cat. No. A21245
DAPI	Invitrogen, cat. No. D1306

表4-6　实验器材

名称	厂商/型号
冰冻切片机	Leica, CM1950
全自动数字玻片扫描系统	Zeiss AxiosScan. Z1
摇床	Kylin-Bell

五、实验步骤[11]

1. 给予刺激：将小鼠放置在饲养笼内，并提前1天放置于实验环境中，实验开始前保持环境安静大于2 h。给予相应刺激后，将小鼠单独放回饲养笼中，继续保持安静。

2. 灌流取材及固定：给予刺激90 min后，立即麻醉小鼠，使用1×PBS灌流冲净血液（建议灌入约50 mL），再用4%多聚甲醛灌流固定（建议灌入不少于20 mL），直至小鼠全身僵直不再颤抖。灌流结束后，取小鼠脑组织并浸泡于4%多聚甲醛中，4 ℃后固定24 h。

3. 脱水：将后固定完成的脑组织浸泡在1×PBS配置的30%蔗糖中，4 ℃脱水至少3天或至脑组织完全下沉至管底。

4. 包埋组织：使用OCT包埋剂包埋脑组织，于-20 ℃冷冻至OCT包埋剂完全凝固。

5. 切片：用冰冻切片机将包埋好的脑组织切成40~50 μm厚的脑片，并将脑片浸没在盛有1×PBS的六孔板中。

6. 保存脑片：若脑片无法立即进行染色，可以将脑片转移到冻存液中，-20 ℃保存。冻存液配方：1×PBS：乙二醇：甘油体积比＝5：3：2。

7. 配置以下试剂：

（1）0.3% PBST：将Triton X-100加入1×PBS中，至Triton X-100的浓度为0.3%，常温保存。

（2）封闭液：配制含1% BSA、5%山羊血清的0.3% PBST，室温下摇匀，-20 ℃保存。

（3）一抗：使用封闭液稀释兔抗鼠c-Fos，建议稀释比为1：500，-20 ℃保存。

（4）二抗：使用封闭液稀释羊抗兔IgG 647，建议稀释比为1：500~1：1 000，现用现配，注意避光。

（5）DAPI：使用0.3% PBST稀释DAPI，建议稀释比为1：10 000，4 ℃保存，注意避光。

8. 封闭：使用封闭液孵育脑片不少于1 h，室温，摇速为20 rpm。封闭及孵育抗体的液体用量取决于脑片数量，脑片较少时，可使用24孔板进行孵育，每孔盛500~800 μL液体。脑片较多时，可使用2 mL离心管进行孵育，每管加入1.8 mL液体。

9. 孵育一抗：使用稀释后的兔抗鼠c-Fos孵育脑片，4 ℃过夜，摇速为20 rpm。

10. 清洗脑片：在六孔板中用1×PBS清洗脑片，室温，摇速为80 rpm，15 min×4次。

11. 孵育二抗：使用稀释后的羊抗兔IgG 647，调节摇速为20 rpm，避光室温下孵育脑片1 h。

12. 清洗脑片：在六孔板中用1×PBS清洗脑片，调节摇速为80 rpm，避光室温下清洗15 min×4次。

13. 孵育DAPI：调节摇速至20 rpm，使用稀释后的DAPI溶液避光室温下孵育脑片10 min。

14. 贴片：使用较小的柔软毛笔小心地将脑片贴到载玻片上，室温干燥至脑片表面无水分，呈毛玻璃样。

15. 封片：在脑片表面滴加用1×PBS稀释的70%甘油，小心地用盖玻片覆盖载玻片，注意避免产生气泡，使用透明指甲油涂满盖玻片边缘，待指甲油干燥，4℃避光保存玻片。

16. 成像：使用带有10倍镜的全自动数字玻片扫描系统对脑片进行成像，DAPI的信号在405 nm激发光波长下可见，c-Fos信号在647 nm激发光波长下可见（对应羊抗兔IgG 647相应的激发光波长）。c-Fos信号呈点状位于细胞核内。成像前玻片需干燥，且表面洁净，建议提前使用无水乙醇进行擦拭。

六、数据分析及结果解读

(一) 图像偏移、荧光漂白校正

为了方便后续分析，我们需要对全自动数字玻片扫描系统扫描出的整个载玻片图片进行处理。首先，我们需要将每张脑片从整图中裁剪分开，并导出为单独的图片。根据前期的染色结果，每张脑片的图片都应包含至少两个不同的颜色通道：一个用于表示c-Fos的颜色通道，另一个用于表示DAPI的颜色通道。为了确保不同脑片之间可以进行有效的对比，对于同一个实验，我们需要保持图片亮度、对比度等的统一性。

(二) 脑图谱配准

对于需要分析的脑片，我们首先需要确定其对应的富兰克林脑图谱位置。通过仔细比对脑室、脑片轮廓形状等特征，确保目标脑片与脑图谱的一致性。随后，我们可以使用Adobe Photoshop或Adobe Illustrator等专业绘图软件，将脑片图片与对应的脑图谱进行重合。如在Adobe Photoshop中打开对应的脑图谱图片以及需要分析的脑片图片，在脑图谱图片中，点击菜单栏的【选择】→【色彩范围】，选中图片中的白色背景，再点击菜单栏的【选择】→【反选】，即可选中脑图谱图片中的线条及文字部分，随后复制并粘贴到脑片图片中，再点击菜单栏的【图像】→【调整】→【反相】(快捷键为Ctrl+I)，将对应脑图谱的黑色线条及文字调整为白色，最后使用自由变换工具(Ctrl+T)调整脑图谱的尺寸、旋转角度及位置，使之与脑片配准。

图4-10展示了脑片图片与脑图谱重合后的效果，并清晰地标记了目标脑区梨状皮层（Pic）。在目睹同伴小鼠经历疼痛的测试中，我们可以发现无论是雌性小鼠还是雄性小鼠，在面对疼痛小鼠时，c-Fos蛋白信号在Pic区域都会显著增高，而面对正常小鼠时c-Fos蛋白信号不会显著增高。

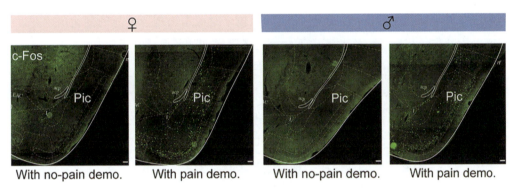

图4-10　梨状皮层（Pic）神经元中c-Fos表达的样例图像[12]

（三）使用ImageJ对c-Fos进行定量

在分析一个脑片的特定脑区中的c-Fos数量时，我们首先要根据脑片图片与脑图谱重合的结果，精确定位该脑区在脑片中的位置。随后，我们可以在目标脑区范围内进行人工计数；或者利用ImageJ软件中的【Plugins】→【Analyze】→【Cell Counter】功能来统计c-Fos的个数。需要注意的是，只有当c-Fos信号与DAPI信号重合时，我们才认为这是一个有效的c-Fos激活细胞。

鉴于各个脑区的大小不同，且在不同脑片上所占的面积也有所差异，为了对c-Fos的激活程度进行更为统一的度量，我们通常会在计数之后进一步计算c-Fos密度（c-Fos density）。这一密度值是通过用c-Fos激活数量除以脑区面积计算获得的。其中，脑区面积指脑区在图片中覆盖的像素点数量，我们可以利用ImageJ软件的【Plugins】→【Analyze】→【Cell Counter】功能来进行统计。为了消除偶然性对结果的影响，我们在对每个脑区的c-Fos进行定量时，都应至少统计三张脑片的数据，并取这些数据的平均值来得出该脑区的c-Fos激活密度。

对于需要分析小鼠全部脑区或大部分脑区的c-Fos激活情况时，我们可以利用ImageJ的【Macro】功能进行批量操作。这一功能的原理与计数单个脑区的阳性c-Fos相同，它能帮助我们更高效地完成大量的数据处理工作。

（四）c-Fos激活差异分析

为了检测脑区c-Fos密度是否会因行为激活而发生改变，我们需将实验组的c-Fos激活密度与对照组进行对比分析。为确保结果的可靠性，每组应至少包含三个重复样本。在统计学上，当比较两组数据时，我们常使用t检验；而当涉及三组或更多数据时，则应用ANOVA（方差分析），若要进一步分析多组之间的具体差异，可采用如Turkey检验等方法进行事后分析。若统计分析结果显示存在显著差异，这说明在特定的刺激条件下，该分析区域的神经元活动相较于对照组出现了明显的变化。因此，我们可以推断该分析区域可能与所施加的刺激条件密切相关。

图4-11对图4-10中染色的c-Fos蛋白信号进行了定量比较。通过观察对比接触无疼痛同伴的对照组（With no-pain demo）与接触疼痛同伴的实验组（With pain demo），我们发现接触疼痛同伴的小鼠梨状皮层（Pic）神经元中c-Fos的表达明显增加。这一结果表明，在小鼠观察疼痛同伴时，Pic区域发生了显著的激活。因此，我们可以推测Pic可能与小鼠观察疼痛同伴时所表现出的行为有着紧密的关联。

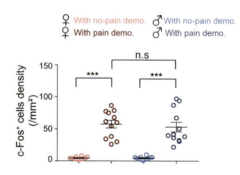

图4-11 小鼠观察无疼痛或有疼痛的演示小鼠后，梨状皮层Pic神经元中c-Fos表达的统计学分析[12]

（五）功能连接网络分析

功能连接网络分析是一种能够无偏差地反映全脑脑区之间的功能连接情况的有效手段，为后续筛选出参与功能的重要脑区提供关键线索。进行这一分析的前提在于对全脑或大部分脑区进行准确且无偏差的c-Fos定量分析。该分析涉及多个关键步骤：

①通过c-Fos定量结果计算Pearson相关系数从而建立脑区活性相关性矩阵；②对该矩阵进行进一步筛选从而建立基础的功能连接网络；③计算节点参数和网络参数等从而评估网络的稳定性复杂性等；④通过各个网络参数筛选出在网络中起到关键连接或调控作用的脑区。

建立脑区活性相关矩阵是建立功能连接网络的基础。在建立脑区活性相关矩阵时，我们通常先对每个脑区的c-Fos激活密度进行无偏差的定量分析。然后利用Excel、R、Prism等软件计算每两个脑区之间c-Fos激活密度的Pearson相关系数。假设我们研究的全脑包含100个脑区，那么我们将得到一个100×100的矩阵，其中每个元素代表相应脑区对之间的Pearson相关系数。这个矩阵的行和列应按照相同的脑区顺序排列，以确保矩阵的对称性。为了更直观地观察脑区活性相关性矩阵，我们可以利用各种软件的绘图功能将其绘制成热图。热图通过颜色深浅来表示相关性系数的大小，使得我们可以迅速识别出哪些脑区对之间存在较强的相关性。如图4-12所示，研究者已经对对照小鼠（Ctrl）、无疼痛经验小鼠（NO）和有疼痛经验小鼠（EO）在观察疼痛小鼠时的115个脑区的c-Fos表达进行了定量，并计算了其脑区活性相关性矩阵，生成了可视化的热图。从热图中，我们可以清晰地观察到有疼痛经验的小鼠其脑区活动相关性最高，这为我们理解疼痛经验对小鼠脑功能连接的影响提供了重要的线索。

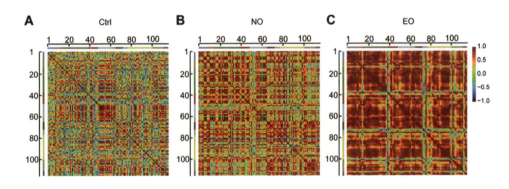

图4-12 对照组小鼠（**Ctrl**）、无疼痛经验小鼠（**NO**）和有疼痛经验小鼠（**EO**）观察疼痛小鼠时的脑区活性相关性矩阵[18]

在构建有效的功能连接网络时，脑区活性相关性矩阵的进一步筛选是至关重要的一步。通过设定合适的阈值来筛选Pearson相关系数r及其对应的P值，我们可以确定哪些脑区之间的连接是功能性的。一般来说，经验值认为，当$r>0.83$且$P<0.05$时，可以认为这两个脑区之间存在有效的功能连接[13]。然而，这些具体的筛选参数并不是一成不变的，而是需要根据实验的具体情况和需求进行调整。我们确定了符合筛选条件的脑区连接，就可以将这些连接可视化，从而形成基础的功能连接网络。

仅仅构建基础网络并不足以充分反映网络的信息内容，因此，我们通常会计算更多的节点参数和网络参数，以便更深入地了解网络的特性。MATLAB的附加功能Brain-connectivity（http://www.brain-connectivity- toolbox.net）[14]可以帮助我们实现这些计算。它提供了丰富的函数和算法，用于分析脑网络的节点参数和网络参数。例如，节点的度（degree）表示与该节点直接相连的脑区数量，反映该节点在网络中的重要性和影响力；中间度（betweenness）表示网络中所有最短路径中经过该节点的路径比例，反映了节点在网络中的控制能力和信息传递能力。此外，常见的网络参数如传递性（transitivity）和效率性（efficiency）等，也可以帮助我们了解网络的整体结构和性能。在使用Brain-connectivity进行计算之前，我们需要先读取筛选好的相关性矩阵，并进行必要的格式转换和均一化等处理。然后，通过调用Brain-connectivity提供的函数，我们可轻松地计算出所需的节点参数和网络参数，相关的MATLAB代码如下：

```
cor_data = readtable(file, ReadRowNames=true)
matrix_data = table2array(cor_data)
threshold_data = threshold_absolute(matrix_data, 0.83)
norm_data = weight_conversion(threshold_data, 'normalize')
degrees_und(norm_data)
betweenness_wei(norm_data)
transitivity_wu(norm_data)
efficiency_wei(norm_data)
```

在完成功能连接网络的相关参数计算后，我们可以利用NetDraw、Cytoscape等软件对功能连接网络进行可视化处理[15]。在此过程中，我们需要将节点之间的连接信息和节点参数分别输入这些可视化软件中。随后，我们可以对网络的美观性和聚类方式进行适当的调整，以便更清晰地展示网络的结构和特征。图4-13展示了使用Cytoscape软件进行可视化后的功能连接网络，其三个网络分别对应于图4-12中的三个脑区活性相关性矩阵。通过观察这些网络，我们可以发现有疼痛经验的小鼠观察疼痛同伴时的网络连接最为丰富和复杂，这代表着有疼痛经验的小鼠在观察疼痛者时，脑区的活动更为复杂且稳定。在图中，代表脑区的圆圈大小各异，其中圆圈越大意味着该脑区与其他脑区的连接越多，其在网络中发挥着更为重要的作用。

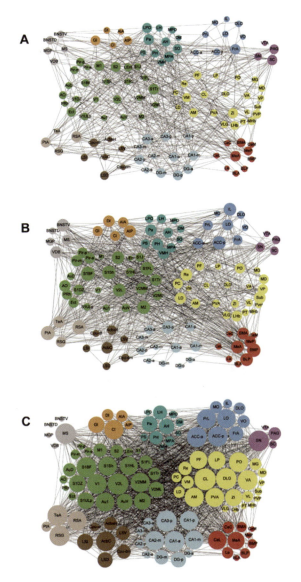

图4-13　对照组小鼠（A）、无疼痛经验小鼠（B）和有疼痛经验小鼠（C）观察疼痛小鼠时的功能连接网络[18]

　　在计算好网络节点的各个参数后，我们可以利用这些参数进一步筛选出对整体功能连接网络影响最大的枢纽脑区[14, 16]。在筛选过程中，可以根据实验的具体情况和需求，挑选脑区的度数、中间度等排名靠前的脑区作为枢纽脑区。通过这种方法，我们可以更准确地识别出在网络中起到关键作用的节点。在图4-14中，我们筛选出脑区的度数和中间度排名前20%的脑区，并对这些脑区进行交集分析，发现无疼痛经验小鼠和有疼痛经验小鼠分别存在8个和5个枢纽脑区。这些结果揭示了在有或无疼痛经验时，哪些脑区在功能连接网络中起到了重要的作用。通过对这些枢纽脑区的深入研究，我们可以更好地理解疼痛经验对脑网络结构和功能的影响，为相关研究和治疗提供有价值的线索。

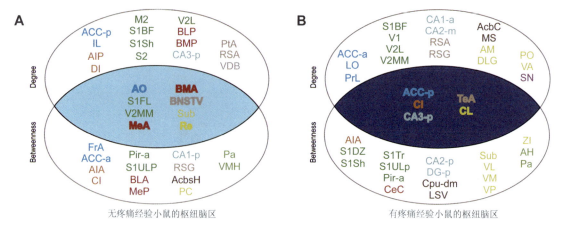

图4-14　无疼痛经验小鼠（NO）和有疼痛经验小鼠（EO）观察疼痛小鼠时的枢纽脑区[18]

七、关键点

实验步骤	问题	原因	解决办法
成像	c-Fos信号差或没有	使用了不适配的一抗或二抗	确保使用的一抗与组织的种属适配，二抗应对一抗的生物体产生免疫作用。例如，针对小鼠组织，使用兔源抗鼠一抗和抗兔IgG二抗
		组织固定不足或过度固定	确保灌流时使用4%的多聚甲醛溶液进行固定，且后固定时长不宜超过48 h（固定时间过长可能会减少c-Fos抗体和抗原的结合）
		破膜时间不足	封闭液需使用含0.3% Triton X-100的PBS溶液，抗体需用封闭液配置，使抗体能够充分渗透组织
		抗体浓度不够	减少一抗回收次数，确定适宜的抗体浓度，建议首选1∶500稀释，若采用1∶400稀释时信号仍较少，则抗体可能失效
		抗体孵育时间不足	确保抗体孵育时间足够，一抗孵育过夜，二抗孵育不少于1 h
		荧光信号淬灭	孵育二抗及之后的步骤需避光，故封片完成后应尽快成像，若不能立即成像，需4 ℃避光保存，且不可超过一周

续表

实验步骤	问题	原因	解决办法
成像	非特异性信号较多或背景噪声过高	抗体孵育后脑片清洗不干净	使用干净的孔板，确保清洗时间足够和摇速适宜，清洗时组织切片需均匀地浸没在洗液中，避免洗液中有气泡
		封闭时间不足	确保组织在封闭液中孵育时间不少于1 h
		灌流不干净	确保使用足够的1×PBS灌流，建议使用量约50 mL
		切片过程中组织表面有磨损	确保使用锋利的刀片，防止组织被剐蹭

八、技术的局限性

(一) 提供的信息有限

c-Fos仅指示所标记的神经元与所探究的功能的相关性，需要结合其他技术手段才能明确所标记的神经元是否为编码该功能的神经机制。仅使用c-Fos不能提供是哪些上下游被刺激激活的信息。*Fos*基因不仅能在神经元中表达，还能在胶质细胞中表达，因此c-Fos标记无法指示准确的激活细胞类型。*Fos*可以被多种信号激活，如钙离子、cAMP、MAPK通路的激活等，因此c-Fos表达不能提供更多信号通路的信息[17]。

(二) 适用范围有限

尽管c-Fos蛋白是神经元活动的指示剂，但仅适用于指示神经元的激活，不能标记被抑制的神经元。c-Fos蛋白会在刺激后的1~2 h后表达至高峰，而后逐渐降解，所以c-Fos标记技术仅适用于时间较短的刺激。由于c-Fos标记需要牺牲动物进行组织取材，因此无法在体观察被激活的神经元。

(三) 实验条件需要严格控制

需要严格地控制实验条件，以减少特定刺激以外引起的神经元激活，包括麻醉、光线、声音、压力、昼夜节律等。

思 考 题

1. 简述c-Fos标记技术的原理和应用场景。

2. 若要探究c-Fos标记的神经元的上下游信息，可采取哪些方法？

3. 在条件性恐惧学习实验中，小鼠每次在听到某种声音刺激后，都被给予一次电击。经过多次条件性恐惧训练，小鼠在听到该声音刺激后，即使没有被电击也会有恐惧表现，即习得了声音与电击的联系。假设你需要找到与条件性学习相关的神经元，你会如何设计实验？

参 考 文 献

[1] Barbosa FF, Silva RH. In handbook of behavioral neuroscience Vol 27, 261-271, Elsevier (2018).

[2] Cole CJ, Josselyn SA. In learning and memory: A comprehensive reference 547-566, Academic Press (2008).

[3] Lara Aparicio SY, Laureani Fierro ÁJ, Aranda Abreu GE, et al. Current opinion on the use of c-Fos in neuroscience. NeuroSci 19;3(4), 687-702 (2022).

[4] Perrin-Terrin AS, Jeton F, Pichon A, et al. The c-FOS protein immunohistological detection: A useful tool as a marker of central pathways involved in specific physiological responses in vivo and ex vivo. J Vis Exp 25(110), 53613 (2016).

[5] Jaworski J, Kalita K, Knapska E. c-Fos and neuronal plasticity: the aftermath of Kaczmarek's theory. Acta Neurobiol Exp 78, 287-296 (2018).

[6] Kaczmarek L, Siedlecki JA, Danysz W. Proto-oncogene c-fos induction in rat hippocampus. Brain Res 427, 183-186 (1988).

[7] Nikolaev E, Kaczmarek L, Zhu SW, et al. Environmental manipulation differentially alters c-Fos expression in amygdaloid nuclei following aversive conditioning. Brain Res 957, 91-98 (2002).

[8] Kaczmarek L, Zangenehpour S, Chaudhuri A. Sensory regulation of immediate-early genes c-fos and zif268 in monkey visual cortex at birth and throughout the critical period. Cereb Cortex 9, 179-187 (1999).

[9] Savonenko A, Filipkowski RK, Werka T, et al. Defensive conditioningrelated functional heterogeneity among nuclei of the rat amygdala revealed by c-Fos mapping. Neurosci 94, 723-733 (1999).

[10] Savonenko A, Werka T, Nikolaev E, et al. Complex effects of NMDA receptor antagonist APV in the basolateral amygdala on acquisition of two-way avoidance reaction and long-term fear memory. Learn Mem 10, 293-303 (2003).

[11] Zhang Q, He Q, Wang J, et al. Use of TAI-FISH to visualize neural ensembles activated by multiple stimuli. Nat Protoc 13, 118-133 (2018).

[12] Fang S, Luo Z, Wei Z, et al. Sexually dimorphic control of affective state processing and empathic behaviors. Neuron 112(9), 1498-1517 (2024).

[13] Cruces-Solis H, Nissen W, Ferger B, et al. Whole-brain signatures of functional connectivity after bidirectional modulation of the dopaminergic system in mice. Neuropharmacol 178, 108246 (2020).

[14] Rubinov M, Sporns O. Complex network measures of brain connectivity: Uses and interpretations. NeuroImage 52, 1059-1069 (2010).

[15] Wheeler AL, Teixeira CM, Wang AH, et al. Identification of a functional connectome for long-term fear memory in mice. PLoS Comput Biol 9, e1002853 (2013).

[16] Sporns O, Honey CJ, Kötter R. Identification and classification of hubs in brain networks. PloS one 2, e1049 (2007).

[17] Appleyard SM. Lighting up neuronal pathways: the development of a novel transgenic rat that identifies Fos-activated neurons using a red fluorescent protein. Endocrinol 150, 5199-5201 (2009).

[18] Li J, Qin Y, Zhong Z, et al. Pain experience reduces social avoidance to others inpain: A c-Fos-based functional connectivity networkstudy in mice. Cereb Cortex 34(5), bhae207 (2024).

（萧文慧　秦宇欣　黄潋滟）

第三节 光/化学遗传学技术

一、概述

哺乳动物的大脑是一个复杂的系统，有着数十亿个携带众多不同特征的神经元，它们以特定的形式相互连接，并以毫秒级的电信号和丰富多样的化学信号传递信息。神经系统中的调控技术是理解特定脑细胞独特的活动模式如何参与到生理和病理进程中的重要手段。1979年诺贝尔生理学或医学奖获得者弗朗西斯·克里克（Francis Crick）在《科学美国人》（Scientific American）的一篇文章中提出：如何调控大脑中特定类型的细胞，是神经科学面临的主要挑战[1]。

如表4-7所示，传统的神经系统调控手段包括电刺激、利用激动剂/阻断剂的药理学刺激以及基因敲除/编辑/RNA干扰等分子生物学方法。但这类传统技术具有其自身的局限性，无法同时满足细胞类型特异性调控、亚细胞水平调控以及起效快等研究要求。此时，光/化学遗传学技术就应运而生了。

表4-7 神经系统调控技术对比

技术名称	细胞类型特异性调控	亚细胞水平调控	起效快
电刺激	√	×	√
药理学：激动剂/阻断剂	×	×	√
基因敲除/编辑/RNA干扰	√	×	×
光/化学遗传学	√	√	√

二、光遗传学技术

（一）简介

光遗传学（optogenetics）技术是指结合光学（optics）和遗传学（genetics）手段，在体外活体组织或自由活动的动物中精确控制特定神经元活动的技术[2]。光遗传学技术利用分子生物学、病毒生物学等手段使外源光敏感离子通道蛋白表达在特定类型的神经元的细胞膜上。特定波长的激发光照射可以刺激细胞膜上光敏感离子通道蛋白开放，导致阳离子或者阴离子进出细胞，从而影响细胞膜电压，使细胞膜产生去极化或超极化。当细胞膜电压去极化达到或者超过一定阈值时，会诱发神经元产生可传导的动作电位，即神经元被激活；而当细胞膜电压超极化达到一定水平后，则抑制了神经元动作电位的产生，此时神经元被抑制。

光遗传学技术能够有效克服电生理刺激或药理学给药刺激等传统调控手段的局限性，被广泛应用于神经科学的基础研究中。其通过在细胞膜上表达对光敏感的离子通道，同时结合载体工具的基因编码特征，靶向表达在特定类型的细胞以实现细胞特异性调控；此外，其高精度的时间及空间分辨率，能够在动物行为学发生期间，以毫秒级为时间尺度，将强激发光引导至目标脑区、细胞或亚细胞结构进行操控[3]。

1. 光遗传学技术的原理

目前，应用于光遗传学技术的光敏蛋白主要分为激活和抑制两种类型（表4-8）。通道视紫红质-2（ChR2）是目前较为常用的激活型光遗传学工具，其最早从莱茵衣藻（*Chlamydomonas reinhardtii*）中被发现。如图4-15A显示，ChR2属于I型视紫红质蛋白，拥有7次跨膜结构但不与G蛋白偶联，其能够在全反视黄醛（ATR）辅助下，自身作为非选择性阳离子通道响应波峰在470 nm波长附近的蓝色激发光刺激，使得通道内流入胞内Na^+（及少量的Ca^{2+}）多于流出胞外的K^+，导致神经元去极化[4]。

卤视紫红质（NpHR）则是常用的抑制型光遗传学工具。NpHR是从盐碱古菌（*Natronomonas pharaonis*）中发现的I型视紫红质蛋白。如图4-15B显示，NpHR能够被580 nm波长附近的黄色激发光诱导，使得Cl^-内流泵打开，导致神经元更难以被去极化，进而抑制动作电位的产生[4]。

ChR2需要ATR作为辅因子来发挥作用，但哺乳动物已有足够内源性ATR以支持其发挥功能，故无须外源性补充辅因子，就能够通过重组慢病毒（recombinant lentiviral）或AAV等载体构建光遗传学工具并完整地在哺乳动物组织中转染表达。通过在大脑中埋置连接发光二极管（LED）的光纤插芯针（直径为0.1~0.2 mm），并给予特定激发光照射即可发挥其对神经元的调控功能[4]。同时ChR2和NpHR的最大激活波峰相差超过100 nm，因此可以通过照射不同的激发光以毫秒级的时间尺度独立控制其在神经元中引发或抑制高频动作电位[5]。

Arch同样被广泛应用于光遗传学效应器来实现光诱导的神经元沉默，Arch是从苏打盐红菌（*Halorubrum sodomense*）中分离获得的光诱导质子外流泵，其能够被575 nm附近的黄绿光所激发并诱导质子外流产生超极化信号，进而抑制神经元的兴奋性[6]。

表4-8　常用光遗传学工具激活方式及机制

视蛋白类型	机制	激活波峰
蓝光/绿光激活		
ChR2	阳离子通道	470 nm
ChR2 (H134R)	阳离子通道	470 nm
ChR2 (T159C)	阳离子通道	470 nm
ChR2 (L132C)	阳离子通道	474 nm
ChETAs: ChR2(E123A); ChR2(E123T); ChR2(E123T/T159C)	阳离子通道	470 nm (E123A) 490 nm (E123T)
ChIEF	阳离子通道	450 nm
ChRGR	阳离子通道	505 nm
黄光/红光激活		
VChR1	阳离子通道	545 nm
C1V1	阳离子通道	540 nm
C1V1 ChETA (E162T)	阳离子通道	530 nm
C1V1 ChETA (E122T/E162T)	阳离子通道	535 nm
黄光/红光抑制		
eNpHR3.0	氯离子泵	590 nm
绿光/黄光抑制		
Arch/ArchT	质子泵	566 nm
eBR	质子泵	540 nm
双向调控		
ChR2-SFOs	离子通道	470 nm激活/590 nm失活
VChR1-SFOs	离子通道	560 nm激活/390 nm失活
信号通路转导		
Opto-β2AR	上调Gs-信号通路	500 nm
Opto-α1AR	上调Gq-信号通路	500 nm
Rh-CT (5-HT1A)	上调Gi/o-信号通路	485 nm
bPAC	上调cAMP水平	453 nm
BlaC	上调cAMP水平	465 nm

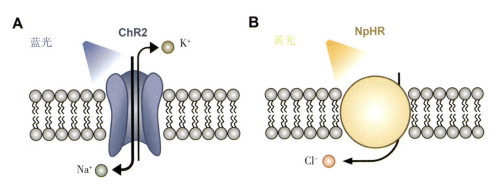

图4-15　光遗传学工具：激活型 ChR2 和抑制型 NpHR

A. 通道视紫红质 -2（ChR2）的示意图，ChR2 在蓝光照射下（最大激活波长 470 nm）允许流入胞内的阳离子多于流出的阳离子，使得细胞更容易去极化；B. 卤视紫红质（NpHR）的示意图，NpHR 在黄光照射下（最大激活波长 580 nm）允许 Cl⁻ 进入胞内，使得细胞更难去极化。

2. 光遗传学技术的发展历程

光遗传学技术的开发起源于微生物学家 Oesterhelt 和 Stoeckenius 等人的研究，他们发现微生物能够产生和利用视紫红质样蛋白作为离子泵将光直接转化为电流。天然存在的细菌视紫红质（bacteriorhodopsins，BR）和嗜盐细菌视紫红质蛋白（halorhodopsins）在光激活下，分别能将质子泵离细胞或将氯离子泵入细胞，使得细胞产生超极化电流[7]。2002 年，Miesenbock 实验室首次将非脊椎动物的感光蛋白变视紫质（metarhodopsin）表达在体外培养的大鼠皮质神经元上，当给予光照时神经元兴奋性升高[8]。随后 Hegemann 实验室等人进一步鉴定出具有快速动力学的 ChR 家族蛋白，这一类蛋白能够在光照射下发生构象改变，并使得正电荷离子流入胞内，ChR 家族的发现为光遗传学技术的发展奠定了重要基础[7]。随后研究人员设计了多种策略，包括同时或共定位转入多细胞动物基因，以及利用光敏感合成化合物等方法，以将这些微生物视蛋白异源表达到哺乳动物神经系统中[3]。

直到 2005 年，Deisseroth 实验室证明对体外转染 ChR2 的大鼠海马神经元进行光照后，能够实现毫秒级的兴奋性或抑制性突触传递控制[9]。随后光遗传学的概念即在 2006 年被首次提出[2]。一年后，光遗传学在哺乳动物的在体行为学调控中得到了验证，该技术也逐渐得到了人们的认可[10]。同年 Deisseroth 实验室验证了 NpHR 可以在毫秒级的时间尺度上抑制神经元兴奋性的功能，且发现其能够与 ChR2 共表达和双向调控[5]。后来进一步开发出的 Cre 重组酶依赖性光遗传学工具，实现了对清醒小鼠特定神经元类型细胞的调控，为光遗传学的细胞特异性的精准调控提供了巨大发展空间[11]。

基于 ChR2 家族开发的 ChR2-阶段功能视蛋白家族（ChR2-step function opsins，SFOs）和 VChR1-SFOs 等工具能够对不同波长的激发光产生激活或抑制神经元的双向调控作用。2014 年，随着 ChR 家族蛋白高分辨晶体结构的解析，开发特定结构的光遗传学工具成为可能[12]。

除了以微生物视蛋白作为基础的光遗传学工具以外，基于脊椎动物光敏G蛋白偶联受体（photosensitive G protein-coupled receptors based on vertebrate opsin genes，Opto-XRs）的工具也被研究人员开发获得，例如Opto-β2AR、Opto-α1AR。Opto-XRs是基于GPCR（如肾上腺素能受体）改造而来的工具，其能够在自由运动的哺乳动物的目标神经元中，通过给予光照来激活特定的GPCR信号级联[13]。

随着时间的推移，越来越多的视蛋白质家族变体在自然界中被发现或在实验室中被设计出来，并通过筛选获得了具有更快动力学、更稳定或具有不同的离子电导及颜色响应的工具，这为推动光遗传学的发展发挥了重要作用。此外，光遗传学技术展现出了巨大的临床转化潜力。视网膜色素变性症（retinitis pigmentosa，RP）是首个采用光遗传学技术来进行治疗的疾病，该技术通过向玻璃体内投递AAV病毒构建的微生物视蛋白来对疾病进行干预，目前已处于临床试验的I/IIa阶段[14]。

（二）应用

在神经科学研究中，可以通过光激活或抑制特定类型的神经元，研究它们在脑区及神经环路中的功能，进而研究大脑的工作机制。

在脑疾病模型中，研究人员可以通过控制大脑特定区域的神经活动，研究和模拟神经疾病（如帕金森病、癫痫、抑郁症等）的病理机制，从而探索潜在的治疗方法。

在心脏研究中，研究人员则可利用光遗传学技术，研究心脏的电活动和节律调控机制。这对于理解心脏病的发生和发展有重要意义，可为开发潜在治疗和干预的方法提供理论支持。

在基因表达/蛋白功能光控技术的开发中，研究人员可以借助光控制基因表达或蛋白质功能，研究基因及蛋白在细胞过程中的具体作用，这在基因治疗和基因工程领域有广阔的应用前景。

（三）实验流程图

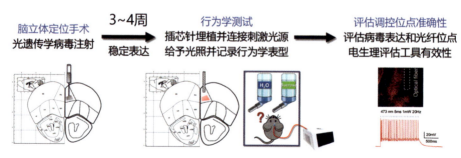

图4-16　光遗传学实验流程图

(四) 实验试剂与器材

表4-9 实验试剂

名称	厂商/型号
AAV2/9-CaMKIIα-hChR2-mCherry	Shanghai Taitool Bioscience, S0166-9
AAV2/9-CaMKIIα-eNpHR3.0-EYFP	Shanghai Taitool Bioscience, S0177-9
AAV2/9-CaMKIIα-mCherry	Shanghai Taitool Bioscience, S0242-9

表4-10 实验器材

名称	厂商/型号
立体定位仪	RWD Life Science, 68803
小鼠适配器	RWD Life Science, 68030
颅骨钻	RWD Life Science, 78001
体式显微镜	Phenix, XTL-165
微量注射器	World Precision Instruments, MICRO02T
光纤插芯针	Inper, 96Q93
光纤跳线	Inper, 9L383
光遗传系统	千奥星科南京生物科技有限公司, MGL-F 17061414

(五) 实验步骤

1. 按照脑立体定位显微注射方法（详见第四章第一节），给小鼠注射光遗传学病毒。

2. 待3~4周光遗传学工具足量表达后，将小鼠麻醉并固定于立体定位仪上，于目标脑区周围的颅骨钻孔并使用颅骨钉固定，将光纤插芯针固定于光纤夹持器上，在病毒注射脑区上方0.2 mm处埋置插芯针，使用牙科水泥固定并缝合伤口。

3. 行为学测试前若干天，每天让小鼠适应操作者将跳线连接至其头部插芯针的操作。

4. 正式进行行为学测试时，建议使用光功率计检查光遗传学系统激光器输出的工作功率，以确保每次实验的功率相同。

5. 将跳线连接至小鼠头部插芯针以及光遗传学系统激光器，对于注射ChR2病毒的小鼠，将激光器参数设置为10 mW，470 nm，20 Hz后给予光刺激；对于注射eNpHR3.0病毒的小鼠，则将激光器参数设置为5 mW，593 nm后连续给予光刺激。观察并记录给予光刺激前后行为学产生的变化。

6. 同时对注射了对照病毒mCherry的小鼠施以相同实验处理，作为对照组实验。

7. 行为学实验完成后，一方面，对调控小鼠的目标脑区进行切片，使用膜片钳技术离体记录神经元在给光刺激下的放电改变情况，以评估工具的有效性。另一方面，对小鼠进行灌注固定，在荧光显微镜下确定冠状切面中病毒工具的表达位点以及插芯针的埋置位置。

（六）数据分析及结果解读

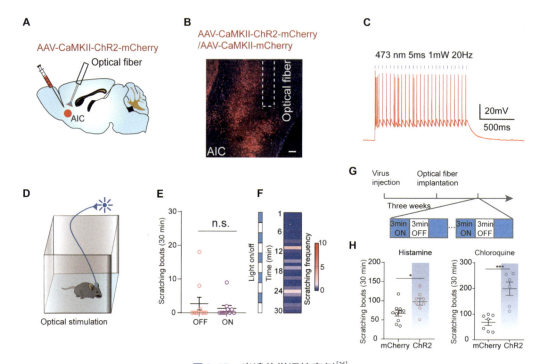

图4-17 光遗传学调控案例[26]

A. 在前岛叶皮层（AIC）注射激活型光遗传学病毒ChR2及埋置光纤插芯针；B. AIC成功感染光遗传学病毒及对照病毒并显示携带荧光蛋白信号；C. 电生理记录下给予光刺激能引发显著的动作电位；D. 连接光纤跳线及光遗传学系统进行行为学记录；E. 光遗传学激活ChR2不影响动物的抓挠次数；F. 光遗传学激活ChR2显著影响组胺和氯喹所介导的抓挠行为

前期研究显示前岛叶皮层（anterior insular cortex，AIC）能够被注射组胺和氯喹产生的瘙痒感激活，同时动物伴随着抓挠行为的增加。通过AIC注射标记兴奋性神经元（CaMKII启动子）的激活型光遗传学病毒ChR2和埋置光纤插芯针（图4-17A），可以看到AIC显著表达病毒携带的荧光蛋白标记mCherry（图4-17B）；电生理记录下，给予蓝光刺激（473 nm，5 ms，1 mW，20 Hz）能够显著引发转染神经元的动作电位（图4-17C）；在行为学水平测试光遗传调控实验中（图4-17D），与不给光（OFF）对比，在蓝光刺激下（ON）动物的抓挠行为次数没有显著性改变（图4-17E，F）；而在组胺和氯喹所介导的抓挠行为中，激活ChR2则能够显著上调小鼠抓挠的次数（图4-17G, H）。

（七）关键点

实验步骤	问题	原因	解决方法
3	小鼠在开始行为学实验前有应激性反应	小鼠术后出现炎症反应和疼痛	术后适当给予消炎和止痛药物
		小鼠未能较好地适应跳线插入头部插芯针的操作	延长小鼠适应插拔跳线操作时间，操作尽量轻柔，避免小鼠应激
5	行为学、光遗传学调控表型不显著	光遗传学工具表达量偏小或未完全表达	延长光遗传学工具表达时间，工具表达足量后再进行实验
		注射位点或插芯针埋置位置偏离目标脑区	行为学实验完成后检查病毒注射位点和插芯针位置，并及时调整手术坐标及注射量参数
		刺激光强过大导致动作电位丢失	根据目标脑区神经元类型选择合适光强以及刺激频率
7	光刺激引发神经元膜电位变化不显著	病毒滴度或效价过低	提高病毒滴度，并避免反复冻融

（八）技术的局限性

光遗传学技术具有以下局限性[15]：首先，激发光刺激可能使神经元产生超出生理范围的反应，导致神经环路的非自然可塑性，这可能改变本不受其影响的下游环路，从而得出偏离环路生理功能的结论；第二，给予光刺激和表达光遗传学工具的神经元并不完全一致，这使得调控的幅度和空间范围产生了异质性；第三，光遗传学技术大量精确刺激了同一群神经元，使其呈现非生理式的活动模式，而这在生理情况下较为少见；最后，光遗传学技术对特定类型细胞的调控依赖于该类细胞的遗传编码特征，而不能基于细胞的功能性特征。

同时位于轴突末梢的光遗传学刺激会产生非生理性的神经递质释放，从而产生异于生理情况下突触连接的影响。此外轴突经直接光遗传学刺激还有可能引起动作电位的逆向激活，并反向传导至其他环路中。

病毒是在哺乳动物大脑中表达光遗传学工具的重要载体，然而在病毒靶向的特异性、光遗传学工具的长期毒性和长期表达功能稳定性方面，神经科学领域的研究者们仍然面临重大挑战。例如ChR2的高水平长期表达，已被证明会导致异常的轴突形态。

三、化学遗传学技术

（一）简介

化学遗传学（chemogenetics）技术是指结合化学（chemistry）和遗传学（genetics）手段设计、改造蛋白质，使其能够被惰性小分子调节的技术。可用于设计和改造的蛋白质包括GPCR、配体依赖离子通道以及激酶，最终其能够结合小分子配体，实现特异性调节特定细胞类型的受体、离子通道或酶的活性[16]。

利用GPCR改造的设计药物激活专门受体（designer receptors exclusively activated by designer drugs，DREADDs）是神经科学中使用最为广泛的化学遗传学工具。改造后的GPCR可以被先前不能识别的惰性小分子激活，而不能被其内源性配体激活。与光遗传学工具以毫秒级精度引发强烈的膜电位变化不同，DREADDs被惰性小分子激活后是通过相对缓慢的GPCR信号通路以秒、分钟和小时为时间尺度诱导膜电位变化[17]。DREADDs能够有效地诱导神经元产生强烈的激活或抑制作用，同时也能够调控胶质细胞等非神经元的活动，在揭示GPCR信号通路于生理和病理进程中的作用至关重要[16]。

1. 化学遗传学的原理

hM3Dq和hM4Di是目前最为常用的DREADDs，分别是经改造的M3或M4型人类毒蕈碱型乙酰胆碱受体（muscarinic acetylcholine receptors，mAchRs），其在基础研究中被广泛应用于激活和抑制神经元[17]。其他常用的化学遗传学工具及相应的受体和配体详见表4-11。

DREADDs不能被内源性乙酰胆碱激活，仅能被氯氮平-N-氧化物（clozapine N-oxide，CNO）、DCZ、compound 21（C21）等小分子化合物激活[16]。如图4-18A显示，激活型的hM3Dq与Gq蛋白偶联，在神经元中被激活后能够增加下游Gq信号通路的转导水平。Gq蛋白受激活后α亚基与βγ亚基解离，βγ亚基通过激活磷脂酶Cβ（PLCβ）使得PIP2水解为三磷酸肌醇（IP3）和甘油二酯（DAG），IP3进一步引起内质网Ca^{2+}通道开放，导致蛋白激酶C（PKC）激活。该进程能够使神经元去极化而增加兴奋性。该工具也能用于激活星形胶质细胞、肝细胞、胰腺β细胞等非神经元细胞[17]。如图4-18B显示，抑制型的hM4Di与Gi蛋白偶联，其被小分子激活后，Gi蛋白的α亚基与βγ亚基解离，Gα蛋白与腺苷酸环化酶（AC）结合并抑制环磷酸腺苷（cAMP）的生成；Gβγ蛋白则激活内向整流钾通道（GIRK）使得胞体超极化，同时抑制突触前膜神经递质的释放，共同压制神经元兴奋性[18]。

CNO是目前使用较为广泛的一种DREADDs激动剂，在小鼠和大鼠中枢系统中的常用剂量为0.1~10 mg/kg [16]。CNO经腹腔注射后能够快速进入中枢系统并激活DREADDs至少60分钟。CNO也可以通过颅内埋管定向投递至表达DREADDs的目标脑区或其下游投射脑区。低剂量CNO能够在其峰值瞬时激活DREADDs并以相对较快的速度代谢（代谢至失效需要约1.5 h），而高剂量CNO则作用时间延长（代谢至失效需要约3.5 h）。由于CNO的代谢产物有导致低血压、镇静和抗胆碱能综合征等副作用，故选择剂量不宜过高且应设置对照实验以排除副作用的影响（如观测CNO在对照小鼠中的作用）[17]。

κ-阿片受体衍生DREADD（κ-opioid-derived DREADD，KORD）也是一种常见的抑制型Gi-DREADD，其可以被Salvinorin B（SalB）激活。如图4-18B显示，KORD同样偶联Gi蛋白，其抑制神经元兴奋性的机制与hM4Di相似。值得注意的是，由于hM4Di和KORD均依赖Gβγ介导的GIRK通道激活导致超极化，故并非在所有神经元中都能发挥作用[17]。由于激动剂不同，KORD能够与hM3Dq同时表达，并按照先后顺序对神经元兴奋性进行抑制或激活，实现多重和双向化学遗传学调节[19]。

表4-11　常用的基于GPCRs改造的化学遗传学工具激活配体

工具名称	蛋白受体	配体
Allele-specific GPCRs	β₂-肾上腺素受体、D113S	1-(3′,4′-dihydroxyphenyl)-3-methyl-L-butanone (L-185,870)
RASSL-Gi	κ-阿片嵌合受体	Spiradoline
Engineered GPCRs	5-HT2A受体F340-L340	Ketanserin类似物
Gi-DREADD	M2、M4突变mAchRs	Clozapine-N-oxide
Gq-DREADD	M1、M3、M5突变mAchRs	Clozapine-N-oxide
Gs-DREADD	M3-火鸡红细胞肾上腺素能嵌合受体	Clozapine-N-oxide
Arrestin-DREADD	M3Dq R165L	Clozapine-N-oxide
Axonally-targeted silencing	hM4D轴突蛋白变体	Clozapine-N-oxide
KORD	κ-阿片受体D138N突变体	Salvinorin B

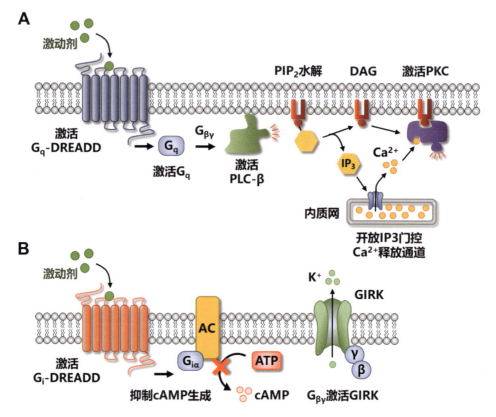

图4-18 化学遗传学工具Gq-DREADD与Gi-DREADD

A. hM3Dq等激活型DREADDs偶联Gq蛋白，在神经元中被小分子激活后能够增加下游Gq信号通路的转导水平，通过PLCβ水解PIP2形成IP3和DAG，并进一步引起胞内Ca²⁺浓度升高和激活PKC，以去极化增强神经元兴奋性；B. hM4Di和KORD等抑制型DREADDs偶联Gi蛋白，在神经元中被激活后通过Gα抑制cAMP生成，以及Gβγ介导的GIRK通道激活使得胞体超极化

2. 化学遗传学技术的发展历程

化学遗传学技术的发展最早可追溯到1991年，Strader等人首次构建了突变的β-肾上腺素能受体。该受体被称为等位基因特异的GPCRs（alelle-specific GPCRs），是第一代化学遗传学工具。该受体只能被小分子化合物丁酮激活，不能被内源肾上腺素激活[20]。此外，丁酮也不能激活其他内源性受体，不会产生脱靶效应。

第二代化学遗传学工具包括仅受合成配体激活的受体（receptor activated solely by a synthetic ligand，RASSLs）和经改造的GPCRs（engineered GPCRs）。RASSLs由Coward等人于1998年基于人源κ-阿片受体设计而来。该工具不受内源性阿片肽激活，而只结合人工合成化合物螺朵林（Spiradoline）[21]。但是由于RASSLs等具有高基础活性水平，导致在没有激动剂激活下也能产生表型[17]。经改造的GPCRs则是于1999年由Westkaemper等人基于5-HT2A受体改造开发，该受体可被酮色林（Ketanserin）的类似物激活[16]。

DREADDs是第三代化学遗传学技术，由Roth和Armbruster等人于2007年开发[22]。根据其来源和激活的下游信号转导通路的不同，DREADDs主要分为激活和抑制两种类型。DREADDs主要是通过在mAchRs上引入特异性突变位点改造开发而来，主要包括激活型工具Gq-DREADDs：hM1Dq、hM3Dq、hM5Dq和Gs-DREADDs；以及抑制型工具Gi-DREADDs：hM2Di、hM4Di、KORD。DREADDs技术在疾病治疗转化中显示出巨大潜力，目前该技术已被应用于研究糖尿病、帕金森病、抑郁症、创伤后应激障碍、癫痫、自闭症等疾病的干预中。DREADDs的激动剂如哌拉平（Perlapine）是已经获批的药物[17]。

（二）应用

在神经科学研究中，研究人员可以利用化学遗传学工具作为开关，来激活或抑制特定神经元的活动，从而研究神经环路之间的功能性连接。化学遗传学技术能够帮助研究人员阐明神经环路对大脑功能的影响，以及其在行为、感知、记忆和学习等过程中的作用。

在基因功能研究中，化学遗传学技术允许研究人员通过特定的化学物质来激活或抑制特定基因，从而研究这些基因在细胞或生物体中的功能。这对于理解基因调控网络和基因–环境相互作用尤为重要。

（三）实验流程图

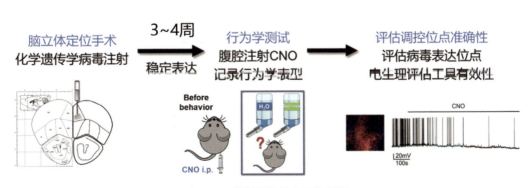

图4-19　化学遗传学实验流程图

(四) 实验试剂与器材

表4-12 实验试剂

名称	厂商/型号
AAV2/9-CaMKIIα-hM3Dq-mCherry	Shanghai Taitool Bioscience, S0141-9
AAV2/9-CaMKIIα-hM4Di-mCherry	Shanghai Taitool Bioscience, S0140-9
AAV2/9-CaMKIIα-mCherry	Shanghai Taitool Bioscience, S0242-9
氯氮平-N-氧化物（clozapine N-oxide，CNO）	Tocris Bioscience, Cat. No. 4936

表4-13 实验器材

名称	厂商/型号
立体定位仪	RWD Life Science，68803
小鼠适配器	RWD Life Science，68030
颅骨钻	RWD Life Science，78001
体式显微镜	Phenix，XTL-165
微量注射器	World Precision Instruments, MICRO02T

(五) 实验步骤

1. 按照脑立体定位显微注射方法（详见第四章第一节），注射化学遗传学病毒。

2. 待3~4周化学遗传学工具足量表达后，即可进行小鼠行为学测试。

3. 按照说明书要求，将CNO粉末配置为母液，分装保存至−20℃冰箱中。实验前，用生理盐水将分装的CNO母液稀释至工作浓度，可在4℃下保存一周。给予刺激或行为学测试前约40 min，按照3 mg/kg的剂量对小鼠进行腹腔注射。

4. 在表达mCherry对照病毒的小鼠中注射相同剂量的CNO作为对照组实验。同时推荐在注射化学遗传学病毒以及对照病毒小鼠中注射相同体积的生理盐水作为补充对照组实验以排除CNO副作用的影响。

5. 行为学实验完成后，一方面，对调控小鼠的目标脑区进行切片，使用膜片钳技术离体记录神经元在给予CNO后的放电改变情况，以评估工具的有效性。另一方面，对小鼠进行灌注固定，在荧光显微镜下确定冠状切面中病毒工具的表达位点。

（六）数据分析及结果解读

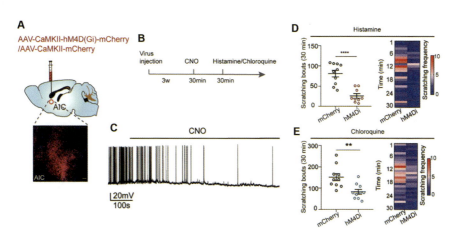

图4-20　化学遗传学调控案例[26]

A. 在前岛叶皮层（AIC）注射抑制型化学遗传学病毒hM4Di以及对照病毒mCherry；
B. 病毒注射与行为学调控时间轴；C.电生理记录下给予CNO能显著减少hM4Di组神
经元动作电位发放；D. 给予CNO激动hM4Di能够抑制组胺介导的抓挠行为；E.给予
CNO激动hM4Di抑制氯喹介导的抓挠行为

　　研究人员向AIC注射带CaMKII启动子元件的抑制型化学遗传学病毒hM4Di，即
可在AIC兴奋性神经元上表达该工具。AIC显著表达hM4Di的荧光标记mCherry（图
4-20A，B）；电生理记录下（图4-20C），给予CNO后显著观察到标记神经元动作电位
发放频率显著减少；在行为学测试中，能够看到CNO结合hM4Di能显著降低组胺（图
4-20D）和氯喹（图4-20E）所介导的抓挠行为。

（七）关键点

实验步骤	问题	原因	解决方法
3	配置过程中CNO粉末难以溶解，或工作液中有较多粉末沉淀	CNO粉末可溶于如DMSO等有机溶剂，但难以直接溶解于生理盐水	称取适量CNO粉末于管内，先加入少量DMSO使其完全溶解，后加入生理盐水配置至母液浓度（100 nM），随后分装储存，使用前以生理盐水稀释至工作液浓度

续表

实验步骤	问题	原因	解决方法
3，4	化学遗传学调控后行为学表型不显著或出现异常表型	给药后进行行为学测试过早，CNO未能较好进入血脑屏障并激活DREADD	小鼠腹腔注射CNO后约40 min再进行行为学测试
		行为学测试时间过长，CNO已经完全代谢	行为学测试尽可能在CNO完全代谢（3.5 h）前完成测试
		CNO反向代谢为氯氮平导致脱靶效应	在0.1~10 mg/kg范围内适当调整CNO浓度，并使用注射对照病毒小鼠进行对照试验；或改用其他DREADD激动剂，如DCZ（0.1 mg/kg，i.p.）
5	给予CNO后引发神经元膜电位变化不显著	病毒滴度或效价过低	提高病毒滴度，并避免反复冻融
		CNO失效	重新配置CNO工作液

（八）技术的局限性

化学遗传学工具具有以下局限性[23]：首先，其无法满足神经元精确至毫秒级的调控，一方面是因为DREADDs需要若干分钟才能对神经元发挥作用，另一方面是因其激动剂CNO需要2小时以上才能从血浆中清除，故其不能够像光遗传学工具一样迅速停止对神经元的调控。缺乏对神经元精确的时间控制则意味着有可能引发特定行为学以外的表型。

DREADDs的另一个局限性是难以用特定剂量的激动剂来可逆地调控目标神经元或环路。虽然CNO浓度可以根据需求调整，但是引发特定行为的激动剂精确浓度难以确定，不同的激活程度可能会导致不同的行为。此外，当DREADDs过度表达时，其可能超过内源性受体的生理水平，通过调控而干预获得的结果可能与生理状态下情况有偏差。

四、总结

（一）光/化学遗传学技术的异同

大脑由兴奋型、抑制型和各种调节性神经元中的许多亚型组成。这些特定的细胞类群及其环路在特定时空模式下的兴奋性和连接对于参与生理功能以及神经精神类疾病的发病进程至关重要。

光遗传学技术致力于解决生物学研究中的重要需求：其优势在于能够在完整系统中、精确时间内调控特异类型的细胞参与的特定生物学事件[2]。它作为一种重要的研究工具已经被广泛用于深入研究从最基本的稳态到高级认知功能等复杂神经系统进程的因果作用[3]。

化学遗传学技术被广泛应用于特定细胞类型的神经元兴奋性的无创调控。虽然化学遗传学技术不如光遗传学技术具有快速和时间精确的优势，但是其能够应用于探索许多更依赖于缓慢GPCR信号通路发挥作用的生理病理进程，从而阐明GPCR信号通路在调节生理病理中的作用[23]。

（二）神经调控技术对比

表4-14 神经调控技术概览

	光遗传学技术	DREADDs技术	电刺激调控	药理学调控
调控操作	脑立体定位注射；光纤埋置并连接激光器给予激发光照射	脑立体定位注射；腹腔注射、颅内埋管或喂食CNO	埋置电极与组织物理接触并给予刺激	常规系统性给药或颅内置管给药
细胞特异性	使用特异启动子及病毒元件定位至特定细胞类群或环路	使用特异启动子及病毒元件定位至特定细胞类群或环路	非选择性地激活电极接触区域内的神经元	系统性或区域内作用于药物靶点的细胞类群
时间分辨率	通过照射激发光以毫秒级为尺度瞬间引起膜电位强烈变化	通过给药以秒、分钟和小时为尺度持续诱导适度膜电位变化	以毫秒级为尺度瞬间调控	药物作用过程缓慢且不精确
空间分辨率	目标脑区及环路、单细胞、亚细胞结构	目标脑区及环路	目标脑区、单细胞	系统性或局部脑区

（三）神经调控技术应用场景

1. 细胞特异性调控及蛋白表达

不同类群的神经元具有不同的基因及蛋白表达模式，在参与正常生理功能和神经精神类疾病的病理进程中可能发挥不同的作用。在光遗传学中，编码ChR2或NpHR基因的病毒载体可通过选择不同的启动子来实现光遗传学工具对特异细胞类型的调控。如动物在缺乏黑色素聚集激素（MCH）时会呈现吞咽功能减退和身体瘦弱，而利用NpHR在下丘脑外侧分泌MCH的神经元的特异性表达，以及通过光遗传学抑制则可改善食物摄入水平[4]。

化学遗传学不仅在细胞特异性的神经元兴奋性调控以及蛋白分泌方面展现出其应用价值，还能用于非神经元细胞的调控，如星形胶质细胞、肝细胞和胰腺细胞等。具体而言，Gq-DREADD的激活在星形胶质细胞中能够引发自主神经系统和生理及行为的改变；在胰腺β细胞中进行激活可急性诱导胰岛素的释放；在肝细胞中进行激活可以增加血糖水平[23]。

2. 神经环路在生理病理下的标记及功能验证

编码光/化学遗传学工具基因的病毒载体可选择*Fos*、*arc*等IEG作为启动子，或使用Cre重组酶标记IEG（如Fos-Cre）结合Cre依赖病毒载体，以标记相关环路在生理与病理下特定行为中活跃的神经元及其功能连接。通过光/化学遗传学技术激动特定区域中的神经元，或其与另一个目标脑区的连接，即能够在生理和病理状态下检测这些神经元及其连接的神经环路的兴奋性、功能性连接改变的情况以及特定脑区及环路在相关表型中的作用。

3. 结合在体电生理和影像学解析变化特征

光遗传学工具能够更容易地和在体电生理进行同步记录，因为光刺激不会干扰电信号记录。我们可以使用光遗传学工具刺激目标脑区，然后记录目标脑区或目标脑区下游的电信号。此外光遗传学技术能够与光学成像、正电子发射断层扫描（positron emission tomography，PET）和功能性磁共振成像（functional magnetic resonance imaging，fMRI）等影像学手段结合，以实现在光遗传学调控下对大型神经元群体活动进行检测，从而深入揭示神经环路中信息传递的动力学。例如，振荡节律对活动的调节、θ节奏内相位定时的因果意义、伽马节律性对信息传播的影响，以及激励和抑制的动态平衡对信息流进行实时调节等[4]。化学遗传学工具可实现长时段调控，故可与在体电生理和fMRI等技术结合以探究神经环路的连接以及行为变化特征[24, 25]。

4. 建立疾病模型及寻求转化应用

光/化学遗传学技术一方面可用于神经精神类疾病模型的建立与调控以研究疾病的发病机制，另一方面还可用于寻求转化应用。我们可以通过光/化学遗传学工具激活或抑制来模拟目标脑区神经元及环路的异常兴奋性以构建疾病表型，并利用细胞特异性的调控手段加剧或纠正动物的行为学表型，从而探索神经精神类疾病的病理性机制，为未来临床转化提供干预方案。

光遗传学已经被用于研究癫痫发作的传播和停止、生理和帕金森病理状态下神经元编码运动的模式，以及生理及神经精神类疾病中的神经生物学机制等，如动机、奖赏、社交和情绪[4]。而化学遗传学已经阐明GPCR在许多疾病中具有重要作用，如

DREADDs技术已经被应用于探究成瘾相关疾病、癫痫、昼夜节律及睡眠－觉醒周期、外周代谢紊乱、呼吸和体温调节疾病、感知及突触可塑性相关疾病的机制以及干预手段[23]。

思　考　题

1. 试比较光遗传学工具与化学遗传学工具的优势及局限性？

2. 光/化学遗传学技术如何实现细胞特异性调控？

3. 请举例哪些行为可受光遗传学或化学遗传学工具的在体调控。

4. 以往的研究表明，小鼠能够在训练中通过学习压杆获得可卡因奖励；长期训练下小鼠会对该压杆产生偏好，并在戒断期间出现焦虑、抑郁样行为。已知腹侧被盖区（VTA）内多巴胺（DA）能神经元投射至伏隔核（NAc）环路在奖赏动机和编码情绪中发挥着重要作用，请利用光/化学遗传学手段设计实验，探究VTA DA-NAc环路在小鼠可卡因成瘾进程中，如压杆动机、长期发展、戒断期焦虑或抑郁样行为中的作用。

参考文献

[1] Deisseroth K. Controlling the brain with light. Sci Am 303, 48-55 (2010).

[2] Deisseroth K. Optogenetics. Nat Methods 8, 26-29 (2011).

[3] Deisseroth K. Optogenetics: 10 years of microbial opsins in neuroscience. Nat Neurosci 18, 1213-1225 (2015).

[4] Zhang F, Aravanis AM, Adamantidis A, et al. Circuit-breakers: optical technologies for probing neural signals and systems. Nat Rev Neurosci 8, 577-581 (2007).

[5] Zhang F, Wang LP, Brauner M, et al. Multimodal fast optical interrogation of neural circuitry. Nature 446, 633-639 (2007).

[6] Chow BY, Han X, Dobry AS, et al. High-performance genetically targetable optical neural silencing by light-driven proton pumps. Nature 463, 98-102 (2010).

[7] Zhang F, Vierock J, Yizhar O, et al. The microbial opsin family of optogenetic tools. Cell 147, 1446-1457 (2011).

[8] Zemelman BV, Lee GA, Ng M, et al. Selective photostimulation of genetically chARGed neurons. Neuron 33, 15-22 (2002).

[9] Boyden ES, Zhang F, Bamberg E, et al. Millisecond-timescale, genetically targeted optical control of neural activity. Nat Neurosci 8, 1263-1268 (2005).

[10] Adamantidis AR, Zhang F, Aravanis AM, et al. Neural substrates of awakening probcd with optogenetic control of hypocretin neurons. Nature 450, 420-424 (2007).

[11] Tsai HC, Zhang F, Adamantidis A, et al. Phasic firing in dopaminergic neurons is sufficient for behavioral conditioning. Science 324, 1080-1084 (2009).

[12] Berndt A, Lee SY, Ramakrishnan C, et al. Structure-guided transformation of channelrhodopsin into a light-activated chloride channel. Science 344, 420-424 (2014).

[13] Yizhar O, Fenno LE, Davidson TJ, et al. Optogenetics in neural systems. Neuron 71, 9-34 (2011).

[14] Bansal A, Shikha S, Zhang Y. Towards translational optogenetics. Nat Biomed Eng 7, 349-369 (2023).

[15] Hausser M. Optogenetics: the age of light. Nat Methods 11, 1012-1014 (2014).

[16] Kang HJ, Minamimoto T, Wess J, et al. Chemogenetics for cell-type-specific modulation of signalling and neuronal activity. Nat Rev Method Prime 3, 93 (2023).

[17] Roth BL. DREADDs for neuroscientists. Neuron 89, 683-694 (2016).

[18] Zhang S, Gumpper RH, Huang XP, et al. Molecular basis for selective activation of DREADD-based chemogenetics. Nature 612, 354-362 (2022).

[19] Vardy E, Robinson JE, Li C, et al. A new DREADD facilitates the multiplexed chemogenetic interrogation of behavior. Neuron 86, 936-946 (2015).

[20] Strader CD, Gaffney T, Sugg EE, et al. Allele-specific activation of genetically engineered receptors. J Biol Chem 266, 5-8 (1991).

[21] Coward P, Wada HG, Falk MS, et al. Controlling signaling with a specifically designed Gi-coupled receptor. Proc Natl Acad Sci USA 95, 352-357 (1998).

[22] Armbruster BN, Li X, Pausch MH, et al. Evolving the lock to fit the key to create a family of G protein-coupled receptors potently activated by an inert ligand. Proc Natl Acad Sci USA 104, 5163-5168 (2007).

[23] Urban DJ, Roth BL. DREADDs (designer receptors exclusively activated by designer drugs): chemogenetic tools with therapeutic utility. Annu Rev Pharmacol Toxicol 55, 399-417 (2015).

[24] Hirabayashi T, Nagai Y, Hori Y, et al. Chemogenetic sensory fMRI reveals behaviorally relevant bidirectional changes in primate somatosensory network. Neuron 109, 3312-3322 e3315 (2021).

[25] Rocchi F, Canella C, Noei S, et al. Increased fMRI connectivity upon chemogenetic inhibition of the mouse prefrontal cortex. Nat Commun 13, 1056 (2022).

[26] Zheng J, Zhang XM, Tang W, et al. An insular cortical circuit required for itch sensation and aversion. Curr Biol 34(7), 1453-1468.e6 (2024).

（李文甫　严旻标　黄潋滟）

第四节　光纤信号记录技术

一、简介

光纤信号记录（Fiber Photometry）是通过检测群体神经元的荧光信号强度变化来反映神经元群体活动的变化的技术[1]。该技术能够对清醒的、自由活动的实验动物进行长时间神经活动的在体记录，有助于揭示特定类群的神经元活动与动物行为之间的相关性。光纤信号记录是单光子在体微型显微镜技术的一个简化分支，其基本原理是通过荧光标记神经细胞的电活动以实现神经元电活动到光信号的转换。通过光信号记录神经电活动主要有三种方法：①利用钙离子荧光指示剂记录；②利用电压指示剂记录；③利用各类神经递质和调质的探针记录；其中，基因编码的GCaMP系列钙离子荧光指示剂以其具有亲和力高、成像方便等特点，被广泛使用。本节以GCaMP6s信号记录为例，介绍光纤信号记录技术的基本原理、应用和方法。

（一）光纤信号记录技术的原理

光纤信号记录利用光纤和荧光分子的特性来记录神经活动，通过时间相关单光子计数（TCSPC）技术来测量荧光分子在大脑中发出的信号，常用于研究动物在自由活动状态下的脑功能，探讨神经活动和行为之间的关系。实验中，通过细小的光纤传输激发光（通常是激光或LED光源）到目标区域，并收集荧光分子发出的荧光信号。当神经元活动时，荧光分子会根据神经元兴奋性的变化而改变荧光强度。光纤信号记录设备会捕捉到这些荧光强度的变化，将采集到的发射信号通过二色镜进行光谱分离，并通过滤波器聚焦到探测器上，即可检测到荧光的实时动态变化。

基于上述的原理，在进行光纤信号记录之前，我们需要通过基因工程技术在特定的神经元中表达能够产生荧光的蛋白质，这些荧光分子对神经元的活动有响应性。例如，GCaMP是一类对钙离子浓度敏感的荧光蛋白，钙离子浓度的变化与中枢神经细胞的活动密切相关[2]。在大脑中，神经元和星形胶质细胞递质的释放均需要钙离子的参与[3-5]。以神经元为例，当动作电位传导到轴突末梢，膜电位的去极化会导致突触前的电压门控钙离子通道变构开放，进而产生钙离子的内流。随后，钙离子与囊泡上的突触结合蛋白结合，进而引发后续的囊泡与前膜融合以及递质释放。而钙指示剂则是一种能够特异性地结合钙离子并发出荧光信号的分子，当神经细胞中存在足够多的钙指示剂时，总体荧光强度与结合钙离子的钙指示剂的量近似呈正比例关系[6]。这为我们研究生物体内钙离子信号传导提供了有力工具。

目前常用的基因编码钙离子指示剂主要为GCaMP系列（表4-15），这是一种由绿色荧光蛋白GFP为基础改进而来的钙离子指示剂。经典的GCaMP蛋白通常包括三个主要部分：一个肌球蛋白轻链激酶的M13片段（钙调蛋白结合肽）、一个由GFP突变而来的cpEGFP和一个钙调蛋白CaM，详见第三章第二节。当钙离子不存在时，cpEGFP荧光强度较低。当CaM与钙离子结合后发生变构，环绕在 M13 肽段周围，以其铰链区和M13结合，Ca^{2+}-CaM-M13相互作用，致使cpEGFP恢复为类似于正常GFP的构象，从而使GCaMP的荧光强度明显增加[6]。近年来，GCaMP的开发飞速发展，实现了钙信号的信噪比由小到大，动力学由慢到快的质的飞跃。目前应用较广的GCaMP为第6~8代，且每一代根据其信号特点，分为不同的亚型[7-9]。

表4-15 第6~8代不同亚型GCaMP的比较

代数	较上一代改进	亚型	特点	应用
6	灵敏度和动力学性能更佳	GCaMP6s	灵敏度高，动力学较慢	群体神经元低频信号记录，光纤信号记录
		GCaMP6m	灵敏度中等	光纤信号记录
		GCaMP6f	快速动力学	群体和单个神经元高频信号记录，光纤信号、双光子和单光子记录
7	灵敏度和反应速率较第6代提升3~5倍	jGCaMP7s	灵敏度高	群体和单个神经元高频信号记录，光纤信号、双光子和单光子记录
		jGCaMP7f	快速动力学	群体和单个神经元高频信号记录，光纤信号、双光子和单光子记录
		jGCaMP7b	荧光背景强度高	神经元轴突或树突钙信号记录，双光子钙信号记录
		jGCaMP7c	对比度高，荧光背景强度较低	大范围神经活动成像
8	灵敏度和反应速率较第7代提升2~4倍	jGCaMP8s	灵敏度高	单神经元单动作电位及群体神经活动记录，光纤信号、双光子和单光子记录
		jGCaMP8m	灵敏度中等	单神经元单动作电位及群体神经活动记录，光纤信号、双光子和单光子记录
		jGCaMP8f	快速动力学	单神经元单动作电位及群体神经活动记录，光纤信号、双光子和单光子记录

当我们需要同时观察不同类型神经元活动时，光纤信号记录无法通过单一颜色的钙离子指示剂实现这一目的。因此，除GCaMP以外，科学家还开发出了基于红色荧光蛋白RFP的钙离子指示剂RCaMP[10]。类似于GCaMP，RCaMP也由荧光蛋白变体、CaM和钙调蛋白结合肽组成。不同的是，RCaMP中的荧光蛋白变体由GFP替换为了RFP（cpApple）。由于GFP和RFP的荧光基团在结构上存在巨大差异，基于RFP的红色基因编码钙离子指示剂的设计和优化落后于基于GFP的指示剂，特别是在快速动力学和高信噪比方面。直到2015年，R-CaMP2的诞生才使红色荧光信号在在体钙成像领域占据一席之地。R-CaMP2具有单动作电位指示能力和快速的动力学性质，尽管荧光强度的变化范围仍然不如GCaMP，但这已经足以为同时记录不同类型的群体神经元活动提供一个可行的方案。

（二）光纤信号记录技术的发展历程

光纤信号记录技术诞生于2014年，该技术利用光纤双向传导激发光和荧光信号[1]。光纤信号记录系统通过光纤将激发光递送到目标脑区，同时将脑内的GCaMP荧光信号传输到远端的感光元件。该系统用到的光纤通常包括三层结构：最外层的涂覆层、中间的包层以及内部纤芯。涂覆层可以保护光纤，同时遮蔽环境光的干扰。包层折射率小于纤芯，二者的相对折射率影响光纤的数值孔径。当光线从一端进入光纤，入射角度正弦值小于数值孔径的光线会在光纤内发生全反射，从而传输到光纤的另一端，被感光元件接收。而入射角度过大的光线则会在传输过程中损耗掉。因此，光纤信号记录的检测范围实际上是埋入脑组织中的光纤插芯下方的一个锥形区域。

经过十年的发展，光纤信号记录技术已日臻成熟。随着技术的不断进步，种类丰富的光纤信号记录仪器相继问世，满足了不同的实验需求。多通道光纤信号记录仪能够同时记录多只小鼠、多个脑区的神经活动，为神经科学家提供了一种能更加全面了解在体神经网络活动的方法。多色光纤信号记录仪则能够同时记录同一脑区不同类型的神经元群体活动，为研究神经网络的复杂性提供了有力的技术支撑。此外，结合光遗传技术的光纤信号记录仪更是实现了操纵与记录的同步进行以及闭环调控等功能。除了钙信号的记录之外，光纤信号记录技术因其具有稳定、便携的特点，也逐渐应用于多种在体荧光信号（如神经递质荧光探针、电压指示剂等）的检测[11]。

总之，光纤信号记录技术作为一种前沿的神经科学技术，不仅为神经科学家提供了更加便捷、高效的实验手段，还为揭示神经元活动的奥秘提供了新的视角和工具。

二、应用

光纤信号记录技术作为一种先进的神经科学技术，在神经科学研究中发挥着越来越重要的作用。尽管它无法准确记录到单个神经元的活动，但在多个方面展现出独特的优势，其在深部脑区成像、多脑区成像、社交相关实验以及复杂环境实验等领域具有广泛的应用前景。

（一）记录特定神经元的群体活动

光纤信号记录的优势之一是可直接记录研究人员感兴趣的神经元群体活动。借助立体定位技术，我们将光纤选择性地埋入特定脑区，所记录的脑组织范围可通过不同数值孔径的光纤插芯，进行自由调整，从而实现对特定脑区的神经活动记录。借助不同启动子的病毒，我们可以记录特定类型群体神经元活动。例如，广谱启动子hSyn可以用于标记成熟神经元；CaMKIIα启动子可以特异性标记前脑谷氨酸能神经元；VGAT启动子可以特异性标记GABA能神经元等等。此外，通过选择合适的病毒血清型，光纤信号记录技术还能实现环路特异性的神经活动记录。

（二）记录神经轴突末梢的钙活动

大脑的神经环路错综复杂；一个脑区能够对不同的脑区发出神经投射，一个神经元也可能同时投射到不同的下游脑区。因此，当我们需要记录特定神经环路的活动时，不仅要考虑该环路中神经元胞体的活动，更需要关注上游神经元对下游不同脑区发出的神经轴突末梢的活动。这些轴突末梢的活动能够更准确地反映该特定神经环路的活动和功能。尽管大部分常见的GCaMP指示剂都可以表达在轴突中，但是往往缺乏特异性。而Syn-GCaMP可以弥补这一缺陷，通过将GCaMP与突触素融合，Syn-GCaMP可以特异性表达在突触囊泡上，利用这一特点，轴突末梢的钙活动可以得到特异性的记录[12]。然而，Syn-GCaMP表达区域的高度特异性也导致了另一个问题：荧光信号弱且易被漂白，难以长期记录突触活动。2018年，Axon-GCaMP的出现为轴突末梢钙成像提供了便利[13]。通过在GCaMP序列之前加入GAP43靶向基因，使得钙离子指示剂在轴突中富集。当末梢的指示剂被漂白后，轴突其他部位的Axon-GCaMP可以迅速扩散进入轴突末梢，以平衡荧光漂白带来的影响。因此，利用Axon-GCaMP可以实现轴突末梢较长时间钙离子活动的稳定成像。

(三) 多通道光纤钙信号记录

在研究小鼠神经网络的动态活动时，光纤信号记录技术以其独特的优势脱颖而出[3]。光纤轻便、小巧的特性，允许研究者同时埋置多根光纤，实现对多个脑区的并行记录，从而揭示这些脑区在特定行为中的时间和空间上的联系，使得研究者能够更全面地了解小鼠神经网络在行为执行过程中的系统性变化。其次，光纤信号记录技术通过选取合适的光纤长度和数值孔径，能够确保不同光纤信号记录到的信号被很好地分离开来。通过信号分离鉴别出不同脑区在特定行为中的贡献，对于研究复杂的神经网络至关重要，有助于理解大脑在特定行为中的编码机制。此外，光纤信号记录技术还具有较高的时间分辨率，能够捕捉到神经网络的快速变化。这为理解小鼠行为的神经机制提供了更充分的证据。

(四) 不同在体记录技术

表4-16 不同在体记录技术的特点及其应用

	光纤信号记录	单光子成像记录	双光子成像记录	在体多通道电生理记录	神经像素电极记录
原理	通过钙离子荧光信号反映神经元电活动			通过检测神经元胞外电信号，记录神经元电活动	
细胞分辨率	群体神经元	单个细胞	单个细胞	单个神经元	单个神经元
采样频率	100~1 000 Hz	10~30 Hz	1~30 Hz	>1 000 Hz	>1 000 Hz
脑区深度	任意深度	任意深度，浅层较好	<1 000 μm	任意深度	任意深度
装置大小	小	大	小	中	较小
动物自由活动度	好	较好	头部固定	较好	较好
大尺度神经网络记录	√	×	×	√	√
有创性	是	是	较小	是	是
通量	高	高	低	高	高
应用场景	群体神经元或神经网络活动记录	特定区域单神经元活动记录，神经计算	特定区域单神经元、胶质细胞活动记录及结构变化，神经计算	特定区域单神经元活动记录，神经计算	神经网络单细胞分辨率活动记录，神经计算

三、实验流程图

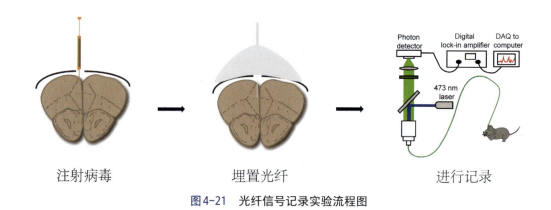

注射病毒　　　　　　　　埋置光纤　　　　　　　　进行记录

图4-21　光纤信号记录实验流程图

四、实验试剂与器材

表4-17　实验试剂

名称	厂商/型号
AAV2/9-hSyn-GCaMP6s	Shanghai Taitool Bioscience, S0225-9

表4-18　实验器材

名称	厂商/型号
立体定位仪	RWD Life Science，68803
小鼠适配器	RWD Life Science，68030
颅骨钻	RWD Life Science，78001
体式显微镜	Phenix，XTL-165
微量注射器	World Precision Instruments, MICRO02T
多通道光纤信号记录系统	Inper, Fiber photometry
光纤插芯针	Inper, 96Q93
光纤跳线	Inper, 9L383

五、实验步骤

1. 安装夹持器和光纤插芯针

将光纤夹持器安装于立体定位仪，光纤插芯针陶瓷端固定于光纤夹持器。确保陶瓷插芯针竖直且牢固地安装在夹持器底部。

2. 埋置光纤

实验选用已在目标脑区注射GCaMP6s病毒，且经过3~4周稳定表达荧光信号的小鼠（或使用表达GCaMP6s的转基因小鼠）。脑立体定位注射的详细操作请参考第四章第一节。

对上述小鼠进行麻醉、备皮、固定、调平、定位及钻孔。钻孔结束后用注射器针头在颅骨表面轻轻划出划痕，使颅骨表面变得粗糙。清理颅骨表面碎屑，并用酒精消毒。

埋置颅骨钉：在颅骨表面远离目标脑区的位置，朝不同方向磨2~3个凹坑，注意不要将颅骨磨穿。将已消毒的颅骨钉拧进凹坑，深度以刚刚接触硬脑膜为佳。

插入光纤：在目标脑区相应坐标 (x, y) 的颅骨表面钻孔后，使用立体定位仪将光纤插芯针缓慢插入目标脑区坐标，如BLA（±3.23，-1.4，-4.75）。如插入过程中出血，需止血后再继续插入。

固定：将调和好的牙科水泥混合液涂在颅骨表面、光纤和颅骨钉周围。牙科水泥厚度要高于光纤陶瓷套底部的凹槽，且完全覆盖颅骨钉。牙科水泥不宜过厚，需要保证光纤插芯针的陶瓷套留有足够的长度使其能与光纤信号记录跳线连接。

凝固：涂好牙科水泥后静置，直至牙科水泥完全凝固。凝固后拧松光纤夹持器，分离光纤插芯针和夹持器。

3. 术后恢复及行为前适应

结束手术，待小鼠苏醒恢复后，正常饲养1周以上即可进行信号记录。记录前3天让小鼠熟悉插拔光纤跳线的操作，以减少小鼠在实验中的应激反应。

4. 信号记录（以Inper多通道光纤信号记录系统为例）

开机：打开光纤信号记录系统的硬件和软件。

漂线：将光纤信号记录跳线正确连接至光纤信号记录系统的激光出口，将激光强度设置为最强（100%），在常亮模式下静置20~30分钟。此步骤的目的是去除光纤信号记录跳线的自发荧光。

设置采样通道：根据实验需求，设置采样通道的数量。采样通道数量指的是单次信号采集位点的数量，例如，若该次实验仅采集1个位点，则应添加1个采样通道；若该次实验同时采集3个位点，则应添加3个采样通道。请注意，添加好采样通道后，需确认每根光纤对应的采样通道，具体操作：将待确认的光纤尖端反复接触乳胶手套（或其他可自发荧光的物品），其余光纤尖端放置于黑暗环境中保持不动，此时，采集软件界面中，发生信号波动的通道为该待确认光纤对应的采样通道。所有光纤尖端均需逐一确认其采样通道（图4-22）。

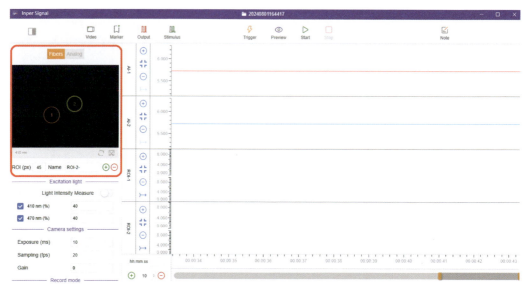

图4-22　设置采样通道

左上角红色框内为采样通道设置模块，点击"+"号添加采样通道区域，ROI大小一般设置为45 px（Inper，China）。采样通道添加完成后，将光纤插芯针尖端对着日光灯（或其他发光光源），在红框区域界面能看到白色亮斑。将ROI移动至包裹住白色亮斑的位置。

调节光强：在激光为常亮模式下，调节蓝色激光强度至30~40 μW，紫色激光强度调至10~20 μW。进行多通道采集时，由于在光纤融合口处，不同分光光纤的透光率可能存在一定差异，因此不同通道的激光强度会有所不同。此时需折中选取合适的激光强度。为了避免不同分光光纤之间存在过大差异，在光纤跳线的选择上，需要选取分光光纤透光率相近的光纤跳线进行信号记录。

设置曝光时间和采样频率：根据实验需要设置激光的曝光时间和采样频率。一般将曝光时间设置为5~8 ms，单个通道、单个激光的采样频率设置为50 Hz。请注意，采样频率的设置涉及后续的信号分析和处理，因此建议同一类实验的采样频率保持一致，以便后续分析。

打开录像：连接摄像头并打开软件中的录像选项。

记录OFFSET：将光纤尖端出光口放置于不透光盒子中，记录此时每一个通道的蓝光和紫光的信号值（OFF-1和OFF-2）。

记录：将光纤尖端与小鼠头上的光纤插芯针正确连接，根据实验需求，将小鼠放置于实验行为箱中，开始记录。待记录结束后，取出小鼠，取下光纤尖端，将小鼠放回屋笼。

5. 观察位点

实验完成后，将小鼠灌注、处死并取脑。为了观察光纤插芯针的位置，灌注时需要灌入20~30 mL PFA溶液。将小鼠头部取下后，放置于PFA溶液中至少1小时，进一步固定脑组织。随后，取出光纤插芯针，取脑，再经固定和脱水后，制备目标脑区所在平面的冰冻脑组织切片，观察光纤尖端位置。

六、数据分析及结果解读

（一）数据分析

1. 校准信号曲线：在光纤信号记录系统的分析软件中，设置每个通道的OFFSET值，并选择Smooth、Baseline Correction和Subtraction校准信号曲线（图4-23）。

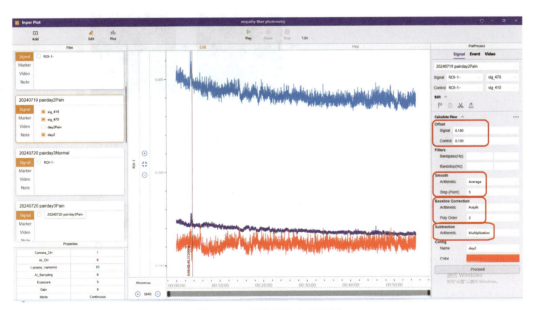

图4-23　校准信号曲线示例

右侧红色框从上到下分别为OFFSET值设置、曲线平滑、基线校准和曲线校准操作模块

2. 打标：在目标事件发生的时间点进行标记，以标记点为零点。

3. 设定基线：设置零点前的某一段时间为"基线"，基线的平均荧光值为F_0。

4. 信号分析：对于每个时间点，计算 $\Delta F/F_0 = (F - F_0/F_0)$ 或 $z\text{-score} = (x - \mu)/\sigma$。

5. 作图：根据 $\Delta F/F_0$ 的值，作出热图、点图，或统计点图的曲线下面积，进行分析。

（二）案例解读

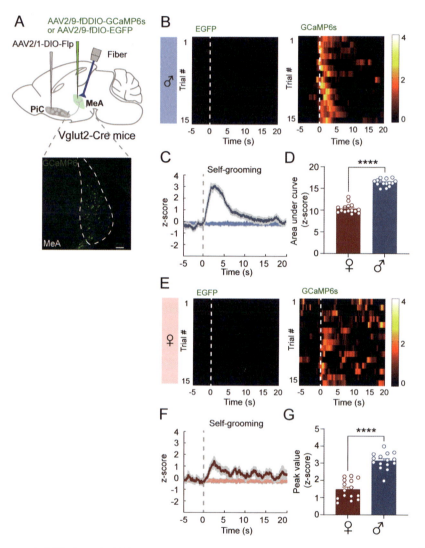

图4-24 记录接受 PiC 投射的 MeA vGluT2+ 神经元在出现自我抓挠行为时的活动情况[14]

A. 在 PiC 注射顺向跨单级病毒 AAV2/1-DIO-Flp，在 MeA 注射 fDIO-GCaMP6s；B. 雄性小鼠出现抓挠行为时，接受 PiC 投射的 MeA vGluT2+ 神经元活动情况的热图；白色虚线为抓挠行为的起始时间（零点）；C. 荧光钙信号变化的曲线图；零点之后，z-score 增加，说明抓挠行为产生时，接受 PiC 投射的 MeA vGluT2+ 神经元的活动增加；D. z-score 的曲线下面积的统计图；每个点为每一只小鼠的 z-score 曲线下面积的值；E~G. 雌性小鼠出现抓挠行为时，接受 PiC 投射的 MeA vGluT2+ 神经元活动的情况

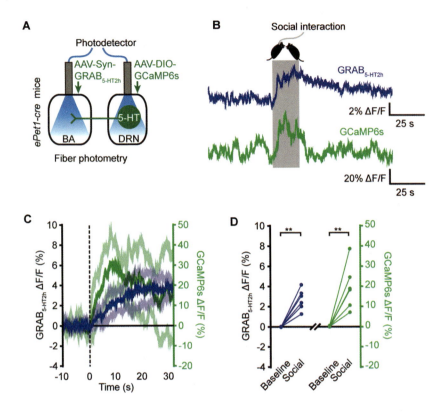

图4-25　社交状态下杏仁核基底部（BA）胞外5-羟色胺（5-HT）水平和中缝背核（DRN）5-HT神经元的钙信号的动态变化[15]

A. 在ePet1-cre小鼠的BA和DRN分别注射AAV-Syn-GRAB5-HT和AAV-DIO-GCaMP6s，在BA和DRN分别埋置光纤，同时记录BA胞外5-HT荧光信号和DRN 5-HT神经元的钙活动；B. 在社交行为开始时，BA的5-HT荧光信号上升（蓝色曲线），DRN 5-HT神经元的钙信号上升（绿色曲线）；C. 所有小鼠$\Delta F/F$的信号统计图；D. $-10\sim0$ s和$0\sim10$ s的$\Delta F/F$均值统计图

七、关键点

实验步骤	问题	原因	解决办法
3，4	插芯针掉落	小鼠发生炎症	手术过程注意消毒，创口保持干燥
		牙科水泥黏稠度不合适	先用较稀的牙科水泥充分浸润插芯针和颅骨钉的周围，再慢慢用较黏稠的牙科水泥涂满

续表

实验步骤	问题	原因	解决办法
4	记录不到信号	激光光强不足	检查光纤连接是否错误，光纤跳线是否折断，调大激光强度
		埋置位点错误	取脑并观察光纤尖端位置是否有GCaMP表达
		小鼠发生出血	手术过程中如遇到出血，需及时止血后再继续进行手术
4	紫光信号不稳定	光纤连接不牢	重新连接光纤信号记录跳线和插芯针

八、技术的局限性

(一) 缺乏单细胞分辨率

光纤信号记录技术是单光子在体微型显微镜技术的一个简化分支，它舍弃了单细胞水平的空间分辨率，将微型显微镜和自聚焦透镜的组合替换成了光纤，从而极大地减轻了实验动物头部的负担，实现了简便的自由活动动物在体神经活动信号的记录。正因如此，光纤信号记录仅适用于群体神经元活动的记录，单细胞分辨率的缺乏成为光纤信号记录最大的局限性。

(二) 信号存在延迟性

光纤信号记录的原理是通过荧光反映胞内钙离子浓度，间接反映神经元电活动。因此，钙信号的变化与神经元电活动之间存在一定的延迟。首先，这种延迟表现为神经元活动升高时，光纤钙信号的上升速度较缓慢。这意味着光纤信号记录可反映相对于基线水平神经元的活动变化，虽与实际电活动存在相关性，但无法一一对应。其次，神经元电活动降低时，信号衰减一方面依赖于钙离子浓度的降低，另一方面依赖于荧光的衰减，因此，荧光信号的响应也有所延后。随着新一代GCaMP的开发，GCaMP8信号已经能够较好地跟随神经元动作电位的发放。

(三) 有创性

光纤信号记录中，光纤及颅骨钉的埋置不可避免地导致脑组织的创伤，可能对实验动物的状态、行为表现和信号产生影响。为尽可能避免组织创伤带来的不良影响，光纤的埋置路径和颅骨钉的位置应该避开大血管、血窦，手术过程中需要做好消毒和止血，如有必要可使用抗生素进行手术位置的抗炎处理。

思 考 题

1. 请简述光纤钙信号记录技术的原理。

2. 请利用光纤钙信号记录技术设计一个实验，探究小鼠前额叶皮层神经元在舔水和摄食时的活动情况。

3. 在光纤钙信号记录的过程中，如果观察到信号随着小鼠的运动产生波动，请问产生该信号的原因可能是什么？

参 考 文 献

[1] Gunaydin LA, Grosenick L, Finkelstein JC, et al. Natural neural projection dynamics underlying social behavior. Cell 157, 1535-1551 (2014).

[2] Clapham DE. Calcium signaling. Cell 131, 1047-1058 (2007).

[3] Bazargani N, Attwell D. Astrocyte calcium signaling: the third wave. Nat Neurosci 19, 182-189 (2016).

[4] Grienberger C, Konnerth A. Imaging calcium in neurons. Neuron 73, 862-885 (2012).

[5] Sutherland DJ, Pujic Z, Goodhill GJ. Calcium signaling in axon guidance. Trends Neurosci 37, 424-432 (2014).

[6] Nakai J, Ohkura M, Imoto K. A high signal-to-noise Ca^{2+} probe composed of a single green fluorescent protein. Nat Biotechnol 19, 137-141 (2001).

[7] Chen TW, Wardill TJ, Sun Y, et al. Ultrasensitive fluorescent proteins for imaging neuronal activity. Nature 499, 295-300 (2013).

[8] Dana H, Sun Y, Mohar B, et al. High-performance calcium sensors for imaging activity in neuronal populations and microcompartments. Nat Methods 16, 649-657 (2019).

[9] Zhang Y, Rózsa M, Liang Y, et al. Fast and sensitive GCaMP calcium indicators for imaging neural populations. Nature 615, 884-891 (2023).

[10] Inoue M, Takeuchi A, Horigane S, et al. Rational design of a high-affinity, fast, red calcium indicator R-CaMP2. Nat Methods 12, 64-70 (2015).

[11] Dreosti E, Odermatt B, Dorostkar MM, et al. A genetically encoded reporter of synaptic activity in vivo. Nat Methods 6, 883-889 (2009).

[12] Sun F, Zeng J, Jing M, et al. A genetically encoded fluorescent sensor enables rapid and specific detection of dopamine in flies, fish, and mice. Cell 174(2), 481-496.e19 (2018).

[13] Broussard GJ, Liang Y, Fridman M, et al. In vivo measurement of afferent activity with axon-specific calcium imaging. Nat Neurosci 21, 1272-1280 (2018).

[14] Fang S, Luo Z, Wei Z, et al. Sexually dimorphic control of affective state processing and empathic behaviors. Neuron 112(9), 1498-1517.e8 (2024).

[15] Yu XD, Zhu Y, Sun QX, et al. Distinct serotonergic pathways to the amygdala underlie separate behavioral features of anxiety. Nat Neurosci 25(12), 1651-1663 (2022).

（郭宸驿　余小丹　黄潋滟）

第五节　在体电生理记录技术

一、简介

在体电生理记录技术是指在体情况下利用微电极记录电极丝附近神经元的胞外电信号与局部场电位信号的技术，又被称为在体多通道记录技术。在体电生理技术是一种用于研究大脑内部神经元电活动的记录方法，采用细胞外记录的方式来监测神经元群的同步电活动。

众所周知，神经元可通过电信号进行交流，这依赖于细胞膜上的离子通道（ion channel）。离子通道的开闭会引起膜内外离子的交换，产生无数微小的通道电流，从而引起膜电位的变化。这些通道电流会在某一时刻集中爆发，超过阈值时形成动作电位。因此，信号在神经元上传递时表现为电位变化。研究神经元的电活动模式有助于我们理解大脑如何产生、传输和处理信息。

常用于记录神经元电活动变化的方法是膜片钳技术。其作为一种离体（*in vitro*）的记录方法，主要是在离体的培养细胞和分离脑片上进行操作，且多是单通道记录，因此实验的通量较低。近年来，新发展的MEA技术（multi-electrode array）能够利用多电极阵列对细胞或脑片进行多通道记录，较好地解决了通量的问题。然而，该技术仍难以实现在体情况下的神经活动记录，尤其是当实验个体接受刺激或执行任务时，不同脑区间的神经活动如何相互协作与影响仍然难以检测。

因此，在体电生理技术应运而生。该技术使用植入式微电极作为传感器件，通过将电极植入活体动物大脑组织进行神经活动记录。其具有时间分辨率高、记录精度高等优点，可记录大脑单个或多个脑区的神经元动作电位。该技术可以同时记录电极尖端多个神经元的胞外放电信号（spike）及相应的局部场电位的活动信号（local field potential，LFP）。由于动作电位的信号频率较高，因此常用40 kHz的高频采样频率进行数据采集和记录，根据不同神经元胞外动作电位波形特征，运用主成分分析技术，可以对记录电极附近不同空间位置的神经元放电信号进行良好的分选（spike sorting），从而获得较为精确的单个神经元放电的时间序列。而局部场电位的信号频率较低（<300 Hz），通常采用1 kHz的采样频率进行采集和记录。记录到的场电位信号可以进行数字滤波，从而进一步分离出场电位信号中不同频率段的节律性振荡。

(一) 在体电生理记录技术的原理

神经元电活动的记录有三种方式，分别为胞外记录、胞内记录和全细胞膜片钳记录，在体电生理记录属于胞外记录。当神经元产生动作电位时，离子流产生的电压变化不仅发生在细胞内，也发生在神经元外临近空间，若植入电极尖端与神经元临近，电极记录到的信号就可以反映其临近神经元的动作电位发放情况。通常情况下，单根电极尖端附近会有多个神经元放电，然而由于不同神经元与电极之间的距离各不相同，因此检测到的动作电位振幅和波形也就各不相同。根据动作电位的振幅和波形特征的不同，可以使用电信号分选（spike sorting）软件对单个神经元的动作电位进行分选[1]。

此外，在体电生理记录技术也可以用来记录局部场电位信号。局部场电位信号能够反映局部脑区群体神经元电活动的线性总和，是大量神经元活动的综合效果的体现。局部场电位的贡献来源包括突触电流、内在电流与共振、钙活动、间隙连接，以及电场效应和神经元与胶质细胞的相互作用。其中最主要的贡献来源于突触电流。在大脑内部存在着多种模式的场电位节律振荡，这些不同频率的周期性振荡反映了大脑神经网络信息处理的不同活动模式[2]。在体电生理记录技术记录的采样频率一般为0.3~40 kHz，通过对原始数据进行低通滤波过滤，即可得到局部场电位信号；而使用高通滤波过滤，则可对电信号进行分选并得到单神经元活动（single-unit activity）。

(二) 在体电生理记录技术的发展历程

1957年，David Hubel 和 Torsten Wiesel 利用电化学刻蚀技术制备出尖端直径约为0.5 μm 的钨微丝电极，可用于精确地记录单个神经元的放电活动。其在电生理的应用中展示了高空间分辨率的优势，为在体电生理记录技术的发展提供了基础[3]。1983年，Mc Naughton 等人成功制备了金属微丝双电极[4]。10年后，该团队又对电极进行进一步优化，制备出了金属微丝四电极（tetrode），并实现了在海马体中进行多通道记录，该电极的主要优势在于将4根电极丝聚为一股，如此电极尖端便会紧贴在一起，能够在不同位置对同一个神经元进行记录，从而更好地从杂乱的电信号中分辨出特定神经元的放电频率，该电极目前在神经科学研究中仍广为使用[5]。

近年来，随着半导体制造技术的发展，硅基电极阵列的实现（如Michigan探针和Utah阵列）成为可能。2013年，Borton D.A.等人描述了一种植入式的无线神经接口，其可用于记录运动中的灵长类动物的大脑皮层动态，这使无线记录成为可能[6]。2017年，Jun等人开发了一种完全集成的硅基微电极阵列，这种阵列具有高密度的电极点，可以同时记录大量的神经元信号。同时，科学家们也开发出了更小、更灵敏的微电极（如硅探头、超细微电极）以及现代高密度电极阵列（如Neuropixels探针），这些电极可以插入神经组织中记录单个或多个神经元的电活动，满足研究者对更高的时间和空间分辨率及记录通量的需求[7]。

此外，纳米技术和新材料的发展也为在体电生理记录技术带来了新的突破。例如，碳纳米管电极和纳米线电极可以提供更高的灵敏度和稳定性，同时还能减少对神经组织的损伤[8]。在体电生理记录技术的不断发展使得研究者们能够更好地研究神经元的电活动和神经网络的功能。它提供了一个观察神经网络活动的全局视角，有助于人们理解不同脑区之间的协调和信息流动。在神经科学研究、药物研发和临床诊断中具有广泛的应用。

（三）电极

在体电生理记录技术记录到的信号通量大小以及信噪比的高低在很大程度上取决于所用电极的种类（表4-19），因此电极对于信号采集至关重要。使用合适的电极、进行规范的电极植入手术是技术成功的关键[9]。目前最常用的电极是电极丝阵列和犹他电极。各种电极的制作材料、用途、适用场景和精度都有所不同，因此选择与实验需求相对应的电极是使该技术成功最重要的部分。

最早使用的记录电极为钨丝单电极，这种电极丝较细，优点是植入脑部造成的损伤小、信号的噪声小；缺点是接触到的神经元数目少。目前最常用的是电极丝阵列已经克服了以上缺点，其一般由钨丝或者镍铬丝制成，主要优势是制作简单，可在实验室自行制作。常用的还有犹他阵列电极，这种微型阵列电极通常由硅基材料制成，一般用于猴子等较大动物的神经活动测定，其得到的电极阻抗比较稳定，但制作工艺相对复杂[10]，无法在实验室自行制作。在电极丝阵列的基础上，还发展了步进式微丝电极，通过调节螺杆，这种电极能在脑区内移动，从而收集到更多信号，此外，还可使用微电机控制电极，以满足对精准、可移动的需求[11]。无线多通道电极不仅适用于小鼠在自由移动过程中神经元电活动的测定[12]，还可以应用于鸟类。此外还有一种特殊的防水电极，可用于实验动物在水迷宫中的神经元电活动的记录[13]。

表4-19　常用电极概览

电极名称	原材料	适用场景	自行制作难度
钨丝单电极	钨丝	记录单个神经元	简单
电极丝阵列	钨丝或镍铬丝	记录多个神经元	较简单
犹他阵列电极	硅基材料	用于较大的动物	困难
步进式微丝电极	钨丝或镍铬丝	需要记录到更多神经元的场景	困难
无线多通道电极	硅片、铂等	用于鸟类等	困难
特殊防水电极	特殊芯片、防水涂层	水迷宫实验等	困难

二、应用

在体电生理记录技术在神经科学研究中具有极为广泛的应用，是研究大脑功能必不可少的利器。在体电生理记录结合光遗传学、行为学、计算神经科学等可以深入研究大脑编码信息的机制，尤其是在学习、记忆、情绪、认知及社会行为等高级活动中神经元的编码机制[14, 15]。该技术可以观察动物在更接近自然状态下的电活动，利用细胞外记录方法来监测不同脑区的电活动，特别是监测神经元群的同步电活动。随着技术的发展，目前可以实现同时记录多个脑区大量神经元电活动，从而更好地了解个体在接受某种感觉刺激或执行特定行为任务时，不同脑区的神经元放电在时间和空间上的联系。通过分析神经元的放电模式，研究者们可以全面了解大脑对信息的整合编码机制。

在单一脑区进行记录时，可通过神经元群体的神经活动，总结其编码规律，建立其信息加工编码的理论模型，帮助理解该脑区的信息处理方式；记录多个脑区的神经活动时，可通过分析神经网络的同步活动和波形模式，研究不同脑区之间的功能连接和信息流动[16]。通过探索脑区之间的协调工作，有助于揭示感知、决策、运动控制等高级脑功能的神经机制。

通过在体电生理记录技术实时监测和反馈大脑活动，有助于解码大脑中的指令信号，从而实现控制外部设备的目标。这可应用于神经康复、认知训练和增强现实体验[17, 18]，例如控制假肢或计算机光标、帮助瘫痪患者恢复部分运动功能。

该技术还可以结合行为学和光遗传学，为研究提供一个更全面的视角，从而更深入地探讨神经活动与行为之间的关系，例如，通过光遗传学技术对神经元进行光激活或抑制可研究神经元对行为的调节作用。

三、实验流程图

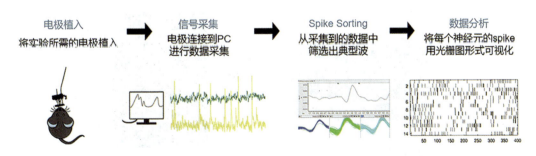

图4-26 在体电生理记录技术实验流程图

四、实验器材

表4-20 实验器材

实验器材	型号/厂家
立体定位仪	RWD Life Science，68803
小鼠适配器	RWD Life Science，68030
颅骨钻	RWD Life Science，78001
体式显微镜	Phenix，XTL-165
微量注射器	World Precision Instruments, MICRO02T
3D打印支架	M3 MAX，ANYCUBIC
定制PCB电路板	FR-1，嘉立创
双排母	2.54MM双排母座，RISYM
聚酰亚胺管	HM001，华盟
点胶针头	7018107，EFD
电磨机	6392-N，DELI
镍铬合金电极丝	Microwire Microelectrode，CFW
地线	60/40，山崎

五、实验步骤

1. 电极制作

（1）使用电磨机裁磨一段1 cm 左右的18G（粗）点胶针头节段；另外选用20G（细）点胶针头裁磨出1 cm节段和1.6 cm节段，用于组装可移动的电极支架（图4-27）。

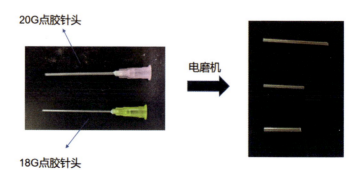

图4-27 可移动电极支架物料准备

（2）将四根聚酰亚胺管穿入已裁磨好的20G点胶针头内，两端接口处涂抹502胶水。待胶水干透后，用刀片沿针头两端将多余的聚酰亚胺管切除（图4-28）。

（3）将双排母和电路板进行焊接（图4-29）。

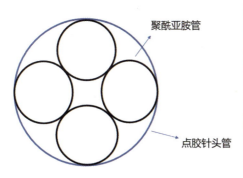

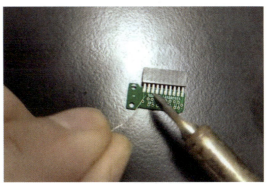

图4-28　将四根聚酰亚胺管穿入20G点胶针头　　　　图4-29　焊接双排电路板

（4）将零件进行组装、粘接（图4-30）。

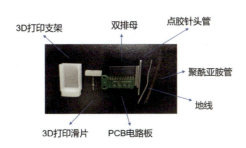

图4-30　零件组装及粘接

（5）剥去电极丝一端的绝缘层并穿入聚酰亚胺管内（图4-31）。

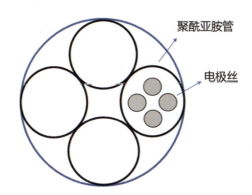

图4-31　安装电极丝至聚酰亚胺管内

（6）将电极丝去绝缘层端焊接到电路板上（图4-32）。

（7）整理好电极丝后拉紧，最后用AB胶固定（图4-33）。

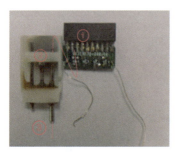

图4-32　焊接绝缘丝至电路板

图4-33　固定电极丝

2. 电极植入

制作好电极之后，按照下述步骤通过立体定位仪将电极植入小鼠的记录脑区（图4-34）。

（1）对小鼠进行麻醉，由于手术持续时间较长，推荐使用气体维持麻醉。

（2）剃除小鼠头部手术区域毛发，将小鼠头部固定在立体定位仪中。

（3）参考第四章第一节立体定位手术实验步骤，对小鼠头部周围消毒备皮，暴露颅骨，以及根据前囟和后囟中心进行前后和左右调平。

（4）在颅骨表面埋置3颗缠绕地线的颅骨钉，然后定位所需要记录的脑区，用钻头磨薄目标脑区上方颅骨并开窗。

（5）将电极缓慢植入目标脑区，为防止电极丝发生弯曲，植入前需剥除开窗区域软脑膜，电极植入目标脑区后需用牙科水泥固定，然后将地线与颅骨钉接通，最后使用牙科水泥包埋地线（图4-35）。

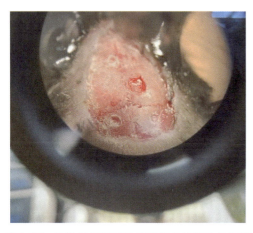

图4-34　定位目标脑区后使用颅骨钻钻孔并开窗　　图4-35　植入电极并使用牙科水泥进行固定

3. 数据采集

手术完成后，小鼠需单笼饲养7天以上。实验开始后，将电极与采集系统连接，进行数据采集，数据采集软件通常允许实验者选择放大器的带宽和采样率，测量电极阻抗，实时查看来自电极的信号，并将数据保存到磁盘中。下面将详细介绍Plexon数据采集系统使用流程。

（1）双击OmniPlex Server图标，运行Server，打开后界面如图4-36所示：

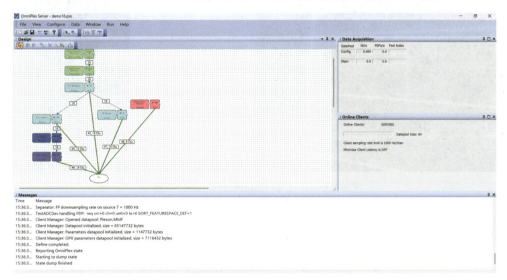

图4-36　OmniPlex Server软件界面

（2）双击Start Data按钮。

（3）双击PlexControl图标，打开默认界面布局（图4-37）。

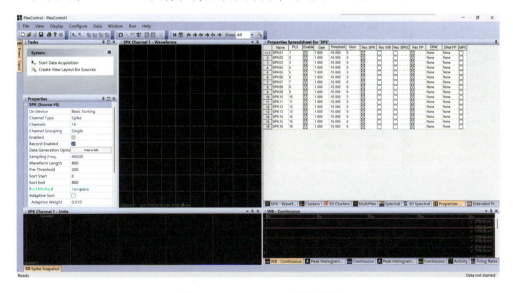

图4-37　PlexControl默认界面

（4）设定Spike采集的阈值，点击SPKC Channel-Continuous窗口，鼠标左键按住蓝色阈值线，将其调至近背景噪声基线处（图4-38）。

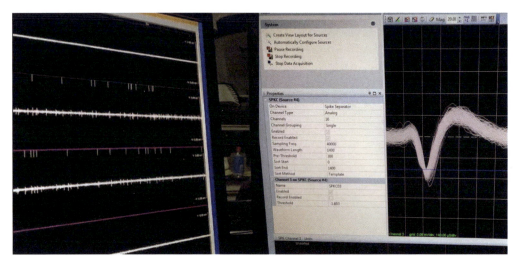

图4-38　SPKC Channel-Continuous界面

（5）在Properties Spreadsheet窗口选择实验记录信息，默认情况下选择WB，该选项采集到的数据同时包含spike和LFP。如只需采集spike信息，可以直接选择SPKC选项（图4-39）。

	Name	PLX	Enable	Gain	Threshold	Num Unit	Rec SPK	Rec WB	Rec SPKC	Rec FP	DRef SPKC	DRef FP	MPX
>>1	SPK01	1	☒	1.000	-15.000	0	☒	☐	☐	☒	None	None	☐
2	SPK02	2	☒	1.000	-15.000	0	☒	☐	☐	☒	None	None	☐
3	SPK03	3	☒	1.000	-15.000	0	☒	☐	None ∨ ☒	☒	None	None	☐
4	SPK04	4	☒	1.000	-15.000	0	☒	☐	☐	☒	None	None	☐
5	SPK05	5	☒	1.000	-15.000	0	☒	☐	☐	☒	None	None	☐
6	SPK06	6	☒	1.000	-15.000	0	☒	☐	☐	☒	None	None	☐
7	SPK07	7	☒	1.000	-15.000	0	☒	☐	☐	☒	None	None	☐
8	SPK08	8	☒	1.000	-15.000	0	☒	☐	☐	☒	None	None	☐
9	SPK09	9	☒	1.000	-15.000	0	☒	☐	☐	☒	None	None	☐
10	SPK10	10	☒	1.000	-15.000	0	☒	☐	☐	☒	None	None	☐
11	SPK11	11	☒	1.000	-15.000	0	☒	☐	☐	☒	None	None	☐
12	SPK12	12	☒	1.000	-15.000	0	☒	☐	☐	☒	None	None	☐
13	SPK13	13	☒	1.000	-15.000	0	☒	☐	☐	☒	None	None	☐
14	SPK14	14	☒	1.000	-15.000	0	☒	☐	☐	☒	None	None	☐
15	SPK15	15	☒	1.000	-15.000	0	☒	☐	☐	☒	None	None	☐
16	SPK16	16	☒	1.000	-15.000	0	☒	☐	☐	☒	None	None	☐

图4-39　Properties Spreadsheet窗口选择实验记录信息

（6）点击Start Recording按钮开始记录，同时选择文件保存位置。

4. 分选软件Offline Sorter的操作

由于每个通道记录到的Spike信号可能是由多个神经元共同放电产生的，因此需要使用离线分选软件将每个通道的Spike信息分选出不同的unit，每个unit中都记录的是单个神经元spike信息[15]。下面将介绍MCluster软件的使用方法：

（1）打开MCluster软件界面（图4-40）

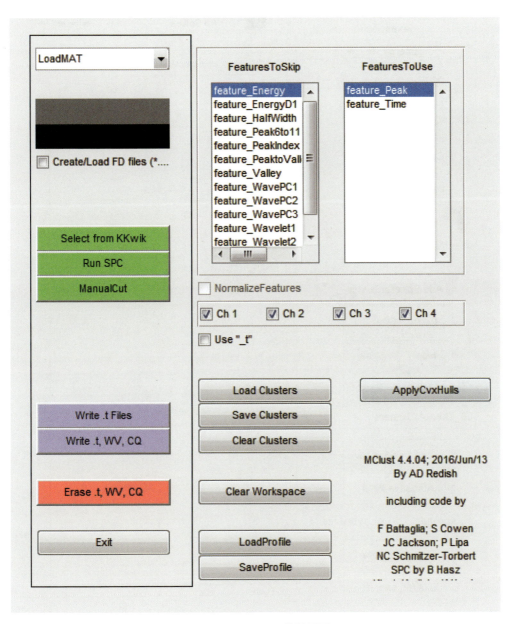

图4-40　MCluster软件界面

（2）选择Feature To Use，单通道可选PC1、PC2和Peak等，并且勾选Ch1。

（3）点击Creat/Load加载数据，选中1个spikes.mat文件，点击 MannulCut后出现图4-41界面。

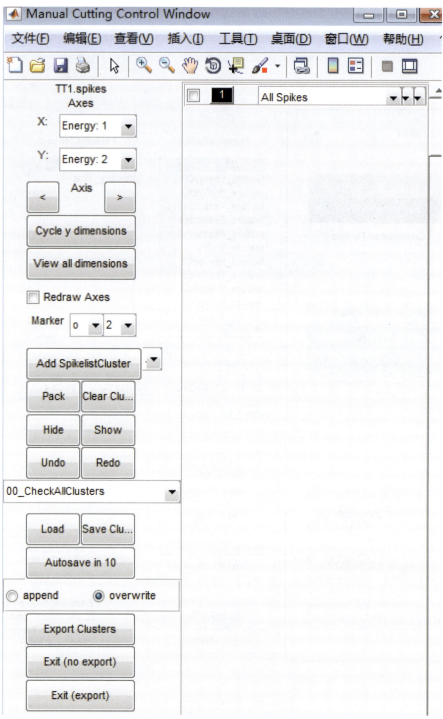

图4-41　点击MannulCut后界面

（4）点击Redraw Axes，出现散点云的图像。切换至Axis，程序即区分若干放电群体，如图4-42有3~4个群体。

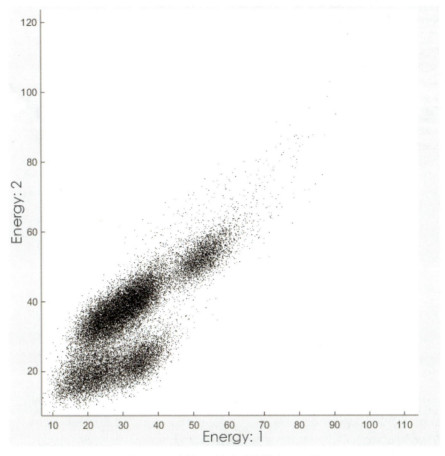

图4-42　神经元放电群体散点云示例

（5）随后再点击Add Spike Cluster，根据散点云中分出的不同放电类型的神经元群体，添加神经元放电群体类型（图4-43）。

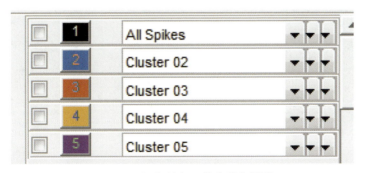

图4-43　添加神经元放电群体类型

（6）点击下拉窗，选择Add Spike By Polygon，将认为是一个神经放电群体的范围圈出（图4-44）。

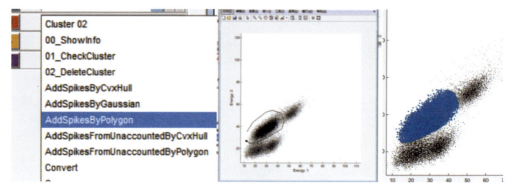

图4-44　圈出神经元放电群体

（7）点击Exit（export）退出保存。若点击 Write.t、WV、CQ按键，可以保存成相应文件格式，WV文件包含Spike的波形和时间点两个关键参数。

5. 数据可视化

将得到的单个神经元spike的时间序列数据文件导入数据处理软件，这里使用matlab或python，用具体代码进行可视化。例如可以用光栅图的形式来呈现spike发放的时序（图4-45）。

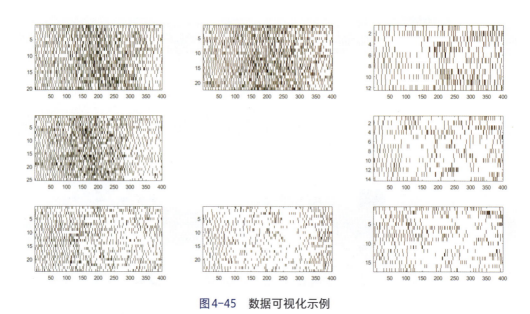

图4-45　数据可视化示例

六、数据分析及结果解读

胡志安教授课题组为研究丘脑室旁核在睡眠觉醒过程中的调控作用，使用在体电生理记录技术记录丘脑室旁核（PVT）神经元在清醒（Wake）、非快眼动睡眠（NREM）和快眼动睡眠（REM）转换过程中放电频率的变化（图4-46A~C），通过数据可视化得到的光栅图可以发现由觉醒状态转为非快眼动睡眠状态时，该脑区神经元放电频率降低（图4-46D）；而从非快眼动睡眠和快眼动睡眠状态向觉醒状态转变时，该脑区神经元放电频率显著增加（图4-46E，F）[19]。

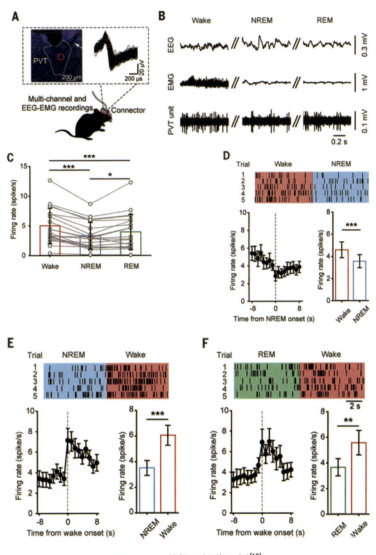

图4-46 数据可视化示例[19]

A. 在体电生理记录PVT脑区神经元放电频率变化；B. 记录PVT脑区神经元在清醒（Wake）、非快眼动睡眠（NREM）和快眼动睡眠（REM）阶段的动作电位发放情况；C. 睡眠阶段不同，神经元放电频率也不同；D. 由觉醒状态转为非快眼动睡眠状态时，该脑区神经元放电频率降低；E. 从非快眼动睡眠状态向觉醒状态转变时，该脑区神经元放电频率显著增加；F. 从快眼动睡眠状态向觉醒状态转变时，该脑区神经元放电频率显著增加

七、关键点

实验步骤	问题	原因	解决办法
1	焊接电极时电极短路	焊接时需要将多个电极丝焊接到同一电路板上，操控空间较小，容易发生短路	焊接时使用适量的焊锡，以免触碰到临近的电极丝
3	数据采集时有噪声干扰	记录环境存在较大干扰	数据采集房间不要放置其他大型仪器；最好在屏蔽罩中进行
5	数据处理耗时较长	采集到的数据量较大	学习 Matlab 及 Python 等知识，巧妙运用合适的代码进行处理可事半功倍

八、技术的局限性

(一) 信号噪声比较高

在体电生理记录技术有着较高的噪声水平，包括生物噪声和环境噪声，有待进一步优化。

(二) 易造成组织损伤

植入电极可造成局部组织的机械损伤，并引起免疫反应，从而导致周围组织炎症和瘢痕形成，这将极大影响电极的性能。

(三) 记录范围较小

在体电生理记录具有较高的空间分辨率的优势，但是这也意味着其记录范围较小。若扩大记录范围，则会增加技术复杂性以及数据处理的难度。

(四) 记录的通量具有一定限制

由于可植入的微丝电极数量会受到空间的限制，因此，可记录的通道数相对有限。随着电极技术的不断发展，记录的通量正在逐步提高。

思 考 题

1. 如何分辨信号和噪声?

2. 能否通过在体电生理记录技术实现对神经元胞体和树突等不同部位的电活动记录?

3. 与光纤记录技术、在体双光子成像技术以及在体单光子微型显微成像技术相比, 在体电生理记录技术的优势有哪些?

参 考 文 献

[1] Borton DA, Yin M, Aceros J, et al. An implantable wireless neural interface for recording cortical circuit dynamics in moving primates.J Neural Eng 10, 026010 (2013).

[2] Chen S, Liu Y, Wang ZA, et al. Brain-wide neural activity underlying memory-guided movement. Cell 187, 676-691. e616 (2024).

[3] Hubel DH, Wiesel TN. Republication of The Journal of Physiology (1959) 148, 574-591: Receptive fields of single neurones in the cat's striate cortex. 1959. J Physiol 587, 2721-2732 (2009).

[4] Jun JJ, Steinmetz NA, Siegle JH,et al. Fully integrated silicon probes for high-density recording of neural activity. Nature 551, 232-236 (2017).

[5] McNaughton BL, O'Keefe J, Barnes CA. The stereotrode: a new technique for simultaneous isolation of several single units in the central nervous system from multiple unit records.J Neurosci Methods 8, 391-397 (1983).

[6] Murakami T, Yada N, Yoshida S. Carbon nanotube-based printed all-organic microelectrode arrays for neural stimulation and recording. Micromachines 15 (2024).

[7] Padilla-Coreano N, Batra K, Patarino M, et al. Cortical ensembles orchestrate social competition through hypothalamic outputs. Nature 603, 667-671 (2022).

[8] Viswam V, Obien MEJ, Franke F, et al. Optimal electrode size for multiscale extracellular-potential recording from neuronal assemblies. Front Neurosci 13, 385 (2019).

[9] Wang CQ, Chen Q, Zhang L, et al. Multi-channel in vivo recording techniques: analysis of phase coupling between spikes and rhythmic oscillations of local field potentials. Acta Physiol Sin 66, 746-755 (2014).

[10] Bhandari R, Negi S, Solzbacher F. Wafer-scale fabrication of penetrating neural microelectrode arrays. Biomed Microdevices 12, 797-807 (2010).

[11] Jackson N, Sridharan A, Anand S, et al. Long-term neural recordings using MEMS based movable microelectrodes in the brain. Front Neuroeng 3, 10 (2010).

[12] Fan D, Rich D, Holtzman T, et al. A wireless multi-channel recording system for freely behaving mice and rats. PloS one 6, e22033 (2011).

[13]　Korshunov VA, Averkin RG. A method of extracellular recording of neuronal activity in swimming mice.J Neurosci Methods 165, 244-250 (2007).

[14]　Wilson MA, McNaughton BL. Dynamics of the hippocampal ensemble code for space. Science 261, 1055-1058 (1993).

[15]　Xu JM, Wang CQ, Lin LN. Multi-channel in vivo recording techniques: signal processing of action potentials and local field potentials. Acta Physiol Sin 66, 349-357 (2014).

[16]　Zhu Y, Nachtrab G, Keyes PC, et al. Dynamic salience processing in paraventricular thalamus gates associative learning. Science 362, 423-429 (2018).

[17]　Cajigas I, Davis KC, Meschede-Krasa B, et al. Implantable brain-computer interface for neuroprosthetic-enabled volitional hand grasp restoration in spinal cord injury. Brain Commun 3, fcab248 (2021).

[18]　Wendelken S, Page DM, Davis T, Wark HAC, et al. Restoration of motor control and proprioceptive and cutaneous sensation in humans with prior upper-limb amputation via multiple Utah Slanted Electrode Arrays (USEAs) implanted in residual peripheral arm nerves. J Neuroeng Rehabil14, 121 (2017).

[19]　Ren S, Wang Y, Yue F, et al. The paraventricular thalamus is a critical thalamic area for wakefulness. Science 362, 429-434 (2018).

（周阳　郑介岩　黄潋滟）

第五章

神经系统行为学检测方法

第一节 情绪相关行为学检测方法

一、绝望情绪检测——强迫游泳行为学实验

(一) 简介

抑郁症的动物模型对于研究抑郁症的潜在病因和开发新型有效的抗抑郁治疗方法至关重要。强迫游泳模型（forced swimming test，FST），又称行为绝望模型，由Porsolt等人[1-3]于1977年首次建立，主要通过将大鼠置于不可逃脱的水缸中，观察其游泳与静止行为，以评估其"绝望"情绪倾向，进而判断抗抑郁药物的效能。此后，研究人员在此模型上做了进一步的优化[4]。FST是目前使用最广泛的一种快速检测抗抑郁药物及评估新化合物抗抑郁功效的动物模型[5,6]。该模型因其具有高通量、操作简便、重复性良好及一定的药理特异性等优势，已广泛应用于抗抑郁药物的筛选与机制研究。

强迫游泳实验可以模拟动物行为绝望[7]或者习得性无助的状态[8]。在该实验中，研究人员将动物放置在局限的水环境中，观察并记录其在一个无可回避的环境中的行为表现。正常情况下，实验动物突然暴露于水中会出现强烈的逃避行为，表现为前肢频繁攀爬缸壁或在水中剧烈游动。持续一段时间后，动物意识到无法逃避这种环境，便以绝望的状态漂浮在水面上，即表现出典型的不动行为（Immobility）[9-12]。观察并记录实验动物的不动行为，可以评价致抑郁剂和抗抑郁剂的作用效果。然而，Porsolt等建立的传统FST标准版大鼠模型被证实无法可靠地检测出5-羟色胺再摄取抑制剂（SSRIs）的抗抑郁样效果[4,9,10]。Lucki等对传统的FST特定参数进行调整后，能够提高对SSRIs药效的敏感性与可靠性[9,13]。主要的改动有四点：①将水深从原来的15~18 cm增加到30 cm，避免动物尾部支撑底部休息。②将圆筒底部直径从原来的20 cm修改为21 cm，高度修改为46 cm。③增加了两个新的观察指标：一是大鼠前爪沿圆筒壁的垂直运动，即攀爬行为（Climbing）；二是大鼠在整个圆筒内的水平运动，即游泳行为（Swimming）。④数据分析方法由累积计时测量法改为时间采样法，即在300秒的测试中，每隔5秒对攀爬、游泳和不动三种行为进行一次评分。此法可以方便地量化和区分两种主动行为（攀爬行为、游泳行为）与不动行为。此外，药理学研究发现，儿茶酚胺能抗抑郁药会选择性地增加攀爬行为，而血清素能药物则会选择性地增加游泳行为[4,9,10,13]。因此，改良版FST可用于药理学测试以评估新型药剂作用的机制，以及发掘潜在的神经递质靶点。

在FST实验设计中，对于大鼠与小鼠的处理方式存在差别。对于大鼠，需要在测试前进行预游泳（15 min），这种不可逃避的应激会引发大鼠的"抑郁反应"，24 h后再进行正式测试时，大鼠会稳定且迅速地表现出不动行为，从而提高检测药物疗效的敏感度[6, 9, 10, 13]。相比之下，小鼠直接进行检测（即无须进行预游泳）就能维持稳定的不动行为基线，通常单次给药就能够检测出抗抑郁剂药物的活性，且这种不动行为能够被大多数的抗抑郁药物所缓解[14]。

（二）应用

强迫游泳实验广泛用于评估动物抑郁行为以及各种抗抑郁药物的疗效。它对急性抗抑郁治疗具有较高的敏感性，可以用于区分抗抑郁药物和非抗抑郁药物。此外，FST还可以用于研究抑郁症的发病机制。虽然该行为学范式在筛选潜在的抗抑郁药物方面仍存在一些局限性，但FST具备通量高和不同实验室之间可重复性高的优势，使其广泛应用于临床前阶段的抗抑郁药物初筛。相较而言，其他如嗅球切除术、慢性不可预知温和刺激模型和习得性无助实验等，更常用于评估慢性抗抑郁治疗的药效。均需要通过FST来检测该动物模型是否出现"抑郁样"行为[15, 16]。

（三）实验流程图

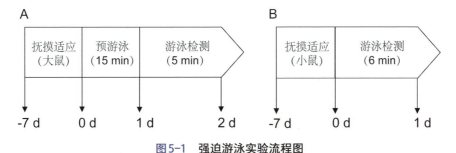

图5-1 强迫游泳实验流程图
A. 大鼠强迫游泳测试（d：day）；B. 小鼠强迫游泳测试（d：day）

（四）实验器材

1. 实验装置

（1）透明有机玻璃圆筒：大鼠用透明圆筒直径为21 cm，高46 cm，注水深度为30~40 cm；小鼠用圆筒直径为10 cm，高25cm，注水深度应大于10 cm。注水深度必须超过动物尾部的自然伸展长度，以防其利用尾巴支撑底部，从而确保行为观测的准确性。圆筒的顶部与水面相距15~20 cm，以防动物爬出圆筒。进行多通道实验时，相邻圆筒之间须用黑色隔板遮挡。

（2）高清红外摄像头：将摄像机安装在三脚架上录制试验过程，后续配合Topscan软件（CleverSys, Inc.美国）进行自动分析。摄像机正对着动物放置，相距约30 cm。初次实验者也可以将摄像头放置于动物正上方约30 cm处，俯视视角可以观察到动物为维持浮力而进行的后肢摆动，实验者应当避免将此类行为归为主动行为。

（3）毛巾及加热垫：实验完毕立即用毛巾擦去动物皮毛上的多余水分，并适时使用加热垫，以防止其体温过低。

（4）温度计：在整个实验过程中，水温应保持恒定（通常为23~25℃）。如果温度较高（超过30℃），动物通常会出现长时间的漂浮行为；而温度较低（如15~20℃）则会导致体温过低，使动物更加活跃。

2. 实验分组

分为丙咪嗪组（Imipramine）和对照组（Vehicle），每组8~12只动物。SD（Sprague-Dawley）大鼠和C57BL/6小鼠为使用最广泛、最有效的品系。实验中动物体重应保持一致，大鼠体重为275~450 g，小鼠体重为22~30 g。

（五）实验步骤

1. 动物饲养

通常在标准SPF级别实验室条件下饲养，保持恒定的温度（22~25 ℃）与湿度（50%~65%），光/暗周期为12 h（7:00~19:00）。通过随机分配原则进行分组饲养（每笼不超过5只），动物可自由获取食物和水。从供应商处新购买的动物须于SPF级别条件下饲养至少7天才能用于实验。

2. 动物适应（Day −7~0）

试验开始前一周，每天轻柔抚触动物（2 min/只），以减少动物对实验者的恐惧感，避免应激。实验动物的周龄及体重尽量保持一致。试验当天，将动物运送至行为学室后，让其适应30~60 min，以降低运送过程中动物产生的兴奋及减少其对新环境的不安情绪。

3. 行为学室准备

行为学室应隔音并保持安静，光线适中，室温为22~25℃，减少人员走动，尽量不同时饲养其他动物，尽量不在同时间段进行多种试验。检测时间通常固定在13:00~17:00。

4. 预游泳检测（Day 1）

注意：此步骤仅针对大鼠相关实验，小鼠无须进行预游泳。

（1）如实验装置中描述，准备已注水并保持恒定水温的透明圆筒。

（2）将摄像头放置在圆筒的正上方或侧面，并查看生成的影像是否足够清晰且满足后续的分析要求。请注意通常预游泳阶段不需要记录大鼠的活动。但是如果使用的大鼠在试验前受环境、药物、病变或遗传等因素影响，可能会改变其在预游泳测试中的行为，则需要记录此阶段的活动。

（3）实验者记录动物的编号，设置相应的录制软件参数。

（4）将动物轻柔地从饲养笼中取出，转移过程应让其背对实验者，然后缓慢将其放入水中，并迅速离开，以避免应激反应。

（5）打开录制软件，开始自动录制大鼠在水中的活动情况，持续录制 15 min。

（6）测试结束后，将大鼠从水中移出，用毛巾擦干，然后放在加热垫上。冬天进行实验时，需特别注意环境与动物体表温差，待其毛发晾干后再放回原笼中，以免笼内垫料受潮。

（7）每次实验之间均需更换圆筒中的水，以防止前一只动物的尿液及气味影响下一只动物的行为。

5. 药物疗法

（1）给药途径：最常用的给药方式是腹腔注射或皮下注射。按照试验需求还可以选择经口途径或直接给药到动物脑部。

（2）给药方案：以对大鼠的药物治疗为例，一般选择游泳测试前 1 h、5 h 和 23.5 h 对大鼠进行三次药物及对照试剂注射。该给药方案通过延长药物在大脑中被吸收的过程，能够很好地模拟药物的药代动力学变化，从而使大鼠体内药物浓度持续升高。这一方案已经被证实可对多种抗抑郁化合物产生强效反应。另外，两剂疗法（一剂在预游泳后立即服用，另一剂在正式游泳检测前 1 h 服用）也被证明是有效的，但这会导致大鼠体内的药物浓度达到峰值和谷值，这与实际临床治疗情况不符。

值得注意的是，对于初次使用强迫游泳模型检测化合物疗效的实验者，建议先使用氟西汀和丙咪嗪等阳性对照品来验证该检测方法。对于 SD 大鼠，建议腹腔注射或者皮下注射 20 mg/kg 的氟西汀和 10 mg/kg 的丙咪嗪作为起始剂量。使用传统抗抑郁药物时，若实验动物反复暴露在试验环境中，可能会影响药物的效应。因此，不建议对接受药物治疗的动物进行三次以上的 FST 检测重复试验（>3 次）。

6. 游泳检测（Day 2）

（1）完成预游泳 24 小时后，在圆筒中加入温度适宜的水至所需深度。摄像头放置于游泳缸的正上方或侧面，并确保生成的图像足够清晰。

（2）实验者记录动物的编号，设置相应的录制软件参数。将动物缓慢地放入水中，开始录制动物在水中的活动情况。设置大鼠的录制时间为5 min，小鼠为6 min。在游泳检测过程中，大鼠偶尔会出现下潜至水底的正常现象，而小鼠则常在水面附近游泳。若发现实验动物沉入水底时间过长，应立即将其从圆筒中取出。

（3）录制结束后，将动物轻轻取出，待其毛发干燥后放回原笼中。若下一只动物需要使用该圆筒进行测试，则需要更换圆筒中的水并保持合适的深度。

（六）数据分析及结果解读

1. 行为评价指标及意义

（1）游泳行为（Swimming）：指动物四肢在水面上有规律地划水，或主动绕圆筒进行水平游动。游泳行为越少，表明抑郁程度越重（图5-2A）。

（2）不动行为（Immobility）：指动物呈漂浮状态，除了使头部保持在水面以上的必要运动外没有任何其他主动运动。此外，还包括动物由于浮力惯性，在移动之后会短暂随着水流而漂浮的现象。不动时间越长，表明抑郁程度越重（图5-2B）。

（3）攀爬行为（Climbing）：指动物使用前足沿着圆筒壁向上攀爬或者四肢出现快速且高频率的挣扎。攀爬时间越少，表明动物抑郁程度越重（图5-2C）。

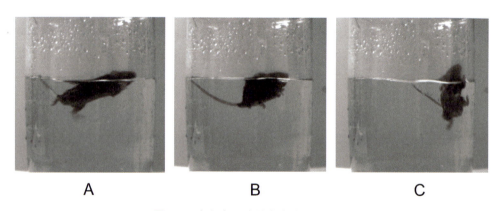

图5-2 小鼠在强迫游泳实验中的行为

A.小鼠在水中表现出游泳行为；B.小鼠在水中表现出不动行为；C.小鼠在水中表现出攀爬行为

2. 分析方法

（1）标准版FST：累积计算实验动物保持不动行为的总时间。通过手动统计或自动追踪软件识别录制过程中大鼠在5 min内或小鼠在最后4 min内出现不动行为的总长。

（2）改良版FST：使用时间采样法分析结果，在300 s的测试中每隔5 s以主要行为为指标进行评分。这将提供60个分值。

两版本的FST均要求评分阶段由一名研究者对单批动物进行评分，该名研究者不知道实验动物接受的干预及分组情况。

3. 统计方法

当实验分组包含三组及以上时，应采用单因素方差分析（one-way ANOVA）来比较各组间的行为持续时间或评分差异。若整体分析结果显著，应进一步进行事后多重比较检验，常用方法包括Bonferroni校正、Fisher's最小显著差异法（LSD）或Student-Newman-Keuls（SNK）检验。若实验仅包含两组对比，可采用独立样本t检验（unpaired t-test）进行分析。当实验设计中涉及两个或以上自变量，应使用双因素方差分析（two-way ANOVA），以评估各主效应及交互作用的影响。若检测到显著效应，同样需进行相应的事后比较分析。

4. 结果解读

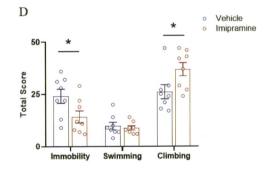

图5-3　丙咪嗪在强迫游泳实验中对小鼠行为的影响

A. 各组小鼠在FST中各项指标的得分表；B. 对照组小鼠在FST中各项指标的得分表；
C. 丙咪嗪组小鼠在FST中各项指标的得分表；D. 各组小鼠在FST中各项指标得分的统计图

将抑郁样小鼠随机分为两组，一组给予丙咪嗪（Imipramine）处理，另一组给予溶剂对照（Vehicle）处理（图5-3）。统计结果显示：与对照组相比，丙咪嗪处理组的小鼠在强迫游泳实验中的不动行为显著减少（$P<0.05$），攀爬行为显著增加（$P<0.05$），

而游泳行为在两组间无显著差异。这一结果表明，丙咪嗪可能主要通过减少被动应对行为并增强主动应对行为来发挥其抗抑郁样作用。

（七）关键点

实验步骤	问题	原因	解决办法
4，6	小鼠不断地沿着圆筒壁向上攀爬且有下沉的趋势	小鼠体重过轻（小于18 g）	选择体重为25~30 g的小鼠
		水温过高或者过低	保持水温适宜且恒定
		小鼠不会游泳	剔除不会游泳的小鼠
5，6	药物治疗后实验动物的Immobility时间反而增加	药物治疗后反复进行FST测试	合理安排FST重复频次（小于3次）
5，6	对照组实验动物的Immobility持续时间增加	游泳检测的时间过长	严格遵守正式检测阶段游泳时长规定大鼠记录5 min，小鼠记录6 min
		水温太低	保持水温恒定
6	小鼠实验结果组内差异大	外部环境变化（如人员的移动或邻近动物的干扰）	保持环境安静，减少人员移动，多通道测试时，在装置间设不透明隔板
		小鼠个体差异大	增加实验动物样本数量（每组大于10只）

（八）技术的局限性

1. 数据分析受主观因素影响

人工判定动物行为的评价指标具有一定的主观性；而使用软件自动分析之前，也需要人为调节至合适参数才可输出数据。

2. 特异性欠缺

动物自身的活动能力对结果有一定影响。由于药物或者其他干预会增加或者减少实验动物的自发活动，这会影响实验动物在水中的运动能力。因此，在FST之前，进行旷场实验以评估动物的自发活动能力非常重要。

3. 预测性不佳

FST主要评估实验动物的抑郁样行为及药物干预后的行为改变，难以反映人类抑郁症的复杂机制，亦难以预测药物的实际临床疗效。

4. 缺乏效度

FST无法评估实验个体的内表型。例如，FST无法评估个体的自杀意念和是否存在认知功能障碍。

思 考 题

1. 简述强迫游泳模型更适用于药物筛查的原因？

2. 简述改良版的强迫游泳模型与标准版的区别及作用？

3. 在需要重复给药以评估药效的情况下，如何合理设置从给药至进行FST检测的间隔时间，以避免反复进行FST测试，从而造成动物的额外应激反应。

参 考 文 献

[1] Porsolt RD, Le Pichon M, Jalfre M. Depression: a new animal model sensitive to antidepressant treatments. Nature 266, 730-732 (1977).

[2] Porsolt RD, Bertin A, Jalfre M. Behavioural despair" in rats and mice: strain differences and the effects of imipramine. Eur J Pharmacol 51, 291-294 (1978).

[3] Porsolt RD, Anton G, Blavet N, et al. Behavioural despair in rats: a new model sensitive to antidepressant treatments. Eur J Pharmacol 47, 379-391 (1978).

[4] Cryan JF, Valentino RJ, Lucki I. Assessing substrates underlying the behavioral effects of antidepressants using the modified rat forced swimming test. Neurosci Biobehav Rev 29, 547-569 (2005).

[5] Petit-Demouliere B, Chenu F, Bourin M. Forced swimming test in mice: a review of antidepressant activity. Psychopharmacology 177, 245-255 (2005).

[6] Borsini F, Meli A. Is the forced swimming test a suitable model for revealing antidepressant activity? Psychopharmacology 94, 147-160 (1988).

[7] Maier SF. Learned helplessness and animal models of depression. Prog Neuropsychopharmacol Biol Psychiatry 8, 435-446 (1984).

[8] Lucki I, Dalvi A, Mayorga AJ. Sensitivity to the effects of pharmacologically selective antidepressants in different strains of mice. Psychopharmacology 155, 315-322 (2001).

[9] Lucki I. The forced swimming test as a model for core and component behavioral effects of antidepressant drugs. Behav Pharmacol 8, 523-532 (1997).

[10] Cryan JF, Markou A, Lucki I. Assessing antidepressant activity in rodents: recent developments and future needs. Trends Pharmacol Sci 23, 238-245 (2002).

[11] Cryan JF, Mombereau C. In search of a depressed mouse: utility of models for studying depression-related behavior in genetically modified mice. Mol Psychiatr 9, 326-357 (2004).

[12] Slattery DA, Desrayaud S, Cryan JF. GABAB receptor antagonist-mediated antidepressant-like behavior is serotonin-dependent. J Pharmacol Exp Ther 312, 290-296 (2005).

[13] Detke MJ, Lucki I. Detection of serotonergic and noradrenergic antidepressants in the rat forced swimming test: the effects of water depth. Behav Brain Res 73, 43-46 (1996).

[14] Castagné V, Moser P, Roux S, et al. Rodent models of depression: forced swim and tail suspension behavioral despair tests in rats and mice. Curr Protoc Neurosci Chapter 8, Unit 8.10A (2011).

[15] Cryan JF, Slattery DA. Animal models of mood disorders: Recent developments. Curr Opin Psychiatry 20, 1-7 (2007).

[16] Gould TD, Gottesman II. Psychiatric endophenotypes and the development of valid animal models. Genes Brain Behavior 5, 113-119 (2006).

（杨莎娜　黄潋滟）

二、焦虑情绪检测——高架十字迷宫行为学实验

（一）简介

　　焦虑情绪是一种大脑对未知或潜在威胁的本能防御反应，处于焦虑状态中的个体往往对安全稳定的环境有天然的偏好。高架十字迷宫是测量小鼠焦虑情绪的一项经典行为学测试。这一测试依赖于小鼠对新环境的探索倾向和对空旷区域与高度的厌恶情绪之间的自然冲突。高架十字迷宫主要由三个部分组成：两条狭窄的闭合臂（closed arm）、垂直于闭合臂的两条开放臂（open arm）以及二者交错处的中心区域（图5-4）。为防止小鼠逃逸，封闭臂的墙壁高度一般在20 cm以上。通常整个装置高出地面或桌面一米，因此小鼠往往会因为对高度和空旷环境的厌恶而倾向于远离开放臂。同时，出于探索新环境的本能，小鼠也会短暂离开封闭臂，进入开放臂。通过计算小鼠在不同区域中的活动参数，其焦虑水平得以量化。

　　高架十字迷宫测试是基于1958年Montgomery的发现而设计的。他们发现，在不同开放臂和封闭臂比例的Y型高架迷宫中，动物都更喜欢封闭臂。Montgomery对这种行为的解释是，暴露于新的刺激可以唤起探索欲和恐惧情绪，从而产生接近-回避冲突行为，而高架十字迷宫的开放臂比闭合臂能唤起更大的恐惧强度，从而引发更多的回避行为[1]。1984年，Handley和Mithani在Montgomery的Y迷宫的基础上进行了一些修改，利用几种已知的α-肾上腺素能受体激动剂和拮抗剂对Montgomery的解释进行了药理验证，至此，高架十字迷宫正式登上了历史的舞台[2]。1985年，Pellow等人的实验进一步证实了高架十字迷宫检测焦虑的可靠性。他们发现，不同的大鼠品系均更少进入开放臂，并且在开放臂中表现出静止、僵直和蜷缩等焦虑相关的肢体行为显著增加，同时出现更频繁的自我理毛行为。他们的药理学实验表明，只有临床验证有效的

抗焦虑药可以显著增加大鼠停留在开放臂的时间[3]。随着时间的推移，高架十字迷宫实验在焦虑行为研究中的应用越来越广泛。后续有研究人员对高架十字迷宫做了一些巧妙的修改，十字型的四条臂被替换为一个环形通道，两个相对的封闭象限和两个开放的象限交替排列，实验动物可在环形通道中不间断地探索，这一修改后的高架迷宫被称为高架O迷宫[4]。然而，这一改动并未引起过多的关注，高架十字迷宫仍然凭借其可靠性被广泛使用。借助高架十字迷宫，科学家们能够通过实验动物更深入地了解焦虑行为的生理和心理机制，为焦虑相关疾病的治疗提供新的思路和方法。总之，高架十字迷宫实验在焦虑情绪研究中发挥着不可或缺的作用。

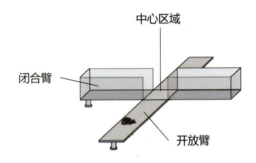

图5-4　高架十字迷宫实验装置示意图

（二）应用

高架十字迷宫主要应用于小型啮齿类动物焦虑情绪的检测。相比于旷场、黑白箱等行为学实验，高架十字迷宫的开放臂及闭合臂只能由单只动物单次通过，这在很大程度上减少了实验动物多余的运动，并可突出焦虑相关行为的表现，从而提高了焦虑情绪检测的可靠性。需要注意的是，动物的心理和行为极为复杂，通常单一的行为学检测无法充分描述实验动物的心理状态，因此需要通过多种行为学方法综合判断。

（三）实验流程图

图5-5　高架十字迷宫实验流程图

(四) 实验试剂与器材

1. 75%酒精或84消毒液

2. 高架十字迷宫

(五) 实验步骤

1. 实验前准备

实验前3天，每天轻柔地抚摸小鼠5 min，使小鼠充分熟悉实验者，以减少实验者操作引起的额外应激反应。实验当天，将小鼠提前转移至行为学室，并让它们至少适应20 min，以减轻转移过程中造成的应激和新环境对其的影响。

2. 行为学测试前

将75%酒精或84消毒液喷洒在纸巾上，使其轻度湿润，用湿润的纸巾擦拭仪器，以消除异味，减小外界因素的干扰。

3. 行为学测试

将小鼠背对实验者、面朝开放臂放入高架中心区域，打开录像软件进行记录，录制小鼠在高架中自由活动5 min的视频。

4. 行为学测试后

将小鼠从装置中取出并放回鼠笼，清理高架中小鼠粪便和尿液，用75%酒精或84消毒液擦拭仪器。

(六) 数据分析及结果解读

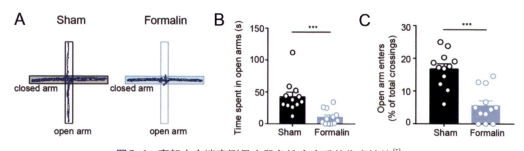

图5-6　高架十字迷宫测量小鼠急性疼痛后的焦虑情绪[5]

一般而言，高架十字迷宫主要分析两个指标：①小鼠在开放臂停留的时间；②小鼠进入开放臂的次数。上图是研究人员对小鼠后肢注射福尔马林急性疼痛造模24 h后进行高架十字迷宫测试的结果。小鼠在高架十字迷宫中的行为表现如图5-6所示。A图显示注射生理盐水的伪手术组（Sham）和注射福尔马林组（Formalin）的小鼠在高架十字迷宫中的运动轨迹。从图中可以看出，注射福尔马林组的小鼠更少进入开放臂。B图和C图分别统计了两组小鼠在开放臂的停留时间以及经过中心区域后进入开放臂的次数。从B和C图中可以看出，相比于伪手术组，急性疼痛造模后小鼠对开放臂的探索行为显著减少，提示福尔马林诱导急性疼痛后，导致小鼠的焦虑水平增加。

（七）关键点

实验步骤	问题	原因	解决办法
1	小鼠反应剧烈，逃离手掌	小鼠应激	先在饲养笼中用手缓慢接近小鼠，待小鼠适应后再放手上抚摸
2	未经任何处理的小鼠不进入开放臂	环境过于明亮、噪音过大或有特殊气味	减少光照，保持实验环境安静，彻底清洁试验场地并通风
3	小鼠跳下高架	高架高度较低，或小鼠惊恐发作	增加高架高度，或更换小鼠

（八）技术的局限性

1. 中心区域行为含义不明确

在高架十字迷宫中，小鼠会花费大量时间待在起始区域，也就是四臂相遇的中心方形区域。小鼠在探索高架十字迷宫的过程中通常很快回到起始区域，而不是完全进入一条臂。中心区域行为在数据分析中引入了歧义，并增加了数据的可变性，通常依赖于研究人员的主观评判。相较而言，高架0迷宫没有这一起始区域，并且不同区域之间是连续的，有效避免了上述问题。

2. 高空应激

虽然远离地面的这一特征减少了小鼠逃逸的可能性，但由于小鼠天生恐高，高度因素也为行为测试带来了额外的应激反应。因此，小鼠经过高架测试之后可能会出现焦虑水平升高的情况，不利于后续其他行为测试的开展。

思 考 题

1. 若要对同一只小鼠进行多次高架测试，有哪些需要注意的地方？

2. 如果在高架测试过程中，突然出现明显噪音，可能对实验结果产生什么影响？

3. 若在高架测试过程中持续抑制小鼠恐惧中枢的神经活动，小鼠可能会出现什么表现？

参 考 文 献

[1] Montgomery KC. The relation between fear induced by novel stimulation and exploratory behavior. J Comp Physiol Psychol 48, 254-260 (1955).

[2] Handley SL, Mithani S. Effects of alpha-adrenoceptor agonists and antagonists in a mazeexploration model of "fear"-motivated behaviour. Naunyn Schmiedebergs Arch Pharmacol 327, 1-5 (1984).

[3] Pellow S, Chopin P, File SE, et al. Validation of open:closed arm entries in an elevated plusmaze as a measure of anxiety in the rat. J Neurosci Methods 14, 149-167 (1985).

[4] Shepherd JK, Grewal SS, Fletcher A, et al. Behavioural and pharmacological characterisation of the elevated "zero-maze" as an animal model of anxiety. Psychopharmacol (Berl) 116, 56-64 (1994).

[5] Fang S, Qin Y, Yang S, et al. Differences in the neural basis and transcriptomic patterns in acute and persistent painrelated anxiety-like behaviors. Front Mol Neurosci 16, 1185243 (2023).

（郭宸驿 黄潋滟）

三、焦虑情绪检测——旷场实验

(一) 简介

旷场实验（open field test，OFT）是神经科学研究中常用的行为学检测范式（图5-7）。这一测试允许小鼠在一块圆形或方形的空旷区域中自由地探索，从而产生大量自发行为数据。研究人员通过记录并分析这些数据，可以了解实验动物的运动、情绪等基本功能。较大的旷场为远距离运动提供了机会，也更有可能检测到与恐惧、焦虑相关的行为成分。因此，旷场的大小通常需要根据实验动物的体型以及实验需求来决定。

这一行为学范式诞生于1934年，Hall用大木箱建造了一个圆形的旷场，木箱里的地板表面被划成了小方块，Hall以实验动物在其中的防御行为作为判断胆怯的指标[1]。

在行为神经科学的研究初期，啮齿动物的活动往往需要由研究人员进行手动记录和人工分析[2]，这不仅导致效率低下，而且实验结果容易受到人为因素的影响。因此，当时的研究者们急需一种更加高效、准确的方法来量化这些动物的行为。随着技术的进步，录像设备被引入旷场测试中，使得研究人员得以在行为测试后进行详细的定量分析。录像资料可以反复观看，有助于更准确地捕捉和记录动物的行为细节。然而，这一方法仍然需要研究人员投入大量的时间和精力来进行后期的视频分析，因此并未完全解决旷场测试的数据分析问题。随着计算机技术和图像处理技术的飞速发展，自动化分析系统逐渐在旷场测试中占据主导地位。现代的行为神经科学实验室普遍配备了视频跟踪摄像机和专用软件，这些系统能够在行为测试时或测试后自动计算出一系列有效的运动参数。自动化分析系统的引入极大地提高了旷场测试的效率和准确性。首先，自动化分析系统可以实时追踪动物的运动轨迹，从而即时生成运动参数，这使得研究人员能够在短时间内处理大量数据。其次，自动化分析系统能够减少人为误差，提高数据的可靠性。此外，自动化分析系统还能够提供更为丰富的运动参数，如速度、加速度、运动轨迹等，这些参数有助于研究人员更全面地了解动物的行为特征。未来，随着计算机视觉、机器学习等领域的发展，研究人员有望从旷场测试中提取出更多的信息。研究人员可以期待更加智能、高效的自动化分析系统，以进一步推动啮齿动物行为研究的进步。

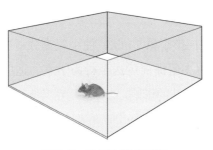

图5-7 旷场实验示意图

(二) 应用

旷场实验通常用于动物焦虑情绪的检测，根据实验动物在旷场中心区域所花费的时间和进入的次数，研究人员可以在一定程度上判断实验动物的焦虑情绪。旷场的实验设备极为简单，通常只需要一个足够大的空箱即可进行实验。相比于高架十字迷宫专注于焦虑情绪的检测，旷场可以同时检测包括焦虑、恐惧、运动等多种行为。通过计算实验动物僵直的时间，恐惧情绪也可以在一定程度上得到反映。运动能力则可以通过量化小鼠的平均运动速度、运动距离等参数进行评价。此外，旷场可以允许多只实验动物同时存在而不拥挤，这就意味着社交相关的行为也有望通过旷场测试进行评价。总而言之，相比于其他行为学测试，旷场实验因其操作简便和功能多样而广受青睐。

(三) 实验流程图

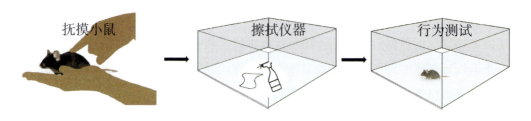

图5-8　旷场实验流程图

(四) 实验试剂与器材

1. 75%酒精或84消毒液

2. 旷场

(五) 实验步骤

1. 实验前准备

实验前3天，每天轻柔抚摸小鼠5 min，使小鼠充分适应，以减少实验者操作带来的额外应激。实验当天，将小鼠提前运送至行为学室，适应至少20 min，以减轻转移过程中造成的应激和新环境对其的影响。

2. 行为学测试前

将75%酒精或84消毒液喷洒在纸巾上，使其轻度湿润，用湿润的纸巾擦拭仪器，以消除多余的气味，减小外界因素的干扰。

3. 行为学测试

将小鼠放入旷场中心区域，打开录像软件进行记录，录制小鼠在旷场中自由活动10 min的视频。

4. 行为学测试后

将小鼠从装置中取出并放回鼠笼，清理旷场中小鼠粪便和尿液，用75%酒精或84消毒液擦拭仪器。

（六）数据分析及结果解读

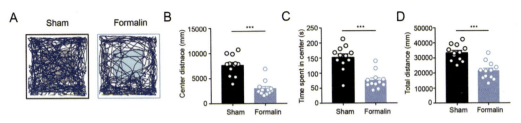

图5-9 旷场检测小鼠急性疼痛后的焦虑情绪[3]

旷场通常用于检测实验动物的焦虑情绪和运动能力。上图是研究人员对小鼠后肢注射福尔马林急性疼痛造模24 h后进行旷场测试的结果。小鼠在旷场中的行为表现如图5-9所示。A图显示注射生理盐水的伪手术组（Sham）和注射福尔马林组（Formalin）的小鼠在旷场中的运动轨迹，中央背景填色方框为旷场中心区域（center）。从图A中可以看出，注射福尔马林组的小鼠更少进入旷场中心区域。B图、C图和D图分别统计了两组小鼠在中心区域的运动距离、停留时间以及在旷场中总运动距离。从B、C图中可以看出，相比于伪手术组，急性疼痛造模后小鼠在中心区域的运动时间和距离均显著减少，说明这一处理可能导致小鼠的焦虑水平增加。同时，D图中总运动距离显著减少，说明这一处理同时损害了小鼠的运动意愿或能力。

（七）关键点

实验步骤	问题	原因	解决办法
1	小鼠反应剧烈，逃离手掌	小鼠应激	先在饲养笼中用手缓慢接近小鼠，待小鼠适应后再放手上抚摸
3	未经任何处理的小鼠不愿进入旷场中心区域	环境过于明亮、噪音过大或有特殊气味	减少光照，保持实验环境安静，彻底清洁试验场地并通风

（八）技术的局限性

由于实验场地开阔，实验动物可以在测试中产生大量自发行为，这就导致了行为结果的高度可变性，短时间的旷场测试往往无法取得稳定的结果。因此，利用旷场测试检测小鼠的焦虑情绪时，通常需要足够多的样本量才能得到显著结果。此外，与其他行为学测试一样，单一的行为学结果并不足以严格定义实验动物的心理状态，因此往往需要结合多种行为学测试进行评价。

思 考 题

1. 在旷场测试过程中，如果突然出现明显强光，实验动物可能会出现什么反应？

2. 如何利用旷场进行嗅觉检测？

3. 若旷场中存在两只实验动物，除了上述可检测到的运动能力和焦虑样行为外，我们还可以推测其在旷场中会发生什么行为？这些行为分别可以用哪些指标去评估？

参 考 文 献

[1]　Walsh RN, Cummins RA. The open-field test:A critical review. Psychol Bull 83, 482-504 (1976).

[2]　Denenberg VH, Morton JR. Effects of environmental complexity and social groupings upon modification of emotional behavior. J Comp Physiol Psychol 55, 242-246 (1962).

[3]　Fang S, Qin Y, Yang S, et al. Differences in the neural basis and transcriptomic patterns in acute and persistent painrelated anxiety-like behaviors. Front Mol Neurosci 16, 1185243 (2023).

（郭宸驿　黄潋滟）

第二节　认知相关行为学检测方法

一、动物认知记忆能力检测——新物体识别实验

(一) 简介

新物体识别实验（novel object recognition，NOR），是一种通过比较实验动物探索已熟悉物体和新的陌生物体的时间长短来评价动物认知记忆能力的行为学范式。在当前神经科学研究中，是一种常见的行为学范式。该行为学范式主要基于啮齿类动物（如小鼠）更倾向于探索新的未知物体而非已熟悉的物体的天性，来评估动物的认知和记忆能力，特别是对物体的识别和记忆认知功能的评估。

新物体识别实验的产生和发展经历了一个漫长过程，早在1950年，Berlyne就发现，当大鼠同时暴露在新物体和熟悉物体的刺激下时，它们会花费更多的时间去探索新物体而非已熟悉的物体[1]，即新奇事物（如新物体或者新环境）能够引起大鼠的接近行为。直到1988年，基于Berlyne的发现，Ennaceur和Delacour设计了一种简单、非奖赏性的检测啮齿类动物认知和记忆能力的行为学范式——新物体识别和新位置识别实验[2, 3]。他们首次提出新物体识别实验的基本程序由三个阶段构成，即适应期、熟悉期和测试期。适应期是指将实验动物放入没有任何物体的实验装置（如旷场）中自由探索以适应实验环境，减少实验环境对小鼠造成的应激；熟悉期则是在实验装置同侧或对侧放入两个相同物体，让实验动物自由探索两个相同物体，以排除实验动物的位置偏好；而测试期则是把熟悉期中的一个物体替换为形状与之有明显差异的新物体，以测试实验动物对新物体的接近行为。

该行为学范式最初用于大鼠，直到转基因和基因敲除小鼠技术取得进展后，新物体识别实验对象逐渐从大鼠转为小鼠，并运用于神经退行性疾病模型中[4, 5]。然而，小鼠毕竟不同于大鼠，在行为上可能不会用类似的方式和策略行事，因此，该行为学范式针对小鼠特性作了许多改变。例如，在最初针对大鼠的实验方案中[3]，要求大鼠在测试阶段对两个目标物体的最小探测时间应不小于20秒，这保证了其对两个目标物体具有相似的探索时间并排除其他的探索活动，同时该标准也能够减少不同大鼠之间的个体差异，有助于提高结果的准确性。而在针对小鼠的相关测试中，这个时间被延长至3~5 min [6-8]。

此外，以往一些实验方案直接对动物进行了探索活动的测试，但是为了减少实验动物的应激反应和潜在的对新物体的恐惧（即新奇恐惧反应），后续研究人员在测试开始前设置了适应阶段，即先让动物对设备和实验程序进行适应，以促进测试阶段实验动物对物体表现出正常的探索活动[5]。

在最初的实验方案中，大鼠在测试前一天仅被允许自由探索实验装置2 min。后来的实验方案中，适应过程的持续时间从几分钟延长到几天不等。最常用的方案是小鼠于测试前适应3天[9]，即在测试前3天，每天两次（每次3min）连续暴露在实验设备中；也有人提出较短的适应期方案，即只接触一次实验设备。总体而言，实验动物对新物体的探索时间主要取决于动物的状态[10]、品系[11]及实验环境[12]等因素。

（二）应用

新物体识别实验被广泛运用于认知功能障碍相关行为的研究中。认知障碍是许多神经及精神疾病的共有表征，如阿尔茨海默病、帕金森病和精神分裂症等，在病情发生和发展过程中都会出现一定的认知障碍，新物体识别实验可以有效对这些疾病相应的动物模型进行认知功能测试，从而促进对疾病的致病机理、防治措施、药物效能等方面的研究。新物体识别实验设备简单，在非动机驱动的前提下，实验动物可以在自由状态下进行测试，同时不涉及声、光、电等外界刺激，对实验动物本身的刺激和伤害较小，此外实验整体周期短，实验难度低，易于获取所需实验数据。

（三）实验流程图

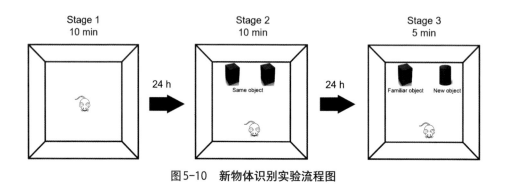

图5-10　新物体识别实验流程图

（四）实验试剂与器材

1. 酒精喷壶、75%酒精或84消毒液、无香纸巾

2. 旷场

3. 两个相同形状的物体（如两个相同的立方体）和一个形状不同的物体（如圆柱体）

（五）实验步骤

1. 实验前准备

实验前3天，每天将小鼠放在手上，用另一只手轻轻抚摸其背部5 min，使其适应实验者的操作，从而减少实验操作引起的小鼠应激。

2. 行为学测试前

（1）实验当天将实验鼠放置在实验环境中至少1 h以适应实验环境，从而减少新环境引起的实验小鼠应激。注意：此阶段需将实验环境参数如温度、湿度、光照、声音等调整为实验测试时所需条件，并尽量减少人为干扰。

（2）将旷场放置在数据采集摄像头下方，调整好旷场位置，使旷场置于摄像头正立面投影下方，调整好焦距和摄制软件参数。

（3）用75%酒精擦拭旷场底部及内壁以消除气味影响。注意：该步骤在每次实验开始前均需进行，待酒精完全挥发后方可进行下一轮实验。

3. 行为学测试

（1）适应期（Stage 1）：将小鼠从饲养笼中取出，使其面向最靠近实验者的旷场内壁，迅速且轻柔地将小鼠放置在旷场中自由活动10 min，并记录数据。注意：该步骤参考旷场行为学实验，所获取的数据可作为旷场实验数据。

（2）熟悉期（Stage 2）：适应期完成24h后进行。①在旷场的同侧对称位置固定两个相同的物体，物体距离旷场最近两个侧壁5 cm；②将小鼠从饲养笼中取出，头朝向两个物体，迅速且轻柔地放置在两个物体中间正对侧，让小鼠自由探索两个相同物体10 min，并记录数据。注意：需准备多个相同的物体，每次实验随机配对使用，同时保证使用的物体无气味并牢靠固定在旷场中。

（3）测试期（Stage 3）：熟悉期完成24 h后进行。①将熟悉期使用的两个相同物体中的其中一个换成形状与之有明显差异的新物体，固定位置与替换的物体相同；②将小鼠从饲养笼中取出，头朝向两个物体，迅速且轻柔地放置在两个物体中间正对侧，让小鼠自由探索5 min，并记录数据。注意：不同物体随机配对使用，同时保证使用的物体无气味并牢靠固定在旷场中。

4. 行为学测试后

将小鼠从装置中取出并放回鼠笼，用75%酒精或84消毒液擦拭仪器。

（六）数据分析及结果解读

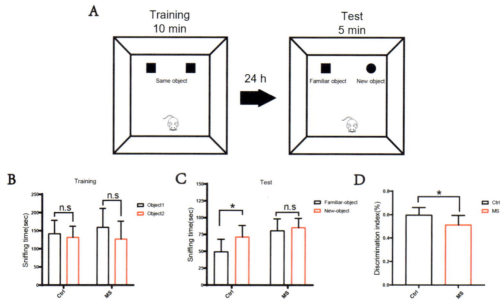

图5-11 母婴分离导致小鼠新旧物体识别障碍

　　例如，在母婴分离（maternal separation，MS）导致小鼠认知障碍的研究中，新物体识别实验常被用以研究实验动物长时程物体识别记忆功能（图5-11A）。实验结果发现，在训练（Training）阶段，实验组（MS）和对照组（Ctrl）小鼠对两个相同物体的探索时间没有明显差异，排除小鼠的位置偏好对实验结果的影响（图5-11B）；在测试（Test）阶段，对照组小鼠探索新物体的时间显著高于熟悉物体，而实验组小鼠对新旧物体的探索时间则没有明显差异（图5-11C），其识别指数也显著低于对照组（图5-11D）。说明MS鼠出现明显的认知障碍表型。

（七）关键点

实验步骤	问题	问题原因	解决方法
1	小鼠攀爬旷场墙壁	实验场所存在压力源	检查实验场所条件：温度、湿度、光照、噪音、气味等是否符合实验条件
		小鼠对实验物品缺乏兴趣（可能在丰富环境暴露后发生）	将小鼠重新放置在实验开始时的旷场位置
		旷场墙壁过低	改变旷场尺寸，适当加高旷场

续表

实验步骤	问题	问题原因	解决方法
2	单次实验中个别小鼠不符合检测标准	该小鼠焦虑、紧张等	剔除该小鼠数据
	单次实验中大多数小鼠不符合检测标准	室内存在压力源或小鼠未充分适应实验场所	检查实验场所条件：温度、湿度光照、噪音、气味等是否符合实验条件；实验前充分抚摸小鼠
		对所用物体缺乏好奇，出现新奇恐惧反应	更换实验用检测物体，并重新进行实验流程
		饲养条件不合格	检查小鼠饲养环境：温度、湿度、光照、水量、饲养密度等是否符合要求
		小鼠焦虑、紧张等	延长小鼠熟悉实验环境的时间
3	小鼠不探索物体（如待在角落不动或者花大量时间理毛）	小鼠焦虑、紧张等	剔除该小鼠数据
		对所用物体缺乏好奇，出现新奇恐惧反应	更换实验用检测物体，并重新进行实验流程
4	小鼠记忆重现能力差	实验场所存在压力源	检查实验场所条件：温度、湿度光照、噪音、气味等是否符合实验条件
		小鼠焦虑、紧张等	延长小鼠熟悉实验环境的时间

（八）技术的局限性

新物体识别实验广泛运用于神经科学的相关研究中，主要用于评估工作记忆、注意力及焦虑等。该测试主要用于评估短期记忆，除非测试间隔适当延长，否则其评估长期记忆的能力有限。其次，该测试主要用于测量一般的识别记忆，对特定类型的记忆检测（如空间记忆和工作记忆)缺乏特异性。

------●------ 思 考 题 ------●------

1. 新物体识别实验检测了认知行为中的哪些过程？

2. 新物体识别实验中可减少小鼠位置偏好的措施有哪些？

3. 在对老年鼠进行新物体识别实验时应该注意什么？

参 考 文 献

[1] Berlyne DE. Novelty and curiosity as determinants of exploratory Behaviour1. Br J Psychol 41, 68-80 (1950).

[2] Aggleton JP. One-trial object recognition by rats. Q J Exp Psychol Section B 37, 279-294 (1985).

[3] Ennaceur A, Meliani K. A new one-trial test for neurobiological studies of memory in rats. III. Spatial vs. non-spatial working memory. Behav Brain Res 51, 83-92 (1992).

[4] Dodart JC, Mathis C, Ungerer A. Scopolamine-induced deficits in a two-trial object recognition task in mice. NeuroReport 8(5), 1173-8 (1997).

[5] Messier C. Object recognition in mice: Improvement of memory by glucose. Neurobiol Learn Mem 67, 172-175 (1997).

[6] Bevins RA, Besheer J. Object recognition in rats and mice: a one-trial non-matching-to-sample learning task to study "recognition memory". Nat Protoc 1, 1306-1311 (2006).

[7] Freret T, Bouet V, Quiedeville A, et al. Synergistic effect of acetylcholinesterase inhibition (donepezil) and 5-HT4 receptor activation (RS67333) on object recognition in mice. Behav Brain Res 230, 304-308 (2012).

[8] Şık A, van Nieuwehuyzen P, Prickaerts J, et al. Performance of different mouse strains in an object recognition task. Behav Brain Res 147, 49-54 (2003).

[9] Steckler T, Weis C, Sauvage M, et al. Disrupted allocentric but preserved egocentric spatial learning in transgenic mice with impaired glucocorticoid receptor function. Behav Brain Res 100, 77-89 (1999).

[10] Ennaceur A, Michalikova S, Bradford A, et al. Detailed analysis of the behavior of Lister and Wistar rats in anxiety, object recognition and object location tasks. Behav Brain Res 159, 247-266 (2005).

[11] van Goethem NP, Rutten K, van der Staay FJ, et al. Object recognition testing: Rodent species, strains, housing conditions, and estrous cycle. Behav Brain Res 232, 323-334 (2012).

[12] Dellu F, Fauchey V, Moal ML, et al. Extension of a new two-trial memory task in the rat: Influence of environmental context on recognition processes. Neurobiol Learn Mem 67, 112-120 (1997)

（严旻标　黄潋滟）

二、动物的注意力和冲动控制检测——五孔注意力测试实验

（一）简介

五项选择连续反应时间任务（5-choice serial reaction time task, 5-CSRTT），又称五孔注意力测试实验，是用于评估啮齿动物的注意力和冲动控制的一种经典实验方法。

在这个实验中，受试动物会接受在五个不同空间位置以伪随机顺序出现的短暂闪光，只有在规定时间内对出现闪光的位置做出反应，才能得到奖励，否则接受短暂的黑暗作为惩罚，没有奖励。5-CSRTT可以测试实验动物在各种神经精神类疾病模型中，以及给药治疗前后的行为准确性、冲动性和注意力。

5-CSRTT最初用于临床探究儿童的注意力缺陷多动障碍（attention deficit/hyperactivity disorder，ADHD）。实验室中的5-CSRTT旨在测试动物（通常是啮齿类，如小鼠或大鼠）在多种选择条件下的反应时间、注意力集中能力以及冲动控制能力。该任务利用了动物对视觉刺激的反应，通过测量其在特定时间窗内对刺激的正确反应来评估其认知功能[1]。

5-CSRTT是由Trevor Robbins等人开发的，目的是了解被诊断为ADHD的患者所表现出的行为缺陷[2,3]。5-CSRTT最初设计的是大鼠的版本，后来也开发了适用于小鼠的版本[3,4]，5-CSRTT的实验范式源于注意力缺陷和多动障碍的研究，以及对背侧去肾上腺能束损伤如何影响任务表现的研究[5]。在5-CSRTT的实验装置中有五个水平连续排列的孔，每个孔内各有一个闪光灯，在五孔对侧的墙壁上设有投喂食物奖励的装置（图5-12）。实验过程中，各个孔内的灯会以伪随机的顺序出现短暂的闪光，受试动物需要在规定时间内将鼻子戳入亮灯的孔才能获得食物奖励。每次试验只有一个孔亮灯，这要求受试动物将注意力分散到5个空间位置不同的孔中，并保持注意力，直到灯光刺激出现并选择亮灯的孔。在实验过程中存在试验间隔，间隔期间五孔内的灯不亮，实验动物在此期间必须不做出反应，只有当灯光刺激出现时才能戳孔。若在亮灯前戳孔或戳到错误的孔，则须接受短暂的黑暗惩罚。一般来说，注意力通常用戳孔的准确性来评估，而实验间隔中发生的过早戳孔还反映了冲动性。

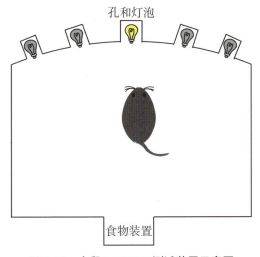

孔和灯泡

食物装置

图5-12　大鼠5-CSRTT测试装置示意图

临床上最初常用反应时间测试来研究精神分裂症，其目的是评估视觉、运动的技能以及反应能力，但使用有限。后来开发的5-CSRTT因能更有效地评估注意力和警惕性，故其在临床和基础研究中的使用越来越广泛。如今，5-CSRTT已被广泛用于研究啮齿动物的注意力缺陷和多动障碍，并已扩展到其他疾病，如阿尔茨海默病、抑郁症和精神分裂症。

（二）应用

5-CSRTT要求受试动物将注意力集中在不同空间位置的孔上，因此适用于选择性注意力的测试。此外，该任务要求受试动物等待视觉刺激出现，出现之前不可做出反应。且由于刺激出现的准确时间可以被操纵，等待时间变得不可预测，任务变得更加困难。这使得动物不能依靠习惯性来做出反应，而是必须持续处于准备状态，因此可以用于评估动物的冲动性。

5-CSRTT用于探究许多以注意力缺陷或冲动障碍为特征的疾病的神经心理特征，如儿童ADHD[7]、阿尔茨海默病、帕金森病[8]、精神分裂症[9]以及衰老[10]、成瘾[11]等。此外，该方法还可以用于评估不同年龄段时期注意力的变化[12]，以及慢性药物、脑损伤等引起的注意力变化。

（三）实验流程图

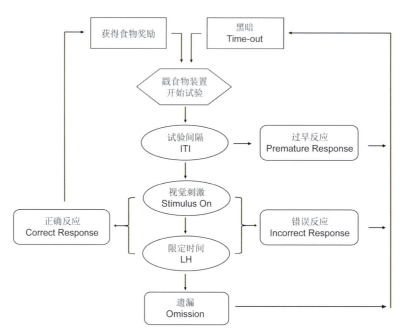

图5-13　**5-CSRTT训练流程示意图**

在最广泛使用的5-CSRTT训练流程中，每次训练开始前，都应亮起实验装置的室内灯和食物装置内的灯，食物装置的对面则是五个可亮灯且供动物鼻子戳入的孔（图5-13）。以小鼠为例，将小鼠放入装置后，当小鼠头部进入食物装置即开始后续的试验流程。

流程开始时先有5秒的实验间隔（inter-trial interval，ITI）。在ITI期间，小鼠需要保持对五个孔的注意力。ITI结束后，给予小鼠视觉刺激，即随机选择一个孔亮灯。小鼠被要求在限定时间（limited time，LH）内用鼻子戳中亮灯的孔。若小鼠正确戳入的亮灯的孔（correct response），就会得到食物装置递送的一滴水或一颗食物作为奖励。然后再次进入ITI，开始下一轮试验。

若小鼠出现遗漏（omission，未能在LH范围内对刺激做出反应）、选择错误（incorrect response，戳了错误的孔）和过早反应（premature response，在ITI时期戳孔），则室内灯和食物装置灯都熄灭，小鼠接受5 s的黑暗惩罚（time-out）。惩罚结束后，室内灯和食物装置的灯再次亮起，小鼠必须用鼻子戳食物装置来开始新一轮的试验。

受试动物每天接受约30分钟的训练，并逐渐学会在一定时间内对正确的孔做出反应。训练分为不同的阶段，每个阶段可以进行灵活的修改。例如，减少亮灯的持续时间或缩短ITI可以增加注意力任务的难度；相反，延长亮灯的持续时间可以降低任务的注意力需求，延长ITI时间可以用于确定受试动物的冲动控制能力是否受到影响。随着训练逐渐进入不同的阶段，可通过改变亮灯的持续时间和ITI的时长，逐渐增加任务难度。

(四) 实验试剂与器材

1. 15%糖水、75%酒精

2. 5-CSRTT测试箱（图5-14）

3. 微型摄像机

4. 数据处理软件系统（一般由实验装置公司配套提供）

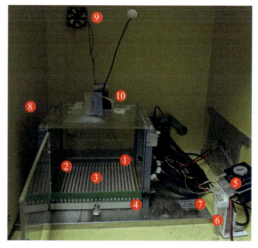

图5-14　五孔注意力测试箱实物图

①五个供动物鼻子戳入的孔：每个孔内均装有亮灯，且装有红外检测器以检测动物鼻子是否戳入；②食物装置：用以投递食物奖励或水滴，装置内也安装有红外检测器和一个小灯泡；③不锈钢地板；④可拆卸托盘；⑤吸水泵；⑥装有糖水的离心管；⑦出水口：可供吸水泵吸取糖水至出水口；⑧放置装置的箱体：装置的门和顶部由透明塑料隔板构成；⑨箱体内用于通风的排气扇；⑩进行实验录制的微型摄像机

（五）实验步骤

本节以C57BL/6小鼠为例。

1. 适应阶段

（1）控制饮食：控制饮食至少3天，一般每只小鼠按每100 g体重喂食5 g饲料。

（2）控制体重：自控制饮食的第1天起，每天称量小鼠体重，直到体重达到自由进食时的80%。而后定期称重（如每周）。

（3）自控制饮食的第1天起，每天将小鼠放在手心轻轻抚摸2~3分钟，至少3天，使小鼠适应实验者的操作。

（4）每天在抚摸小鼠后，在小鼠的饲养笼中放置一些食物奖励（如糖水），使小鼠适应糖水的味道。

（5）用15 mL离心管装足量的15%糖水，将连通实验装置的进水管道插入糖水中，使糖水能够被吸入实验装置内的出水口。

（6）将小鼠放入实验装置15~20 min，期间实验装置内的环境灯、五个孔上方的灯和出水口处的灯都保持明亮。

2. 训练阶段

（1）一旦小鼠适应了实验装置并学会在出水口处喝水，就可开始5-CSRTT的戳孔训练。戳孔训练过程通常包括100轮试验，总时长为30分钟。每轮试验，仅有一个孔上方的灯会亮，五个灯亮灯的顺序由计算机软件根据伪随机时间表来确定，在100轮试验中每个灯各亮20次。

（2）当小鼠连续2天在30分钟内正确完成了30次试验，则进入下一阶段（S01）。同样的，当小鼠连续2天达到该阶段标准，则依次进入下一阶段。当小鼠达到S05的训练标准并表现稳定后，进入注意力测试和冲动性测试阶段。各训练阶段及其参数见表5-1。

表5-1　5-CSRTT训练阶段及其参数

训练阶段	视觉刺激时间（s）	ITI（s）	LH（s）	进入下一阶段的标准（需连续两天均达标）
适应阶段（reward from magazine）	N/A	N/A	N/A	2 days（15~20 min）
戳孔训练（nose poke training）	常亮	5	N/A	完成30 trails / 30 min
S01	30	2.5	5	≥30 correct trails
S02	20	5	5	≥30 correct trails
S03	10	5	5	≥50 correct trails
S04	5	5	5	≥50 correct trails >80% accuracy <20% omission
S05	2.5	5	5	≥50 correct trails >80% accuracy <20% omission

（3）为了达到表5-1中的训练标准，通常需要进行多次训练，每只鼠的训练情况不同，一般平均需要25次，在此期间准确性逐渐提高。为了获得稳定的表现，可在S05阶段增加训练次数，可额外增加6~10次。取最后3~5次训练的数据作为训练表现的基线水平。

（4）每天训练结束至少1 h后才可喂食、喂水，注意控制喂养的量。喂食1.5~3 g，喂水1~1.5 mL。可根据小鼠在训练过程中表现出的喝水及进食动机调整喂养量。若小鼠在训练过程中正确次数>50，可适当减少喂水量。

3. 测试阶段

在S05阶段训练达标并表现稳定后，进行测试。各测试参数见表5-2。

表5-2　5-CSRTT测试及其参数

测试阶段	视觉刺激时间（s）	ITI（s）	LH（s）
注意力测试（attention test）	1.25	5	5
冲动性测试（impulsivity test）	3	5、7、9、11、13、15	5

（六）数据分析及结果解读

1. 数据分析

准确性（accuracy）= [correct trails /(correct trials + incorrect trials)] × 100 %

遗漏率（omission）= [omissions /(omissions + correct trials + incorrect trials)] × 100 %

正确率（correct responses）= [correct trails /(omissions + correct trials + incorrect trials)] × 100 %

错误率（incorrect responses）= [incorrect trails /(omissions + correct trials + incorrect trials)] × 100 %

过早反应次数（premature responses）：小鼠在ITI期间戳孔的次数，反映小鼠的冲动性。

连续反应次数（perseverative responses）：在小鼠正确戳孔后，喝糖水之前，戳任意孔的次数，用于衡量小鼠的强迫行为。

食物装置进入次数（food magazine entries）：小鼠用鼻子戳出水口或食物盘的次数。衡量小鼠喝水或进食的动机，用于判断小鼠口渴或饱腹程度。

正确反应延迟时间（latency to correct response）：从灯光刺激开始到正确反应的平均时间，用于衡量小鼠处理或决策的速度。

错误反应延迟时间（latency to incorrect response）：从灯光刺激开始到错误反应的平均时间，用于衡量小鼠处理或决策的速度。

获得奖励延迟时间（reward retrieval latency）：从正确反应到喝水或获得食物的平均时间，反映小鼠喝水或进食的动机。

2. 结果解读

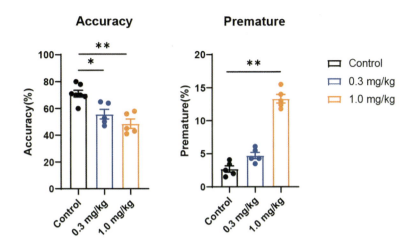

图5-15 产前暴露于不同浓度药物A的小鼠在5-CSRTT测试中的整体表现

与对照组（Control）相比，产前暴露于不同浓度药物A（0.3 mg/kg和1.0 mg/kg）的小鼠准确性明显降低。同时，暴露于1.0 mg/kg药物A浓度的小鼠过早反应显著增多。

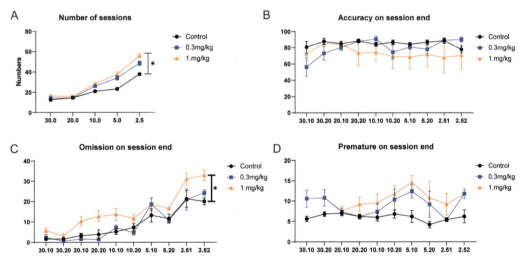

图5-16 产前暴露于不同浓度药物A的小鼠在5-CSRTT测试的各训练阶段中的表现

A. 每组小鼠在训练阶段达到训练标准所需的天数，产前暴露于1.0 mg/kg药物A的小鼠比对照组（Control）小鼠需要更多的训练次数以达到训练标准；B. 各组小鼠在训练阶段最后两天戳孔的准确性无显著性差异，提示每组小鼠均已经达到训练标准；C. 每组小鼠在训练阶段最后两天戳孔的遗漏率，结果显示产前暴露于1.0 mg/kg药物A的小鼠具有更高的遗漏率，提示其注意力有一定缺陷；D. 各组小鼠在训练阶段最后两天的过早反应次数，即未亮灯小鼠已经戳孔的次数无显著性差异，显示每组小鼠均无冲动反应

（七）关键点

实验步骤	问题	原因	解决办法
2，3	受试动物停止作出反应	进水管堵塞	检查糖水是否可以被吸入装置，用75%酒精清理管道
		灯泡故障	更换故障的灯泡
		接口故障导致数据传输受阻	检查接口故障
		受试动物状态不佳	观察受试动物状态，可适当暂停训练或给予食物奖励，待状态恢复
2，3	受试动物反应或准确率不稳定	过度进食进水	给予动物适当的喂养条件，在每次训练或测试后进行喂食。每天在同一时间喂食动物。若进入食物装置次数明显减少，说明动物不够饥渴，可适当减少喂水、喂食量
3	训练长期达不到标准	室内灯亮度太高	降低室内灯亮度
		视觉刺激太弱	增强视觉刺激
		惩罚时间过长	每次训练结束，室内灯关闭后，立即取出受试动物，避免其长时间处于黑暗环境中，得不到奖励，影响训练效果
		长期得不到奖励使受试动物遗忘视觉刺激与奖励的联系	对于长期无法进入下一阶段的受试动物，可尝试返回上一阶段或戳孔训练，巩固学习效果

（八）技术的局限性

1. 需要结合其他实验全面评估特定的操作是否会影响注意力。正确反应延迟时间可用于评估受试动物的处理或决策速度，但也受许多其他因素影响，如动物自身情绪、操作的动机和运动能力。

2. 需要严格控制小鼠的饱足或饥渴状态，灵活调整喂水、喂食量。

3. 训练周期较长，需要数周才能完成训练并达到稳定的表现水平。

4. 长时间的训练会使表现变得习惯化，减弱特定操作对训练的影响。

5. 长期的限水、限食可能会对受试动物造成过度的压力。

思 考 题

1. 简述5-CSRTT的原理和训练阶段每轮试验的流程。

2. 与对照组相比，给予某种药物刺激后的实验组小鼠在5-CSRTT的测试阶段表现出更低的准确度、更高的遗漏率和更长的正确反应时间延迟，可能的原因有哪些？

3. 若在5-CSRTT训练过程中，你发现多只小鼠的训练周期过长，导致数周无法进入下一阶段，可能的原因及相应的解决措施有哪些？

参 考 文 献

[1] Bari A, Dalley JW, Robbins TW. The application of the 5-choice serial reaction time task for the assessment of visual attentional processes and impulse control in rats. Nat Protoc 3, 759-767 (2008).

[2] Carli M, Robbins TW, Evenden JL, et al. Effects of lesions to ascending noradrenergic neurones on performance of a 5-choice serial reaction task in rats; implications for theories of dorsal noradrenergic bundle function based on selective attention and arousal. Behav Brain Res 9, 361-380 (1983).

[3] Robbins TW. The 5-choice serial reaction time task: behavioural pharmacology and functional neurochemistry. Psychopharmacology 163, 362-380 (2002).

[4] Humby T, Wilkinson L, Dawson G. Assaying aspects of attention and impulse control in mice using the 5-choice serial reaction time task. Curr Protoc Neurosci Chapter 8, Unit 8.5H (2005).

[5] Chudasama Y, Robbins, TW. Psychopharmacological approaches to modulating attention in the fivechoice serial reaction time task: implications for schizophrenia. Psychopharmacology 174, 86-98 (2004).

[6] Biederman J. Attention-deficit/hyperactivity disorder: a selective overview. Biol Psychiatry 57, 1215-1220 (2005).

[7] Muir JL, Dunnett SB, Robbins TW, et al. Attentional functions of the forebrain cholinergic systems: effects of intraventricular hemicholinium, physostigmine, basal forebrain lesions and intracortical grafts on a multiple-choice serial reaction time task. Exp Brain Res 89, 611-622 (1992).

[8] Laurent A, Saoud M, Bougerol T, et al. Attentional deficits in patients with schizophrenia and in their non-psychotic firstdegree relatives. Psychiatry Res 89, 147-159 (1999).

[9] Grottick AJ, Higgins GA. Assessing a vigilance decrement in aged rats: effects of pre-feeding, task manipulation, and psychostimulants. Psychopharmacology 164, 33-41 (2002).

[10] Dalley JW, Theobald DE, Berry D, et al. Cognitive sequelae of intravenous amphetamine self-administration in rats: evidence for selective effects on attentional performance. Neuropsychopharmacology 30, 525-537 (2005).

[11] Jones DN, Barnes JC, Kirkby DL, et al. Age-associated impairments in a test of attention: evidence for involvement of cholinergic systems. J Neurosci 15, 7282-7292 (1995).

（萧文慧 黄潋滟）

第三节　感觉相关行为学检测方法

一、痛觉

（一）简介

疼痛是一种与实际或潜在组织损伤相关的不愉快的感觉和情感体验，也是患者就医的主要原因之一[1]。依据疼痛病程，可分为急性疼痛和慢性疼痛。急性疼痛通常由疾病、创伤或者外部伤害性刺激引起，持续时间短伴有剧烈及尖锐痛感，当确切的病因消除后，疼痛则会逐渐缓解并最终消失。急性疼痛能够为机体提供警报信号，以促进伤口愈合、减少后续伤害，从而发挥重要的保护作用。若先天性对疼痛不敏感则无法感知组织损伤或痛觉刺激[2]，这种机体的正常保护性作用缺失会引起频繁受伤，往往在生命早期就会出现较高的死亡率[3]。机体在病理情况下出现疼痛（如神经损伤、组织炎症或者肿瘤浸润），且持续时间超过预期的伤口愈合时间时，则发展成慢性疼痛。长时间持续疼痛导致中枢及外周神经系统处于高度敏感状态，进而导致自发性疼痛、痛觉敏化和痛觉异常，给患者带来极大的痛苦，被认为是一种疾病状态[4]。另外，慢性疼痛患者通常伴有情感障碍（尤其是抑郁和焦虑）、认知功能障碍及睡眠障碍，严重影响患者的工作、社交和家庭生活，降低生活质量[5]。慢性疼痛的成因通常涉及复杂的生理及心理机制，但在人类身上开展相关研究会面临诸多伦理限制及挑战，因此，构建疼痛动物模型尤为重要。通过对模型动物施加外源性刺激，观察实验动物对疼痛刺激的反应，记录缩足次数或甩尾潜伏期，以及产生反应的阈值（机械性刺激或温度刺激使动物产生反应的阈值），可以评估动物是否出现触诱发痛、机械性痛敏及冷热刺激反应。因此，使用痛觉相关动物模型能够帮助研究者深入理解疼痛的病理机制、评估新型止痛药的效果及探索新的治疗方法。下面将详细介绍痛觉相关动物模型（表5-3）及常用的行为学实验（表5-4）。

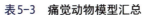

表5-3　痛觉动物模型汇总

疼痛类型		痛觉模型	操作及原理	优点	缺点
急性疼痛	躯体痛模型	福尔马林致痛模型[6]（formalin-induced pain）	将1%~5%的福尔马林溶液注射至实验动物的足底或后足背侧皮下，通过刺激神经末梢释放炎性介质，以模拟组织炎症刺激所致的急性疼痛	操作简单，容易复制	福尔马林可能导致动物强烈应激而非单纯疼痛
	内脏痛模型	扭体试验模型（writhing test）[7]	将刺激性化学物质（乙酸、苯醌、缓激肽等）腹腔注射至实验动物体腔内，引发内脏炎性疼痛，以模拟内脏炎性刺激所致的急性疼痛	操作简单，容易复制，扭体行为明显	刺激性化学物质可能会造成动物内脏组织损伤
	切口痛模型	足底切口痛模型[8]（plantar incision model）	在实验动物的跖侧非负重区做0.5 cm纵向切口（仅切开皮肤和浅筋膜）。模拟急性术后切口疼痛	操作简单，重复性高	对测试环境要求高，需安静，避免小鼠被束缚、躁动及伤口开裂
慢性疼痛	炎症性疼痛模型	完全弗氏佐剂关节炎性模型[9]（complete freund's adjuvant induced arthritis）	将完全弗氏佐剂（CFA）注入实验动物后肢足底皮下，诱发非特异性自身免疫炎症，模拟类风湿性关节炎	操作简单，重复性高。可通过调整佐剂剂量调控疾病进程	佐剂诱导缺乏机体自身免疫反应。佐剂中含有灭活结核分枝杆菌，可能对实验人员造成潜在危害
	神经病理性疼痛模型	糖尿病性神经病理性疼痛模型[10]（diabetic neuropathic pain，DNP）	实验动物首先经高脂饮食诱导胰岛素抵抗，随后腹腔注射低剂量链脲佐菌素（Streptozotocin，STZ）以部分损伤胰岛β细胞，模拟2型糖尿病的早期阶段	模型疼痛症状维持时间长，于术后4~6周出现并持续12周以上	实验动物可能出现高血糖引起的体重下降现象

续表

疼痛类型	痛觉模型	操作及原理	优点	缺点
慢性疼痛	神经病理性疼痛模型	坐骨神经慢性压迫模型[11]（chronic constriction injury of the sciatic nerve, CCI）	用生理盐水浸泡过的铬制羊肠线结扎坐骨神经，羊肠线遇水会膨胀在结扎部位形成持续性机械压迫，损伤继发炎症；可模拟外周神经病理性疼痛	操作简单，疼痛症状稳定，可持续约6~8周	铬制羊肠线结扎手法和松紧度不同导致神经损伤程度不一，造成实验动物间的行为学表现差异较大。神经损伤可能影响实验动物的运动能力
		脊神经选择性结扎模型[12]（spinal nerve ligation, SNL）	结扎L5、L6脊神经，保留L4脊神经的完整性；可模拟脊神经根性痛	结扎位置固定，个体差异小。疼痛症状于术后1~2天出现并可持续16周	手术操作复杂，若神经剥离不当可能导致深部组织损伤及L4功能受损，影响运动功能，且术后感染风险较高
		慢性压迫背根神经节模型[13]（chronic compression of the dorsal root ganglion, CCD）	通过在椎间孔内植入细小的不锈钢柱，持续性压迫L4/L5背根神经节；模拟因背跟神经节、神经根受压或者继发炎症所致的坐骨神经痛	完全保留外周初级神经传入和传出的功能。疼痛症状于术后1天出现并可持续6~8周	操作难度大，植入的细钢柱容易移位甚至脱落，分离椎管软组织、暴露椎间孔易出现术后感染
		坐骨神经分支选择性损伤模型[14]（spared nerve injury, SNI）	结扎并剪断胫神经和腓总神经，保留完整腓肠神经；疼痛产生的原因可能与中枢神经敏化、异位放电、传入去抑制以及神经结构与功能的可塑性变化有关；可模拟外周神经病理性疼痛	操作方法简单，重复性好，稳定性强，痛觉敏化显著且可持续6~24周，可再现许多临床神经病理性疼痛特征	寻找腓肠神经支配的后足外侧敏感区域难度大，需要重复进行疼痛行为学检测
		紫杉醇诱导的神经病理性疼痛模型（paclitaxel-induced peripheral neuropathy, PIPN）	紫杉醇（1 mg/kg）隔天腹腔注射，连续注射4次；紫杉醇可导致周围神经病变产生疼痛	操作简单，重复性好，痛觉敏化可持续1~2周，可模拟临床化疗药物引起的周围神经病变	疼痛行为维持时间相对较短

表5-4 疼痛行为学实验汇总

疼痛测试方法	疼痛行为学原理	疼痛行为学实验方法	优点	缺点
热刺激反应测试	通过给予一定强度的热刺激，使得动物做躲避刺激的反应，以评估动物对热引起的疼痛的反应时间	甩尾实验（tail flick Test）[15]	操作简单，反应时间短，可重复多次测试，适用于评估热刺激引发的急性痛觉反应	不适合评估慢性疼痛状态。测试时小鼠必须被束缚
		热板实验（hot plate test）[16]	操作简单，非侵入性，可以用于测量对中等程度热性刺激的疼痛反应	重复性差，与动物因焦虑和运动能力影响疼痛反应有关。重复测试动物可能会适应热刺激，导致后续实验中接触热板时反应时间缩短
		热辐射实验（hargreaves test）[17]	属非接触性刺激，可量化，温度可控，重复性好，适用于较大皮肤区域的疼痛阈值检测	动物需要适应装置，减少走动。个体差异大，重复测试可能会使得动物适应热辐射刺激
冷敏感测试	通过给予一定强度的冷刺激，使得动物做躲避刺激的反应，以评估动物对冷引起的疼痛的反应时间	丙酮蒸发实验（acetone evaporation test）[18]	操作简单，耗时短，敏感性高	主观性大，难以实时量化。实际温度会随环境温度、皮肤温度和丙酮用量的不同而变化
		冷板实验（cold plate test）[19]	操作简单，可精确控制温度，重复性好，适用性广，可量化	测试结果可能受环境因素如噪音、气味和湿度影响
		冷足底实验（cold plantar assay）[20]	操作简单，具有特异性，定位精准，可量化，适用性广	动物直接接触冷刺激（干冰或者冷却金属棒）可能造成动物应激及组织损伤
机械性痛觉测试	通过施加不同强度的压力到动物的足底或皮肤，使其产生疼痛并撤回足部，观察其撤回反应来评估疼痛阈值。	冯弗雷纤维丝测试（Von Frey filaments test）[21]	适用于评估药物对机械性疼痛的影响，可量化，重复性好，适用性广，可以用来确定痛觉阈值或疼痛耐受度的变化，非常适用于评估镇痛药物效果	仅适用于局部疼痛反应，无法评估整体痛感状态。主观性强，对环境变量敏感，无法频繁进行测试，数据差异性大，需要较大的样本量
		爪压痛实验（randall selitto test）[22]	操作简单，重复性好，可量化	仅适用于大鼠。动物需要被束缚可能引发应激反应

续表

疼痛测试方法	疼痛行为学原理	疼痛行为学实验方法	优点	缺点
电刺激测试	通过电流刺激动物体表或特定部位皮肤或神经，以产生疼痛使得动物进行躲避，评估动物做出行为反应的时间和强度	尾电刺激实验（tail electric shock test）[23]	可以精准控制，重复性好，适用性广，可量化	电刺激为非自然生理性刺激，可能引发局部组织损伤或应激反应
自发疼痛测试	观察和评估动物在未接受特定外部刺激情况下的自然疼痛相关行为	自发疼痛实验（spontaneous pain test）[24]	可直接观察动物自然状态下的异常疼痛行为，无须额外物理刺激干预，更贴近临床慢性自发性疼痛的表现	主观性大，行为表现的量化难度较高，缺乏统一标准评分体系

（二）应用

疼痛小鼠模型在疼痛机制研究与镇痛药物开发中至关重要。通过构建急性、炎症性、神经病理性及化疗痛等模型，可系统研究疼痛的发生、发展机制，并识别关键靶点和信号通路。这些模型广泛应用于镇痛药物的筛选、效能评估和毒性预测，有助于在临床前阶段优化候选化合物，提高研发效率。此外，小鼠模型还为基因治疗和靶向治疗策略提供了验证平台，如通过病毒载体递送治疗基因并评估其镇痛效果。总之，疼痛小鼠模型是揭示疼痛机制、开发新型镇痛药物及探索个性化治疗策略的重要工具。

（三）实验流程图

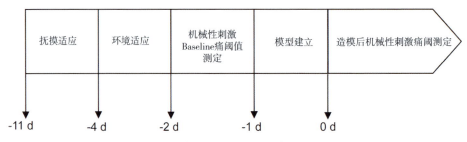

图5-17　疼痛模型构建及机械痛阈检测流程图

(四) 实验试剂与器材

1. 坐骨神经分支选择性损伤模型（SNI）实验器材

实验材料和试剂：6-0缝合线、8-0号缝合线、无菌棉签、75%乙醇、碘伏、剃须刀片、1 mL注射器、生理盐水、红霉素眼膏、麻醉药。

实验器材：体视显微镜、LED手术灯、解剖剪刀和镊子、精细镊子、持针器、弹簧剪、弯针、自制玻璃分针、加热垫。

实验动物：C57BL/6小鼠（8周龄）。

2. 机械痛阈实验装置

Von Frey filaments测试套件（Aesthesio，Danmic）：用于检测小鼠的纤维丝为0.008~2.0 g；大鼠的为4.0~300 g（图5-18A，B）。

铁丝网高架装置：该装置是一个水平铁丝网架（图5-18C）。铁丝网由大量直径约为0.5 cm的方形孔组成，Von Frey filaments可以通过方形孔刺激动物后足的腓肠神经支配区域，即后足跖部外侧区域（图5-18D）。

透明有机玻璃观察框：顶部带有气孔，可以使用磨砂或者不透明隔板减少小鼠之间的相互影响（图5-18C）。

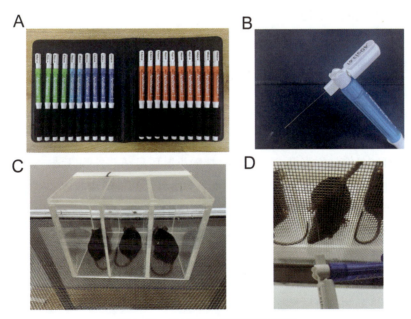

图5-18　机械痛阈实验装置示意图

A. Von Frey filaments套件；B. 用于检测小鼠的Von Frey filaments；C. 铁丝网高架装置及透明有机玻璃观察框；D. Von Frey filaments可以通过铁丝网方形孔刺激动物后足的跖部外侧区域

(五) 实验步骤

1. 动物饲养

通常在标准SPF级别实验室条件下饲养,保持恒定的温度(22~25℃)与湿度(50%~65%),光/暗周期为12小时(7:00~19:00)。通过随机分配原则进行分组饲养(每笼不超过5只),动物可自由获取食物和水。从供应商处新购买的动物应于SPF级别条件下饲养至少7天才能用于实验。

2. 行为学室准备

行为学室应隔音并保持安静,光线适中,室温为22~25℃,减少人员走动,尽量不同时饲养其他动物,尽量不在同时间段进行多种实验。检测时间通常固定在13:00~17:00。

3. 动物适应(Day -11~-2)

在手术前2到11天,每天轻柔抚触动物,每只各2分钟,以减少动物对实验者的恐惧感。Von Frey filaments测试会受到动物自身压力或者焦虑的影响[25],因此正式测试前2天,需要将动物运送至检测室,适应约1小时。然后将第一批动物(3只)放置在悬空的有机玻璃框内(图5-18C),让其提前适应检测装置,时间不少于30分钟(可放入少许饲料,帮助小鼠适应新环境及减少一般活动)。观察框顶部可以放置压板,防止动物逃跑。待第一批动物适应结束后使用75%酒精擦拭观察框及铁丝网,然后放入第二批动物进行适应。需连续适应2天。

4. 机械痛阈基线测定(Day -2~-1)

(1)与术前2天适应流程相似,将动物运送至检测室后适应约1小时。然后将第一批动物放置在悬空的观察框内适应约30分钟。待动物出现相对安静的状态时(动物保持不动,整个后足自然舒张放在铁丝网上),开始进行检测。如果动物无法安静,则延长其适应时间直至符合检测要求。

(2)将纤维丝穿过方形孔,尖端垂直接触小鼠后足跖部外侧区域。从0.008 g的纤维丝开始,在30秒内对左足施加5次力(每次约2秒,纤维丝弯曲成"S"形),并在每次施加后观察小鼠的后足反应。使用纤维丝给予5次刺激,当小鼠有3次出现抬足、缩足或舔足行为即出现阳性反应,记下纤维丝对应的刺激强度(g)。如果小鼠没有反应,则更换为下一个强度更大的纤维丝重复上述操作,直至出现阳性反应。重复测试3次,最终小鼠的疼痛阈值是能够诱发阳性撤足反应的3根纤维丝,对其对应的刺激强度取平均值,作为该动物的机械性痛觉阈值(图5-17)。

5. 模型建立(Day 0)

(1)麻醉小鼠,用镊子用力夹后肢或尾部估麻醉深度。深度麻醉的动物对刺激没有反应。将小鼠放置于加热垫上,以保持温度正常。眼部涂红霉素眼膏,防止眼睛干燥。

（2）用剃须刀片剃掉小鼠左股外侧皮肤区的毛发，然后局部涂抹碘伏消毒备用（图5-19A）。

（3）以股骨为标志，用细剪刀在小鼠大腿中段做一个小的皮肤切口（图5-19B），然后用解剖剪刀的钝头穿过股二头肌进行钝性剥离。用玻璃分针进行分离，暴露坐骨神经及其三条分支（图5-19C），此过程尽量减少牵拉。如果手术部位意外出血，用棉签适当压迫直至凝固。如果出血不止，则不应继续使用该小鼠进行实验。

（4）在体视显微镜下进行坐骨神经损伤手术，距离坐骨神经三分叉的近端，使用8-0缝合丝线结扎腓总神经（Common Peroneal Nerve，CPN）和胫神经（Tibial Nerve，TN）(图5-19D)，然后在坐骨神经三分叉的远端再次结扎CPN和TN（图5-19E），注意结扎时以引起相应后肢短暂抽搐即可。使用弹簧剪剪掉两个结扎点间2~3 mm的神经，防止后期神经愈合。注意保持腓肠神经（Sural Nerve，SN）完整（图5-19F）。在假手术组中，不对坐骨神经及其分支进行上述操作。

（5）将肌肉贴合，用6-0缝合丝线缝合皮肤切口，并对伤口进行消毒（图5-19G）。

（6）将手术后的动物放入干净的鼠笼中，观察麻醉恢复情况。

6. 机械痛阈测定（Day 7，14，21，28）

（1）动物适应同步骤3。

（2）动物痛阈检测同步骤4。SNI诱导小鼠神经病理性疼痛的过程通常分为发展期（1~7天）和维持期（8~28天）。

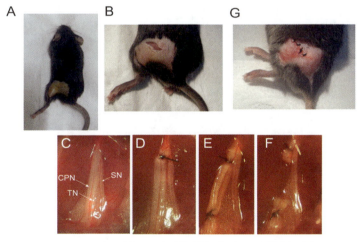

图5-19 坐骨神经分支选择性损伤（SNI）模型示例

A.小鼠左股外侧皮肤区备皮；B. 以股骨为标志，用细剪刀在大腿中段做一个小的皮肤切口；C.用玻璃分针分离暴露坐骨神经及其三条分支；CPN：腓总神经；TN：胫神经；SN：腓肠神经；D. 在距离坐骨神经三分叉的近端，使用8-0缝合丝线结扎CPN和TN；E. 在距离坐骨神经三分叉的远端，使用8-0缝合丝线结扎CPN和TN；F. 用弹簧剪剪掉两个结扎点间约2~3 mm神经；G. 使用6-0缝合丝线缝合切口皮肤

(六) 数据分析及结果解读

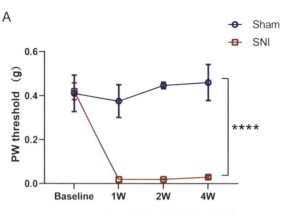

图5-20　SNI造模后小鼠机械痛阈值的变化

如图5-20所示，两组小鼠在造模前基线水平（Baseline）的痛阈值没有差异。SNI造模后小鼠的机械痛阈在术后1周（1W）相较于假手术组（Sham）明显下降（$P=0.0001$），且这种痛觉敏化持续到术后4周（4W）。

(七) 关键点

实验步骤	问题	原因	解决办法
4，6	小鼠在观察框内来回走动，无法进行机械痛阈测试	小鼠应激或者焦虑水平高	让小鼠在观察框中适应更长时间直到后足在铁丝网的停留时间满足测试要求；测试时可以放少量食物减少小鼠活动
5，6	SNI造模后小鼠没有出现痛阈下降或者小鼠待在角落不动	腓肠神经支配的后足跖部外侧区域较小，未找准该区域。重复刺激过于频繁或者测试时间过长	需要提高测试的准确性和精确度；重复刺激之间需要有间隔时间（5 min）；整个实验测试时间不宜过长，可以通过笔轻轻滑动或者敲击铁丝网提高小鼠的注意力
5，6	小鼠的后足出现拖曳现象	手术过程损伤腓肠神经	手术时注意保证腓肠神经完整

(八) 技术的局限性

1. 疼痛动物模型的局限性

当前使用的动物模型在模拟人类疼痛状态方面存在一定局限，难以完全复现临床患者的病理生理特征。例如，CFA皮下注射模型虽然广泛用于模拟慢性炎症性疼痛，但与人类多因素驱动的炎症性疼痛存在差异。为提高模型的临床相关性，研究者需根据具体病因选择更精准的模型。例如：给关节腔注射碘乙酸钠可导致软骨破坏，是骨关节炎的经典模型；胶原蛋白诱导型关节炎模型（collagen-induced arthritis，CIA）通过免疫反应引发滑膜炎，广泛用于类风湿性关节炎机制与干预研究。

此外，动物疼痛模型所得到的临床前结果并不总能准确地适用于人类。慢性疼痛在人群中的流行病学特征与动物研究选择的被试者存在明显的不匹配。例如，临床前研究的动物模型大部分都使用雄性，这会导致雌性疼痛模型的研究缺乏，从而影响对临床女性患者的用药治疗。即使是相同物种的动物也会因基因背景、年龄、性别等因素表现出不同的疼痛感知和药物反应，这使得研究结果无法适用于所有个体。

2. 痛觉行为学评估的主观性

当前疼痛动物模型的行为评估存在主观性。在传统机械/热刺激测试中，动物后足收回反应可能混杂非痛觉行为（如瘙痒、理毛、自主运动），导致观察者偏差。更重要的是，这些诱发痛测试与人类临床症状匹配度有限。

近年来，更注重自发性疼痛行为评估的新方法逐渐兴起，包括面部表情分析［如小鼠龇牙咧嘴评分（Mouse Grimace Scale）］、穴居试验（burrowing test）、步态分析（gait analysis）、负重不平衡测试（weight-bearing test）和自动行为分析系统（home cage monitoring）等。这些方法更能反映动物在无诱发刺激状态下的行为变化，具有更高的临床相关性，被认为是提高疼痛动物模型临床转化潜力的重要方向。

思 考 题

1. 列举三个常用神经病理性疼痛模型并试述其优缺点。

2. 简述机械刺激和热刺激反应测试的优劣势。

3. 简述 SNI 模型的制备方法及关键点。

4. 使用 Von Frey filaments 手动测定机械刺激痛阈的量化方法还有哪些？

参考文献

[1] Raja SN, Carr DB, Cohen M, et al. The revised international association for the study of pain definition of pain: Concepts, challenges, and compromises. Pain 161, 1976-1982 (2020).

[2] Cox JJ, Reimann F, Nicholas AK, et al. An SCN9A channelopathy causes congenital inability to experience pain. Nature 444, 894-898 (2006).

[3] Bennett DLH, Woods CG. Painful and painless channelopathies. Lancet Neurol 13, 587-599 (2014).

[4] Baliki MN, Apkarian AV. Nociception, pain, negative moods, and behavior selection. Neuron 87, 474-491 (2015).

[5] Moriarty O, McGuire BE, Finn DP. The effect of pain on cognitive function: a review of clinical and preclinical research. Prog Neurobiol 93, 385-404 (2011).

[6] Dubuisson D, Dennis SG. The formalin test: a quantitative study of the analgesic effects of morphine, meperidine, and brain stem stimulation in rats and cats. Pain 4, 161-174 (1977).

[7] Singh PP, Junnarkar AY, Rao CS, et al. Acetic acid and phenylquinone writhing test: a critical study in mice. Methods Find Exp Clin Pharmacol 5, 601-606 (1983).

[8] Brennan TJ, Vandermeulen EP, Gebhart G F. Characterization of a rat model of incisional pain. Pain 64, 493-502 (1996).

[9] Pearson CM. Development of arthritis, periarthritis and periostitis in rats given adjuvants. Proc Soc Exp Biol Med 91(1), 95-101 (1956).

[10] Hossain MJ, Kendig MD, Letton ME, et al. Peripheral neuropathy phenotyping in rat models of type 2 diabetes mellitus: Evaluating Uptake of the neurodiab guidelines and identifying future directions. Diabetes Metab J 46, 198-221 (2022).

[11] Bennett GJ, Xie YK. A peripheral mononeuropathy in rat that produces disorders of pain sensation like those seen in man. Pain 33(1), 87-107 (1988).

[12] Ho Kim S, Mo Chung J. An experimental model for peripheral neuropathy produced by segmental spinal nerve ligation in the rat. Pain 50, 355-363 (1992).

[13] Wang Y, Huo F. Inhibition of sympathetic sprouting in CCD rats by lacosamide. Eur J Pain 22, 1641-1650 (2018).

[14] Decosterd I, Woolf CJ. Spared nerve injury: an animal model of persistent peripheral neuropathic pain. Pain 87, 149-158 (2000).

[15] Deuis JR, Dvorakova LS, Vetter I. Methods used to evaluate pain behaviors in rodents. Front Mol Neurosci 10, 284 (2017).

[16] Kamat UG, Pradhan RJ, Sheth UK. Potentiation of a non-narcotic analgesic, dipyrone, by cholinomimetic drugs. Psychopharmacologia 23, 180-186 (1972).

[17] Hargreaves K, Dubner R, Brown F, et al. A new and sensitive method for measuring thermal nociception in cutaneous hyperalgesia. Pain 32, 77-88 (1988).

[18] Yoon C, Wook YY, Sik NH, et al. Behavioral signs of ongoing pain and cold allodynia in a rat model of neuropathic pain. Pain 59, 369-376 (1994).

[19] Allchorne AJ, Broom DC, Woolf CJ. Detection of cold pain, cold allodynia and cold hyperalgesia in freely behaving rats. Mol Pain 1, 36 (2005).

[20] Brenner DS, Golden JP, Gereau RW. A novel behavioral assay for measuring cold sensation in mice. PloS One 7, e39765 (2012).

[21] Chaplan SR, Bach FW, Pogrel JW, et al. Quantitative assessment of tactile allodynia in the rat paw. J Neurosci Methods 53, 55-63 (1994).

[22] Randall LO, Selitto JJ. A method for measurement of analgesic activity on inflamed tissue. Arch Int Pharmacodyn Ther 111, 409-419 (1957).

[23] Grewal RS. A method for testing analgesics in mice. Br J Pharmacol Chemother 7, 433-437 (1952).

[24] Bennett GJ. What is spontaneous pain and who has it? J Pain 13, 921-929 (2012).

[25] Gamaro GD, Xavier MH, Denardin JD, et al. The effects of acute and repeated restraint stress on the nociceptive response in rats. Physiol Behav 63, 693-697 (1998).

（杨莎娜　黄潋滟）

- -

二、痒觉

(一) 简介

痒觉，是一种可引起机体产生抓挠欲望的不愉快感觉，是从低等生物到人都具有的一种保守性躯体感觉。根据痒觉持续时间可将其分为急性瘙痒和慢性瘙痒，持续时间小于6周的被定义为急性痒，而超过6周的为慢性瘙痒。

急性瘙痒可被认为是保护人体表面的一种防御机制，对外源物引起的皮肤表面不适有报警作用。根据致痒方式不同又可将急性瘙痒分为机械瘙痒和化学瘙痒，其中化学瘙痒又可以进一步分为组胺依赖性瘙痒和非组胺依赖性瘙痒，由各自特异性的传导通路介导。

瘙痒本身就令人难以忍受，而慢性痒常在很大程度上还伴有负面情绪的产生，有调查研究表明慢性痒人群自杀倾向高于正常人。临床上许多病症常引起慢性瘙痒，根据发病机制可分为四类：皮肤源性瘙痒，如银屑病和湿疹等皮肤病引起的慢性瘙痒；系统性疾病诱发的瘙痒，如胆汁淤积、糖尿病、尿毒症等疾病则会导致该症状；神经系统疾病诱发的瘙痒，如多发性硬化症患者因其神经系统受损可引起瘙痒症状；精神疾病诱发的瘙痒，如抑郁症、焦虑症患者可伴有瘙痒症状。慢性瘙痒给患者生活带来诸多困扰和不便，严重影响正常生活和工作质量。与痛觉相比，痒觉的研究起步较晚、机制尚不明确，临床上亦缺乏快速、有效治疗慢性痒的药物，因此痒觉的神经机制研究具有极大空间和意义。在基础实验研究中，痒觉作为一种特定的感觉有其特殊的造模和行为学评估方法，这也是进行实验研究必备的基础操作。对于研究和阐明痒觉的神经机制，建造理想的动物模型尤为关键。目前瘙痒研究主要有针对急性化学瘙痒、慢性化学瘙痒以及瘙痒引起厌恶情绪的模型[1]。下面将详细介绍痒觉的动物研究模型和实验方法（表5-5）。

表5-5　瘙痒模型汇总

瘙痒类型	模型建立	模型原理	模型特点
急性瘙痒	颈部皮下注射组胺、右旋糖酐或Compoud 48/80等致痒物	与组胺受体结合诱发组胺依赖性瘙痒	操作简单，实验稳定性强，可重复性强
	颈部皮下注射致痒物氯喹、5-羟色胺、内皮素-1	与Mrgpra3受体结合诱发非组依赖性瘙痒	操作简单，实验稳定性强，可重复性强
慢性瘙痒	皮肤干燥AEW（acetone-ether-water）模型：用棉球浸润1:1的丙酮-乙醚-水溶液于颈背部后正中1.5 cm × 1.5 cm皮肤处覆盖15秒，随后立即用纯水浸湿的棉球覆盖30秒，每天两次，连续5~12天[2]	通过破坏皮肤屏障，使皮肤水分损失增加，引起明显的皮肤干燥、瘙痒	造模周期短，操作简单方便，实验稳定性强，成功率高，可重复性强
	二苯基环丙烯酮接触性皮炎慢性瘙痒模型：在颈背部剔除毛发区域喷涂200 μL 1%的二苯基环丙烯酮（DCP，溶于丙酮）。初次喷涂7天后，继续向小鼠颈部喷涂200 μL 0.5%的DCP，连续喷涂7天[3]	DCP为半抗原，通常会导致严重的过敏性皮炎及强烈瘙痒	操作简单方便，实验稳定性强，成功率高
	牛皮癣慢性瘙痒模型：剔除小鼠颈背部皮肤毛发，在2.5 cm × 2 cm皮肤处涂抹咪喹莫特软膏，连续涂抹7天[4]	咪喹莫特可激动Toll样受体调动免疫反应和产生炎症因子，诱导动物出现皮损	与临床银屑病瘙痒症状吻合度高，其制作周期较短，成本较低
	变应性接触性皮炎慢性瘙痒模型：将50 μL 0.5%的DNFB溶液在2 cm²的腹部剃毛区域涂抹一次。5天后在同一部位涂抹30 μL 0.25% DNFB溶液，连续涂抹一周；第12天开始录像，记录小鼠60 min内的搔抓次数[5]	将半抗原应用于小鼠的腹部产生敏化，应用于颈背部来激发皮肤炎症	模拟瘙痒的发生与发展，涉及许多炎症因子和瘙痒相关介质的参与
	特应性皮炎慢性瘙痒模型：在小鼠剃毛区域每天涂抹40 μL 4 nmol/L的卡泊三醇（MC 903），连续给药10天，每次给药后记录小鼠30 min或60 min内的搔抓次数	卡泊三醇诱导T细胞分化和细胞因子产生，表现出特应性皮炎症状及病理变化	操作简单，造模成功率高，易于复制
	自发痒模型小鼠：NC/Nga小鼠在SPF饲养环境中没有自发搔抓行为，但在出生4周时转移到有寄生啮齿类动物螨虫的饲养环境后，小鼠的自发搔抓行为会显著增多。8周龄左右雌鼠与雄鼠均会出现稳定的自发搔抓行为[6]	通过基因修饰使小鼠表现出特应性皮炎表型	NC/Nga鼠具有特应性遗传特征，可自然发病，发病与环境因素密切相关，在临床、病理和免疫学特征等方面均与人类特应性皮炎一致

续表

瘙痒类型	模型建立	模型原理	模型特点
慢性瘙痒	皮肤T细胞淋巴瘤模型：在免疫缺陷小鼠颈背部皮内接种来自皮肤T细胞淋巴瘤患者的 Myla 细胞系（CD4$^+$T细胞）[7]	接种来自CTCLs患者的 Myla 细胞系可以诱发严重的淋巴瘤，肿瘤生长过程中会出现明显的瘙痒表现	为人类疾病相关的神经性和癌症瘙痒小鼠模型

（二）应用

瘙痒模型在理解瘙痒机制、开发新型抗瘙痒药物、研究与瘙痒相关的疾病以及探索基因和行为学方面具有广泛的应用场景。在机制探讨方面，可用于研究与瘙痒相关的神经递质、受体和离子通道，探讨皮肤和中枢神经系统在瘙痒感知和传导中的作用，模拟临床患者特征的多种瘙痒模型，全面理解瘙痒的病理机制。在药物开发的早期阶段，有助于筛选和评估新药的有效性和安全性，确定药物作用的分子靶点和机制。在瘙痒的治疗与干预方面，可用于探究环境、心理因素对瘙痒行为的影响以及行为干预在缓解瘙痒方面的作用。

（三）实验流程图

图5-21 痒觉模型构建及行为学检测流程图

（四）实验试剂与器材

1. 实验试剂

表5-6 实验试剂

名称	厂商/型号
组胺	Sigma, cat.No V900396
二苯基环丙烯酮	Sigma, cat.No 886-38-4
氯喹	Sigma, cat.No C6628
Compound 48/80	Sigma, cat.No C2313

2.实验器材

（1）视频设备及软件。

（2）条件位置厌恶（conditioned place aversion，CPA）装置：含三个箱体，每个箱体的底面纹路和侧面颜色均不同。右侧箱体底部为网格状，侧面为白色；左侧箱体底部为条纹状，侧面为黑色；中间箱体为平滑底面，侧面为蓝色。左右箱体的规格完全相同（长×宽×高=22 cm×22 cm×15 cm）；中间箱体略窄（长×宽×高=22 cm×10 cm×15 cm）。

（五）实验步骤

1. 动物饲养

动物饲养在标准SPF级别实验室条件下，温度为22~25℃，湿度为50%~65%，光/暗周期为12小时（7:00~19:00）。通过随机分配原则进行分组饲养（每笼不超过5只），动物可自由获取食物和水。从供应商处新购买的动物应在SPF级别饲养条件下饲养至少7天才能用于实验。

2. 行为学室准备

实验环境保持安静及隔音，光线适中，室温为22~25℃，减少人员走动及饲养其他动物，尽量不在同时间段进行多种实验。实验检测时间通常固定在9:00~17:00进行。

3. 动物适应

实验开始前一周，每天轻柔抚触动物，每只2分钟，以减少动物对实验者的恐惧感。

4. 建立瘙痒模型

根据实验方案，通过注射致痒剂或其他方式建立瘙痒模型。

5. 评估瘙痒程度

抓挠行为是评估瘙痒的一个关键指标，通过记录实验对象的抓挠次数和持续时间，可对其瘙痒程度进行评估。目前测量抓挠有人工计数法和自动化系统计数法。

（1）人工计数法

通常将小鼠单独置于盒中，录制其行为30分钟，随后慢动作回放视频，目测和量化小鼠抓挠次数。一般将小鼠抬起后足快速连续抓挠特定部位，并舔舐后足放回地面记为一次抓挠。

（2）自动化系统计数法

①磁感应法：目前常使用磁感应方法进行瘙痒行为的记录，此方法将磁铁埋置在小鼠的后脚皮肤下，利用切割磁力线的原理，对小鼠抬脚抓挠时的磁场变化进行定量

分析。已有研究利用该方法记录小鼠抓挠行为，发现由组氨或氯喹诱导的小鼠抓挠行为中臂旁核（PBN）的活性增加[1]。

②人工智能分析法：Kobayashi等建立的卷积递归神经网络（convolutional recurrent neural network，CRNN），能够准确识别录制视频文件中的抓挠行为，进而用于小鼠瘙痒行为评估[8]。

6. 瘙痒引起厌恶情绪模型

（1）训练前测试

实验当天提前将小鼠放置在实验环境中适应30分钟，以减少小鼠应激。

将适应后的小鼠放置在用75%酒精擦拭过的、无异味的CPA装置中进行测试。测试前将两个箱体间的挡板取走，使小鼠可以在各箱体间自由穿梭。实验开始时，将小鼠置于中间的箱体，在其实验装置中自由探索15分钟，整个实验过程使用视频追踪软件（SuperMaze）跟踪记录小鼠的运动轨迹。

实验结束后，用Topscan软件统计小鼠在各个箱体中停留的时间。若小鼠在某一箱体中停留的时间超过总时间的70%，则认为小鼠本身存在位置偏好，应将该小鼠剔除，不用于下一步实验。

（2）测试阶段

实验当天提前将小鼠放置在实验环境中适应30分钟，以减少小鼠应激。

当天上午，在小鼠颈部注射生理盐水后放置在右侧箱体中，插入挡板使小鼠只能在右侧箱体中自由活动。当天下午，给小鼠颈部注射组胺或氯喹后将其放置在左侧箱体中，插入挡板使小鼠只能在左侧箱体中自由活动。上下午的训练间隔6小时以上，重复训练3天。

（3）训练后测试

实验方法同训练前测试。实验结束后，用Topscan软件统计小鼠在各个箱体中停留的时间。训练后，小鼠在注射组胺或氯喹的箱体停留的时间减少表明产生厌恶行为；相反，在注射组胺或氯喹的箱体停留的时间增加表明产生奖赏行为。注意：每只小鼠在整个实验中使用同一个实验装置进行。每两只小鼠实验之间要用75%酒精将实验装置仔细擦拭直至无异味。

（六）数据分析及结果解读

1. 小鼠皮下注射组胺和氯喹诱发搔抓行为

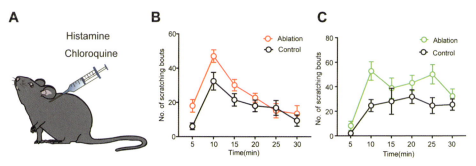

图5-22　由组氨或氯喹皮下注射诱导的搔抓行为[1]

A．皮下注射组氨或氯喹示意图；B. 组氨注射后30 min小鼠搔抓次数；C. 氯喹注射后30 min小鼠搔抓次数

2. 小鼠皮下注射组胺和氯喹诱发厌恶情绪

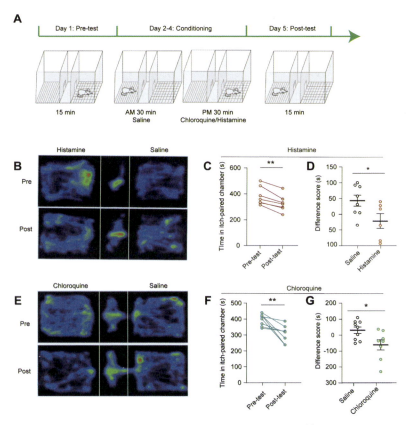

图5-23　急性瘙痒诱发小鼠产生负性情绪[1]

A.条件位置厌恶（CPA）行为学实验时间轴；B.组氨（Histamine）及对照（Saline）处理小鼠在CPA中的空间活动热图；C.组氨配对箱体所停留的时间；D.组氨处理和对照处理小鼠在CPA中的得分；E.氯喹（Chloroquine）及对照（Saline）处理小鼠在CPA中的空间活动热图；F.氯喹配对箱体所停留的时间；G.氯喹处理和对照处理小鼠在CPA中的得分

(七) 关键点

实验步骤	问题	原因	解决办法
4，5	皮下注射致痒物后小鼠不抓挠或者搔抓次数过少	皮下注射手法不熟练，注射时药物漏出	练习皮下注射操作；建议使用胰岛素针进行注射，可以减少药物漏出
4	给药时小鼠反应激烈，难以进行注射	给药时小鼠应激严重，未能良好适应实验者操作	熟练掌握徒手捉拿小鼠的操作，减少小鼠应激
4	造模所使用的试剂渗透进普通橡胶和丁腈手套，对实验者造成身体伤害	用于慢性瘙痒造模的试剂大多用丙酮溶解，而普通橡胶和丁腈手套易被丙酮腐蚀，导致其迅速失去防护功能	造模时注意防护，如使用防丙酮的实验手套

(八) 技术的局限性

1. 动物模型导致的瘙痒与人类的瘙痒存在差异。

瘙痒动物模型的制备主要是通过将特定试剂注射到实验动物体内来实现，其原理是该类试剂能够结合相应的受体，或产生炎症使得动物出现抓挠的表型。而在人类中瘙痒的原因更为复杂，可能是多因素共同作用引起，也可能是由仍未解析的致痒因素导致。由于差异的存在，使得通过动物瘙痒模型不能完全反映人类的瘙痒机制和反应。

2. 瘙痒诱导方法具有局限性

瘙痒动物模型常用组氨、氯喹等作为瘙痒诱导剂。然而实际情况中导致瘙痒的因素十分复杂，尤其是由其诱导的慢性瘙痒模型。仅用特定化学试剂诱导出来的瘙痒表型可能会过度简化人类疾病的复杂性，从而难以全面反映临床患者的多种症状和病因。

3. 行为学评估具有主观性

目前瘙痒行为（如抓挠）的记录和评估主要依赖于观察者的主观判断，这会导致数据出现较大误差和主观偏差。

思 考 题

1. 如何区分急性瘙痒和慢性瘙痒？

2. 请分别列举一种制备急性瘙痒和慢性瘙痒的动物模型？

3. 如何检测动物的瘙痒程度？

参考文献

[1] Zheng J, Zhang XM, Tang W, et al. An insular cortical circuit required for itch sensation and aversion. "Curr Biol 34, 1453-1468.e1456 (2024).

[2] Akiyama T, Carstens MI, Ikoma A, et al. Mouse model of touch-evoked itch (alloknesis). The Journal of investigative dermatology 132, 1886-1891 (2012).

[3] Zhang ZJ, Shao HY, Liu C, et al. Descending dopaminergic pathway facilitates itch signal processing via activating spinal GRPR(+) neurons. EMBO Rep 24, e56098 (2023).

[4] Xu Z, Qin Z, Zhang J, et al. Microglia-mediated chronic psoriatic itch induced by imiquimod. Mol Pain 16, 1744806920934998 (2020).

[5] Liu T, Han Q, Chen G, et al. Toll-like receptor 4 contributes to chronic itch, alloknesis, and spinal astrocyte activation in male mice. Pain 157, 806-817 (2016).

[6] Matsui K, Nakamura M, Obana N. Effects of josamycin on scratching behavior in NC/Nga mice with atopic dermatitis-like skin lesions. Biol Pharm Bull 44, 798-803 (2021).

[7] Han Q, Liu D, Convertino M, et al. miRNA-711 binds and activates TRPA1 extracellularly to evoke acute and chronic pruritus. Neuron 99, 449-463.e446 (2018).

[8] Kobayashi K, Matsushita S, Shimizu N, et al. Automated detection of mouse scratching behaviour using convolutional recurrent neural network. Sci Rep 11, 658 (2021).

（郑介岩　黄潋滟　李勃兴）

第四节　运动相关行为学检测方法

一、运动协调和平衡能力检测——平衡木实验

(一) 简介

平衡木实验是一种用于评估小鼠肌力、运动协调性和平衡能力的标准行为学测试。该实验能够精确地检测小鼠运动协调性和平衡能力，因此被广泛应用于运动功能相关的中枢神经系统疾病研究中。其基本原理是让测试小鼠在悬挂较高的窄木梁上前行，在动物行走过程中评估其运动协调性和平衡能力。在木梁的末端通常设置有引诱小鼠进入的安全平台，即逃逸箱。在测试过程中小鼠需要从木梁的一端行走到含有逃逸箱的另一端。实验可以通过调整平衡木的宽度和表面的材质来调节测试难度，更窄或表面更光滑的木梁均增加小鼠通过平衡木的难度。

实验过程中，研究人员需要通过计时器记录小鼠穿越特定距离的时间，通过摄像头来精确记录其穿越平衡木的运动细节，并记录每一次小鼠足爪滑落行为以衡量其平衡能力。通过此实验，研究人员可以探究脑损伤、遗传性疾病以及药理学处理对小鼠细微运动协调性和平衡能力的影响。平衡木实验较适用于检测小鼠细微的运动能力缺陷，而这在转棒实验（rotarod test）等其他检测运动能力的测试中较难检测到。因此该实验是评估小鼠精细运动能力的常用行为学检测方法之一。

(二) 应用

平衡木实验被广泛用于神经科学研究。首先，在神经系统损伤的研究中，平衡木实验用于评估脑部损伤引起的运动协调性和平衡功能障碍，该实验为治疗策略的开发和脑损伤的评估提供重要参考。其次，在神经退行性疾病模型中，平衡木实验常用于评估疾病对运动能力的影响，以探究可能的发病机制。此外，药理学研究利用该实验评估药物对运动协调性和平衡能力的影响，以评估运动障碍疾病相关药物的干预作用。最后，在遗传学研究中，通过在基因敲除或过表达的小鼠模型中进行平衡木实验，可以评估特定基因对运动功能的影响，为相关基因的功能研究提供有效的评估方法。

（三）实验流程图

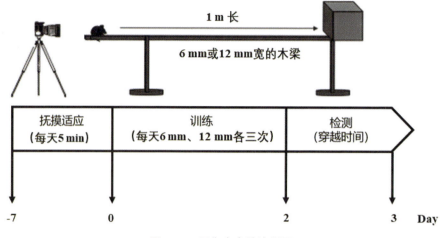

图5-24 平衡木实验流程图

（四）实验器材

平衡木设备：长度为1米、宽度为12毫米或6毫米的方形木梁（也可根据实验小鼠表现自行选择不同形状不同尺寸的木梁），高度设定为50厘米，平衡木安装在两个支柱上。

逃逸箱：在平衡木的终点放置一黑色盒子作为逃逸箱，箱中放入来自小鼠饲养笼的垫料和饲料，逃逸箱的放置可吸引小鼠走向终点。

灯泡（60 W）：安置于起始点上方，作为驱赶小鼠前进的光源。

（五）实验步骤

1. 实验前准备

（1）搭建装置：将长度为1米、宽度为12毫米或6毫米的平坦木梁，通过两根柱子支撑于距离桌面50厘米的高处。在木梁末端放置一个含有垫料与饲料的逃逸箱，以吸引小鼠走向终点。起点上方设有一盏60 W的灯泡，作为驱赶小鼠的光源刺激。在木梁下方约7.5厘米处悬挂尼龙吊床以防跌落。调整三脚架上的视频摄像机以记录到小鼠穿越木梁的整个过程。

（2）小鼠分组：建议每个组别至少使用10只小鼠进行测试。小鼠在12小时的光照/暗周期下饲养，并在实验开始前两周适应行为学测试设施环境。实验开始前10分钟提前将小鼠转移至平衡木测试室。

2. 行为学测试前

在训练日，让每只实验小鼠先后在宽度为12毫米和6毫米的木梁上分别行走三次。

若有体型较大或运动能力较差的小鼠出现难以通过狭窄木梁的情况，可使用宽度为28毫米的木梁进行训练和实验。训练时，从木梁的一端放置小鼠，使用秒表记录小鼠从起点到对面逃逸箱终点的时间，如果小鼠中途停滞在木梁上而没有向前移动，实验者可以使用戴好手套的手指推动或戳动小鼠以鼓励其继续向前运动。当小鼠到达逃逸箱时，允许其在里面休息15秒左右再将其取出。完成一次行为学训练后，给予小鼠休息10分钟再进行下一次训练。当小鼠能够成功地穿越整根木梁6次时，则可于1天后进行正式测试。

3. 行为学测试

正式测试时，实验人员记录小鼠每次穿越平衡木所用时间，并通过视频回放分析其是否出现足爪滑落行为。每只小鼠完成至少3次有效试验（trial），试验需从起点稳定行走至终点，且中途停顿不超过5秒方可计入。如中途停顿明显或掉落，则该次无效，需补足试验以确保至少获得两次有效数据。滑落定义为行进中足爪滑动、抖动、支撑失败或明显脱离木梁表面。

（六）数据分析及结果解读

在平衡木实验中，实验人员需通过逐帧分析视频，记录小鼠每次试验中的穿越时间与足爪滑落次数。这些指标可反映其运动协调性和平衡能力。常用统计方式包括滑落总次数、平均每次滑落次数或最大滑落次数；穿越时间则取所有有效试验的平均值。一般而言，穿越时间越短、滑落越少，说明协调和平衡能力越好；反之，则提示功能受损（图5-25）。

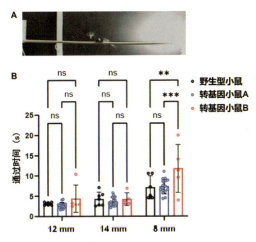

图5-25 平衡木实验中三种小鼠穿越时间的比较

A. 平衡木实验中小鼠穿过木梁示意图，左侧盒子中放置有饲料及垫料用以吸引小鼠，右侧木梁处放置有用于驱赶小鼠的强光源；B. 野生型小鼠（黑色）、A（蓝色）和B（红色）两种转基因小鼠穿越12 mm、14 mm和8 mm三种木梁的时间对比（数据显示为均值±标准差）；B小鼠穿过8 mm圆木的平均通过时间较野生型及A小鼠显著延长，表明B小鼠存在运动协调性和平衡性的减弱

（七）关键点

实验步骤	问题	原因	解决办法
2，3	小鼠停滞在木梁上过久，实验者鼓励后仍不往前走	小鼠对环境的适应时间不够；照明设置不合理	适应期间确保所有小鼠在实验开始前有足够的时间来适应实验环境； 起始点的照明设置应足以驱动小鼠前行，但照明强度不宜过强，否则会造成小鼠产生过度的应激反应
2，3	同一只小鼠两次穿越平衡木的时间相差太大	小鼠的训练完成程度不同	制定标准化的训练过程，包括确切的训练次数和每次训练的持续时间，例如，训练每只小鼠在实验前三天（训练日），先后在宽度为12毫米和6毫米的木梁上各行走三次，每次行走间隔期间休息10分钟；确保所有小鼠在测试前都达到相似的熟练程度，以减少训练变量对测试结果的影响

（八）技术的局限性

运动的控制涉及外周感受器、感觉传入神经、脊柱、小脑及大脑的多个脑区、传出神经，以及外周骨骼肌等诸多结构，任何环节出现异常均可以导致小鼠在平衡木实验中的表现变差。因此，单一平衡木实验无法定位异常的器官或脑区，需结合其他运动相关的行为学实验以评估其具体的病理部位。

对于运动能力严重退化、多次训练均无法通过木梁的小鼠，平衡木实验无法有效评估其运动协调和平衡能力。这一点限制了实验的适用范围，特别是在处理极端运动异常的小鼠模型时，可能无法提供有用的数据。

━━━━━━━━━━━━━━━●　**思　考　题**　●━━━━━━━━━━━━━━━

1. 如何通过平衡木实验评估中枢神经系统疾病对小鼠运动能力的影响？

2. 描述如何使用平衡木实验的数据（如穿越时间和足爪滑落次数）来量化疾病对运动协调性和平衡性的影响。

3. 在平衡木实验中如何区分小鼠的运动协调能力减退的原因是药物作用还是训练不足？

━━━━━━━━━━━━━━━●　**参 考 文 献**　●━━━━━━━━━━━━━━━

[1] Luong TN, Carlisle HJ, Southwell A, et al. Assessment of motor balance and coordination in mice using the balance beam. JoVE, e2376 (2011).

[2] Hortobágyi T, Uematsu A, Sanders L, et al. Beam walking to assess dynamic balance in health and disease: A protocol for the "beam" multicenter observational study. Gerontology 65, 332-339 (2018).

[3] Chen W, Xia M, Guo C, et al. Modified behavioural tests to detect white matter injury- induced motor deficits after intracerebral haemorrhage in mice. Sci Rep 9, 16958 (2019).

（李永林　李亚玺　黄潋滟）

二、运动对称性的行为检测——圆筒实验

（一）简介

圆筒实验（cylinder test）是一种评估啮齿动物前肢使用率和运动对称性的行为测试（图5-26），通常用于反映如脑卒中、帕金森病、阿尔茨海默病等脑损伤或中枢神经系统疾病对运动行为的影响。这项实验利用动物的自然行为倾向（直立探索环境），观察其身体一侧或两侧的偏好使用，从而判断是否存在运动障碍和神经功能损伤。

实验时，将大鼠或小鼠放置于透明树脂或玻璃制成的圆筒内，通过摄像机记录其在圆筒内的活动，记录分析实验鼠用前肢触碰筒壁的行为。大鼠或小鼠在探索圆筒环境的过程中，主要采用贴壁站立的姿势，此时实验鼠的双侧前肢均会触碰筒壁。若实验鼠有中枢神经系统损伤或不对称性的中枢神经系统疾病，会导致其在自然探索中偏好使用健康的一侧。通过记录三分钟内实验鼠贴壁站立时两侧肢体的使用情况，即可评估实验鼠是否存在运动功能的不对称性。例如，脑缺血后的大鼠会更倾向于使用损伤部位同侧前肢（即健侧）进行垂直探索。通过比较损伤部位同侧前肢与对侧前肢（即患侧）的使用频率，可以对运动障碍和神经功能损伤的严重程度进行量化评估。

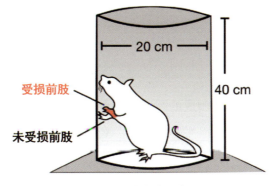

图5-26　圆筒实验示意图

大鼠倾向于使用未受损的前肢进行贴附桶壁进行垂直探索

（二）应用

圆筒实验作为一种经典的神经行为测试方法，广泛应用在中枢神经系统疾病的动物研究中。圆筒实验可用于神经损伤后的恢复评估，监测受损前肢的使用情况，评估治疗策略的有效性。在神经退行性疾病模型中，圆筒实验可用于评估疾病对运动能力和前肢协调性的影响，评估新药或潜在药物对中枢神经系统疾病的治疗效果。在神经科学的基础研究中，圆筒实验可用于揭示大脑如何控制和协调运动，探究不同脑区在运动过程中如何相互作用；并在中风等脑损伤模型中揭示肢体偏瘫的病理状态及可能的功能代偿机制。

（三）实验流程图

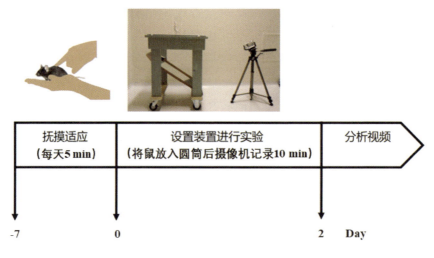

图5-27　圆筒实验流程图

（四）实验器材

1. 透明圆筒

准备一个由透明有机玻璃制成的圆筒，供小鼠进行活动；参考使用的圆筒高度为17.5厘米，内径为8.8厘米，外径为9.5厘米，壁厚为0.35厘米；对于更活跃的小鼠品种，可能需要更高的圆筒。

2. 顶部透明的桌子

圆筒实验需要一个带有透明顶部（如有机玻璃）的桌子，以便从下方拍摄小鼠的活动。

3. 镜子

将镜子放置在桌子下方，用于反射通过圆筒的图像。

4. 视频摄像机及三脚架

一台视频摄像机和三脚架用于记录小鼠在圆筒内的行为；摄像机应支持变焦功能，并确保圆筒完整处于视野范围内。

5. 视频分析软件

一台具备视频播放和播放速度调节功能的媒体播放器。

6. 电脑和显示器

一台能够运行视频播放软件的电脑及显示器。

(五) 实验步骤

1. 准备阶段

实验准备工作分为实验动物准备和实验装置搭建两部分。首先，实验动物通常选择2~4个月大的成年雄性小鼠，置于12小时昼夜交替的光照周期下饲养，并提供标准的啮齿动物饲料和自由饮水。实验装置（图5-28）使用尺寸为66.5 cm×54 cm×56 cm的实验桌，桌面采用透明的有机玻璃材质，尺寸为 51 cm×51 cm，方便从下方观察。实验桌下方倾斜45度角放置一块34 cm×58 cm的镜子，朝向桌面和摄像机，用于反射并捕捉小鼠在圆筒底部的活动。准备一个透明有机玻璃圆筒，规格为高17.5 cm，内径8.8 cm，外径9.5 cm，壁厚0.35 cm，并将其放置在桌面中央。摄像机的高度与角度需进行调整，使其能通过镜子的反射，从圆筒底部视角清晰拍摄到内部环境，确保整个圆筒始终处于摄像机的视野范围内。此外，为减少视觉干扰，建议使用黑色窗帘遮挡圆筒的侧面，并在实验桌上标记圆筒的位置，以确保每次测试时圆筒的放置位置一致，从而维持实验条件的稳定性与一致性。

在实验环境设置方面，测试应在弱光条件下进行，以激发小鼠的探索本能，同时确保视频记录中光线充足，以清晰捕捉到小鼠的行为。在测试开始前，需让小鼠适应实验室环境至少30分钟，适应阶段保持与测试时一致的光照条件，并尽量避免外界干扰，使小鼠在适应期内安静休息，从而减少环境变化对其行为的影响。为保证实验一致性，建议将测试安排在小鼠的活跃期（暗循环）进行，并尽可能在一天中的固定时间段内完成，以减少环境变量带来的潜在影响。

图5-28 圆筒实验装置示意图[1]

2. 实验阶段

在实验动物准备完毕、实验环境搭建完成后，正式开始实验时，首先根据动物识别标记（如耳标或脚趾标记）确认测试个体，并在实验记录本中详细登记其信息。确认无误后，轻轻将小鼠放入透明玻璃圆筒的中央位置，随后启动摄像机，从圆筒底部视角全程录制小鼠的行为10分钟。记录结束后，将小鼠从圆筒中取出，并根据实验需求进行取材或将其送回原饲养笼中。

在对下一只小鼠进行实验之前，需对圆筒进行彻底清洁，如使用75%乙醇消毒内外表面，以彻底去除任何残留气味，避免影响后续实验。待圆筒完全干燥后，方可进行下一次测试。为确保实验数据的可靠性和一致性，所有测试过程必须严格遵循相同标准的操作步骤。

3. 数据分析

在数据分析阶段，首先使用媒体播放器打开实验视频，根据实验记录本上的信息，将各段视频与相应的实验小鼠准确对应。接着，从视频中统计每只小鼠左前足、右前足以及双前足同时触碰圆筒壁的次数。随后对这些统计数据进行处理，并以百分比形式呈现。具体计算方法为：计算对侧前肢（即受损前肢）触壁次数占总触壁次数的比例，公式：对侧触壁次数/（同侧触壁次数＋对侧触壁次数）×100%。接下来，使用统计学方法（如 t 检验）对不同实验组间的前肢使用情况差异进行分析，显著性水平设置为 $P<0.05$。最终绘制统计图，并使用星号（＊）表示显著差异，以直观展示实验结果。

（六）结果解读

圆筒实验的关键点在于精确定义小鼠前肢的拖拽行为（即小鼠一侧前肢在接触圆筒壁时手掌完全展开后缓慢从壁上滑落，如图5-29所示）。实验动物双侧前肢的触碰筒壁及拖拽行为次数反映了神经损伤对运动能力的影响程度。拖拽行为占同侧前肢碰壁次数的百分比（受损前肢的拖拽行为次数/该前肢触碰筒壁的次数）能够反映出受损肢体在运动控制上的缺失程度，例如，高拖拽百分比可能指示对侧大脑半球有显著功能损伤。

　　在实际应用中，计算小鼠双侧前肢碰壁次数百分比以及拖拽行为百分比，对于量化中枢神经系统疾病的影响、评估药物干预效果以及神经损伤修复策略的开发至关重要。通过长期跟踪和分析小鼠在圆筒实验中的行为改变，可以监测疾病进程或治疗效果，接下来我们以脑缺血模型为例来展示这种方法的实际评价效果和应用场景。

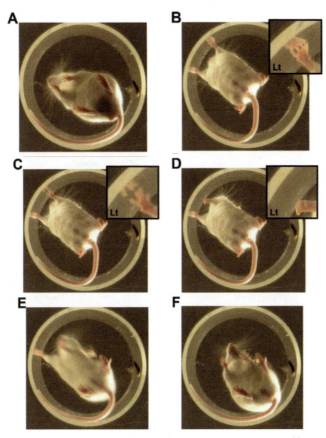

图5-29　玻璃圆筒实验中小鼠前肢拖拽行为示意图[1]

A. 小鼠后肢直立，准备进行直立探索；B. 小鼠尝试用前肢触碰圆筒壁，尤其是左前肢（标记为Lt）已经与圆筒壁接触；C. 小鼠左前肢的指尖开始向下拖拽，明显沿着圆筒壁向下移动；D. 小鼠左侧前肢出现向下拖拽，放大部分显示了小鼠指尖与圆筒壁接触的情况；E. 小鼠右前肢离开圆筒壁；F. 小鼠双侧前肢离开筒壁，回归A时的状态，等待小鼠进行下一次触碰筒壁

　　如图5-29所示，我们可以观察到受伤的小鼠在圆筒实验中的典型前肢拖拽行为。在图中这一系列动作中，须记录左前肢碰壁次数、拖拽行为次数以及右侧前肢碰壁次数。通过计算拖拽行为占该前肢碰壁次数的百分比，可以量化受损前肢的使用频率，反应神经系统的损伤程度以及恢复程度。

在脑缺血小鼠模型中，小鼠在自然探索中偏好使用同侧前肢，可以使用圆筒实验对脑缺血损伤以及恢复情况进行具体的评估（图5-30）。在圆筒实验中，通过计算小鼠对侧前肢触碰筒壁次数百分比以及拖拽行为百分比（图5-30C，D），可以对小鼠脑缺血损伤对运动控制的影响进行量化评估。

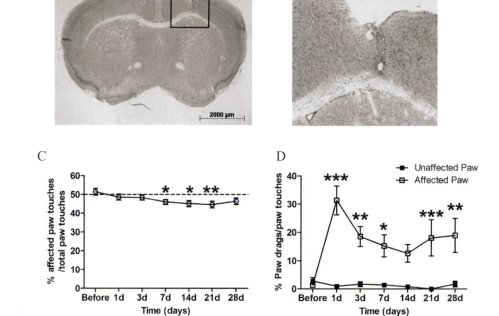

图5-30　利用圆筒实验评估小鼠脑缺血造模后运动功能障碍情况[1]

A，B. 脑缺血模型中大脑损伤情况示意图；C. 大脑缺血损伤前至损伤后28天，小鼠受损前肢触碰筒壁次数百分比变化曲线（数据均显示为均值±标准误）；D. 大脑缺血损伤前至损伤后28天，损伤部位同侧前肢（黑色矩形）和对侧前肢（白色矩形）在不同时间点的拖拽行为百分比（数据均显示为均值±标准误）

（七）关键点

实验步骤	问题	原因	解决办法
1	小鼠在测试期间缺乏探索行为	在正式测试前，小鼠在圆筒中适应过长，导致它们在测试中缺乏探索行为	在正式测试前限制小鼠接触圆筒的时间，以维持其对测试环境的新鲜感
2	小鼠行为表现不稳定	测试时间过短，数据采集不充分，易受到混杂因素影响；时间过长可能导致小鼠疲惫，会影响其行为表现	设定明确的测试时间，通常为5~10分钟，在避免小鼠疲惫的前提下收集充足的行为数据

(八) 技术的局限性

1. 数据解析的主观性

虽然视频记录为观察动物行为提供了直观的方式，但在分析前肢的使用率和拖拽行为时，存在主观判断的可能性。这可能会影响实验结果的客观性和一致性。因此，对于拖拽行为的识别和持续时间的评估等，实验者需要制定和遵循明确的统一标准。

2. 长期监测的局限性

圆筒测试主要记录动物的短期行为反应，这可能无法准确地反映神经功能的长期恢复或退化过程。对于需要评估治疗长期效果的研究，可能需要引入其他的行为学测试方法来补充和完善圆筒实验所提供的数据。

思 考 题

1. 如何解释在圆筒实验中，小鼠偏好使用健侧前肢的行为？
2. 圆筒实验中的哪些因素可能影响实验结果？

参 考 文 献

[1] Roome RB, Vanderluit JL. Paw-dragging: A novel, sensitive analysis of the mouse cylinder test. JoVE, e52701 (2015).

[2] Gilmour G, Iversen SD, O'Neill MF, et al. Amphetamine promotes task-dependent recovery following focal cortical ischaemic lesions in the rat. Behav Brain Res 165, 98-109 (2005).

[3] Livingston-Thomas JM, Hume AW, Doucette TA, et al. A novel approach to induction and rehabilitation of deficits in forelimb function in a rat model of ischemic stroke. Acta Pharmacologica Sinica 34, 104-112 (2013)

（李永林　李亚玺　黄潋滟）

三、运动协调性和步态功能检测——足印实验

(一) 简介

　　啮齿动物的步态分析是实验室常用的一种评估动物运动能力和协调性的方法，啮齿动物的步态分析可以按照实验的场景划分为三种：①基于旷场的步态分析研究；②基于跑步机的步态分析研究；③基于狭长跑道的步态分析研究。这三种实验场景中，基于狭长跑道的足印实验是评估小鼠步态的最为简单、经典且最经济的评估方式。在进行足印实验时，实验操作者首先会在一个狭长的跑道上铺设一层白纸，跑道末端设置一个吸引小鼠的深色盒子，里面有一个目标箱（或逃逸箱），用以模拟自然环境中的避难所，这样可以更好地诱导小鼠穿越跑道。为了记录小鼠的步态并可视化，实验前会用无毒颜料给小鼠的前足和后足染色，通常前足涂红色，后足涂黑色。当小鼠在白纸上行走时，会留下色彩鲜明的足迹。

　　通过测量分析这些足迹，研究人员可以量化多个步态参数，包括前肢和后肢的步幅距离、肢体的基部宽度以及前后肢间的重叠距离等。这些参数能够详细反映小鼠的运动协调性和步态平衡能力。足印实验不仅能够识别如步态不稳定或某侧肢体异常使用等明显的运动障碍，还能揭示更精细的运动协调异常，这对于研究神经系统功能障碍的致病机制尤为重要。此外，与其他设备更为昂贵或技术要求更高的自动化步态分析方法相比，足印实验提供了一种较低技术门槛的选择，即使是设施条件有限的实验室也能进行这些重要的行为测试。

　　同时，足印实验结果的直观性和操作的简便性，使得数据的收集和分析过程更加直接。研究者可以通过观察足迹的形状、大小和排列方式，快速评估出小鼠的步态健康状况。这种方法直接利用颜料和纸张来记录数据，因此减少了对复杂设备的依赖，降低了实验操作成本。此外，步态检测是动物的自然行为，不需要额外进行训练，大大降低了实验者的操作成本。因此，足印实验为研究小鼠模型在遗传突变、药理调控或环境因素变化后运动功能如何改变提供了重要证据。总之，足印实验作为一种成本低廉、操作简便且信息量丰富的步态分析方法，在运动障碍研究中具有不可替代的地位。

(二) 应用

　　足印实验应用场景十分广泛，尤其适用于神经退行性疾病、运动障碍、神经毒性等领域的研究。以下是足印实验的几个典型应用场景：

1. 神经退行性疾病模型的研究

足印实验在帕金森病、阿尔茨海默病、亨廷顿病等神经退行性疾病的动物模型中有着广泛的应用。通过分析患病动物的步态和运动协调性，研究者可以观察疾病进展过程中模式动物运动功能的变化。例如，帕金森病模型中的小鼠可能会出现步幅逐渐减小和步态不稳定，这些变化可以通过足印实验被清晰记录并量化。

2. 运动障碍的研究

对于如运动失调和肌张力障碍等运动能力异常研究，足印实验提供了一种直观的方法来评估药物治疗或基因修饰的效果。研究人员可以通过比较治疗前后的足迹的数据来评估治疗策略对动物运动能力的改善程度。

3. 神经毒性评估

在环境毒理学和药物安全性评估中，足印实验常被用来检测化学物质或药物对神经系统的潜在毒性影响。通过观察暴露于特定毒素后小鼠的行走模式和步态参数的变化，研究者可以判断这些物质是否会对神经系统造成损害。

4. 康复医学研究

足印实验还可以用于评估物理治疗和康复训练对于运动功能障碍动物的康复效果。通过定期进行足印实验，研究人员可以监测康复过程中动物步态的改进，从而评估不同康复策略的有效性。

(三) 实验流程图

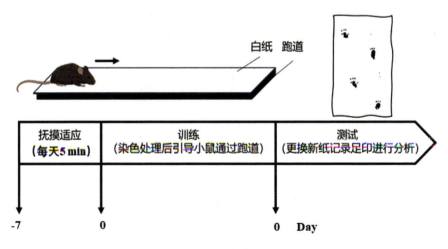

图5-31 足印实验流程图

（四）实验器材

1. 跑道和围栏

白纸：作为记录足迹的平面（跑道），通常选择尺寸适中（如A3，29.7 cm × 42 cm）的纸张。

桌面或平台：为纸张提供稳定支撑的平面，尺寸以能容纳完整的纸张并允许小鼠自由行走为宜。

围栏：作为跑道的围栏，防止小鼠逃离测试区域。可以使用与纸张长度相匹配的箱子。

2. 染色器材

颜料盘：用于装载染色用的颜料。

非毒性颜料：用于对小鼠爪子进行染色。颜料需小心选择，要易于清洗且对实验动物无害。一般选择红色和黑色墨水。

手套：保护实验操作者不被墨水污染，同时也保护实验动物不直接被人手触摸。

（五）实验步骤

1. 实验前准备

将一张标准A3尺寸的白纸（29.7 cm × 42 cm）纵向剪成三段，将剪好的纸条平铺在桌面上形成跑道。在跑道的远端放置一个吸引小鼠的深色的目标箱（goal box）。在跑道两侧放置与纸长度相匹配的箱子，防止小鼠逃逸。将黑色和红色墨水分别倒入直径为35 mm的培养皿中，准备对小鼠的前足和后足进行染色（图5-32）。

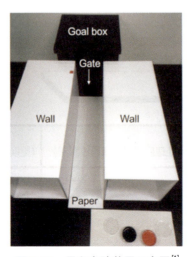

图5-32　足印实验装置示意图[1]

2. 检测前准备

在开始训练之前，先用食指和拇指轻轻抓住小鼠的颈背，限制其前肢运动，然后使用拇指和其他手指支撑小鼠的背部和尾巴，限制后肢运动。将小鼠的前肢末端浸入红墨水中，后肢末端浸入黑墨水中。将小鼠放置在跑道的起点，头朝向远端的目标箱。如果小鼠在跑道上停下，用手指轻轻推动小鼠，使其向前走向目标箱。小鼠进入目标箱后，轻轻将其取出并进入检测阶段。

3. 行为学检测

训练结束后，更换一张新的白纸，重新设置跑道。同训练阶段继续对小鼠进行染色和实验。观察并记录小鼠行走至目标箱的过程。如果小鼠在途中停下，同样轻轻推动使其继续运动至目标箱。测试完成后，将小鼠从目标箱中取出并放回笼中。每次测试后，均使用75%乙醇清洁实验相关器材。将带有足迹的纸张风干以备分析。

4. 足迹分析

选择具有稳定步态模式的足迹部分进行分析，通常选择足迹纸的中间部分。使用尺子对每个参数至少进行三次测量。测量参数包括前足和后足的步幅（stride ledge）、前后足基部宽度（hindpaw/forepaw base）以及前后足间的重叠程度（overlap）。计算每个参数的平均值，使用个体的平均值进行统计分析。

(六) 数据分析及结果解读

图5-33展示了足印实验中的关键参数指标，通过分析小鼠足印特征，可定量评估神

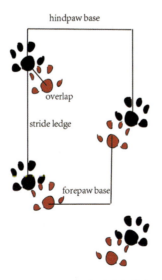

图5-33　足印实验分析指标

经运动功能状态及其在疾病发展或治疗过程中的变化。图5-34展示了足印实验中野生型小鼠和基因突变小鼠的足印情况。正常小鼠的足印通常对称，前足与后足有一定程度的重叠，步长匀称且相等，各小鼠之间差异较小。在运动功能障碍的小鼠中，观察到步长不规律地缩短或延长、步宽变大或变小、前后爪重叠程度增加等现象，这些均反映其小鼠运动功能的变化。

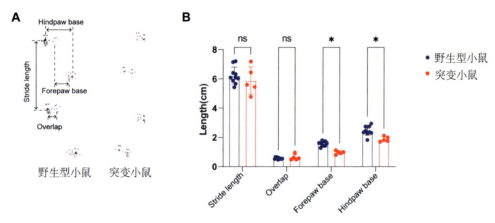

图5-34　足印实验检测基因突变小鼠步态异常

A. 足印实验小鼠足迹示意图，红色：前足，黑色：后足，虚线与箭头指示各个测量指标；B. 小鼠足迹测量统计结果（均值±标准差）。结果显示基因突变小鼠在步长（Stride ledge）及前后足重叠程度（Overlap）与野生型小鼠均没有明显异常，而在前足以及后足步宽（Hindpaw/Forepaw base）上显示出明显的减短，提示突变小鼠出现明显步态异常

（七）关键点

实验步骤	问题	原因	解决办法
2	小鼠不配合通过跑道，停留在中央或来回踱步	小鼠可能对跑道环境不熟悉，感到恐惧或不安，导致它们在跑道上来回踱步或停滞不前	在实验前进行适应性训练，逐渐增加小鼠对跑道和实验环境的熟悉度；调整实验环境，如适度降低噪音和光线强度，创建更加舒适的测试环境以减轻小鼠的应激反应
3	足迹清晰度不足	墨水的黏稠度或颜色深度不适宜；或者使用的纸张质量较差，导致墨迹涂抹或扩散。这些因素共同作用，影响足迹的清晰度和分析准确性	优化墨水的黏稠度和颜色深度，确保足迹清晰可辨；使用更高质量的纸张以提升墨迹吸收效果，减少墨迹涂抹和扩散

（八）技术的局限性

1. 动物行为的变异性

足印实验中小鼠的行为模式可能因其生理和心理状态的不同而有较大差异，例如疼痛、焦虑或对实验环境不熟悉可能使动物在跑道上的行为出现异常，如停留、回转或加速跑动，这些行为的不一致性可能导致数据收集出现困难和实验结果出现异常。

2. 动物模型的局限性

足印实验主要用于啮齿类动物，其结果可能不完全适用于其他类型的动物模型。此外，小鼠之间的生物学差异，如种族、年龄和性别，也可能影响步态分析的结果。

3. 与其他运动功能测试的比较

足迹测试的优势在于设备简单、成本低廉，但足印实验无法用于评估小鼠长时间的运动学习能力以及小鼠更为精细化的运动控制，例如小鼠抓握物体的能力等。单一的足印实验无法准确定位疾病受累部位以及相应脑区，需结合其他运动相关的行为学实验才能获得运动系统的全面评估。

思　考　题

1. 足印实验与其他运动功能测试相比，有何优势和局限性？
2. 如果小鼠的某一只脚受伤，足印实验的结果会产生什么样的变化？

参考文献

[1] Sugimoto H, Kawakami K. Low-cost protocol of footprint analysis and hanging box test for mice applied the chronic restraint stress. JoVE, e59027 (2019).

[2] Seo JS, Leem YH, Lee KW, et al. Severe motor neuron degeneration in the spinal cord of the tg2576 mouse model of alzheimer disease. J Alzheimers Dis 21, 263-276 (2010).

[3] Linazasoro G, Indakoetxea B, Ruiz J, et al. Possible sporadic rapid-onset dystonia–parkinsonism. Mov Disord 17, 608-609 (2002).

（李永林　李亚玺　黄潋滟）